普通高等教育“新工科”系列精品教材

石油和化工行业“十四五”规划教材

日用化学品制造原理与技术

第三版

Detergents & Cosmetics

Principles, Technologies and Applications

Third Edition

颜红侠 张秋禹 编

化学工业出版社

·北京·

内容简介

《日用化学品制造原理与技术》（第三版）以洗涤用品和化妆品两大类日用化学品为重点，分别论述肥皂、洗衣粉、液体洗涤剂、口腔卫生用品以及美容美发化妆品等日用化学品。阐述了每一类产品的作用机理，配方设计、原料选用，详细论述其生产原理、生产工艺及所用设备，并介绍每一类产品的典型配方、质量标准及其发展方向。

《日用化学品制造原理与技术》（第三版）可作为应用化学、化学工程与工艺、精细化工及相关专业本科生教材或教学参考用书，也可供有关科研工作者参考。

图书在版编目（CIP）数据

日用化学品制造原理与技术/颜红侠，张秋禹编.—3版.—北京：化学工业出版社，2021.3（2025.1重印）
ISBN 978-7-122-38403-4

Ⅰ.①日… Ⅱ.①颜…②张… Ⅲ.①日用化学品-制造-高等学校-教材 Ⅳ.①TQ072

中国版本图书馆CIP数据核字（2021）第018946号

责任编辑：徐雅妮　孙凤英
责任校对：宋　玮
装帧设计：刘丽华

出版发行：化学工业出版社
北京市东城区青年湖南街13号　邮政编码100011
印　装：河北延风印务有限公司
787mm×1092mm　1/16　印张18¼　字数451千字
2025年1月北京第3版第4次印刷

购书咨询：010-64518888
售后服务：010-64518899
网　址：http://www.cip.com.cn
凡购买本书，如有缺损质量问题，本社销售中心负责调换。

定　价：59.00元

前　言

《日用化学品制造原理与技术》2004年出版，2011年再版，承蒙广大读者及众多院校师生厚爱，选作教材和教学参考书，同时，也被从事日用化学品生产和研究的相关企业、科研院所的人员参考选用。在此过程中，本书先后获得第八届中国石油和化学工业优秀出版物奖教材二等奖以及2015年陕西省高等学校优秀教材二等奖。

本次修订再版，主要是为了适应日用化学品的快速发展，在保持第二版主体章节的基础上，补充近十年日用化学品发展过程中出现的新原料、新方法和新理论。例如，化妆品从基础护肤已发展为美白抗衰到注重皮肤的微生态调节，为此补充了被消费者青睐的美白、抗衰添加剂的作用原理，以及常用的BB霜、CC霜、隔离霜与气垫的配方和生产工艺，并添加了活性物含量高、作用效果强且不含防腐剂的冻干粉和安瓶的生产；在表面活性剂中，增加了备受关注的多功能绿色表面活性剂“*N*,*N*-二甲基-9-癸烯酰胺”；在洗涤剂中，以建设节约型社会为目标，补充了利用可再生资源科学合理地生产洗涤剂的新案例，并强化了按照新标准进行配方设计，以及流行的美容皂和洗衣凝珠的生产工艺等；同时，对统领全书的绪论部分，结合目前的科技发展现状和趋势进行了修改，让学生感受科技发展的巨大变化，强化学生科教兴国的意识，培养学生的社会责任感和家国情怀，同时树立爱党报国、敬业奉献、服务人民的理念以及“精益求精”的大国工匠精神。此外，结合新工科的教育理念对每一章的思考题重新进行了设计，一方面，着力挖掘日用化学品中所蕴含的文化内涵、哲学思想、化学之美；另一方面，培养学生严谨的科学思维以及分析问题、解决问题的能力；并对书中过时的内容和错误进行了删除或修正。

本书在成稿过程中得到了西安巨子生物科技有限公司王淑英、深圳零到一生态科技有限公司阚立东、西北工业大学冯维旭和杨鹏飞等朋友和同事的帮助，在此一并表示衷心的感谢。

由于水平所限，书中不妥之处恳请读者批评指正。

编者

2020年11月

第一版前言

随着科技的发展，人民生活水平有了很大的提高。在物质生活基本满足的条件下，人们更加注重生活的质量和品位，日用化学品逐渐成为人们日常生活中不可缺少的生活用品。近年来，人们对日用化学品的需求日益多样化，促进了日用化学品的巨大发展，不仅产品的数量和品种有很大的增加，而且出现了许多新的生产工艺和新的理论。为了适应日用化工发展的需要，培养高素质的，能够集科研、开发和生产于一身的新型人才，编者参阅了近年国内外大量专著、期刊和专利，总结自己多年教学和科研工作，编写了此书。在编写过程中，力求做到以下几方面。

1. 内容新颖科学，反映时代特征。该教材中的许多理论和配方源于近年来有关期刊的技术报道，反映当前日用化学品的学术成果和发展概况，具有明显的时代特征。

2. 结构合理，注重理论。在编写过程中，将基础理论知识与学科研究和发展的新动态结合起来，选好切入点，注重日用化学品与人体肌肤的生理学关系的理论研究，既反映该领域的新进展、新知识，又体现教材的系统性和理论深度。

3. 注重理论联系实际。日用化工是应用性和实践性很强的一门学科，学生不仅要掌握高深的理论知识，更强调运用现代理论解决实际问题的能力，特别是使学生了解并逐渐运用理论指导实践，体现日用化工的特点。

全书共6章。第一章、第二章、第三章、第五章和第六章由颜红侠编写，第四章由张秋禹编写，全书由颜红侠统稿。西北工业大学黄英在百忙中审阅了初稿并给予了大力的支持；王亮做了大量的打字、作图和校稿工作。另外，编者参考了一些图书和期刊，并引用了其中的一些图表、数据和习题，在此一并表示衷心的感谢。

由于编者水平有限，错漏和谬误在所难免，诚盼广大读者和专家不吝赐教并提出宝贵意见。

编　者

2004年5月

第二版前言

本书自 2004 年出版以来，承蒙广大读者及众多院校师生厚爱，选作为高等教材和教学参考书，同时也为相关企业、科研院所的生产和科研人员参考选用。

本次修订保持了第一版教材各章节内容，同时为适应日用化学品快速发展的要求及不同教学层次和深度的特点，经多位专家建议，增加了环境友好型表面活性剂“烷基葡萄糖酰胺”、新的化妆品原料“螺旋藻”、油脂配方设计、乳化体的配方设计以及汽车挡风玻璃清洗剂等内容，并对书中陈旧的内容和不妥之处进行了删减或修改。

本书在成稿过程中得到了张梓军、公超、马雷等的帮助，在此谨向所有给予帮助的同事和朋友表示衷心的感谢。

限于水平有限，书中不妥之处恳请读者批评指正。

编　者

2010 年 12 月于西安

目 录

绪论 / 1

第一章 洗涤剂的组成与复配规律 / 9

第二章 肥皂 / 49

第三章 粉状合成洗涤剂 / 92

第四章 液体合成洗涤剂 / 120

第五章 化妆品 / 154

第六章 口腔卫生用品 / 246

参考文献 / 280

绪论

一、日用化学品及其生产特点

（一）日用化学品的概念

日用化学品是指人们日常生活中经常使用的精细化学品，种类繁多，与人们的衣、食、住、行息息相关，主要包括洗涤用品、化妆品、香精香料等精细化学品，如肥皂、洗衣粉、洁面乳、牙膏、洗发香波、润肤霜、口红、墨水、鞋油等都属于日用化学品。按日用化学品所占有的市场份额划分，洗涤用品与化妆品是日用化学品中市场份额较大的两类产品。

洗涤是一种利用化学方法和物理方法将附着于被洗物表面上不需要的物质或有害物质除掉，从而使物体表面洁净的过程。洗涤用品是指通过化学方法和物理方法将附着于被洗物表面上不需要的物质或有害物质去除，以达到清洗目的而专门配制的化学品。洗涤用品主要包括肥皂、合成洗衣粉、液体洗涤剂（如衣用洗涤剂、洗发香波、餐具洗涤剂、汽车清洗剂等）、口腔卫生用品（如牙膏、牙粉、漱口剂等）。

化妆品是指以涂抹、喷洒或者其他类似方法，散布于人体表面的任何部位，如皮肤、毛发、指（趾）甲、唇齿等，以达到清洁、保养、美容、修饰和改变外观，或者修正人体气味，保持良好状态目的的化学工业品或精细化工产品。化妆品的种类繁多，大体可分为以下几类：护肤化妆品、护发化妆品、美容化妆品、美发化妆品、药物化妆品。

随着科学技术的发展、人民生活的丰富，日用化工产品的品种越来越多，由通用型渐渐转向专用型。就肥皂而言，除了通用的洗衣皂、香皂外，还有美容皂、除螨皂、洗发皂、磨砂皂，以及透明皂、浮水皂和花纹皂等异形皂，以满足消费者多方面的需求和喜好。化妆品则更注重个性的需求，从洁面、补水、护肤、美容、抗衰到祛斑，都有适合于干性肌肤、油性肌肤、混合性肌肤、痘痘肌肤、敏感肌肤等不同肌肤以及婴儿、孕妇、男性等不同人群的化妆品。

人们通常把生产日用化学品的工业叫日用化工。日用化工是综合性较强的密集型工业，它涉及面较广，不仅与物理化学、表面化学、胶体化学、有机化学、染料化学、香料化学、化学工程有关，而且与微生物化学、皮肤科学、毛发科学、生理学、营养学、医药学、美容学等密切相关。这就要求从事日用化工的人员能够通晓多门科学知识，重视学科交叉与融合，并重视团队合作，相互配合，综合应用，才能生产出优质、高效的日用化学品。

（二）日用化学品的生产特点

日用化学品的生产具有以下特点。

1. 原材料和辅料要求严格

日用化学品是人们日常生活中经常使用的化学制品，其中有些制品如化妆品、洗涤用品、人体清洁卫生用品等是人们每天都要使用的物品，有的产品长期、连续与人的皮肤、器官等部位接触，因此对原材料和辅料的安全性、纯度、添加量等都有严格的要求。

2. 生产设备要经济、高效、安全、合理

日用化学品的生产大部分是小型生产，由于其产量小、品种多、质量要求严格，而且所用原材料和辅料比较复杂，所以选用设备时要考虑单机的通用性和效率。

3. 严格控制生产工艺过程和操作条件

日用化学品大多是配制的产品，对产品的生产过程和操作条件的要求非常严格，尤其是对化妆品和与人体接触时间较长的产品，其要求条件极为严格。

4. 包装和装潢要精美

日用化学品在包装和装潢方面与一般工业制品应有所不同，要精心设计，给消费者以美好的感觉。

5. 厂房和生产车间的配置要合理

日用化学品的特点是产量小、品种多、质量要求严格、经济效益高、生产过程短、厂房占地面积小，所以必须布局合理。

二、洗涤剂的发展概况

（一）洗涤剂发展历史

洗涤剂是人们日常生活中不可缺少的日用产品。洗涤的作用除了提高去污能力外，还能赋予其他功能，如赋予织物的柔软性、金属防锈、玻璃表面防止吸附尘埃等。

洗涤剂的发展主要经历了从固体的肥皂到粉状的合成洗衣粉和液体洗涤剂的历程。其中，肥皂是最早的洗涤剂，但肥皂最大的缺陷是抗硬水性差，比如在含 $CaCO_3$ 为 300×10^{-6} 以上的硬水中泡沫只有在普通软水中的一半。从第二次世界大战以来，合成洗衣粉大量进入市场，到 20 世纪 80 年代与液体洗涤剂同时发展，到目前形成以液体洗涤剂为主的局面。分析合成洗涤剂的发展过程，主要经历了以下三个阶段。

1. 20 世纪 30～50 年代合成洗衣粉发展的初级阶段

在这一阶段洗涤剂活性物由油脂衍生物、烷基磺酸盐、仲烷基磺酸盐转变为以烷基芳基磺酸盐为主；助剂逐步确定以三聚磷酸盐、纯碱、硅酸盐等为主；以硫酸钠为主要填充料的基本配方。

2. 20 世纪 60～80 年代合成洗衣粉的快速发展阶段

在这一阶段洗涤剂活性物由支链的四聚丙烯烷基苯过渡到直链烷基苯，并且以烷基苯磺酸盐与醇醚进行复配。其他主活性物开始出现，且逐渐进入限磷阶段。如 1967 年 Lion 公司首先推出含 AOS、不含 LAS 且低磷的 Dash 品牌液体洗涤剂，并于 1973 年推出 Seseragi 无磷洗衣粉。随后 Henkel 公司又推出含 4A 沸石的 Persil 品牌无磷洗衣粉。在这一阶段碱性蛋白酶开始进入洗衣粉配方。如 1967 年 P&G 推出了 Ariel 的加酶洗衣粉，1981 年 P&G 又推出了品牌为 Eraplus 的液体加酶洗涤剂。

3. 1987年到20世纪末合成洗衣粉发展的鼎盛阶段

在这一阶段最突出的变化之一是浓缩粉、浓缩液粉及高密度粉的出现。如Kao公司于1989年推出的Attalk浓缩粉，Lion公司于1991年推出的Sparkultra浓缩高密度洗衣粉。二是复合酶进入洗涤剂配方。如P&G公司1994年推出的Ultre Tida粉。同时为了与4A沸石配合，聚合物开始进入配方。如Dial公司1993年推出的Ultrapurer浓缩液体洗涤剂。在洗衣粉及液体洗涤剂中甚至出现一些敏感皮肤用的洗涤剂品种等，这当然也反映了当前洗涤剂产品发展的大体趋势。

目前，从全球范围来看，液体洗涤剂发展迅猛，是当今时代的主流洗涤用品。在北美，洗衣粉的比例早就被液体洗涤剂所超过。在我国，洗涤剂也从2000年以合成洗衣粉为主发展到2019年以液体洗涤剂为代表的多元化产品结构。并且，随着液体洗涤剂的快速发展，推动行业不断壮大。2000年，合成洗衣粉产出比约73%，液体洗涤剂产出比接近25%；到2019年合成洗衣粉产出比降至38%，相反液体洗涤剂产出比超过60%，2020年液体洗涤剂产出比达到72.5%，产量首次突破1000万吨，合成洗衣粉将逐步被取代。

（二）洗涤剂的发展现状和趋势

随着全球经济一体化、信息化的迅猛发展，洗涤用品已成为生活必需品，人们对洗涤用品的需求也随着生活水平的提高日益多样化。当今全球洗涤剂市场竞争空前激烈，各大洗涤剂生产厂商竞相推出多功能的洗涤产品以满足各地消费者多元化的需求。目前，合成洗涤剂将继续向有利于环保、节水、高效、温和、节能与使用方便的方向发展。

1. 适应环境保护方面的要求，改善自然水体富营养化问题

三聚磷酸钠、六偏磷酸钠等含磷助剂在合成洗衣粉和液体洗涤剂中已经使用了数十年。早期，人们认为，大量的磷酸盐排入水中，会使水过营养化而导致藻类大量繁殖，破坏了水域的生态平衡而污染水源。为此，20世纪60年代，部分欧美国家地区、日本相继控制和禁止含磷洗涤剂的生产和应用，洗涤剂的配方向低磷型和无磷型发展，并推出以4A沸石等为助剂的无磷洗涤剂。然而经过几十年的禁磷实践，人们发现水体富营养化并无明显改善。无磷洗涤剂也产生了一系列环保问题，如沸石在环境中的沉积等。因此，最近几年，全球洗涤工业界对有磷、无磷洗涤剂环保作用的重新认识的呼声日益高涨。英国利物浦大学莱斯教授提出，磷并不是造成富营养化的主要因素，控制氮比控制磷更为重要。基于此，欧盟标准中对洗涤剂中的磷酸盐含量并无明确的限制。

2. 开发绿色温和的表面活性剂，提高产品的洗涤性能和生物降解性

通过表面活性剂的复配来提高洗涤剂的去污性能是人们普遍认知的观点，如非离子表面活性剂与离子型表面活性剂复配能产生协同效应，可提高洗涤力并控制泡沫；肥皂与合成表面活性剂复配的洗涤用品，其洗涤力与抗硬水性等均优于肥皂。但是，目前常用的表面活性剂，有的刺激性大，有的生物降解性差。因此开发新型的对人体和环境都绿色温和的表面活性剂成了近30年洗涤领域研究的热点。葡萄糖和脂肪醇或脂肪酸生产的烷基多苷（APG）和葡糖酰胺（APA）是20世纪90年代商品化的一类温和型非离子表面活性剂；*N*,*N*-二甲基-9-癸烯酰胺是21世纪以来由美国开发的最成功的多功能非离子表面活性剂。这几种新型非离子表面活性剂都对人体温和，生物降解快而完全，泡沫易于控制，性能优异，能与各种表面活性剂复配，并具有协同增效作用等特点。使用APG替代AEO和部分LAS的洗衣粉在保持原有洗涤性能的同时，其温和性、抗硬水性和对皮脂污垢的洗涤性明显改善。

3. 开发新的漂白体系或生物基漂白剂，降低洗涤温度的同时提高产品的洗涤性能

在合成洗涤剂中常用过碳酸钠和过硼酸钠含氧漂白剂，在液体洗涤剂中常用次氯酸钠含氯漂白剂。过硼酸钠和过碳酸钠所需的工作温度过高（>30℃），不能满足低温洗涤的需要，加之硼元素会对环境造成不利影响，因此在目前广泛使用四乙酰基乙二胺漂白活化剂的同时，开发新的SNOBS衍生物类漂白活化剂，可以避免使用过程中因产生过氧化二酰而导致的洗衣机橡胶圈老化的问题，且对油性污渍的去污效果更佳。液体洗涤剂中常用的次氯酸钠是一种强氧化剂，虽然有很强的漂白作用，但也可能导致彩色衣物褪色或纤维素损伤，降低织物的耐穿耐用性能。近期研究表明，漆酶作为一种环保的生物漂白剂和氧化剂，不但能克服化学基漂白剂对织物纤维损伤等缺点，且对环境友好，可以在洗衣粉中稳定存在，特别是对红酒、红茶、咖啡等特殊污渍有良好的去除效果，且与过碳酸钠复配具有增效作用。

酶的加入可以显著降低洗涤剂中合成化学物添加量和洗涤温度，从而降低洗涤剂产品的环境负担和经济负荷。目前，虽然蛋白酶、淀粉酶、脂肪酶、纤维素酶在去除污渍中发挥着特有的功能，但开发漂白系统用酶，提高酶的稳定性，或开发低温用氧化还原酶以符合节水节能的发展趋势，或开发酶的新功能或新功能用酶仍然是洗涤领域研究的热点。例如，宝洁公司与诺和诺德公司合作开发了一类新型洗涤用酶甘露聚糖酶，该酶属半纤维素酶类，对胶质如口香糖有较好的降解功效，对改善衣物纤维洗后光泽也有所帮助。诺和诺德公司还开发出一种过氧化酶体系，该体系由一种过氧化酶、一种介体（酚噻嗪-10-丙酸）和过氧化氢组成，在洗涤过程中具有抗染料串色的作用。另外，从纤维素链霉菌AU-10菌株中提取获得了一种碱性脂肪酶。该酶对橄榄油和葵花籽油有非常高的催化水解活性。在30～50℃、pH 9.0～11.0范围可以保持较高的稳定性，无论是表面活性剂还是氧化剂，都不会对其稳定性产生明显影响。

4. 以建设节约型社会为目标，合理利用可再生资源生产洗涤剂

建设节约型社会不仅仅是由我国的基本国情决定的，充分利用可再生资源也是人类可持续发展的根本。如何合理、科学地利用可再生资源生产洗涤剂是洗涤领域未来发展的重要方向之一。例如，将餐厨垃圾进行分离，利用分离出的“地沟油”就地生产洗涤剂。一方面，不仅可以有效解决洗涤剂生产原料匮乏的问题，而且生产的洗涤剂是纯天然微生物产品，安全温和，去污力强，用途广泛，可清洗餐具、地板、油烟机、机械配件、船舶车辆等。另一方面，可建立大数据和物联网系统，方便政府从源头上对餐厨垃圾处理现场适时有效的远程监管，配合垃圾分类，杜绝了餐厨垃圾对环境的污染，也切断了细菌病毒的传染，还可杜绝对食品安全的危害。

5. 以消费者的需求为导向，开发能够满足各种情形的多元化洗涤剂

经济的快速发展带来了人们新的洗涤理念的变化。有效的清洁力是消费产品最基本的诉求，从单一的去污型洗涤产品向多功能复合型产品转变，在保持和强化去污能力的同时，带给消费者附加的功能，如多效合一的清洁柔顺产品，专为内衣设计的贴身衣物专用洗衣液，除菌抑菌产品，机洗专用洗涤剂、手洗专用洗涤剂、婴幼儿专用洗涤剂以及丝毛织物专用洗涤剂等细分产品，使消费者在选择时有更多可选择的产品。同时，开发新剂型，使合成洗涤剂由粉状和液体向凝珠、凝胶状等多种外观形态转变，使生活更简单化和趣味化，也是目前洗涤剂流行的大趋势。如，将洗衣液包封在水溶性膜中的洗衣凝珠；具有丰富泡沫、滋润肌肤、浪漫安神的沐浴球，该产品形象精美，使用携带方便，多效合一，有较好的分散溶解性，符合新时代消费需求，市场反响良好。

三、化妆品的发展概况

（一）化妆品的历史

人类使用化妆品已有几千年的历史。在我国殷商时代就已使用胭脂，战国时期的妇女就以白粉敷面、以墨画眉。在国外使用化妆品最早的国家是埃及，如用大量香料保存尸体，以维持其生前容貌。

当今美国是化妆品的最大生产国，其次为德国、法国、日本、英国和意大利。美国化妆品、盥洗用品和香料协会成立于1894年，至今已有百年以上的历史。美国化妆品的产品标准是1973年起执行的，化妆品标签只规定标注所用原料名称、原料的百分比等。

目前化妆品领域比较权威性的手册是《CTFA国际化妆品原料辞典和手册》。其中收录了9000种化妆品原料，其产品名完全采用科学名，而不是原料的商品名。欧洲、英国、日本、加拿大、韩国等相继采用该手册中的原料。CTFA还出版了国际化妆品原料供应商手册，包括7500种原料的31000个商品技术名称和定义、近30个国家600余家化妆品原料公司的地址和通讯。化妆品原料企业可以申请刊登，每年出版一册。

目前，在全球范围来看，跨国公司凭借强大的研发能力、品牌影响力及营销能力，牢牢占据化妆品产业领先地位，排名前列的公司依次是欧莱雅、宝洁、联合利华、雅诗兰黛和资生堂，合计约占全球市场份额的52.4%。欧洲、美国、日本企业引领全球美容理念和产业发展方向，在可预见的将来这一格局仍将延续。

中国化妆品市场非常强劲，自主研发的国货品牌也紧跟时代发展，在当下一些十分著名的国货品牌通过技术创新和品牌重铸也越来越受到了当代年轻人的喜爱。例如，百雀羚是我国上海百雀羚日用化学有限公司旗下的著名品牌，自1931年创立以来，就深受国人的喜爱，20世纪90年代，随着欧洲、美国、日本、韩国的化妆品涌入市场，包括百雀羚在内的一些中国老字号化妆品品牌被以欧莱雅、玉兰油、资生堂等为代表的跨国品牌挤兑。但近年来，国货品牌推陈出新，不断扩大影响力，达到了能够与国外品牌分庭抗礼的地步，像百雀羚、相宜本草、昭贵、佰草集、芳草集、隆力奇、自然堂、郁美净、谢馥春、片仔癀、友谊、朵拉朵尚等等，相继在国内市场上焕发出了新的活力。

（二）中国化妆品的现状

随着人民生活水平的提高，化妆品已成为人们日常生活中不可缺少的生活用品，人们也更加注重化妆品的质量和品位。近几十年来，我国的化妆品行业得到了飞速的发展，取得了前所未有的好成绩。工业产值不断增加，产品的种类和功能更为细分化，产品结构有了新的调整，附加值加大，档次明显提高，各地的名牌产品不断涌现，企业的知名度、信誉度和企业的形象都有了改观。

人们对化妆品的需求日益多样化，促进了化妆品的巨大发展，不仅表现在产品的数量和品种有很大的增加，而且出现了许多新的生产工艺（如微乳液技术、凝胶技术和气雾剂技术等）和新的理论，使产品的质量有了显著提高。同时，新的理论也对传统的配方技术提出了挑战，例如，一种阴离子型表面活性剂——十二烷基硫酸钠常作为膏霜类化妆品的乳化剂，但国外近期研究表明，这种乳化剂会使皮肤本身的生理功能发生紊乱，这意味着传统的许多化妆品的配方需要进行调整，生产工艺也需要改进，相应地出现了一些不含乳化剂的产品，如精华液、精华油到近期推出的上层为油相下层为水相的双层精华液。

（三）化妆品的研究趋势

1. 防晒与美白化妆品是近代化妆品发展中一个永恒的主题

虽然阳光照射有助于人体健康，但近几年科学研究证明日光暴晒是使皮肤衰老的重要因素之一。强烈的紫外线照射会损害人的免疫系统，加速皮肤老化，导致各种皮肤病甚至产生皮肤癌。并且，太阳的紫外线全年存在，即使是多云或阴天的时候，仍然有较强能量的紫外线到达地面；春秋天到达地面的紫外线能量并不比夏天的少，而且紫外线能穿透衣服、玻璃到达皮肤，所以防晒每天都需要，而防晒与美白有一定的因果关系。为了防止紫外线对皮肤的伤害，人们需要在皮肤表面涂上防晒的保护性化妆品。因此，防晒与美白化妆品是近代化妆品发展中一个永恒的主题。

从防晒技术和原料看，正在世界范围内开展的极具前途的研究有：复合技术与材料在化妆品中应用的研究，包括抗 UVA 和 UVB 防晒剂的复合使用，以及吸收剂与散射剂的配合应用；寻找具有防晒和抗污染的天然活性成分，以天然活性物质与纳米的 TiO_2 和 ZnO 替代目前的化学防晒剂，包括将具有优良防晒性能的黑色素、各种植物提取物以及富含氨基酸和高浓度酪氨酸的海洋生物用于防晒化妆品等。另外，开发新型、高效、安全的防晒原料也是化妆品研究的主要方向。近年来，出现了许多安全有效的美白化学品，从早期的氢醌、曲酸到目前流行的熊果苷、苯乙基间苯二酚（377）、烟酰胺、白藜芦醇及其类似物或衍生物等。同时，防晒产品的剂型也在发生着很大变化，从以膏霜类为主的产品，转变为更有利于活性成分保存稳定和使用安全方便的气雾剂或水性喷射剂。并且，产品的功能更趋向多样化，集多种功能于一身，从单一防晒功能，发展到具有遮瑕、修饰、润肤、提亮、美白的多功能产品比比皆是，如 BB 霜、CC 霜、隔离霜、贵妇膏、气垫等。

2. 天然、安全、抗衰化妆品成为一种时尚

随着科学技术的不断发展，人们发现合成化学品不仅消耗了大量不可再生或再生过程很缓慢的资源，而且造成严重的环境污染和毒性问题，“回归大自然”已波及整个化妆品工业，致使化妆品原料经历了由天然向合成品，继而又从合成品向天然物的二次转变。远在几千年前，人类已经知道用黄瓜水、丝瓜汁等搽肤搽脸，能保持皮肤柔软白嫩，红花抹腮，指甲花染发，以衬托容颜的美丽和魅力，这就是天然化妆品的起始。当然，当今的天然化妆品并不是简单地复旧，它是应用先进的科学技术，通过对天然物的合理选择，对其中有效成分的抽提、分离、提纯和改性，以及与化妆品其他原料的合理配用。通过调制技术的研究，不仅具有较好的稳定性和安全性，其使用性能、营养性和疗效性亦有明显提高，在世界范围内已开始进入一个崭新的发展阶段。同时，人们在追求安全的同时，对其功效提出更好的要求，除了美白，还要求抗衰，抑制因年龄增长而带来的肌肤松弛、暗沉、色斑、细纹等的产生。因此，抗衰化妆品已成为消费者追捧的另一类产品。为此，也产生了许多具有明显抗衰作用的原料，如虾青素、玻色因、多肽、富勒烯、依克多因等等，市场上以其命名的产品也是琳琅满目。

在我国的医学宝库中，许多中草药和天然动物制品具有防治皮肤病、防裂、防晒、增强皮肤营养等功能，对于多脂、干燥、皲裂、色斑、粉刺、皱纹等皮肤缺陷有弥补治疗功能，同时还能增强皮肤弹性，减少皮肤角化、色素沉着，防止皮脂分泌机能减退等多种作用，可以集天然化、疗效化、营养化等多种功能于一身，成为人们开发具有科学性、实用性、安全性的多功能原料的宝典。

3. 生物技术制剂在化妆品中的应用日益广泛

生物技术是20世纪70年代兴起的。经过长期的技术积累，已奠定了较坚实的基础。生物技术的发展对化妆品科学起了极大的促进作用。以分子生物学为基础的现代皮肤生理学逐步揭示了皮肤受损伤和衰老的生物化学过程，使人类可以利用仿生的方法，设计和制造一些生物技术制剂，生产一些有效的抗衰老的产品，延缓或抑制引起衰老的生化过程，恢复或加速保持皮肤健康的生化过程。这样，也引起对传统皮肤保护概念和方法的突破。从传统的利用油膜来保持皮肤水分的物理护肤方法，发展到利用与细胞间脂质具有类似结构的物质来保持皮肤健康的仿生方法。这些仿生方法已成为发展高功能化妆品的主要方向，并且推动了化妆品科学的发展。目前，以基因工程技术、生物医学材料与组织工程相结合，生产的类人胶原蛋白、二裂酵母、透明质酸、表皮生长因子、超氧化物歧化酶和聚氨基葡萄糖等在化妆品中得到了日益广泛的应用，使化妆品的功能、物化特性和剂型等发生了很大变化。产品的功能涉及美容、修复、祛皱、保湿、隔离、滋养等多个方面；剂型也在以膏霜类为主的基础上，将来自医药领域的冻干技术和安瓶包封技术以及太空锁鲜仓包装技术引入化妆品领域，产生了像“类人”“可丽金”“薇澜”“梵黛蒂”等品牌。

4. 个性化设计和服务成为化妆品发展中的一种新理念

人们有时会因为产品与自己的肤色不匹配或不适合自己的皮肤类型而放弃使用，造成浪费，为此，越来越多具有前瞻性的品牌开始提供个性化的定制配方。例如，兰蔻提供店内定制粉底服务，通过仪器测试肤色和肌理，现场配制个人专属粉底液，甚至能将顾客的DNA档案与特定产品配对。整个制作过程只需30分钟就可以完成，而且产品上会贴有“专属标签”，标有消费者姓名、肤色识别码，方便下次购买。个性化定制产品不仅可以减少浪费，还可以减少运输和储存成本，为消费者带来更好的产品和体验。未来，个性化定制配方和服务有望成为化妆品主流，由主要直接面向消费者的品牌牵头，收集实时数据以调整配方。

5. 节约包装材料以推动化妆品的可持续发展成为一种时尚

塑料和玻璃材质的包装坚固、耐用，但可回收率较低。建设节约型社会已成为全人类的追求，据此，推出了一些可生物降价的包装材料。例如，欧舒丹的包装瓶和外包装都采用生物材料，减少了90%的塑料使用量；香奈儿投资的Sulapac公司推出由木材和天然生物聚合物制成的包材，具有工业可堆肥性。Lush推出了一款没有包装瓶的洗发水棒，指出如果人人使用该产品，每年至少可以节省5.52亿个洗发水瓶；Lancome Absolute L’ Extrait系列提供可重复使用的包装瓶，加上2个补充装。我国的朵拉朵尚也推出含有2个补充装的气垫，这些与购买3瓶（或个）传统产品相比，可以减少58%的产品重量和包材，对节省资源、推动可持续发展具有非常积极的作用。

另外，由于大部分美容产品成分中70%都是水分，近年来，一些化妆品品牌通过开发无水替代品来减少水的使用量以及运输和储存成本。有公司开发出一种无水产品，将水添加到单剂量滴剂中，可选择性变成洗发水、护发素、洗手液甚至洗衣粉等多种产品之一。这一技术增强了消费者的新鲜感，消费者可按照说明“配制”所需产品，体验创造的乐趣。

总之，围绕建设节约型社会的主题，利用可再生资源，与基因工程技术、生物医学材料与组织工程相结合，开发安全、健康、高效、多功能的日用化学品已经成为行业未来发展的主流方向。

思考题

1. 什么是日用化学品？ 日用化学品的生产特点有哪些？
2. 举例说明常见的日用化学品有哪些？ 化妆品和洗涤剂分别是如何定义的？
3. 简述洗涤剂的发展历程。 你了解的液体洗涤剂有哪些？
4. 如何认识化妆品的发展趋势？ 查资料说明美白剂和抗衰剂各自的特点。

第一章

洗涤剂的组成与复配规律

溶质可以使溶剂表面张力发生变化，有些溶质可以使表面张力增大，有些则可使其减小。根据物质的浓度对溶剂表面张力影响的规律，可将物质分为三大类，如图 1-1 所示。第一类物质会使溶剂的表面张力略为升高，属于此类物质的有强电解质如无机盐、酸、碱，以及某些含羟基较多的化合物如糖类；第二类物质会使溶剂的表面张力逐渐下降，如低碳醇、羧酸等有机化合物；少量的第三类物质会使溶剂表面张力急剧下降，但降低到一定程度后便下降很慢，或者不再发生变化。有时由于液相中出现杂质，会使表面张力曲线出现最低值，如图 1-1 中虚线所示，例如在 25℃的水中加入 0.1%（质量分数，本书中无特殊说明时，百分数均指质量分数）的油酸钠，即可将水的表面张力从 $72mN \cdot m^{-1}$ 降低到 $25mN \cdot m^{-1}$ 左右。肥皂中的硬脂酸钠、洗衣粉中的烷基苯磺酸钠等都属于此类物质。

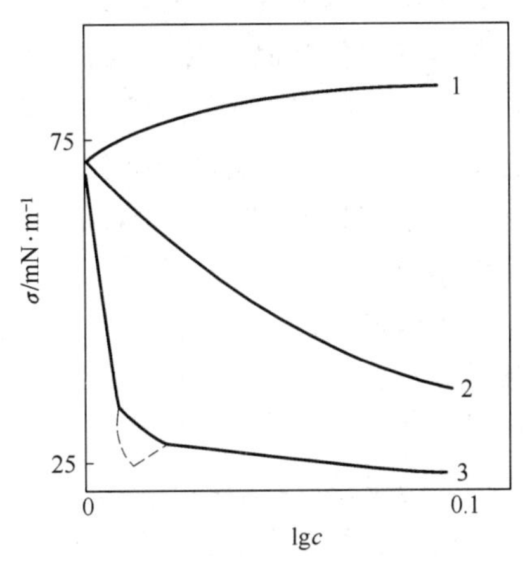

图 1-1　三类物质水溶液的浓度 c 与表面张力 σ 的关系

1—第一类物质；2—第二类物质；3—第三类物质

从这种观点出发，把能使溶剂表面张力降低的性质称为表面活性（对此溶剂而言），而具有表面活性的物质称为表面活性物质。第二、三类物质即为表面活性物质，第一类物质不具有表面活性，称为非表面活性物质。第二、三类物质又有不同的特点。少量的第三类物质能明显地降低溶剂的表面张力，而且在某一浓度下表面张力曲线出现水平线。这类物质称为表面活性剂。

表面活性剂不但能明显地降低表面张力，而且也能明显地降低界面张力。例如向水中加入 $0.001mol \cdot L^{-1}$ 油酸钠，就能将石蜡油-水的界面张力从 $40.6mN \cdot m^{-1}$ 降低到 $7.2mN \cdot m^{-1}$。此外，它具有润湿或反润湿、乳化或破乳、起泡或消泡以及加溶、分散等一系列作用。其根本原因是表面活性剂能改变体系的表面状态。因此，综合而言，表面活性剂可定义为：凡是能够使体系的表面状态发生明显变化的物质，都称为表面活性剂。

洗涤剂是由多种原料复配而成的混合物。洗涤剂的优劣取决于所选原料的品种和质量。洗涤剂品种的发展和各种功能的要求，使洗涤剂所选的原料非常繁多。这些原料可以分为两大类。一类是主要原料，它们是具有洗涤作用的各种表面活性剂；另一类是辅助原料，它们在洗涤过程中发挥着助洗作用或赋予洗涤剂某种功能，如柔软、增白等的辅助原料，一般用量较少，但也有的用量很大，如洗衣粉中的辅助原料硫酸钠的含量可达到50%以上。

本章主要阐述洗涤剂的去污原理，洗涤剂主要原料的性质及其选用规则和复配规律。

第一节　洗涤剂的去污原理

一、污垢的种类和性质

被洗涤对象表面上需除去的表面黏附物（不管是外来的还是本身的，不管与被洗涤物本身有无明显界限）以及不需要的杂质全称为污垢。污垢的种类可以按被洗涤对象来划分，可以按污垢的化学性质划分，也可以按相应的洗涤方法划分。

（一）按被洗涤对象划分污垢

1. 人体污垢

人体污垢主要是人体皮肤分泌出来的油性污垢和皮脂。对内衣油垢进行分析，发现其主要成分是游离脂肪酸、三甘酯、蜡、烃（主要是三十碳五烯）、胆固醇及其脂肪酸酯以及游离脂肪醇等的复杂混合物。其中，以 C_{14}、C_{16}、C_{18} 的饱和与不饱和脂肪酸及其甘油酯最多，几乎占总脂肪酸量的80%，并以棕榈酸和油酸为主。游离脂肪醇，包括 C_{14}～C_{25} 的饱和与不饱和的直链与支链的脂肪醇。烃类是以 C_{27} 左右的直链烷烃为主要成分。蜡的主要成分是 C_{36} 的直链蜡，其中有少量的支链蜡。

2. 被服污垢

被服污垢是指衣帽被褥等纤维物品上的污垢，包括人体分泌的污垢和来自外界的污垢，具体可分为以下几类。

（1）油性污垢　油性污垢是纤维织物的主要污垢成分，这类污垢大都是油溶性的液体或半固体，包括动植物油脂、脂肪酸、脂肪醇、胆固醇、矿物油及其氧化物等。其中动植物油脂、脂肪酸类与碱作用而皂化溶于水。而脂肪醇、胆固醇、矿物油则不为碱所皂化，它们的憎水基与纤维作用力较强，牢固地吸附在纤维上而不溶于水，但能溶于某些醚、醇和烃类有机溶剂，并被洗涤剂水溶液乳化和分散。

（2）固体污垢　被服上的固体污垢有煤烟、灰尘、泥土、沙、水泥、皮屑、铁锈和石灰等。它们与油脂、水混在一起黏附于织物的表面，其粒径一般在10～20μm。固体污垢通常带负电，个别也有带正电的。这类污垢不溶于水，仅能被洗涤剂水溶液分散、胶溶，悬浮于溶液中。

（3）硅污垢　硅污垢的主要来源是表土的泥污，粒度的大小为10～2000μm，粒径在0.1μm以下的污垢吸附在织物上时，用普通的洗涤剂不可能将其完全去除。

（4）炭质污垢　炭质污垢主要来源于烟尘，烟尘粒子的大小为40～200μm，容易吸附在疏水性的合成纤维织物上，使织物的颜色发暗。由于炭质污垢具有很强的吸附性，一般较难去除。

（5）特殊污垢　这类污垢有砂糖、淀粉、食盐、食物碎屑及人体分泌物，如汗、尿、血液、蛋白质、无机盐等。在常温下它们能被渗透而溶于纤维中，其中有的能与纤维发生化学作用而形成化学吸附，难以脱落。

3. 住宅污垢

住宅污垢包括厨房、餐室、浴洗室、日常用具、地毯和地板污垢等。

厨房中的污垢主要是油质污垢和洒落的食物、烟灰、尘土等。浴洗室中的污垢主要是尘土、油灰和人体分泌物等。地板污垢主要是油污、烟垢、蜡和尘土等，与日常用具和织物上的污垢大致相同。地毯污垢可分为无机物粉末（如沙、黏土、石英、长石、石灰、石膏、磷灰石等）、有机物（如动植物纤维、树脂、胶、淀粉、油脂、橡胶、焦油、人体分泌物等），水分和不明物质。

4. 餐具和炊具污垢

餐具包括陶器、瓷器、玻璃器皿、金属器皿，炊具包括锅、刀、炉灶等。餐具和炊具的污垢主要是尘土、煤灰、食物残渣、手垢、细菌及油脂污垢等，另外，还可能有肥料、农药、寄生虫卵甚至病菌，它们对餐具和炊具造成严重的污染。

5. 工业污垢

工业污垢的种类和成分随着科技和工业的发展迅猛增加。通常认为，污垢是被洗涤对象表面上黏附的外来的有害物质。但工业污垢则不尽然，比如铁锈，在电镀操作前，需洗去锈层，而锈层不是外来物。又如棉花在加工前不仅要洗去外来污物，而且要去掉外壳及胶质，即这些污物与被洗涤体本体没有明显的界限。而且，对于工业污垢来讲，污垢的概念也是相对的，如为了防锈在金属表面涂的防锈油在正常使用状况下不称为污垢，但需要洗涤或进行电镀时，则成为必须洗掉的污垢。

（二）按污垢的化学成分划分

按照污垢的化学成分划分，污垢可分为以下几类。

① 水溶性污垢，如无机盐、糖类、汗及尿等。

② 色素类，如金属氧化物、碳酸盐、硅酸盐和炭黑（煤烟）等。

③ 脂肪，如动物油、植物油、矿物油和蜡等。

④ 蛋白质，如血液、蛋、奶和皮屑等。

⑤ 碳氢化合物，如淀粉。

⑥ 来自下列物质的可漂白物，如水果、蔬菜、啤酒、咖啡和茶等。

（三）按污垢相应的洗涤方法划分

按照污垢相应的洗涤方法划分，污垢可分为以下几类。

① 能溶于某酸的污垢，能溶于某碱的污垢。

② 水溶性污垢，如钾、钠的无机有机盐，麦粉，细菌和某些果汁等。

③ 水分散污垢，如水泥、石膏、石灰、尘土等无机污垢，润滑油、煤焦油、涂料、油脂、沥青等有机污垢，不溶于水也不溶于有机溶剂，但可以借适当的表面活性力及机械力使其从被洗涤物表面上脱落下来形成分散体或悬浊液而除去。

④ 不溶于水的污垢，这一类污垢不溶于水，但大多数能溶于有机溶剂的物质，加入表面活性剂并施加机械力可以产生乳化、分散的效果。如油脂，本身虽然不溶于水，但在洗涤剂中的助剂——碱的存在下能形成水溶性的脂肪酸钠（肥皂）。这种物质具有表面活性，有助于洗涤。

污垢往往不是单独存在，而是混合在一起黏附在织物或其他被洗涤体上，有时在外界的影响下还会氧化分解，或在微生物的作用下分解和腐败，导致更为复杂的结构。

二、污垢的黏附

关于污垢的附着状态，可用扫描电子显微镜进行观察。污垢在被洗涤对象表面上的黏附方式多种多样，大致有以下几种。

（1）机械黏附　主要指的是固体尘土黏附的现象。黏附力依污垢的性质及被洗涤物表面的特征（如织物的粗细、纹状）和纤维特性不同而不同。在洗涤时，依搅动和振动力的大小不同，污垢的脱落程度也不一致。以机械力结合的污垢几乎可以用单纯的机械方法去掉，但当污垢的粒子小于 $0.1\mu m$ 时，就很难去掉。夹在纤维中间和凹处的污垢有时也难以去除。

（2）分子间力黏附　被洗涤物和污垢以分子间范德华力（包括氢键）结合。衣料纤维中含羧基、羟基、酰氨基等活性基团，这些基团和污垢中的脂肪酸、脂肪醇形成氢键而吸附油性污垢，油性污垢又吸引固体粒子，特别是容易黏附易聚合的不饱和油脂和易固化的流动态塑料类，使得污垢的去除变得相对困难。

（3）静电力黏附　一些固体如纤维素或蛋白质纤维表面在中性或碱性溶液中带有负电，而有一些固体污垢粒子在一定条件下带有正电，如炭黑、氧化铁等，它们表现出很强的静电吸引力而产生黏附。另外，水中含有的钙、镁、铁、铝等金属离子在带负电的表面（如纤维）和带负电的污垢粒子之间形成多价阳离子桥，从而使带负电的表面黏附上带负电的污垢。静电结合力相对比机械力强，因而污垢的去除相对难些。这类污垢可用表面活性剂或有机溶剂除去。

（4）化学结合力　污垢和被洗涤体发生化学结合，形成离子键或共价键，比如铁锈。这类污垢需要采用特殊的化学处理方法使之溶解去掉。

三、污垢的去除

（一）去除污垢的作用

污垢的去除主要包括化学作用和物理作用。污垢的去除一般依靠以下几种作用。

1. 溶解和分散作用

对污垢起溶解和分散作用的主要是水和有机溶剂，它们在溶解和分散污垢的同时还具有媒介作用。

水是良好的洗涤媒介，但它有以下缺点：①水对油脂类的污垢不具有溶解和分散能力，在洗涤时必须添加表面活性剂和助剂；②水的表面张力很大，把带有污垢的织物投入水中浸渍时，水不太容易渗入织物的组织内，同时也难浸润附着在纤维上的污垢；③水中含有多种盐类，如+1 价的钾、钠，+2 价的钙、镁、铁，+3 价的铝等金属的碳酸盐、碳酸氢盐、硫酸盐、硝酸盐、硅酸盐，还有它们的氧化物，其中+2 价以上的金属盐和肥皂反应后生成不溶于水的金属皂，这种金属皂不具有去污能力，对去污不利，在使用肥皂洗涤时不仅降低肥皂的去污能力，而且这种金属皂很容易沉积在被洗物表面上，使被洗物的光泽和色调等减退，触感变硬。

溶剂特别是对油性污垢溶解力强的溶剂，广泛用于工业清洗，在家庭洗涤方面主要是作为干洗剂使用。乙醇之类的亲水性溶剂比水更容易分散油性污垢，所以常把乙醇配成水溶液，洗涤油性小的污垢和水溶性污垢。

（1）溶剂的利用和溶解的范围　污垢的化学性质和溶剂的溶解力之间存在着互相选择和适应的关系。对于单一化学成分形成的污垢，使用溶解力最强的溶剂时，用最少的溶剂量可得到最大的去污效果。由于一般污垢的组成成分是复杂的，因此，对于溶剂的选择，须针对污垢各种成分的性质和含量，选择相适应的溶剂。例如织物上的污垢有亲水性的污垢和亲油性的污垢，组成成分很广泛。如果只靠水的溶解力就洗不掉油性污垢，如果单纯使用亲油性溶剂就洗不掉水溶性污垢。又如，干洗用的溶剂、四氯乙烯之类的合成溶剂比石油类溶剂的溶解范围宽。不加其他助剂，单独使用溶剂干洗时，四氯乙烯之类的合成溶剂可以洗掉多种类型的污垢。

另外，由于污垢成分的种类多，为了把污垢全部洗掉，常需用多种溶剂配合使用以扩大溶解范围。这时，应注意互相混合的溶剂的溶解特性应相近，例如能够溶解食盐的水和能够溶解油脂的石油类溶剂，由于溶解特性并不相近，就不具有可混用性。在这种情况下，就要利用表面活性剂的乳化作用和增溶作用，把水和石油类溶剂做成乳状液，以便同时发挥两者的溶解特性。在工业洗涤和干洗领域，就是利用这个原理配制成各种工业用洗涤剂和干洗剂。

溶剂的溶解力与温度有很大关系，提高溶剂的温度，可以使溶解速度和溶解力成倍增加。但是，为了提高溶解力而提高温度时，要注意不至于因此而使溶剂发生变化。

（2）溶剂的种类 出于安全性方面的考虑，适宜家庭用的溶剂种类比较少，主要有以下几类。

① 烃类。烃类溶剂的价格比较便宜，而且对油脂类的溶解性良好，是常用的溶剂。煤油是这类溶剂的代表，也是干洗剂的主要溶剂。此外，如石油醚、环己烷等主要用于擦掉织物上的污斑。这类溶剂的共同缺点是易燃易爆，使用时要特别注意避免明火。

② 氯代烃类。这类溶剂也是常用的溶剂，特别是三氯乙烯和四氯乙烯等主要用于干洗剂和其他洗涤用溶剂。这类溶剂虽然有不燃或难燃的特点，但它们的毒性比一般溶剂的大，特别是四氯化碳的毒性最强，家庭不宜使用。1,1,1-三氯乙烷是低毒性的溶剂，可代替三氯乙烯，但缺点是与水共存时容易水解。

③ 醇类。醇类毒性较低，乙醇和异丙醇的毒性低，可作为厨房用洗涤剂的溶剂。甲醇的口服毒性很强，最好不要使用。醇类同样也具有易燃性，使用时，要注意避免明火。大部分醇类是水溶性的，属于亲水性溶剂，对油脂的溶解力较差，和水混合后可增加水的溶解范围。另外，多元醇类溶剂的用途范围很广，对油脂的溶解性比一元醇类的强。

④ 酮类。丙酮是水溶性溶剂，它对油脂的溶解力比醇类强，毒性小、易燃。丁酮也是水溶性溶剂，但其亲油性比丙酮强。

⑤ 氯代氟代烃类。这类溶剂难燃、毒性低，是比较安全和稳定的溶剂，可作为洗涤溶剂，也可作为家庭用喷雾型溶剂使用。由于它的气体在空气中大量扩散，破坏大气中的臭氧层，使紫外线的透过量增加，诱发皮肤癌症，因此，国际上已限制或禁止使用这类溶剂作为气雾剂的原料，而使用丙烷-丁烷混合物等代用品。

2. 表面活性作用

在洗涤剂中，发挥表面活性作用的主体是表面活性剂。

表面活性剂对去污起主要作用。助剂本身虽然不具有表面活性作用，却能增强表面活性剂的作用。在洗织物用的肥皂中添加碳酸钠，可使纯水的表面张力显著降低。一方面，碳酸钠可使酸性或硬度高的洗涤用水中的钙生成碳酸钙沉淀，这样可使洗涤用水软化，提高肥皂的去污力，这种效果主要来源于碳酸钠的化学作用。另一方面，肥皂具有起泡作用、降低表面张力作用和油的乳化作用，这些作用互相配合、协作，共同发挥去污作用。

3. 化学反应作用

酸、碱、氧化剂、还原剂等药品的化学反应也有重要的去污作用。在工业清洗方面，一般使用硫酸、盐酸、烧碱等强酸、强碱类，洗掉金属表面的锈、水垢和油污等。而家庭洗涤一般用弱酸或弱碱，化学反应作用比较温和。例如，洗涤织物上的混合污垢，有时可使用氨水，利用氨水同污垢中的脂肪酸中和生成皂来洗涤，效果比较好。

氧化和还原作用是家庭用洗涤剂中常有的化学反应。例如，漂白效应就是氧化和还原反应的结果，使用时需根据使用目的适当调节洗液浓度、温度和反应时间。许多氧化剂还具有较强的杀菌作用，特别是次氯酸钠，经常用于炊具和餐具等洗净后的杀菌。

4. 吸附作用

吸附作用去除污垢的机理主要是利用同污垢有亲和性的某种物质将附着在被洗物上的污垢吸附到某种亲和性物质的表面。一般使用比表面积大的胶体粒子为吸附剂。例如，厨房用和擦洗玻璃用的去污粉中的活性白土、洗衣粉中的淀粉等都属于有机高分子胶体粒子。这些胶体粒子对污垢的吸附具有选择性。一般使用活性炭吸附溶液中的污垢。另外，为了防止从纤维上脱离的污垢重新附着到纤维上，需添加抗再沉淀剂。这种助剂吸附在纤维的表面上，可以防止污垢粒子再附着到纤维表面上。

5. 物理作用

仅仅将被洗物浸泡在含有表面活性剂和助剂的洗涤液中并不能充分发挥洗涤效果，还要施加适当的物理作用。物理作用主要是为了提高洗涤剂与纤维的接触面积，利用机械力促使污垢从纤维上脱离和移走。在施用物理作用力时，应防止被洗物的损伤，且使被洗物的每个部位受力均等。

加热也是一种重要的物理作用。一般化学反应的温度每上升 10℃，其反应速度增加一倍。对不同种类的纤维进行加热洗涤，可以使纤维的表面迅速润湿膨胀，从而提高洗涤效果。但是，加热洗涤时必须注意加热温度，既不损伤被洗物，又能在该温度下充分发挥洗涤剂的洗涤效果。

6. 酶的分解作用

动植物生物体内的酶是一种高分子有机化合物，对生物体内许多物质的分解和合成具有催化作用。在洗涤过程中，可借助酶的这种作用达到去污的目的。在洗涤剂中使用的酶属于加水分解酶类。

（二）污垢的去除过程

被洗物、污垢和洗涤剂构成去污体系。洗涤过程一般可简化成式(1-1)

$$F \cdot S + D \longrightarrow F + S \cdot D \tag{1-1}$$

其中，F 代表被洗物；S 代表污垢；D 代表洗涤剂，一般是水或水加洗涤剂的溶液以及溶剂等，它的作用是将洗涤剂传送到被洗物和污垢的界面，再将脱落下来的污垢分散和悬浮起来。污垢的去除过程可分为以下 3 步。

1. 润湿被洗物表面

首先用洗涤剂润湿被洗物表面，不同质地的被洗物的润湿性能有所差异。表 1-1 列出了一些纤维材料的临界润湿表面张力及其与水的接触角。从表中可以看出，除了聚四氟乙烯、聚丙烯等非极性材料外，其余材料的接触角都小于 90°，临界湿润表面张力均在 30mN · m^{-1} 以上，这也是洗涤剂能很好地润湿这些材料表面的原因。

表 1-1 一些纤维材料的临界润湿表面张力及其与水的接触角

纤维材料	20℃临界表面张力/mN·m^{-1}	接触角/(°)
聚四氟乙烯	18	108
聚丙烯	29	90
聚酯	43	81
尼龙-66	46	70
聚丙烯腈	44	48
再生纤维素	44	38

2. 油污从物体表面去除

一般，油垢呈薄膜状附着在被洗物的表面。在洗涤过程中，油污呈液滴状从被洗物表面脱离，这也是油污去除的“卷缩”机理。表面活性剂在油污的“卷缩”过程中起着重要的作用。

为了把问题简化，可以把被洗物看作平滑的固体表面，上面附着的是液体的油性污垢。在被洗物的固体、油、空气三相的界面上，油的接触角是 0°，将其放在洗液中（表面活性剂的稀溶液）浸渍后，会发生如图 1-2 的变化，即随着时间的延续而卷缩。在卷缩的某一时刻，如图 1-3 所示，油滴的接触角是 θ，在平面固体 S 上由水相 W 围绕。在固相、油相和水相的三相界面线上（在断面图上是点）油滴受挤压，其卷缩力为 R。

$$R=\gamma_{OS}-\gamma_{WS}+\gamma_{OW}\cos\theta \quad (1\text{-}2)$$

$$\Delta j=\gamma_{OS}-\gamma_{WS} \quad (1\text{-}3)$$

式中 Δj——固体上油相在每单位面积的水相上放置时表面张力减少的量。

油的卷缩力可简化为

$$R=\Delta j+\gamma_{OW}\cos\theta \quad (1\text{-}4)$$

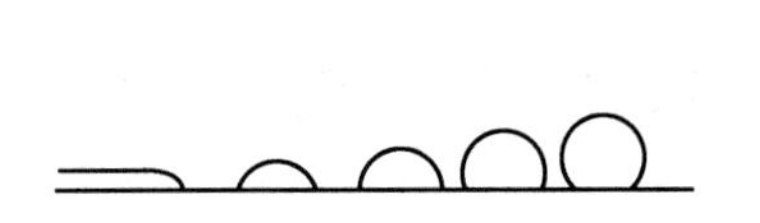

图 1-2 油性污垢从左向右进行卷缩

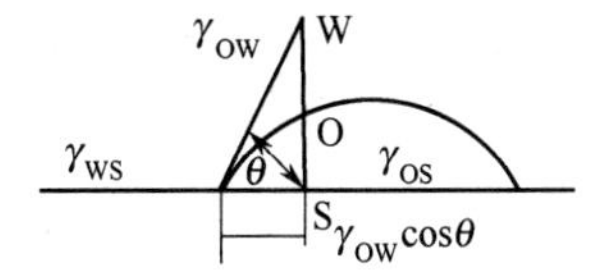

图 1-3 卷缩过程的断面

γ—表面张力；S—固相；W—水相；O—油相

在空气中，油的接触角几乎近似于 0°，但在洗涤过程中，由于织物吸附了表面活性剂，γ_{WS}变小，而 Δj 变大。R 是正值时，油滴被挤压，θ 随时间的延续而增大，θ 超过 90°时，式(1-4) 的第二项是负值，随 θ 的增大第二项的绝对值变大。此时，有两种情况：①$\Delta j>\gamma_{OW}$时，接触角 θ 从 0°变到 180°，R 均为正值，且逐渐减小，当 $\theta=180°$时，则完全变成球形而卷离。②$\Delta j<\gamma_{OW}$时（实际上这种情况多），随着接触角增加，R 逐渐减小，直到接触角到达某一个值 θ_0 时，$R=0$，卷离停止，即式(1-4) 变成式(1-5)。

$$-\cos\theta_0=\Delta j/\gamma_{OW} \quad (1\text{-}5)$$

θ_0 是水溶液前进、油后退时的平衡接触角。当平衡接触角 θ_0 大于 90°时，在洗液中按照水力动力学的规律，由流动而产生的相对密度差产生了浮力，油滴则如图 1-4 按从左向右的状态进行，而 θ_0 几乎保持一定，油在被洗物上附着的面积逐渐变小。根据水力动力学规律，油滴容易发生变形，由于吸附表面活性剂，γ_{OW}显著降低。但是在亲油性的被洗物表面上的油性污垢，平衡接触角 θ_0 保持在 90°以下时，由于水的力学作用，油滴被拉长，接触角变小，并破碎，大部分油被除去，接触角 θ_0 范围内的小油滴残留在织物上，从卷缩理论上看，油污的除去并不完全（见图 1-5）。要除去这些小油滴，需要做更多的机械功，或者借较浓的表面活性剂溶液对油的增溶作用而除去。一般来说，被洗物的表面亲水性越强，油污越容易被卷离。

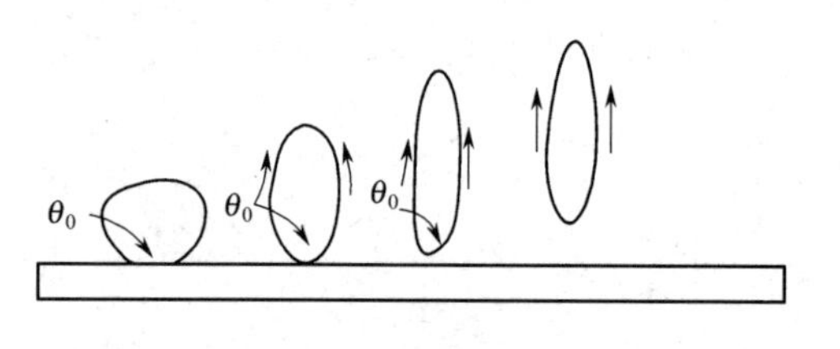

图 1-4 由于水的流动与浮力，油滴完全除去（θ_0＞90°时）

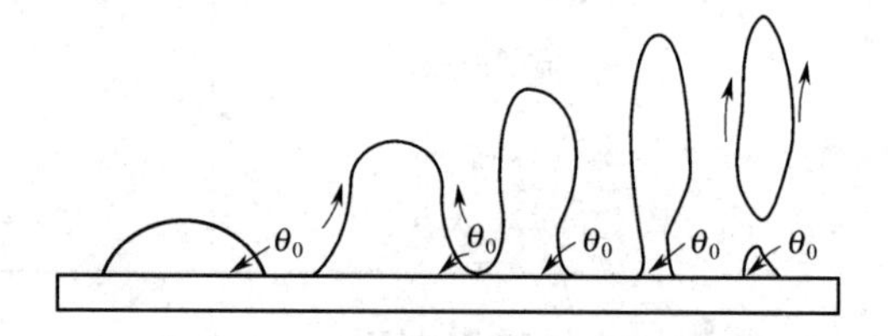

图 1-5 由于水的流动与浮力作用，大油滴不完全除去（θ_0＜90°时）

3. 洗脱的油污进入洗液介质

洗涤过程的第三步是被洗脱的油污进入洗液介质中，呈 O/W 型乳液而分散。当洗涤液排放时，油污同时被排放掉。

四、去污力的评定

对于不同类型的洗涤剂，其去污力的评定方法不同。我国目前可参考的标准有衣料用洗涤剂去污力及循环洗涤性能的测定标准（GB/T 13174—2008，适于衣料用洗涤剂，包括粉状、液体及膏状产品）、手洗餐具用洗涤剂国家标准（GB/T 9985—2000，适于洗涤蔬菜、水果、餐具的洗涤剂）以及水基金属清洗剂行业标准（JB/T 4323—2019，机械行业标准）和通用水基金属净洗剂企业标准（QB/T 2117—1995）等。

1. 织物用洗涤剂去污力测定

织物用洗涤剂采用光学白度法，使用瓶式去污机进行测定，如 QW 型去污机。具体方法是：将人工制备的污布放在盛有洗涤剂硬水的玻璃瓶中，瓶内还放有橡皮弹子，在机械转动下，人工污布受到擦洗。在规定温度下洗涤一定时间后，用白度计在一定波长下测定污染棉布试片洗涤前后的光谱反射率，并与空白进行对比。

中国标准人工污垢组成如下：①混合油（蓖麻油∶液体石蜡∶羊毛脂＝1∶1∶1）5g；②卵磷脂 10g；③炭黑污液 500ml；④50％乙醇 50ml。炭黑污液的组成为：炭黑 2.3g，阿拉伯树胶 3.2g，95％乙醇 760ml，水 750ml。

用白度计测定人工污染过的污布洗涤前后的白度，经计算即可得出所用洗涤剂的去污率。去污率的计算采用下列公式

$$\text{去污力}=\frac{\text{洗后白度}-\text{洗前白度}}{\text{白布白度值}-\text{洗前白度值}}\times 100\% \qquad (1\text{-}6)$$

$$\text{去污指数}=\frac{\text{样品去污值}}{\text{标准去污值}} \qquad (1\text{-}7)$$

2. 餐具洗涤剂去污力的测定

餐具洗涤剂去污力的测定包括人工污垢的配制、盘上涂污、洗涤和去污力测定几个步

骤。其中人工污垢的配方为

原料	质量分数/%
炼熟猪油	15
小麦粉	15
全蛋粉	7.5
全脂乳粉	7.5
蒸馏水	55

将人工污垢涂于盘子上，而后洗涤，因为洗下的污垢能消除洗涤剂的泡沫，所以按泡沫消失至一半作为洗涤的终点。于是不同洗涤力的洗涤剂可以洗出不同数量的盘子，盘子数则为实验结果。再与标准餐具洗涤剂的洗盘数比较，从而得出去污力值。

另外，关于餐具洗涤剂中酶的效果的评价方法较多。例如，某些蛋白质残留较难去除，特别是煮得半熟的鸡蛋。检测方法是将蛋白质涂在盘子上，煮沸，使之变性，用目测法评价蛋白膜去除效果。

3. 金属清洗剂去污力的测定

实验步骤包括金属试片的制备、打磨、清洗，人造油污的配制、涂覆，在摆洗机上浸泡、摆动、漂洗、干燥、称量，最后计算。

人造油污的配方

原料	质量分数/%
石油磺酸钡	8
羊毛脂镁皂	3.5
羊毛脂	2
工业凡士林	30
20# 机油	24.5
30# 机油	12
钙基脂	2
三氧化二铝（层析用，80～320目）	8

$$去污力=\frac{涂污试片质量-涂污试片清洗后的质量}{涂污试片质量-试片质量}\times 100\% \tag{1-8}$$

4. 自然污垢评定法

对于去污力还有一些实际的评定法。比如自然污染布的调制方法是用白衬衫假领子缝在工作服衣领上。穿一星期后，脖颈上的污垢黏附在假领上，收集大量污染假领进行洗涤实验。将假领左右两片拆开，编上同样号码，用不同洗涤剂作对比实验，用不同季节、不同穿着时间得到的假领做洗涤力评价。

美国有的洗涤剂厂用白衬衫实验法，即星期一至星期五每天上班时发给经选择的实验人员穿上白衬衫一件，下午下班交回，洗涤后再穿上，如此持续两个月，用同一洗涤剂洗涤，最后剪下衣领，用标准洗涤剂洗涤的衬衫进行评价。

5. 其他专用洗涤剂的评价方法

一些专用的洗涤剂如洗发香波不考虑去污力。玻璃清洗防雾剂可用规定的污垢涂于玻璃表面，清洗后的水在冻点以下测其透光度，即可得到产品的去污和防污综合效果。

第二节　洗涤剂常用的表面活性剂

表面活性剂是各种洗涤剂的主要活性物，其种类繁多，结构复杂。通常根据其特征，分为阴离子表面活性剂、阳离子表面活性剂、两性表面活性剂和非离子表面活性剂。本节重点介绍洗涤剂中常用的表面活性剂及其特征。

一、表面活性剂的特征

表面活性剂的种类繁多，结构复杂，但从分子结构的角度归纳起来，所有的表面活性剂都具有“双亲结构”和“亲油基团和亲水基团强度的相互平衡”两个特征。

1. 表面活性剂分子中的“双亲结构”

任何一种表面活性剂，其分子都是由两种不同的基团组成：一种是非极性的亲油基团（疏水）结构；另一种是极性的亲水（疏油）基团。这两种基团处于分子的两端而形成不对称的分子结构。这样，它既有亲油性又有亲水性，形成一种所谓的“双亲结构”。

表面活性剂的主要亲油、亲水基团列于表 1-2 中，它们之间的结合可形成双亲结构的分子，但不一定都具有表面活性，只有亲水、亲油强度相当时，才可能是表面活性剂。

表 1-2 表面活性剂的主要亲油、亲水基团

亲油基团		亲水基团	
烃基	R—	羧酸钠	—COONa
烷乙烯基	R—CH═CH—	羟基	—OH
烷苯基	RPh—	磺酸钠	$—SO_3Na$
脂肪酸基	RCOO—	硫酸钠	$—OSO_3Na$
脂肪酰氨基	RCONH—	磷酸钠	$—PO_3Na_2$
脂肪族醇基	RO—	季铵基	$—N^+R_3$
脂肪族氨基	RNH—	氰基	—CN
烷基马来酸酯	$ROOC—CH_2—$	巯基	—SH
烷基酮基	$R—CO—CH_2—$	卤基	—Cl、—Br
聚氧丙烯基	$—O(CH_2CHCH_2O)_n—$	氧乙烯基	$—CH_2CH_2O—$

2. 亲油基团和亲水基团强度的相互平衡

一个良好的表面活性剂，不但具有亲油及亲水基团，同时它们的亲水、亲油强度必须匹配。亲油性太强，会完全进入油相；亲水性太强，会完全进入水相。只有具有适宜的亲油亲水性，才能聚集在油-水界面上定向排布，从而改变界面的性质。亲油基的强度除了受基团的种类、结构影响外，还受烃链的长短影响；亲水基的强度主要取决于其种类和数量。图 1-6描述了 30℃下加入不同碳原子数的脂肪酸钠引起石蜡-水界面张力的变化情况。当碳原子数较少时，如甲、乙、丙、丁、戊酸盐的表面张力变化不明显，去污力差，不是表面活性剂；只有当碳原子达到 8～20 时，脂肪酸钠才呈现出明显的表面活性；当碳原子数超过一定数目时，由于它变成不溶于水的化合物而失去表面活性作用。若亲油基是支链或支链烷烃，则以 8～20 个碳原子为合适；若亲油基为烷烃基苯基，则以 8～16 个碳原子为合适；若亲油

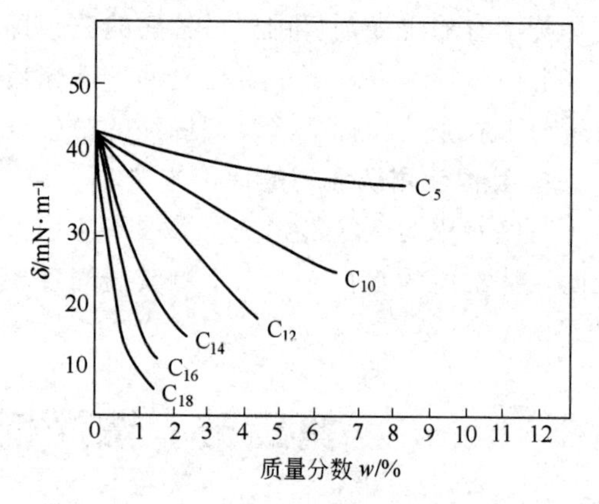

图 1-6 不同碳原子数的脂肪酸钠对石蜡-水界面张力的影响（30℃）

基为烷烃基萘基，则烷基数一般为两个，每个烷基碳原子数在3个以上。

二、阴离子表面活性剂

阴离子表面活性剂溶于水中时，分子电离后亲水基为阴离子基团，如羧基、磺酸基、硫酸基，在分子结构中还可能存在酰氨基、酯键、醚键。疏水基主要是烷基和烷基苯，常见的阴离子表面活性剂的主要品种有以下几类。

1. 羧酸盐

羧酸盐类表面活性剂俗称脂肪酸皂，化学通式为RCOOM，其中$R=C_8\sim C_{22}$，M为K^+、Na^+、$HN^+(CH_2CH_2OH)_3$等。

羧酸盐是用油脂与碱溶液加热皂化而制得的，也可用脂肪酸与碱直接反应而制得。由于油脂中脂肪酸的碳原子数不同以及选用碱剂的不同，所制成的肥皂的性能有很大差异。具有代表性的脂肪酸皂是硬脂酸钠（$C_{17}H_{35}COONa$），它在冷水中溶解缓慢，且形成胶体溶液，在热水及乙醇中有较好的溶解性能。脂肪酸皂的碳链愈长，其凝固点愈高，硬度愈大，但水溶性愈差。

就同样的脂肪酸而言，钠皂最硬，钾皂次之，铵皂较柔软。钠皂和钾皂有较好的去污力，但其水溶液碱性较高，pH值约为10，而铵皂水溶液的碱性较低，pH值约为8。用于制造各类洗涤用品的脂肪酸皂都是不同长度碳链的脂肪酸皂的混合物，以便获得所需要的去污力、发泡力、溶解性、外观等。这类表面活性剂虽有去污力好、价格便宜、原料来源丰富等特点，但它不耐硬水、不耐酸、水溶液呈碱性。

2. 烷基硫酸酯盐

烷基硫酸酯盐的化学通式为$RO—SO_3M$，其中$R=C_8\sim C_{18}$，M通常为钠盐，也可能是钾盐或铵盐。烷基硫酸酯盐的制备方法是将高级脂肪醇经过硫酸酸化后再以碱中和。这类表面活性剂具有很好的洗涤能力和发泡能力，在硬水中稳定，溶液呈中性或微碱性，它们是配制液体洗涤剂的主要原料。其中最主要的品种是月桂醇硫酸钠，商品代号为K_{12}，结构简式为$C_{12}H_{25}O—SO_3Na$，白色粉末，可溶于水，可用做发泡剂、洗涤剂等。

如果在烷基硫酸酯的分子上再引入聚氧乙烯醚结构，则可以获得性能更优良的表面活性剂，这类产品中具有代表性的是月桂醇聚氧乙烯醚硫酸酯钠，其结构简式为$C_{12}H_{25}(OCH_2CH_2)_n—OSO_3Na$，俗称AES。由于聚氧乙烯醚的引入，使得月桂醇聚氧乙烯醚硫酸钠比月桂醇硫酸钠水溶性更好，其浓度较高的水溶液在低温下仍可保持透明，适合配制透明液体香波。月桂醇聚氧乙烯醚硫酸盐的去油污能力特别强，可用于配制去油污的洗涤剂，如餐具洗涤剂。该原料本身的黏度较高，在配方中还可起到增稠作用。

将非离子表面活性剂单月桂酸甘油酯经硫酸酸化后，再中和，可制得单月桂酸甘油酯硫酸钠，其结构简式为

$$C_{11}H_{23}\underset{\underset{O}{\|}}{C}OCH_2CHOHCH_2OSO_3Na$$

该产品易溶于水，水溶液呈中性，对硬水稳定，其发泡性和乳化作用均好，去污力强，适用于配制香波等高档液体洗涤剂。

3. 烷基磺酸盐

烷基磺酸盐的通式为$R—SO_3M$，其中R可以是直链烃、支链烃或烷基苯，M可以是钠盐、钾盐、钙盐、铵盐，这是应用得最多的一类阴离子表面活性剂。它比烷基硫酸酯盐的化

学稳定性更好，表面活性也更强，成为配制各类合成洗涤剂的主要活性物质。烷基磺酸盐的疏水基不同时，可以表现出不同的表面活性，可分别作为乳化剂、润湿剂、发泡剂、洗涤剂等使用。现将烷基磺酸盐中的几种主要产品介绍如下。

（1）烷基苯磺酸钠（直链烷基苯磺酸钠 LAS 和支链烷基苯磺酸钠 ABS） 烷基苯磺酸钠的结构简式为

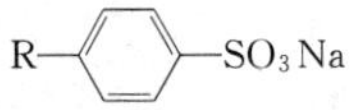

$$R-C_6H_4-SO_3Na$$

它是由烷烃脱氢后直接与苯缩合制得烷基苯，然后用 SO_3 磺化，中和后即得成品。烷基苯磺酸钠具有良好的发泡力和去污力，综合洗涤性能优越，是合成洗衣粉中使用最多的表面活性剂。早期的烷基苯磺酸钠是以丙烯为原料，聚合成四聚丙烯（十二烯），再与苯缩合成十二烷基苯。用这种原料生产的烷基苯磺酸钠虽然润湿能力好，去污能力也好，但不易生物降解，排放后污染环境，因此这种产品已逐渐被用正构烷烃生产的直链烷基苯磺酸钠（LAS）所取代。

（2）仲烷基磺酸钠（SAS） 仲烷基磺酸钠的结构简式为

$$\begin{array}{c} R-CH-R' \\ | \\ SO_3Na \end{array}$$

它是以平均碳原子数为 C_{15}～C_{16} 的正构烷烃为原料而制得的磺酸盐。正构烷烃在紫外线照射下与 SO_2 及 O_2 通过磺氧化法反应生成烷基磺酸，然后用 NaOH 中和得到仲烷基磺酸钠。

$$RCH_2R' + 2SO_2 + O_2 + H_2O \xrightarrow[\text{②NaOH}]{\text{①紫外线}} \begin{array}{c} R-CH-R' \\ | \\ SO_3Na \end{array} + H_2SO_4$$

进行磺氧化反应时，磺酸基可能出现在正构烷基烃基上的任何一个碳原子上，由于仲碳原子比伯碳原子更易发生反应，因此产品的组成主要是仲烷基磺酸钠。用磺氧化法生产的烷基磺酸钠副产品少，色泽浅，适宜用于民用洗涤品。另外，仲烷基磺酸钠的表面活性与直链烷基苯磺酸钠接近，但溶解性能及生物降解性能均优于直链烷基苯磺酸钠。仲烷基磺酸钠的缺点是用它作为主要组分的洗衣粉发黏，不松散，因此只用于液体洗涤剂中。

（3）α-烯基磺酸盐（AOS） 石蜡裂解后得到的 C_{15}～C_{18} 的 α-烯烃用 SO_3 磺化后，再进行中和，便得到 α-烯基磺酸盐，简称 AOS，它的主要成分是烯基磺酸盐[$R-CH=CH-(CH_2)_n-SO_3M$] 和羟基烷基磺酸盐[$R-CHOH-(CH_2)_n-SO_3M$]。

AOS 的去污力优于 LAS，而且生物降解性能好，不会污染环境，且刺激性小，毒性远低于 LAS 及 AS（脂肪醇硫酸酯钠）。AOS 与非离子表面活性剂及阴离子表面活性剂都有良好的配伍性能。AOS 与酶也有良好的协同作用，是制造加酶洗涤剂的良好原料。

4. 烷基磷酸酯盐

烷基磷酸酯盐也是一类重要的阴离子表面活性剂，可以用高级脂肪醇与五氧化二磷直接酯化而制得，所得产品主要是磷酸单酯及磷酸双酯的混合物。

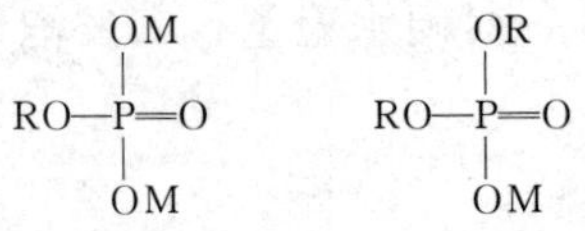

$$\begin{array}{cc} \begin{array}{c} OM \\ | \\ RO-P{=}O \\ | \\ OM \end{array} & \qquad \begin{array}{c} OR \\ | \\ RO-P{=}O \\ | \\ OM \end{array} \\ \text{单酯盐} & \qquad \text{双酯盐} \end{array}$$

不同疏水基的产品以及单酯盐、双酯盐含量不同时，产品性能有较大的差异，使产品适用于乳化、洗涤、抗静电、消泡等不同的用途，如十二烷基磷酸酯钠主要作为抗静电剂，用于具有调理作用的产品中。

十二烷基聚氧乙烯醚磷酸酯盐是一种优良的表面活性剂。它由非离子表面活性剂烷基聚氧乙烯醚与五氧化二磷酯化而得到，结构简式为

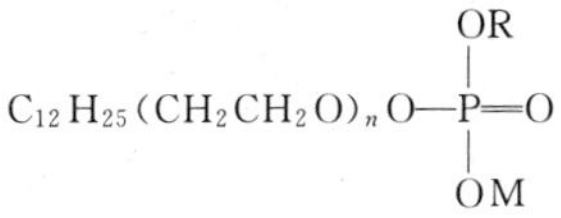

$$C_{12}H_{25}(CH_2CH_2O)_nO-\underset{\underset{OM}{|}}{\overset{\overset{OR}{|}}{P}}=O$$

这是一种黏度很高、去污力很强、适合于配制餐具洗涤剂的表面活性剂。这类磷酸酯盐兼有非离子表面活性剂的特点，因此其综合性能及配伍性能俱佳。

以多元醇酯类非离子表面活性剂衍生的磷酸酯盐，如单月桂酸甘油酯磷酸酯盐，也是综合性能较好的阴离子表面活性剂，用于食品乳化剂、餐具洗涤剂和硬表面清洗剂。

5. 分子中具有多种阴离子基团的表面活性剂

为了改进表面活性剂的性能，随着有机合成技术的进步，可在分子中引入多种离子型官能团，如脂肪醇聚氧乙烯醚磺基琥珀酸单酯二钠。

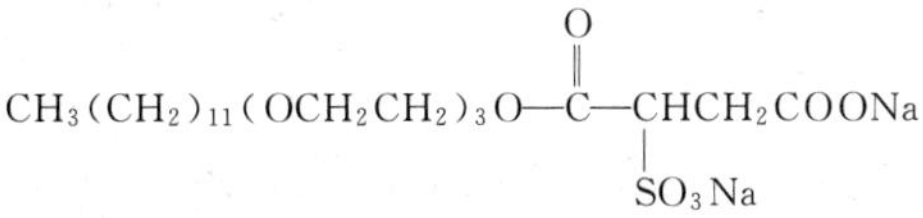

$$CH_3(CH_2)_{11}(OCH_2CH_2)_3O-\overset{\overset{O}{\|}}{C}-\underset{\underset{SO_3Na}{|}}{CH}CH_2COONa$$

这是一种性能温和、生物降解好、发泡力强的表面活性剂。它不仅本身刺激性小，而且在配伍时可以降低硫酸酯类表面活性剂的刺激性，可用于配制高档香波和化妆品。

三、阳离子表面活性剂

阳离子表面活性剂溶于水中时，分子电离后亲水基为阳离子。几乎所有的阳离子表面活性剂都是有机胺的衍生物。

阳离子表面活性剂的去污力较差，甚至有负洗涤效果，一般主要用做杀菌剂、柔软剂、破乳剂、抗静电剂等。日化品中常用的阳离子表面活性剂有以下几种。

1. 季铵盐

季铵盐是阳离子表面活性剂中最常用的一类，一般由脂肪叔胺与卤代烃反应得到。例如用十二烷基二甲基胺与氯苄反应生成十二烷基二甲基苄基氯化铵。

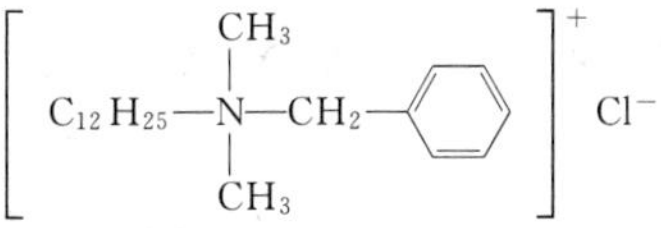

$$\left[C_{12}H_{25}-\underset{\underset{CH_3}{|}}{\overset{\overset{CH_3}{|}}{N}}-CH_2-C_6H_5\right]^+Cl^-$$

这是一种具有杀菌能力的表面活性剂，俗称“洁尔灭”。除此以外，季铵盐表面活性剂还有十六烷基三甲基氯化铵、十二烷基二甲基苄基溴化铵、十八烷基三甲基氯化铵、双十八烷基二甲基氯化铵等。

2. 咪唑啉盐

咪唑啉化合物是典型的环胺化合物。用羟乙基乙二胺和脂肪酸缩合即可得到环叔胺，再进一步与卤代烃反应即得咪唑啉盐表面活性剂。例如

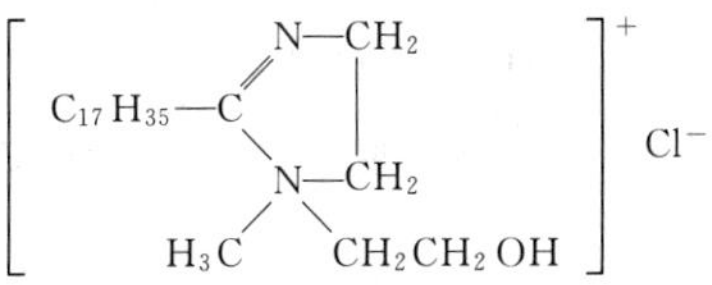

$$\left[C_{17}H_{35}-C\begin{matrix}\diagup\!\!\!\!\!= N-CH_2\\ \diagdown N-CH_2\end{matrix}\quad (N:\ -CH_3,\ -CH_2CH_2OH)\right]^+Cl^-$$

这类表面活性剂主要用做头发滋润剂、调理剂、杀菌剂和抗静电剂，也可用做织物柔软剂。

3. 吡啶卤化物

卤代烷与吡啶反应，可生成类似季铵盐的烷基吡啶卤化物。

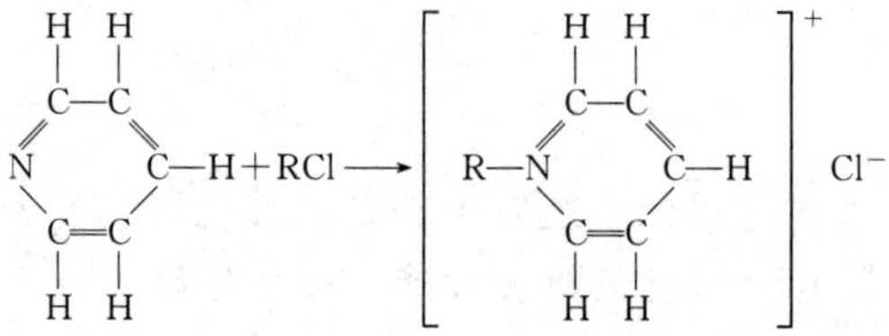

$$C_5H_5N + RCl \longrightarrow [R-NC_5H_5]^+Cl^-$$

十二烷基吡啶氯化铵是这类表面活性剂的代表物，其杀菌力很强，对伤寒杆菌和金黄葡萄球菌有杀灭能力，在食品加工、餐厅、饲养场和游泳池等处作为洗涤消毒剂使用。

四、两性表面活性剂

两性表面活性剂分子中既有正电荷的基团，又有负电荷的基团，带正电荷的基团常为含氮基团，带负电荷的基团是羧基或磺酸基。

两性表面活性剂在水中电离，电离后所带的电性与溶液的pH值有关，在等电点以下的pH值溶液中呈阳性，显示阳离子表面活性剂的作用；在等电点以上的pH值溶液中呈阴性，显示阴离子表面活性剂的作用。在等电点的pH值溶液中形成内盐，呈现非离子型，此时表面活性较差，但仍溶于水，因此两性表面活性剂在任何pH值溶液中均可使用，与其他表面活性剂相容性好。耐硬水，发泡力强，无毒性，刺激性小，也是这类表面活性剂的特点。下面介绍几种常用的两性表面活性剂。

（1）甜菜碱型两性表面活性剂　甜菜碱是从甜菜中分离出来的一种天然产物，其分子结构为三甲胺基乙酸盐。如果甜菜碱分子中的一个—CH_3被长碳链烃基代替就是甜菜碱型表面活性剂，一般由对应的叔胺与氯乙酸钠反应而制得。例如

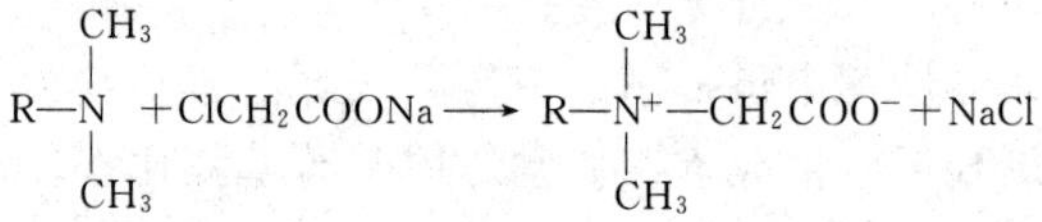

$$R-N(CH_3)_2 + ClCH_2COONa \longrightarrow R-N^+(CH_3)_2-CH_2COO^- + NaCl$$

最有代表性的是*N*-十二烷基-*N*,*N*-二甲基-*N*-羧甲基甜菜碱（简称BS-12）

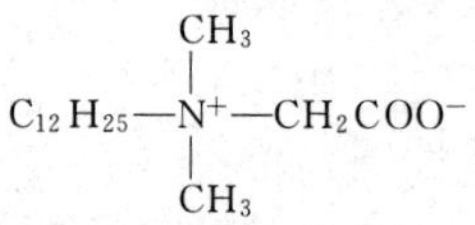

$$C_{12}H_{25}-N^+(CH_3)_2-CH_2COO^-$$

具有酰氨基的甜菜碱性能更为优良，如椰油酰胺甜菜碱

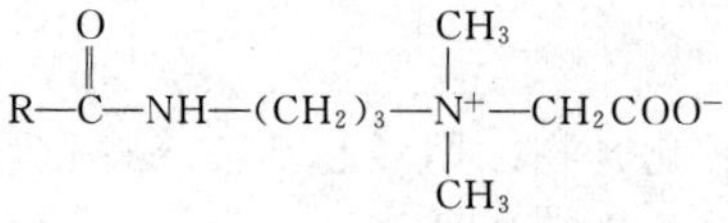

$$R-\overset{O}{\overset{\|}{C}}-NH-(CH_2)_3-N^+(CH_3)_2-CH_2COO^-$$

（2）氨基酸型两性表面活性剂　它是由脂肪胺与卤代羧酸反应而制得，其中具有代表性的产品是十二烷基氨基丙酸（$C_{12}H_{25}NHCH_2CH_2COOH$）。

（3）咪唑啉型两性表面活性剂　它是由咪唑啉衍生物与卤代羧酸反应而制得，如1-羟乙基-2-烷基羧基咪唑啉

$$\begin{array}{c} \qquad\quad N\!-\!CH_2 \\ C_{17}H_{35}\!-\!C \quad\ \ | \\ \qquad\quad N^{+}\!-\!CH_2 \\ HOH_2CH_2C \qquad CH_2COO^{-} \end{array}$$

这是一种优良的表面活性剂，刺激性很小，可用于婴儿香波和洗发香波中，还可用做抗静电剂、柔软剂、调理剂、消毒杀菌剂。

五、非离子表面活性剂

非离子表面活性剂在水溶液中不电离。其分子结构中的亲油性基团与离子型表面活性剂大致相似，但亲水基团是分子中的羟基和醚基。由于非离子表面活性剂在水中不呈离子状态，所以不受电解质、酸、碱的影响，化学稳定性好，与其他表面活性剂的相容性好，在水和有机溶剂中均有较好的溶解性能，利用亲水基中羟基的数目不同或聚氧乙烯链长度不同，可以得到一系列亲水性能不同的非离子表面活性剂，以适应润湿、渗透、乳化、增溶等各种不同的用途。现将常用的几种非离子表面活性剂介绍如下。

1. 聚氧乙烯类非离子表面活性剂

聚氧乙烯类非离子表面活性剂是由高级脂肪醇、高级脂肪酸、烷基酚、多元醇酯等与环氧乙烷加成而制得。它们是非离子表面活性剂中生产量最大、用途最广的一大类表面活性剂。

(1) 脂肪醇聚氧乙烯醚　由脂肪醇与环氧乙烷直接加成而得到，其通式为 $RO(CH_2CH_2O)_nH$，其中 $R=C_{12}\sim C_{18}$，$n=3\sim30$，n 值亦称 EO 数，EO 数较小时用于生产 AES 的原料以及乳化剂，EO 数较大时用于润湿剂或洗涤剂。例如表面活性剂平平加 O（Peregal O）就是这类产品。

(2) 烷基酚聚氧乙烯醚　由烷基酚与环氧乙烷直接加成而得，其通式为

$$R-C_6H_4-O(CH_2CH_2O)_nH$$

其中 R 一般在 12 个碳原子以下，常用的有壬基酚和辛基酚，根据 n 的不同，可制备系列产品，“TX”系列和“OP”系列产品就是这类表面活性剂的商品名称。这类产品最大的特点是化学稳定性好，即使在高温下遇到酸、碱也不会被破坏。

2. 烷基醇酰胺

烷基醇酰胺是分子中具有酰氨基及羟基的非离子表面活性剂。它是由脂肪酸与二乙醇胺反应而制得，例如净洗剂 6501 的合成。

$$C_{11}H_{23}COOH+2HN(CH_2CH_2OH)_2 \longrightarrow C_{11}H_{23}-\overset{\overset{\large O}{\|}}{C}-N(C_2H_4OH)_2 \cdot N(C_2H_4OH)_2$$

合成反应时，其中 1mol 二乙醇胺并未形成酰胺，而是与烷基醇酰胺结合成复合物，使难溶于水的 $C_{11}H_{23}CON(C_2H_4OH)_2$ 变成水溶性，因此这类产品的水溶液呈碱性，在酸性介质中会降低其溶解性能。烷基醇酰胺有较好的洗涤、发泡和稳泡性能，常作为稳泡剂，并且其水溶液的黏度较大，在液体洗涤剂中也可作为增稠剂。

3. 失水山梨醇脂肪酸酯

山梨醇是由葡萄糖加氢还原而得到的多元醇，由于醛基已被还原，因此化学稳定性好。山梨醇与脂肪酸反应时可同时发生脱水和酯化反应。

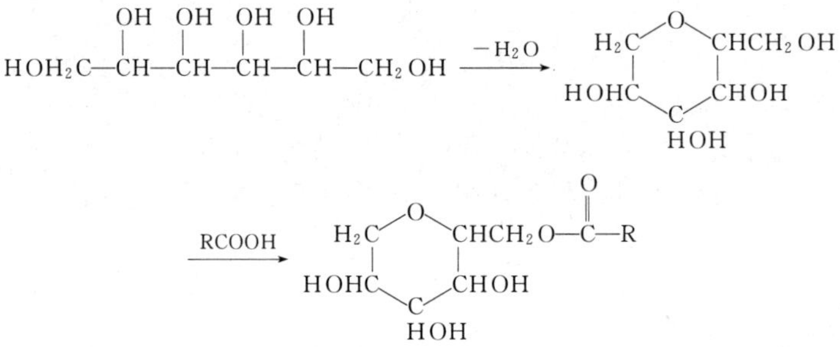

$$HOH_2C-\underset{OH}{CH}-\underset{OH}{CH}-\underset{OH}{CH}-\underset{OH}{CH}-CH_2OH \xrightarrow{-H_2O} \text{(失水山梨醇：环上 } H_2C,\ O,\ CHCH_2OH,\ CHOH,\ C(HOH),\ HOHC)$$

$$\xrightarrow{RCOOH} \text{(失水山梨醇酯：环上 } H_2C,\ O,\ CHCH_2O-\overset{O}{\overset{\|}{C}}-R,\ CHOH,\ C(HOH),\ HOHC)$$

这种失水山梨醇的硬脂酸酯就是乳化剂“斯盘-60”（Span-60）。山梨醇可在不同位置的羟基上失水，构成各种异构体，实际上山梨醇的失水反应是很复杂的，往往得到的是各种失水异构体的混合物。“斯盘”（Span）是失水山梨醇脂肪酸酯表面活性剂的总称，按照脂肪酸的不同和羟基酯化程度的差异，斯盘系列产品的代号如下：

Span-20	$R=C_{11}H_{23}$	单酯
Span-40	$R=C_{15}H_{31}$	单酯
Span-60	$R=C_{17}H_{35}$	单酯
Span-65	$R=C_{17}H_{35}$	三酯
Span-80	$R=C_{17}H_{33}$	单酯
Span-85	$R=C_{17}H_{33}$	三酯

斯盘类表面活性剂的亲水性较差，在水中一般不易溶解。若将斯盘类表面活性剂与环氧乙烷作用，在其羟基上引入聚氧乙烯醚，就可大大提高它们的亲水性，这类由斯盘衍生得到的非离子表面活性剂称为“吐温”（Tween）。吐温的代号与斯盘相对应，即 Span-20 与环氧乙烷加成后成为 Tween-20，Span-40 与环氧乙烷加成后成为 Tween-40，依此类推。Span 与 Tween 混合使用可获得具有不同 HLB 值的乳化剂。由于这类表面活性剂无毒，常用于食品工业、医药工业和化妆品工业中。

4. 氧化胺

氧化胺是一类性能优良的非离子表面活性剂，一般是用脂肪叔胺与双氧水反应而制得。例如，十二烷基二甲基氧化胺的制备反应

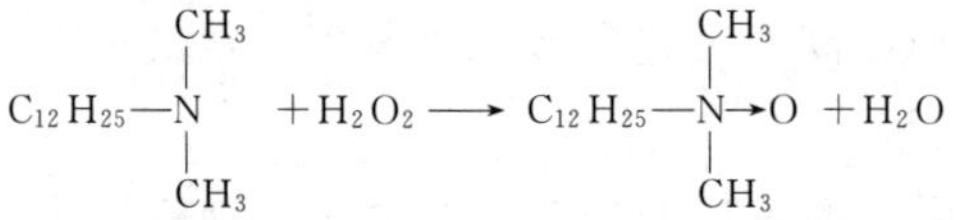

$$C_{12}H_{25}-\underset{CH_3}{\overset{CH_3}{N}} + H_2O_2 \longrightarrow C_{12}H_{25}-\underset{CH_3}{\overset{CH_3}{N}}\rightarrow O + H_2O$$

在氧化胺的长烃链中还可引入酰胺结构，例如椰油酰胺氧化胺（其中 $R=C_7\sim C_{17}$）

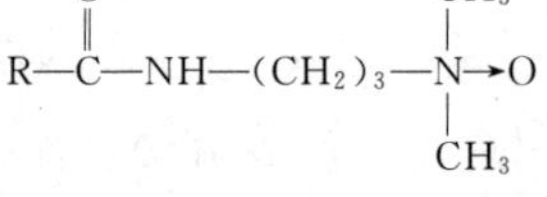

$$R-\overset{O}{\overset{\|}{C}}-NH-(CH_2)_3-\underset{CH_3}{\overset{CH_3}{N}}\rightarrow O$$

氧化胺在中性和碱性溶液中，显示非离子表面活性剂的特性，在酸性溶液中，则显示弱阳离子表面活性剂的特性，在很宽的 pH 值范围内与其他表面活性剂有很好的相容性。

氧化胺在溶液中能产生细密的泡沫，刺激性小，有抗静电、调理作用。因此这类表面活性剂宜在洗发香波、沐浴液、高档餐具洗涤剂中使用。

5. 烷基糖苷

烷基糖苷（APG）是一种由葡萄糖的半缩醛羟基与脂肪醇羟基在酸催化作用下脱去一

分子水而得的一种苷化合物。其结构如下所示

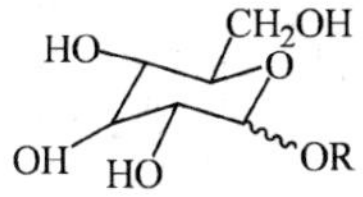

纯的 APG 为白色固体，实际产品由于组成不同，分别呈奶油色、淡黄色、琥珀色。APG 作为一种非离子表面活性剂，能有效地降低水溶液的表面张力。由于其亲水基团是羟基，它的水合作用强于环氧乙烷基团，因此具有优良的水溶性，不仅极易溶解，且形成的溶液稳定，在高浓度无机盐剂的存在下溶解性依然良好，可配成含 20%～30%常用无机盐烷基糖苷溶液。APG 在水中的溶解度随烷基链加长而减小，随聚合度增加而增加。APG 的水溶液无浊度，不会形成胶体。烷基糖苷的溶解性能和溶液性质使它具有广泛的相容性。

APG 具有优良的去污性能，其去污力与阴离子 LAS 和 AES 相当，但 APG 的泡沫细腻而稳定，泡沫力属于中上水平，优于烷基醚型非离子表面活性剂，并且具有良好的生物降解性，对眼睛和皮肤的刺激性均低于月桂基硫酸钠、月桂醚硫酸钠及月桂基琥珀酸二钠，还可以与 LAS、AES 复配，降低它们的刺激性。另外，APG 本身无电解质增稠作用，但大多数阴离子表面活性剂在加入 APG 后，尤其是月桂基多苷，可用来代替烷醇酰胺，作为增稠剂。

当然，APG 的性能与烷基碳链的长度有关，一般来说，烷基碳原子在 8～10 范围内有增溶作用；在 10～12 范围内去污作用良好，可作洗涤剂；若碳链更长，则具有 W/O 型乳化剂作用乃至润湿作用。

总之，APG 作为表面活性剂有三大优势：一是性能优异，其溶解性能和相行为等与聚氧乙烯类表面活性剂比较，更不易受温度变化的影响，且对皮肤刺激性小，适合制作化妆品和洗涤剂等；二是以植物油和淀粉等再生天然资源作原料，对人体作用温和无毒；三是 APG 被人们视为具有广泛前景的绿色表面活性剂，在化妆品、洗涤剂等日用工业领域用途非常广泛，可以作吸湿剂、保湿剂、润湿剂、块皂添加剂以及护发剂。如根据它与阴离子表面活性剂复配的泡沫特性以及温和性与溶解性，可配制一种温和的高性能手洗餐具洗涤剂。还可配制在强酸条件下的硬表面洗涤剂，可用于汽车及机械的清洗，能防止金属被氧化及被酸腐蚀。

6. 烷基葡萄糖酰胺

烷基葡萄糖酰胺即 *N*-烷酰基-*N*-甲基葡萄糖胺（*N*-acyl-*N*-methyl-glucamine），简称 MEGA-*n*，*n* 表示包括羧基碳在内的烷酰基链长。其结构式如下

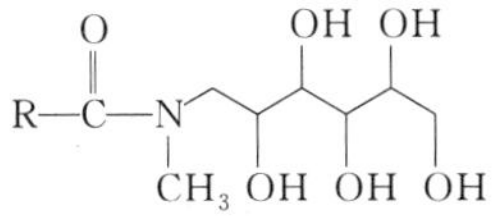

烷基葡萄糖酰胺的合成一般以葡萄糖或低聚糖为原料，与烷基胺（如甲胺）反应制备葡萄糖亚胺，然后葡萄糖亚胺在催化剂存在下被还原为葡萄糖胺，最后葡萄糖胺用脂肪酸甲酯酰胺化得到最终产物。下面以 *N*-十二烷基-*N*-甲基葡萄糖胺（MEGA-12）为例说明这类表面活性剂的合成方法和性能。

（1）葡萄糖亚胺的合成

$$HOCH_2(CHOH)_4CHO \xrightarrow[-H_2O]{CH_2NH_2} HOCH_2(CHOH)_4CH{=}NCH_3$$

（2）葡萄糖甲胺的合成

$$HOCH_2(CHOH)_4CH{=}N{-}CH_3 \xrightarrow{H_2/Pt} HOCH_2(CHOH)_4CH_2{-}NH{-}CH_3$$

（3）葡萄糖甲胺与甲酯进行酰胺化反应

$$HOCH_2(CHOH)_4CH_2{-}NH{-}CH_3 + C_{12}H_{23}CO_2CH_3 \xrightarrow{OH^-} C_{12}H_{23}CO{-}N(CH_3){-}CH_2(CHOH)_4CH_2OH + CH_3OH$$

MEGA-12具有较高的表面活性，其表面活性与烷基糖苷（APG）的活性大致相等。MEGA-12在25℃时水溶液的临界胶团浓度为0.034g·L^{-1}，在临界胶束浓度时的表面张力为30.1mN·m^{-1}。MEGA-12泡沫比较丰富，随着水硬度的增大而降低，但泡沫高度明显比APG高，且其去污力较好，比APG强。

烷基葡萄糖酰胺有良好的生物降解性，同时对环境的安全性大为提高，小白鼠的半数致死量为$LD_{50}>2000mg \cdot g^{-1}$，性能温和，不伤皮肤，是一种性能优异的环境友好型表面活性剂。现已被逐步地应用于洗涤剂、化妆品、制药、农业、食品等领域。在洗衣粉或液体洗衣剂中，使用MEGA制成的洗衣粉或液体洗衣剂比传统洗衣粉有较好的去污力、起泡性、温和性、抗硬水性和对皮脂污垢的洗涤性等。用在化妆品中，对皮肤刺激小、温和、无毒、润湿性和乳化性好，并且能减少润肤剂在皮肤上产生的副作用，能够改善或保持皮肤健康。因此，可以说，以可再生资源为原料制成的MEGA具有独特的性能，具有广阔的发展前景。

7. *N*,*N*-二甲基-9-癸烯酰胺

N,*N*-二甲基-9-癸烯酰胺是由美国开发的一种新型高性能生物基表面活性剂，可替代二元酯、D-柠檬烯和乙二醇醚等去除顽固油污，并且不会带来二次污染，具有超强的洗涤功能和生物降解性。其结构式为

$$(H_3C)(CH_3)N{-}CO{-}(CH_2)_7{-}HC{=}CH_2$$

该表面活性剂用量少，去污力强，应用范围十分广泛，在家用清洗中，可用来清洗玻璃、地毯等织物，也可去除焦油和记号笔留下的污渍等；在工业应用中，可用来清洗金属零件、消除原油油污、清洗油田钻井平台及剥离乳胶等。将其稀释成4%的水溶液，其清洁能力优于含量高达40%的石油基溶剂产品；当稀释比例为1∶14时，其挥发性有机化合物（VOC）仅为0.5%。

目前有关*N*,*N*-二甲基-9-癸烯酰胺的合成主要有两类方法：一类是以9-癸烯酸为原料的酰胺化反应。以9-癸烯酸与二甲胺反应，反应在羟基苯并三唑和1-乙基-3-(3-二甲基氨基丙基)碳二亚胺的作用下进行，产率可达78%～90%。或者以二甲基甲酰胺(DMF)与9-癸

烯酸反应，反应在丙基磷酸酐的催化下进行。此类反应废液多，污染量大。

另一类方法以不饱和油脂为原料，在 Grubbs Ⅱ催化剂的作用下，通过烯烃复分解反应合成 9-癸烯酸甲酯。然后 9-癸烯酸甲酯与二甲胺进行脱甲醇的亲核取代反应，产率高达 96%，该制备方法简单易操作，反应条件温和。

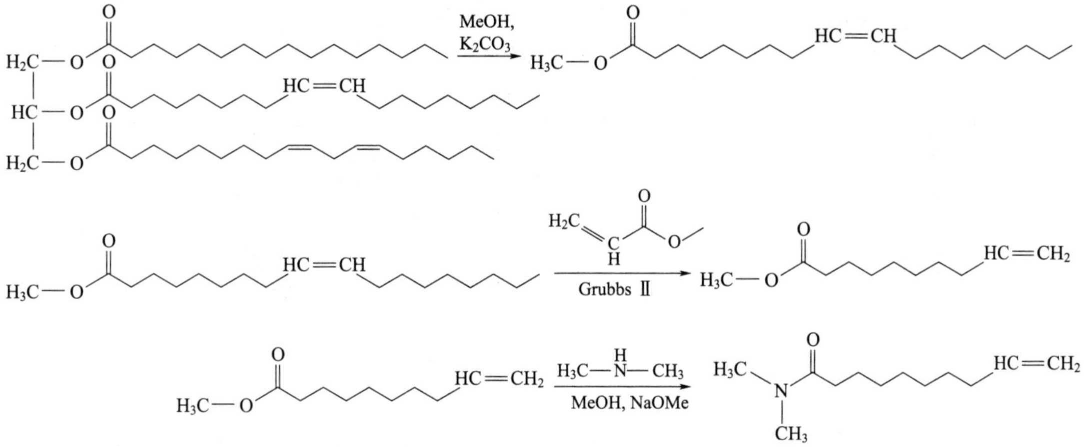

六、表面活性剂的选择

在表面活性剂选择时应考虑表面活性剂的结构对其去污性能的影响，以及对织物的褪色和手感的影响。

1. 表面活性剂对去污性能的影响

在水中的纤维表面一般都带负电荷，阳离子表面活性剂被纤维吸附后表面变成疏水性，同时还会中和污垢表面的负电荷而使污垢沉积到织物表面上去。故在洗涤剂配方中多采用阴离子表面活性剂及非离子表面活性剂。

非离子表面活性剂的去污能力受硬水的影响较小，而阴离子表面活性剂的去污能力易受硬水的影响，其中肥皂受硬水的影响尤为严重。不同亲水基对硬水的敏感性可大致排列为如下顺序：

脂肪醇(酚)醚≈脂肪醇(酚)醚硫酸盐＜α-烯基磺酸盐＜烷基硫酸盐＜烷基磺酸盐＜烷基苯磺酸盐＜烷基羧酸盐

非离子表面活性剂的去污效果受温度的影响较大。如洗涤温度在非离子表面活性剂的浊点附近，去油污能力最强。在选用非离子表面活性剂时，不同的疏水基要与适合的环氧乙烷加成数相匹配，使之与要求的洗涤温度相适应。

表面活性剂在基质和污垢表面的吸附在洗涤过程中是起重要作用的。在给定浓度下，亲水基相同的表面活性剂，其疏水基愈长，吸附量愈大。就阴离子表面活性剂而言，疏水基链长增加，去污性能增强，但也不是碳链愈长愈好，而是有一个最佳的链长范围，此范围的确定与洗涤温度和水的硬度有关。这是因为随着碳链的增长，表面活性剂在水中的溶解度下降，同时其 Krafft 点[1]明显上升。当洗涤温度低于 Krafft 点时，表面活性剂的溶解量很少，不能达到临界胶束浓度，得不到较好的去污效果。图 1-7 及图 1-8 表示了两种温度下不同长

[1] 在较低温度下，表面活性剂在水中的溶解度随温度的上升而升高缓慢，但到某一温度后，表面活性剂在水中的溶解度随温度上升而迅速上升。该溶解度突变所对应的温度称为 Krafft 点。

度烃链的脂肪酸钠的洗涤效果。可以看出，在55℃时C_{16}和C_{18}的脂肪酸钠有较好的洗涤效果，而温度降到38℃时，C_{14}的脂肪酸钠具有较好的洗涤效果。因此，欲配制在较低温度下使用的洗涤剂，就不宜选用烃链过长的表面活性剂。

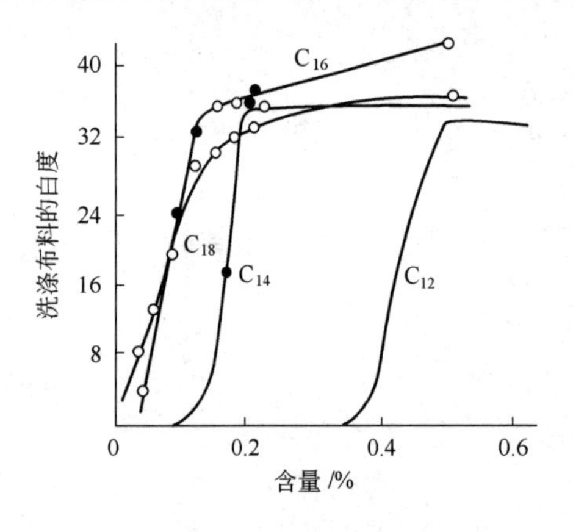

图1-7 脂肪酸钠的洗涤曲线（55℃）

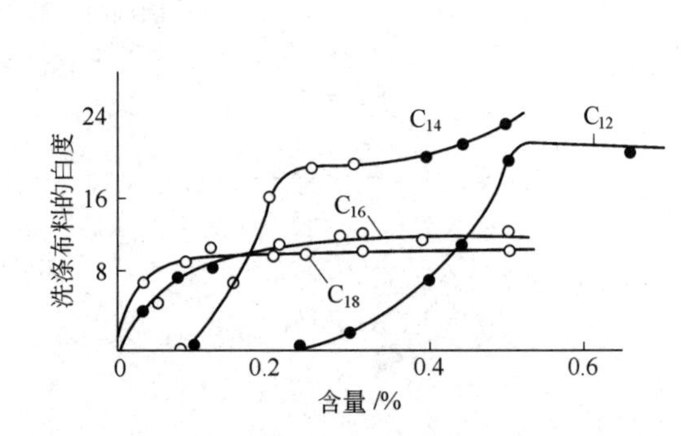

图1-8 脂肪酸钠的洗涤曲线（38℃）

对于非离子表面活性剂，尽管其临界胶束浓度较低，Krafft点一般都低于零度，但烃链的最佳长度也有一个范围。疏水基过长水溶性变差，浊点降低，去污能力也随之下降。虽然对于长碳链的表面活性剂，增加其分子中的环氧乙烷加成数可增加水溶性，但这样会降低表面活性剂在界面的吸附量而影响其洗涤效果。因此，作为洗涤剂使用的表面活性剂，不论是阴离子型还是非离子型，若洗涤温度在30～40℃，其疏水基链长一般以C_{12}～C_{16}较好。

表面活性剂疏水基的支链化对去污性能有显著影响。研究表明，疏水基的支链化对去污不利，一般随着支链化程度的提高，去污力明显下降。这是因为支链产生了较大的位阻效应，一方面使吸附量降低，另一方面又使临界胶束浓度值升高，不易形成胶束，导致去污能力下降。但支链化可以提高表面活性剂的润湿能力。

2. 表面活性剂对织物褪色的影响

性能优良的洗涤剂在洗涤织物时，不应使有色织物发生褪色或变色现象。特别是丝毛纺织物多数采用酸性染料染色，其中部分染料湿洗时牢度较差，洗涤时更应该注意选择合适的洗涤剂。

表面活性剂引起织物褪色的程度随其结构而异。就酸性染料染色的羊毛制品而言，脂肪酸皂类引起的褪色现象较轻微；烷基硫酸酯钠盐、烷基酚聚氧乙烯醚发生较明显的褪色现象；而十二烷基二甲基叔胺的氧化胺会导致严重的褪色现象。表面活性剂的结构与织物褪色的关系因纤维和染料的类别不同而变化，因此在配制高档专用洗涤剂时应注意选择合适的表面活性剂。

3. 表面活性剂对织物手感的影响

表面活性剂结构不同，洗后手感也有差异。各类表面活性剂中脂肪酸皂洗后手感较软，但水的硬度较大时手感变差。表面活性剂碳链愈长，洗后手感愈好，例如用二十碳的脂肪酸皂洗后手感优于十八碳的脂肪酸皂，但它的去污能力比十八碳脂肪酸皂差。

应该指出，在洗涤剂中除了表面活性剂外，还有辅助原料，常见的辅助原料有无机盐类助洗剂、抗污垢再沉积剂、漂白剂、荧光增亮剂、酶制剂、抗电剂和柔软剂等，关于这些辅助原料的性能，在各类合成洗涤剂中分别介绍。

第三节 洗涤剂的复配研究及其规律

一、概述

配制洗涤剂时，除了要了解洗涤理论、洗涤剂的原料（如表面活性剂、螯合剂、抗污垢剂、稳泡剂、漂白剂、荧光增白剂、织物调理剂、缓蚀剂等）以外，还应该考虑到经济因素和使用环境。特别是要注意到洗涤剂是混合体系，每个组分间不是机械地组合，而有着复杂的物理化学作用。如果复配得当，则产生协同作用，将有利于提高洗涤力，或是在大大降低成本的前提下具有同样的洗涤力。但是如果复配不当，各个组分的作用能互相抵消。复配的目的是为了获取协同效应，即一种表面活性剂与其他表面活性剂或无机电解质、有机极性化合物及聚合物复配后，其溶液的表面活性效果优于各组分的性能，甚至是原组分所不具有的。因此，研究洗涤剂复配规律非常重要。

1. 洗涤剂配方的基本要求

（1）配方必须符合各国家和地区的法规　法规制定的两个出发点：其一是保证对人体的无害性及对环境的安全性；其二是确保产品的基本性能。比如某些国家和地区认为磷酸盐可引起富营养化，于是禁磷、限磷，而另一些地区却持相反观点。还有的国家和地区禁止使用次氨基三乙酸盐作螯合剂，有的规定餐具洗涤剂不能含有荧光增白剂等。而且一般国家对洗涤剂的活性物含量均有最低限量要求。如果不懂这一点，就有可能触犯法规。

（2）配方应该符合洗涤对象的要求　如不同的荧光增白剂对于亲水的棉织物和疏水的化纤织物有不同的适应性；不同的金属清洗剂要求不同类型的缓蚀剂；手洗餐具洗涤剂要求对皮肤产生的刺激性小，而机洗餐具洗涤剂则无此要求等。

（3）配方应该考虑到使用对象与使用条件　例如北方地区的水硬度大，洗涤剂组分应该含有较大量的螯合剂，而且所用的表面活性剂应该具有较大的抗硬水性。在活性组分的含量上还应该反映出使用对象的织物换洗频率，比如城乡的区别、不同地区的区别等。

（4）配方应该考虑到原料来源的稳定性　在选择原料上，有国产的最好不用进口的；有便宜的不用昂贵的；有易得的不用稀有的。

（5）配方应该考虑到运输的便利性与可能性　相对来说，固体便于运输，而液体便于配制，节省能源。

2. 洗涤剂复配的研究方法

洗涤剂复配的纯理论研究常常涉及构成洗涤剂各组分本身的表面性能，如临界胶束浓度、表面张力、对固体表面的吸附行为、润湿性能、对特定油类的增溶性能、Krafft 点、对硬水的敏感性、相行为以及各组分间的互相影响等。这些结果对研究配方有一定的指导意义，但是由于洗涤对象的复杂性和基质与污垢间相互作用的复杂性，纯理论的研究结果往往不能直接应用于实际配方，即使应用也需要进行大量筛选配方工作。

另一种研究复配的方法属于实际的方法，即确定一个或几个影响性能的主要因素，在固定其他因素的前提下变换一个或几个的研究方法。这种实际的研究方法可以直接应用于复配。

二、复配的理论研究法

1. 表面张力、吸附量研究法

此方法是测定表面张力，计算吸附量，描绘表层分子吸附情况。

首先，用实验方法测定溶液的表面张力，绘出表面张力-浓度对数图，再从曲线转折点求出表面活性剂的临界胶束浓度（CMC）和此时的表面张力 γ_{CMC}。最后，由 Gibbs 公式求出吸附量。

$$\Gamma_i=-\frac{1}{RT}\left(\frac{\partial\gamma}{\partial c_i}\right) \tag{1-9}$$

应用 Gibbs 公式时应注意以下几点：

① 总面积吸附量 $\Gamma=\sum\Gamma_i$，对于二元系统，$\Gamma=\Gamma_1+\Gamma_2$；

② 求 γ 随 c_i 变化时，必须把 c_i 以外的其余各部分的浓度保持不变；

③ $c_i\leqslant$CMC。

例如，用表面张力测定和吸附量计算法研究辛酸三乙醇胺酯的表面活性时，得出辛酸三乙醇胺单酯、辛酸三乙醇胺双酯在不同盐的存在下与其他阴离子表面活性剂（如十二烷基硫酸钠）复配条件下的 CMC 与 γ_{CMC}。由 Gibbs 公式求出该温度 T 下的饱和吸附量 Γ_∞，再由式(1-10) 可求出每个表面吸附分子所占据的平均面积 A_m，其结果如表 1-3 所列。

$$A_m=\frac{10^6}{\Gamma_\infty N_A} \tag{1-10}$$

式中　N_A——阿伏伽德罗常数。

表 1-3　辛酸三乙醇胺酯的 Γ_∞ 和 A_m

体系	Γ_∞/mol·cm^{-2}	A_m/nm^2
辛酸三乙醇胺单酯	3.0×10^{-10}	0.54
辛酸三乙醇胺双酯	2.9×10^{-10}	0.56

从表 1-3 可见，单酯与双酯的吸附量近于相等，从而表面上每个分子所占面积也近乎相同。对吸附状态可以推论，单酯碳氢链排列疏松，而双酯较为紧密，这也说明了表 1-4 中双酯具有更高的表面活性的原因。

表 1-4　单酯和双酯的 CMC 与 γ_{CMC}

表面活性剂体系	CMC/mol·L^{-1}	γ_{CMC}/mN·m^{-1}
单酯(水溶液)	4.8×10^{-3}	29.0
单酯(0.1mol·L^{-1}的 NaBr 溶液)	6.6×10^{-4}	30.0
双酯(水溶液)	1.2×10^{-4}	32.4
双酯(0.1mol·L^{-1}的 NaBr 溶液)	7.1×10^{-5}	32.2

表面活性剂在溶液表面和液-液界面上的吸附受多种因素的影响。通常在分子大小相近的情况下，离子型表面活性剂的饱和吸附量比非离子型的要小。这主要是因为表面活性离子带有同号电荷，电性排斥使它们较非离子型疏松。加入电解质后，离子分布平衡移动的结果使更多的反离子进入吸附层，减弱了表面活性离子间的排斥作用，导致吸附量增加。另外，当表面活性剂的疏水基化学组成相同时，饱和吸附量越大，疏水基的表面覆盖率便越大，降低表面张力的能力越强。另外，在离子型表面活性剂中，加入电解质，会提高其表面活性。表 1-5 给出的一些体系的数据皆符合此规律。

2. 相互作用参数法

表面活性剂最基本和最重要的性质是在界面上吸附和在溶液中形成胶束。Hutchinso 首先利用 Gibbs 吸附方程计算混合溶液的界面组成，后来 Ruhingh 及 Rosen 等人提出把非理想

表 1-5　表面活性剂溶液表面饱和吸附量 Γ_m 与 γ_{CMC} 值

体系	温度/℃	Γ_m/mol・cm^{-2}	γ_{CMC}/mN・m^{-1}
$C_{12}H_{25}SO_4Na$	25	3.3×10^{-10}	40.7
$C_{12}H_{25}SO_3Na$	25	3.3×10^{-10}	38
$C_{10}H_{21}SOCH_3$	25	5.4×10^{-10}	24
$C_{12}H_{25}SO_4Na$+0.1mol・L^{-1} NaCl	25	3.9×10^{-10}	36
$C_{12}H_{25}C_5H_5NBr$	25	2.8×10^{-10}	41.5
$C_{12}H_{25}C_5H_5NBr$+0.1mol・L^{-1} NaBr	25	3.3×10^{-10}	36.2
$C_7F_{15}COONa$	30	2.5×10^{-10}	26
$C_7H_{15}COONa$+0.1mol・L^{-1} NaBr	30	3.2×10^{-10}	24

溶液理论应用于二元混合表面活性剂体系，根据水溶液-空气界面相中的组成，计算分子相互作用参数 β^S、β^M，并提出了用 β^S 及 β^M 判断二元表面活性剂混合体系是否存在降低表面张力效率、形成胶束的增效作用和降低表面张力能力的协同效应的标准。其中，β^S 为表面活性剂二组分在表面吸附层的相互作用参数，它是混合溶液偏离理想状态的量度；β^M 是胶束中二组分表面活性剂分子的相互作用参数。只要测得单组分溶液和某一配比的混合溶液的表面张力随浓度的变化曲线，就可以求算表面活性剂二组分在水溶液-空气表面及胶束中的相互作用参数 β^S、β^M，其计算公式如下

$$\frac{X^2\ln[aC_{12}^0/(XC_1^0)]}{(1-X)\ln\{(1-a)C_{12}^0/[(1-X)C_2^0]\}}=1 \tag{1-11}$$

$$\frac{\ln[aC_{12}^0/(XC_1^0)]}{(1-X)^2}=\beta^S \tag{1-12}$$

$$\frac{(X^M)^2\ln[aC_{12}^M/(X^MC_1^M)]}{(1-X^M)^2\ln\{(1-a)C_{12}^M/[(1-X^M)C_2^M]\}}=1 \tag{1-13}$$

$$\frac{\ln[aC_{12}^M/(X^MC_1^M)]}{(1-X^M)^2}=\beta^M \tag{1-14}$$

式中　a——组分 1 在混合物中的总摩尔分数；

X，X^M——组分 1 在混合吸附层和混合胶束中的摩尔分数；

C_1^0，C_2^0，C_{12}^0——产生一定表面张力降低值所需要的纯组分 1、纯组分 2 和混合物在溶液相中的体积摩尔浓度；

C_1^M，C_2^M，C_{12}^M——纯组分 1、纯组分 2 和混合物的临界胶束浓度。

当 $\beta^S<0$，且 $|\beta^S|>\ln(C_1^0/C_2^0)$ 时，两种表面活性剂的复配体系在降低表面张力效率方面存在增效作用。

当 $\beta^M<0$，且 $|\beta^M|>\ln(C_1^M/C_2^M)$ 时，两种表面活性剂的复配体系在形成胶束方面存在增效作用。

这里，降低表面张力效率的增效作用是指达到指定表面张力时，混合表面活性剂溶液所需要的浓度比两单表面活性剂组分溶液所需要的浓度都低的情形；形成胶团能力的增效作用是指混合表面活性剂溶液的临界胶束浓度小于每一单一组分表面活性剂溶液的临界胶束浓度。

通常，相互作用参数 β 反映了分子间相互作用的程度，一般 $|\beta|>10$ 属强相互作用，

$|\beta|=3\sim10$ 为中等强度的相互作用，$|\beta|<3$ 为弱相互作用，$|\beta|\approx0$ 为无相互作用。即 β^S 和 β^M 值越负，两组分分子之间相互作用越大，复配体系的表面活性也就越高。通常，两组分混合表面活性剂增效作用的强弱顺序为：阴-阳离子＞阴离子-两性＞阴离子-非离子＞甜菜碱类两性-阳离子＞甜菜碱类两性-非离子＞非离子-非离子。

另外，还可根据式(1-15）计算出最大增效作用时，混合表面活性剂的组成。

$$y^*=\frac{\ln(C_1^0/C_2^0)+\beta^S}{2\beta^S} \tag{1-15}$$

式中　y^*——达到最大协同效应时单组分表面活性剂 1 在复配体系中的摩尔分数。

例如，周莉等研究了聚氧丙烯-聚氧乙烯-聚氧丙烯嵌段共聚醚型非离子表面活性剂（PEP）分别与十二烷基硫酸钠（SDS）、十六烷基三甲基溴化铵（C_{16}TAB）复配体系的水溶液的表面张力随浓度变化的影响，计算了二元复配体系水溶液的 β^S 和 β^M。结果表明，PEP 与 SDS 复配体系的 β^S 和 β^M 绝对值小于 3，属于弱相互作用，说明该复配体系的表面吸附和形成胶束的趋势增强不明显。PEP 与 C_{16}TAB 复配体系的 β^M 绝对值略大于 3，则说明其形成胶束的相互作用属中等强度。另外，PEP 与 SDS 复配体系的 β^S 比 β^M 更负，PEP 与 C_{16}TAB 复配体系的 β^M 比 β^S 更负，说明前者的表面吸附能力较强，后者的形成胶束能力较强。

一般情况下，对于非离子型表面活性剂与离子型表面活性剂组成的复配体系，由于离子型表面活性剂带电，单组分表面活性剂存在时分子间都产生强烈的相互排斥作用，而当非离子型表面活性剂加入，则减弱了这种作用，因而更有利于胶团及表面吸附层的形成。另外，由于非离子型表面活性剂分子的亲水基具有极性，分子正、负电荷中心有一定程度分离而产生偶极矩，通过这一偶极子对带电表面活性剂离子产生吸引作用，结果使胶团和吸附层中分子间的相互作用力增强。表 1-6 列出一些复配体系的 β^M 值，以供参考。

表 1-6　一些复配体系的 β^M 值

表面活性剂	介质	β^M
$C_{12}H_{25}SO_4Na/C_8H_{17}O(C_2H_4O)_4H$	H_2O	−3.1
$C_{12}H_{25}SO_4Na/C_8H_{17}O(C_2H_4O)_{12}H$	H_2O	−4.1
$C_{12}H_{25}SO_4Na/C_{12}H_{25}O(C_2H_4O)_5H$	H_2O	−2.6
$C_{12}H_{25}SO_4Na/C_{12}H_{25}O(C_2H_4O)_8H$	H_2O	−3.9
$C_{12}H_{25}SO_4Na/C_{12}H_{25}O(C_2H_4O)_5H$	0.5mol·L^{-1} NaCl	−2.6
$C_{12}H_{25}NC_5H_5Br/C_{12}H_{25}O(C_2H_4O)_8H$	H_2O	−0.85
$C_{10}H_{21}SO_4Na/C_{10}H_{21}N(CH_3)_3Br$	H_2O	−18.5
$C_8H_{17}N(CH_3)_3Br/C_8H_{17}SO_4Na$	0.1mol·L^{-1} NaBr	−17.9
$C_8H_{17}N(CH_3)_3Br/C_7F_{15}COONa$	0.1mol·L^{-1} NaBr	−26.8
$C_8H_{17}SOCH_3/C_{10}H_{21}SO_4Na$	0.1mol·L^{-1} NaBr	−2.5

3. 相转变温度研究法

相转变温度（phase inversion temperature，PIT）是 1964 年日本筱田耕三（K.Shinoda）考虑到 HLB 值的缺点而提出来的，是衡量表面活性剂亲水亲油性质的一个物理量，它能够全面反映表面活性剂的性能及各种因素的影响。

HLB 值虽然能反映出表面活性剂的亲水、亲油情况，但存在 3 个缺点：

① 它没有考虑到油与水溶液本身的性能，换句话说，对任何体系其 HLB 值是相同的；

② 它没有考虑表面活性剂浓度的影响，而事实上表面活性剂浓度变化会影响到HLB值；

③ 它没有考虑到温度以及各相体积的影响，特别是非离子表面活性剂，它在水中溶解是靠聚氧乙烯链中氧原子与水中氢原子产生氢键起作用，当温度升高时这一氢键就会减弱，从而逐渐降低其亲水性，即改变其HLB值。于是，筱田耕三提出了PIT法。

在低温下可以形成O/W型乳状液的非离子表面活性剂随着温度升高，溶解度减小，HLB值下降，最后到达某一温度而使乳状液从原来的O/W型转变成W/O型。这一温度称为相转变温度PIT，又称亲水-亲油平衡温度（HLB温度）。测定PIT时，先将等质量的油、水两相及3%～5%的非离子表面活性剂混合置于安瓿瓶中，在不同温度下加热、振荡，然后找出乳液从O/W型转变成W/O型时的温度，即为PIT。当体系中含有多种表面活性剂时，其乳液的PIT可用单组分乳液的PIT乘以体积分数的加和值求得。例如，对于由A、B所组成的混合体系，它们的体积分数分别为A和B，单一乳化剂时的PIT值分别为$(PIT)_A$和$(PIT)_B$，则其混合油的PIT为

$$PIT=(PIT)_A A+(PIT)_B B \tag{1-16}$$

PIT与HLB同样可以反映出亲水亲油性，而且还可以正确反映出油种类、水溶液性质、温度和相体积等的影响。

影响PIT的因素很多，简单归纳如下。

（1）表面活性剂的结构和浓度对PIT的影响　对于非离子表面活性剂$C_9H_{19}C_6H_4O$-$(C_2H_4O)_nH$，n的大小及其含量的不同对十六烷烃-水组成的体系的PIT均有影响。一般地，n值越大，其亲水性能越强，因而需要更高的温度才能降低其溶解度，使乳液发生转型，即PIT值高；表面活性剂含量越大，PIT越小，而且，n值越小，PIT下降越快，但到含量超过3%～5%时，PIT变化不大。

（2）无机盐种类和含量对PIT的影响　在庚烷-水-$C_9H_{19}C_6H_4O(C_2H_4O)_9H$组成的体系中，盐的加入类似于同离子效应的作用，使其溶解度降低，因而PIT下降，且不同盐下降程度不同，如图1-9所示。

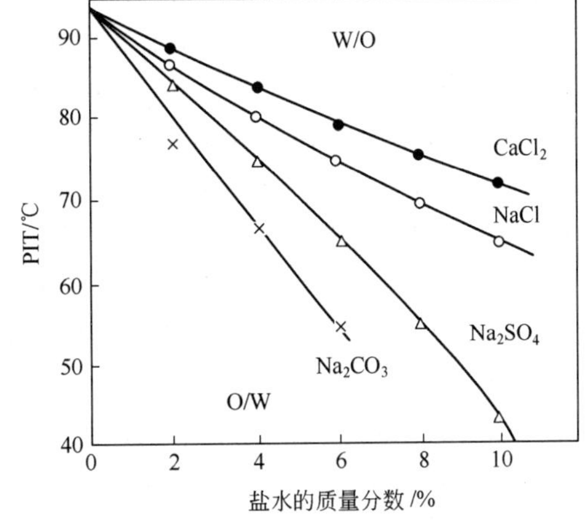

图1-9　盐水质量分数与PIT的关系

（3）油的种类对PIT的影响　长链脂肪烃能增加PIT，而短链的芳香烃降低PIT。并且，加入极性小的添加物能使混合油极性减小，PIT增大；相反，加入极性大的添加物会使混合物极性加大，PIT减少。总之，油相极性越低，PIT越大。

应该注意，水-表面活性剂-油三元体系的性质对于去除油污起着重要作用，而最佳洗涤效果在很大程度上与PIT有关，并与电导率曲线最大值相吻合。例如，对于表面活性剂-正癸醇-正十六烷体系，采用浊点测定仪测定浊点曲线，用惠斯通电桥测定电导-温度曲线，用装有加热部件的偏振显微镜测量相转移。结果表明，当添加10%正癸醇到$C_{12}EO_9$～$C_{15}EO_9$中时，有80%的醇混入胶束相，促使层状相的形成，相当于增加了PIT，或是说减少了环氧乙烷的链长。可见增加癸醇含量使体系亲水性下降了，因为PIT和最佳洗涤温度下降了。

4. 热力学研究法

热力学研究法是用界面张力仪测定复配体系在不同温度的表面张力-浓度关系，曲线转折点即为表面活性剂的临界胶束浓度（CMC），求出 ln CMC，并作 ln CMC-T 图，求出各温度下的曲线斜率（ln CMC/T），依据下列 Gibbs-Helmholtz 公式计算热力学函数自由能 ΔG、焓 ΔH 和熵 ΔS 的数据。

$$\Delta G = RT \ln \mathrm{CMC} \tag{1-17}$$

$$\Delta H = RT^2 \frac{\partial \ln \mathrm{CMC}}{\partial T} \tag{1-18}$$

$$\Delta S = \frac{\Delta H - \Delta G}{T} \tag{1-19}$$

式中 CMC——单一表面活性剂或复配体系的临界胶束浓度，$\mathrm{mol \cdot dm^{-3}}$；

T——测定温度，K；

ΔG——体系的自由能，$\mathrm{kJ \cdot mol^{-1}}$；

ΔH——体系的焓，$\mathrm{kJ \cdot mol^{-1}}$；

ΔS——体系的熵，$\mathrm{kJ \cdot mol^{-1} \cdot K^{-1}}$。

石建军等利用这种方法研究了非离子表面活性剂烷基多糖苷（APG）与阴离子表面活性剂 AES 的复配体系，结果表明，温度对单一表面活性剂和混合表面活性剂的影响在 ln CMC-T 图中的规律相同，即在较低温度范围内 ln CMC 值随 T 的升高而下降，其间存在一个温度最低点 $T_{\min}$。这表明碳氢化合物的集合体在形成胶束的过程中，$T_{\min}$ 以前是吸热过程，这是由于疏水作用的影响而造成的；而在 $T_{\min}$ 以后则随温度的上升，胶束稳定性减小，使之增加了表面活性剂分子离子头集合体间的相互排斥力，使表面活性剂难以进入胶束中，致使 CMC 值上升。另外，APG/AES 复配体系的 ΔG 均小于零，说明无论是单一表面活性剂还是混合表面活性剂，体系胶束化过程都是一个自发的热力学过程；APG/AES 复配体系的 ΔH 值均先正后负，在较低温度下 ΔH 为正值，表明形成胶束过程是吸热过程，但在某一温度以上，ΔH 变为负值，它表明胶束化过程是放热过程；APG/AES 复配体系的 ΔS 值在较低温度下都呈现正值，这意味着表面活性剂分子加入到胶束中这一过程易于进行，伴随着正熵变使分子趋向无序状态。这是由于在水溶液中，水分子会在表面活性剂分子周围形成有序区域，即所谓“冰山结构”，当表面活性剂分子形成胶束后，分子周围“冰山结构”被瓦解，体系无序数增加，使 ΔS 值变正，此过程称为“熵驱动”。当温度升高时，ΔS 反而减小，这是由于当温度增高时，“冰山结构”变得不牢固，水分子无序化增大，促使正熵变得越来越小。当升高到一定温度时，ΔS 值变为负值。

5. 内聚能理论研究方法

内聚能理论可以用来描述表面活性剂、油、水所构成的体系中，各种分子之间相互作用的强弱。目前，较为完整的内聚能公式为

$$R = \frac{A_{\mathrm{LCO}} - A_{\mathrm{OO}} - A_{\mathrm{LL}}}{A_{\mathrm{HCW}} - A_{\mathrm{WW}} - A_{\mathrm{HH}}} \tag{1-20}$$

式中各字母的物理意义如图 1-10 所示。其中，

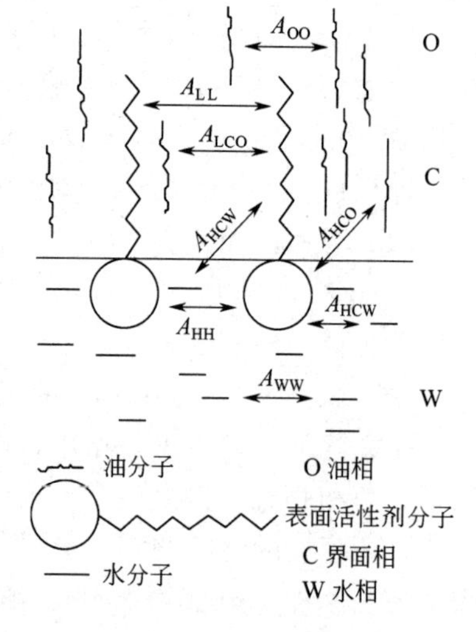

图 1-10 油/水界面各组分之间的相互作用能

A_{LCO}为界面层中表面活性剂分子的疏水基与油分子之间的亲和能，它有助于表面活性剂与油分子之间的互溶，有助于C层向油相弯曲；A_{OO}为各向异性界面层中单位面积内油分子之间的内聚能，不利于表面活性剂与油的互溶，阻止C层向油层弯曲；A_{LL}为界面层中单位面积内表面活性剂疏水基之间的亲和能，不利于表面活性剂与油之间的互溶；A_{HCW}为界面层中表面活性剂极性基团和水之间的作用能，有助于表面活性剂和水之间的互溶，有助于C层向水层弯曲；A_{WW}为界面层C内单位面积内水分子之间的内聚能，阻止C层向水层弯曲；A_{HH}为界面层C单位面积内表面活性剂极性基之间的内聚能，有助于C层向水层弯曲。

内聚能理论可应用于洗涤剂体系，用于研究各组分之间的复配，无机盐、pH值等对体系的稳定性，以及乳液类型转换的可能性。

除以上研究方法外，还有许多物理化学方法、应用不同仪器的方法用于研究洗涤剂组分在复配中的协同效应。例如，表面活性剂与聚合物、助剂之间的作用不仅用到了传统的表面张力测定法，也用到了渗析平衡法、特殊离子电极法等。

三、筛选配方研究法

理论上的研究对于揭示单一组分和多组分复配规律尽管有着相当大的意义，但是由于具体对象的复杂性，一般在开发洗涤剂配方中多用筛选配方法。该法的基本思想是在了解被洗对象的结构及其污染物组成的基础上，设计合理的配方配制成洗涤剂，然后通过洗涤多种人工污布，比较去污效果，以筛选出对各种人工污布去污效果都较为满意的配方。常用的筛选配方法有以下几种。

1. 线性研究法

线性研究法主要用于单因素实验中。首先根据基本原理、文献资料及经验构思出所需的主要成分，而后固定其他组分的量，变换某一种组分的量来考察这个组分对于配方性能（如去污力、泡沫、流变性、成本等）的影响，进行作图，其中，横坐标为该组分的浓度，纵坐标为性能，最后组合最佳配方。

2. 直观立体图法

直观立体图法应用于双因素实验中。双因素实验就是使配方中的两个组分任意变化，测定随此两组分变化所导致的性能变化。直观立体图法是以两个变量组分分别作为X轴与Y轴（总份数为20份），Z轴表示某种性能函数（函数值表示该性能的好坏），这样可以得到一个直观的立体图。如图1-11所示。

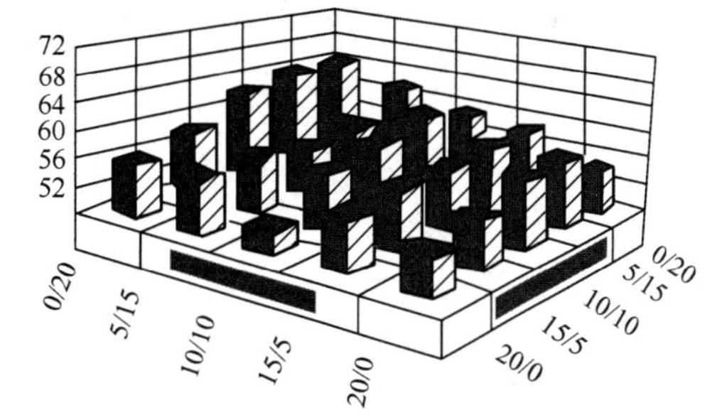

图1-11 双因素配方筛选

3. 三角平面图法

三角平面图法是以三角坐标表示三组分百分组成的方法，如图1-12所示。三角形顶点A、B、C分别表示纯组分A、B、C的单组分体系；AB边上的M点表示含60% A组分（即坐标长度a'）及40% B组分（即坐标长度b'）的两组分体系；三角形中的N点表示含A组分40%（a坐标长度）、B组分30%（b坐标长度）及C组分30%（c坐标长度）的三组分体系。

如果配方中还含有其他组分，则视为定值，变量之和为100%。此时A、B、C三组分之和必须固定。假如三种组分的总和为40%，A组分的范围为20%～30%，B为7%～17%，则C只能为3%～13%，它们的变化范围只有10%，此时就可将三角平面图中的坐标扩大10%。这时图1-12中各点表示的A、B、C三组分的组成为：各组分原来值×10%+各组分的最低限量。就图中的N点而言：

A组分为40%×10%+20%=24%

B组分为30%×10%+7%=10%

C组分为30%×10%+3%=6%

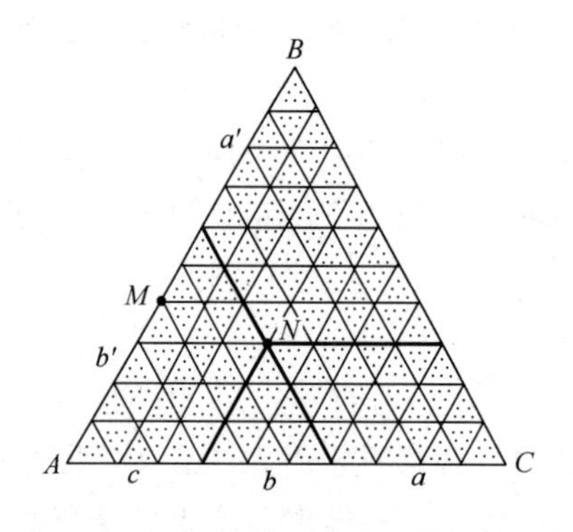

图1-12 三组分体系三角坐标

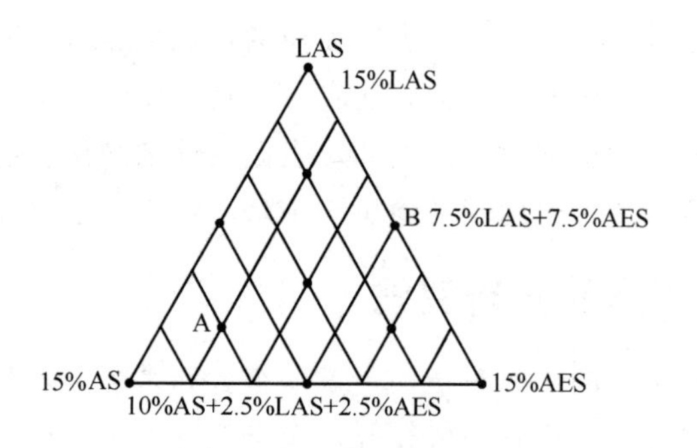

图1-13 三组分配比

现举例说明如何应用三角坐标图筛选配方。如果已确定用LAS（直链烷基苯磺酸钠）、AS（十二烷基磺酸钠）、AES（脂肪醇聚氧乙烯醚硫酸钠）3种表面活性剂配制洗涤剂，并确定配方中表面活性剂总量为15%，助洗剂合计30%，洗涤对象以棉和涤/棉混纺织物为主，实验时可变化3种表面活性剂的用量，配制成多种样品，使它们的配比变化能均匀地分布在三角图（见图1-13）中。再将这些样品进行去污性能的实验，得出每种配比的去污能力，将这些去污能力的数值标在三角图中每个样品对应的位置上，然后将去污力相近的各点联结成线，这就是去污等值线。最佳去污等值线所包围的区域就是最佳去污区。

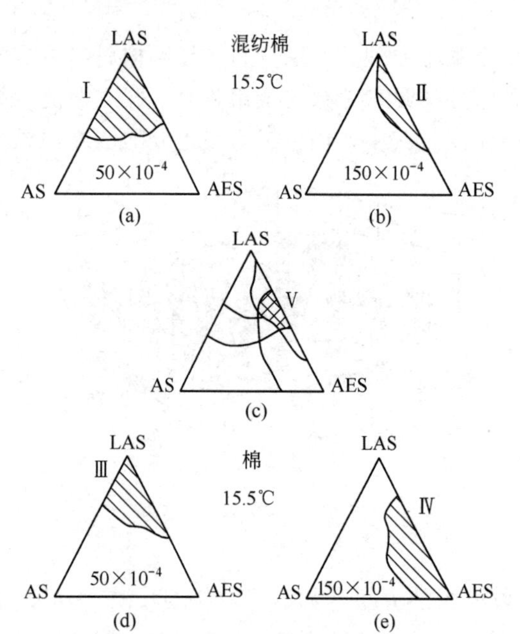

图1-14 最佳去污性能叠加示意

图1-14的三角图表示了在各种实验条件下所得出的最佳去污区（三角图中以阴影表示）。其中Ⅰ、Ⅱ是涤/棉混纺织物在不同硬度的水中的最佳去污区，Ⅲ、Ⅳ是纯棉织物在不同硬度的水中的最佳去污区，而Ⅴ则表示了Ⅰ、Ⅱ、Ⅲ、Ⅳ图中阴影区的叠合部分。如果配方的组成在图Ⅴ的阴影区域内，就能兼顾不同纤维和水质在不同硬度的水中的洗涤效果，这就是最佳配方区域。

4. 正交设计法

正交设计法是一种用最少的实验次数来得到最佳实验效果的方法，是在配方设计或有机合成优选条件中常用的方法。例如，常用的三因素、四水平实验，按正交设计相应的表只需做 9 次实验，求出最大极差，画出趋势图，即可得到最大影响因素，进而得到最佳实验条件。在进行正交设计时，应注意的是所取因素的概括性和因素水平设计区间的合理性。如有必要，可对优选的因素或水平缩小或扩大，进一步进行正交设计实验。

四、洗涤剂组分间的协同效应

洗涤剂基本都是多种表面活性剂和助剂复配的产品，并且通过复配技术达到提高性能和降低成本的目的。实验发现，不同的组分复配常常达到比混合物中任何单一组分都好的性能，称为增效作用或协同作用。但如果搭配不当，或是品种、比例选择不合理，也可能出现负协同作用。然而有时也利用这种负协同作用达到特定的目标，比如对于手洗用洗涤剂和手洗用餐具洗涤剂，可以选择对泡沫有增效作用的表面活性剂，以产生持久的泡沫。而对于机用洗涤剂，则选择对泡沫有负增效的组分，以减少和控制泡沫。以下对洗涤剂各组分间的复配规律予以总结。

1. 电解质和表面活性剂的复配

电解质对离子型表面活性剂性质的影响较大，对两性表面活性剂的影响次之，对非离子型表面活性剂的影响较小。

（1）电解质和离子型表面活性剂的复配　一般说来，在阴离子表面活性剂中加入无机盐（即电解质）往往使溶液的表面活性提高，CMC 降低，存在如下线性关系

$$\lg \mathrm{CMC}=A-k\lg c \tag{1-21}$$

式中　A——表面活性剂的特定常数；

k——斜率常数，表示反离子在胶束上的结合度；

c——反离子总浓度，指表面活性离子带有相反电荷的离子，如离子型表面活性剂为钠盐，即电离出的 Na^+ 为反离子，无机盐氯化钠电离出来的 Na^+ 也是反离子。

对于多价（n）离子型表面活性剂，式(1-21) 成为

$$\lg \mathrm{CMC}=A-n\lg c \tag{1-22}$$

对于多价（n）反离子 M^{n+}，式(1-21) 成为

$$\lg \mathrm{CMC}=A-(k/n)\lg c \tag{1-23}$$

可以说，电解质的加入使离子型表面活性剂的 CMC 减小，表面活性增大。原因在于表面活性剂离子周围存在离子雾，胶束和吸附层都具有扩散双电层结构的作用（参见图 1-15）。加入电解质将改变离子的空间分布，压缩离子型表面活性剂的离子雾、吸附层和胶束双电层厚度，使溶解度降低。同时也减少了胶束中离子之间的相互斥力，因而更易形成胶束，使 CMC 降低，表面活性提高。通常对阴离子的影响更为显著，随着反离子价数的升高，作用增强。

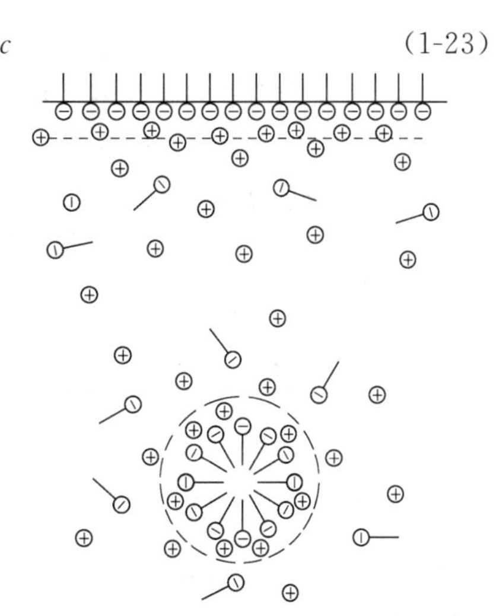

图 1-15　离子型表面活性剂吸附层及胶束的扩散双电层结构示意

若加入的电解质与离子型表面活性剂无共同离子，新加入的反离子将进入胶束并引起体系性质变化。当外加反离子的结合率较高、浓度较大时，可造成实际上的反离子变换，临界胶束浓度等性质也有相应变化。例

如，在阳离子表面活性剂氯化十二烷基吡啶溶液中加入 0.1mol·L^{-1}的 NaBr 或 NaI 时，临界胶束浓度分别变为 2.75×10^{-3}mol·L^{-1}和 6.31×10^{-4}mol·L^{-1}，分别与溴化十二烷基吡啶+0.1mol·L^{-1} NaBr 和碘化十二烷基吡啶+0.1mol·L^{-1} NaI 的 CMC 值相同。对于季铵盐类的表面活性剂，反离子作用的强弱顺序为 $I^->Br^->Cl^-$。

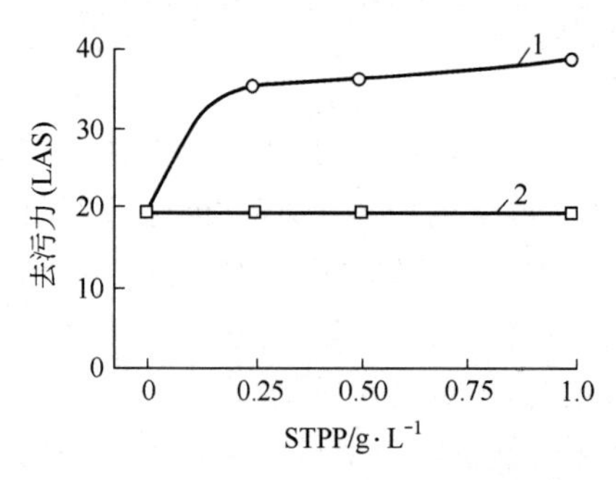

图 1-16 LAS 与 STPP 的协同效应

1—LAS/STPP；2—LAS=1.2g·L^{-1}

应该指出，三聚磷酸钠作为一种电解质，常用于洗衣粉中作为螯合剂来螯合钙、镁离子。除此之外，它还与其他电解质一样，与表面活性剂之间存在协同效应（如图 1-16 所示）。

（2）电解质和非离子表面活性剂的复配 电解质对非离子表面活性剂的影响较弱，只有在高浓度下才表现出来，且影响规律复杂，主要是通过对疏水基的“盐溶”或“盐析”的作用使临界胶束浓度变化，而不是对亲水基的作用。因为，对亲水基来说，胶束形成前后均与水接触，因此水溶液对其影响可以抵消；对疏水基来说，胶束形成前呈单个分子与水接触，胶束形成后不与水接触。因此，水溶液主要对疏水基产生影响。若加盐使疏水基的溶解度增大，表现为盐溶效应，可使 CMC 增大；反之，若加盐使疏水基的溶解度减小，表现为盐析效应，可使 CMC 减小。

电解质对非离子表面活性剂的影响也反映在改变表面活性剂的浊点。随着离子性质和浓度的不同，升高浊点和降低浊点分别是盐溶作用和盐析作用的结果。通常多价阳离子和 H^+、Ag^+、Li^+可使浊点升高，Na^+、K^+、NH_4^+则使浊点降低。阴离子中 OH^-、F^-、Cl^-、SO_4^{2-}、PO_4^{3-}有降低浊点的作用，而 I^-和 SCN^-则升高浊点。

对于非离子表面活性剂而言，电解质对其 CMC 和浊点的影响以阴离子为主。这是因为电解质对于非离子表面活性剂的另一种作用是静电作用。例如，对聚氧乙烯型表面活性剂，醚键中的氧原子易与氢质子结合而带正电性，此时靠静电作用吸引电解质中的负离子，于是减少了醚键间的斥力。阴离子具有反离子的作用，因而其影响较阳离子的强。阴离子的作用与盐析作用产生的结果相同，即降低非离子表面活性剂 CMC 与浊点，其作用顺序为：$1/2\ SO_4^{2-}>F^->Cl^->NO_3^-$；相反，阳离子（包括季铵盐）对非离子表面活性剂有盐溶作用，可使其 CMC 增大和水溶性增加，其作用顺序为：$NH_4^+>K^+>Na^+>Li^+>1/2Ca^{2+}$；季铵盐正离子的作用顺序为：$(C_3H_7)_4N^+>(C_2H_5)_4N^+>(CH_3)_4N^+$。应该指出，加盐改变非离子表面活性剂浊点的数值为盐的阴阳离子改变值的代数和。

表 1-7 列出一些电解质对脂肪醇聚氧乙烯醚 AEO-9 水溶液（1%）浊点及其表面特性的影响。

表 1-7 电解质对表面活性剂表面特性的影响

电解质 / 表面特性	空白	KCl	NaCl	LiCl	Na_2SO_4	$MgCl_2$	$AlCl_3$
浊点/℃	60.4	50.9	52.9	54.0	44.6	52.5	51.5
CMC/g·L^{-1}	0.158	0.120	0.1382	0.139	0.132	0.129	0.117
γ_{CMC}/mN·m^{-1}	42.8	36.5	36.0	36.1	36.5	36.5	36.1

注：所用表面活性剂为 AEO-9。

由表1-7可见，无机电解质对非离子表面活性剂的CMC和γ_{CMC}影响较小，只是略微下降。另外，三价Al^{3+}比二价Mg^{2+}，比一价K^+、Na^+、Li^+使CMC降低得更多。这可能由于多价离子能压缩胶团表面双电层厚度，使胶团带电量下降，减弱排斥，而易形成胶团之故。而且在一价正离子中，随着水合离子半径增大（$K^+ < Na^+ < Li^+$），CMC值减少，这是由于随着离子半径增大，其水化能力减少，使胶团带电量下降，排斥力减弱而易形成胶团之故。但是无机电解质加入后，将使非离子表面活性剂的浊点降低。这可能因为电解质离子对水的亲和力大于水对表面活性剂的氢键结合力，而使水逐渐有脱离的倾向。同时电解质会对非离子表面活性剂的疏水基部分发生作用，产生盐析效应，使非离子表面活性剂聚集成更大的胶束，到一定程度后即分离产生新相而析出，使浊点降低。

2. 极性有机物与表面活性剂的复配

极性有机物与各类表面活性剂的复配对体系的表面张力、吸附作用、胶束化作用及溶解特性均有明显影响。其作用的基本原理也是通过混合吸附和形成混合胶束改变吸附层和胶束的性质，以及由于与水的强烈相互作用而影响疏水效应。

高级醇对阳离子表面活性剂和阴离子表面活性剂的影响规律相似，均能显著降低其临界胶束浓度、表面张力，提高起泡力、乳化性等表面活性。这种增效作用随着醇的疏水基链长和浓度增加而增加。

高级醇可以提高表面活性剂的表面活性，这是普遍规律。由图1-17可以看出，辛醇的加入使$C_{10}H_{21}SO_4Na$的CMC从$1.45\times10^{-2}mol\cdot kg^{-1}$降至$3.1\times10^{-3}mol\cdot kg^{-1}$，$\gamma_{CMC}$自$38mN\cdot m^{-1}$降至$22mN\cdot m^{-1}$；$C_7F_{15}COONa$的CMC自$1.5\times10^{-2}mol\cdot kg^{-1}$降至$3.3\times10^{-3}mol\cdot kg^{-1}$，$\gamma_{CMC}$自$24mN\cdot m^{-1}$降至$17mN\cdot m^{-1}$。另外，随醇的碳链增长，其降低表面活性剂表面张力的能力增加，一般以C_{12}以下的醇为宜，再加长碳链效果已不明显。如图1-18示出了不同碳链长短的醇对于癸基硫酸钠的作用，主要原因在于二者之间的疏水基的作用，极性头氢键的形成使脂肪醇和表面活性剂分子在表面上定向排列很紧密，使之接近非极性表面，因此表现出很低的表面张力。

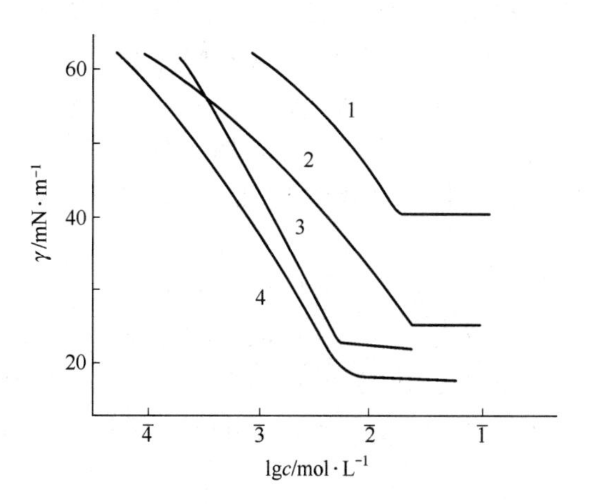

图1-17　癸基硫酸钠、全氟辛酸钠及与辛醇的混合物水溶液的表面张力

（30℃，含0.1mol·kg^{-1} NaCl）

1—$C_{10}H_{21}SO_4Na$；2—$C_7F_{15}COONa$；

3—$C_8H_{17}OH$∶$C_{10}H_{21}SO_4Na$=1∶1；

4—$C_8H_{17}OH$∶$C_7F_{15}COONa$=1∶1

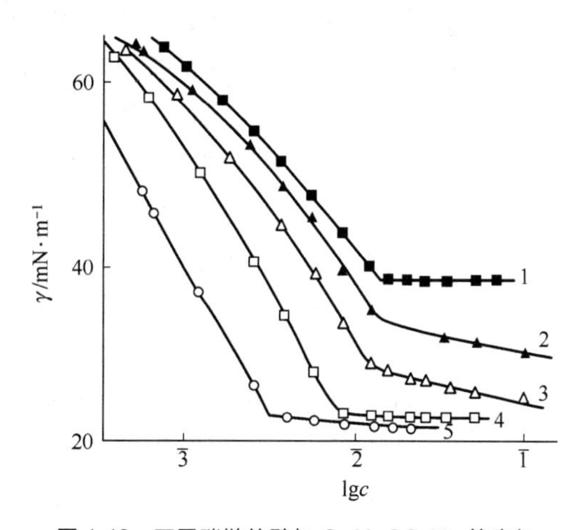

图1-18　不同碳链的醇与$C_{10}H_{21}SO_4Na$等摩尔混合水溶液的表面张力曲线

1—不加醇；2—含戊醇；3—含己醇；

4—含庚醇；5—含辛醇

多羟基类物质（如环己六醇、山梨醇、木醇、果糖等）也可使非离子表面活性剂水溶液的 CMC 下降，提高表面活性。因为这类物质能使表面活性剂分子的疏水基在水中的稳定性降低，从而易形成胶束。环己六醇比山梨醇的增效作用显著。

低分子醇在浓度低时对于表面活性剂的表面活性产生增效作用，而在高浓度时随浓度的增大使 CMC 增高，使表面活性剂的溶解度增大。例如脂肪醇中的甲醇、乙醇、丙醇、丁醇、戊醇、己醇和环己醇等就是如此。原因在于当低分子醇的浓度增加时，易与水形成氢键，从而破坏水的结构，使表面活性剂吸附于表面，成为胶团的趋势变小。另外，低分子醇的浓度增加时，溶液介电常数减小，胶团离子头之间的斥力则增加，不利于胶团的形成，致使 CMC 增高。另外，像尿素、*N*-甲基乙酰胺、乙二醇、1,4-二氧六环等极性有机物也具有使表面活性剂 CMC 升高的作用。如表 1-8 是尿素对碘化十二烷基吡啶的 CMC 的影响，可以看到，无论是在碘化十二烷基吡啶的水溶液还是 Na_2SO_4 盐溶液中，均可使其 CMC 升高。

这种能使表面活性剂 CMC 升高的强极性有机化合物均能使表面活性剂在水中的溶解度增高，因此称为助溶剂。助溶剂在配制液体洗涤剂时是不可缺少的成分。另外，在用喷雾干燥法加工洗衣粉时，二甲苯磺酸可用来增加料浆的流动性，以保证在低水分、高活性物含量的情况下喷雾正常进行。与其他助溶剂比较，二甲苯磺酸在显著改善表面活性剂溶解性的同时，并不明显影响其表面活性。

表 1-8 尿素对碘化十二烷基吡啶 CMC 的影响

介质	CMC/mol·L^{-1}		
	未加尿素	3.4mol·L^{-1}尿素	5.9mol·L^{-1}尿素
H_2O	0.0053	0.0093	0.0136
Na_2SO_4(10^{-4}mol·L^{-1})	0.0052	0.0093	0.0139
Na_2SO_4(10^{-3}mol·L^{-1})	0.0048	0.0091	0.0133

3. 同系同类型表面活性剂之间的复配

同系同类型表面活性剂是指结构相似，但分子量分布不同的表面活性剂。如阴离子型表面活性剂中的脂肪酸皂和烷基硫酸盐类、非离子表面活性剂中环氧乙烷加成物都属于同系同类型表面活性剂。一般商品表面活性剂都是同系物的混合物，例如，以天然油脂为原料的钠皂，绝不可能是纯的硬脂酸钠、棕榈酸钠、月桂酸钠，而是不同碳原子数的脂肪酸钠的混合物。比如十二烷基苯磺酸钠，是烷基的碳数平均为 12，其中也会有 10 碳、13 碳、14 碳不同烷基取代的同系物。

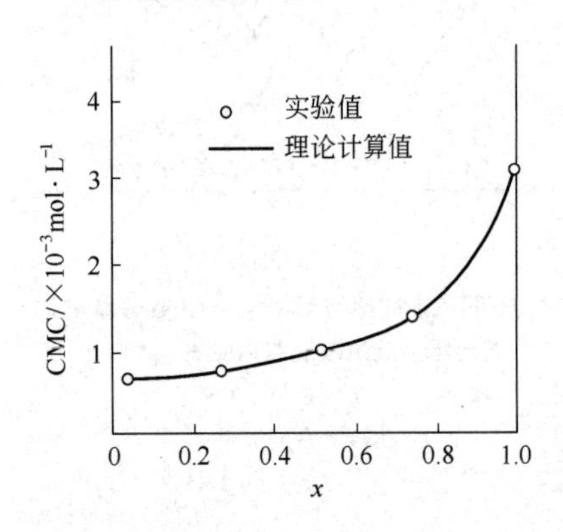

图 1-19 $C_{12}H_{25}SO_4Na$(1)-$C_{10}H_{21}SO_4Na$(2)体系的 CMC(30℃)

同系同类型表面活性剂的性能介于同系物中各单一化合物之间。应用热力学和扩散双电层理论，可从单一组分的临界胶束浓度计算混合组分的临界胶束浓度，其理论计算值与实验结果能很好吻合（如图 1-19 所示）。

从图 1-19 中可以看出，同系表面活性剂混合溶液的表面张力及临界胶束浓度 CMC 均介于两个单一的表面活性剂之间，并与其混合比例有关。这是因为表面活性剂在溶液表面的吸附及在溶液内部生成胶团都是表面活性剂分子中碳氢链疏水作用所致，在本质上有着相似之处。另外，应该指出，对于一个两组分表面活性剂的混合体系，其中表面活性较高、CMC 值较低的组分在混合胶团中的比例大，即它在胶团中的摩尔分数较其在溶液中的摩尔分数大，也就是说，此种表面活性剂易在溶液中形成胶团。反之，表面活性较低、CMC 值较大的表面活性剂则不易形成胶团，在混合胶团中的摩尔分数较小。

总之，对同系同类型表面活性剂来说，只要在表面活性较低的表面活性剂中加入少量表面活性较高的表面活性剂，即可得到表面活性较高的混合体系。这在实际应用中非常重要。

4. 阴离子-阴离子表面活性剂的复配

两种阴离子表面活性剂在复配时，性能最好的往往是以其中一种表面活性剂为主。LAS 是洗涤剂配方中使用最广泛的表面活性剂，其缺点是在硬水中洗涤性能显著降低。因此在洗涤剂配方中往往加入具有耐硬水能力高的组分，除了螯合剂以外，常用的是非离子表面活性剂。但是加有非离子表面活性剂的洗涤剂脱脂性太强，对于洗涤毛织物，特别不适宜手洗。通常将 LAS 与 AOS 进行复配，来达到协同作用。例如，当 AOS∶LAS 为 20∶80 时，其去污性能明显优于 50∶50 的复配体系（如图 1-20 和图 1-21 所示）。另外，当 AOS∶LAS 为 20∶80 时，被洗涤物上灰分沉积量最少。灰分沉积是洗涤的负效果，它使白色织物产生表观灰度，使有色织物褪色，并使织物粗糙变硬。灰分沉积量测定方法是将样品经 3 次洗涤—漂白—干燥循环，用盐酸萃取布样上的无机盐（即碳酸钙、碳酸镁的沉积物），而后滴定测得。

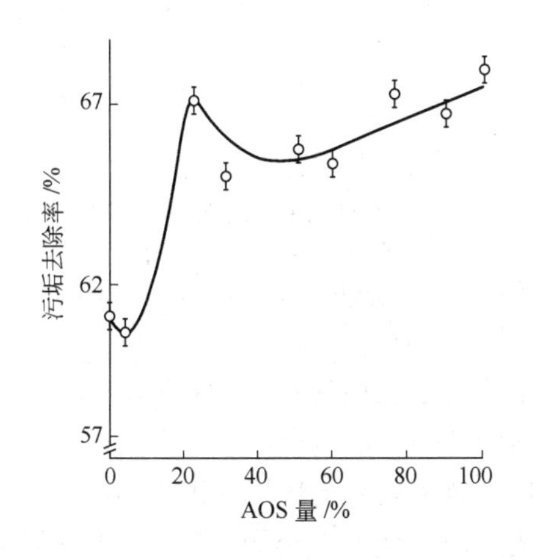

图 1-20 不同 LAS/AOS 配比对棉布去污效果的影响

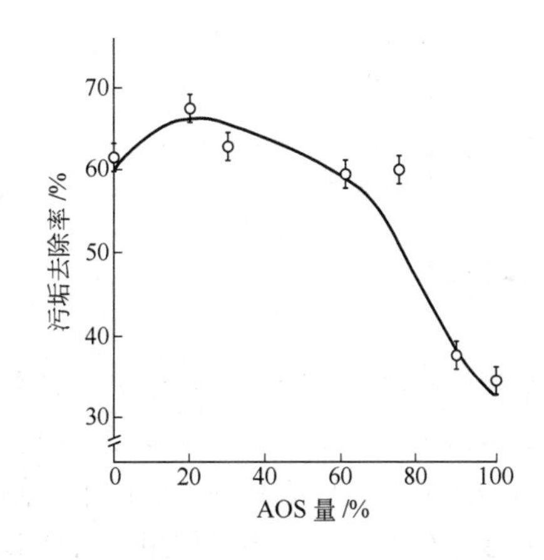

图 1-21 不同 LAS/AOS 配比对聚酯/棉混纺布（50∶50）去污效果的影响

又如，对于 LAS/AES 复配体系，当 LAS 含量较多时，复配体系在橄榄油/水的界面张力有明显的增效作用（如图 1-22 所示）。

5. 非离子-离子表面活性剂的复配

非离子-离子表面活性剂混合体系和阳离子-阴离子混合体系为非理想体系，各组分之间相互作用强烈。如前所述，可用表面活性剂混合体系分子相互作用的参数 β 来进行判断。以下对常见复配体系的规律加以总结。

非离子表面活性剂无论是与阴离子表面活性剂复配，还是与阳离子表面活性剂复配，在临界胶束浓度 CMC 与组成 x 的曲线上均出现最低值，与理想混合胶团体系（虚线）相比有较大偏差（如图 1-23 所示），表明非离子表面活性剂与阴离子表面活性剂相互作用较强。

通常，非离子-阴离子混合体系表面活性高于单一组分，这在实际中常常用在配制洗涤剂，因为混合物比单一组分有更强的洗涤能力、润湿能力。如椰子酰二乙醇胺与烷基硫酸钠或烷基苯磺酸钠等混合，有更高的黏度和高泡沫稳定性；肥皂中加少量非离子表面活性剂可起“钙皂分散”的效果，另外，还可使非离子表面活性剂的浊点升高。如在TX-10中加入2%烷基苯磺酸钠可使其浊点从65℃提高到87℃，其作用机理可以认为是聚氧乙烯链吸附溶液中的氢离子和钠离子形成盐，呈假阳离子性质。当阴离子表面活性剂加入时，由于异性相吸，两种表面活性剂在界面上更加紧密地排列，故增溶能力增大，对温度的稳定性增大。

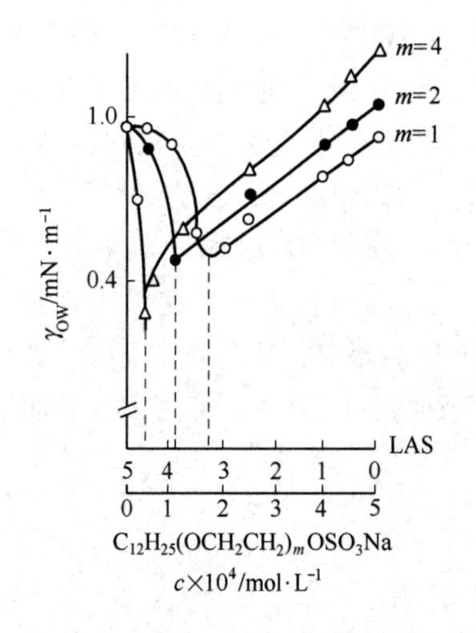

图1-22 LAS/AES水溶液与橄榄油间的界面张力

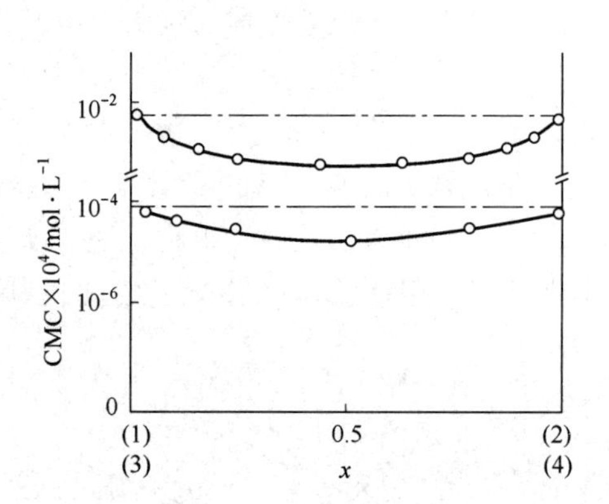

图1-23 $C_8H_{17}O(C_2H_4O)_6H$(1)-$C_{12}H_{25}SO_4Na$(2)和$C_{12}H_{25}O(C_2H_4O)_8H$(3)-$C_{16}H_{33}N(CH_3)_3Cl$(4)体系的CMC-$x$关系（25℃）

一般来说，在离子表面活性剂中只要有少量非离子表面活性剂的存在，即可使CMC大大降低，这是由于非离子表面活性剂与离子表面活性剂在溶液中形成混合胶团之故。非离子表面活性剂插入离子表面活性剂的胶团中，使原来离子表面活性剂离子头间的斥力减弱，再加上表面活性剂疏水链间的相互作用，而易形成胶团，使混合溶液的CMC下降。但是，在大量非离子表面活性剂中配入少量阴离子表面活性剂时，有时并不产生增效作用，即起负协同作用，如表1-9所列。目前一些浓缩粉配方中就存在这一问题。对这种情况的一种解释是一般非离子表面活性剂降低表面张力的能力比离子表面活性剂强，也可能是由于少量阴离子插入对胶团的形成起破坏作用，使油/水界面张力升高，影响去污效果。

表1-9 LAS对C_{12}AE去污性能的影响（织物：聚酯）

表面活性剂体系	油污	卷离时间/s
0.1%AEO	矿物油	10
0.1%AEO+0.005%SDS	矿物油	31
0.1%AEO+0.001%SDS	矿物油	10
0.05%AEO	矿物油+5%油酸	即时去除

续表

表面活性剂体系	油污	卷离时间/s
0.05%AEO+0.0275%SDS	矿物油+5%油酸	12
0.05%AEO+0.005%SDS	矿物油+5%油酸	即时去除
0.05%AEO+0.0163%LAS	矿物油+5%油酸	去不掉
0.05%AEO+0.0106%LAS	矿物油+5%油酸	23
0.05%AEO+0.005%LAS	矿物油+5%油酸	即时去除

注：AEO 为 $C_{12}H_{25}O(C_2H_4O)_7H$；SDS 为十二烷基硫酸钠。

6. 阴离子-阳离子表面活性剂的复配

在表面活性剂的应用中，人们长期认为阴离子-阳离子表面活性剂在水溶液中不能混合使用，否则将失去表面活性。然而在一定条件下，阴离子-阳离子表面活性剂复配体系将具有很高的表面活性。图 1-24 为 $C_8H_{17}N(CH_3)_3Br(1)$-$C_8H_{17}SO_4Na(2)$ 复配体系的 γ-lg$c$ 关系，当二者以 1∶1 混合时，其表面活性高于各自单独的表面活性；混合体系的 CMC 也比单一组分的低。图 1-25 为 $C_8H_{17}N(CH_3)_3Br(1)$-$C_8H_{17}SO_4Na(2)$ 以不同比例的表面张力 γ 与组成 x 的关系。当浓度皆为 0.1mol·L^{-1}时，混合液的 γ 低达 30mN·m^{-1}，而单一表面活性剂的 γ 高至 70mN·m^{-1}。也就是说，阴离子-阳离子表面活性剂等摩尔混合后，复配体系的表面活性最高。

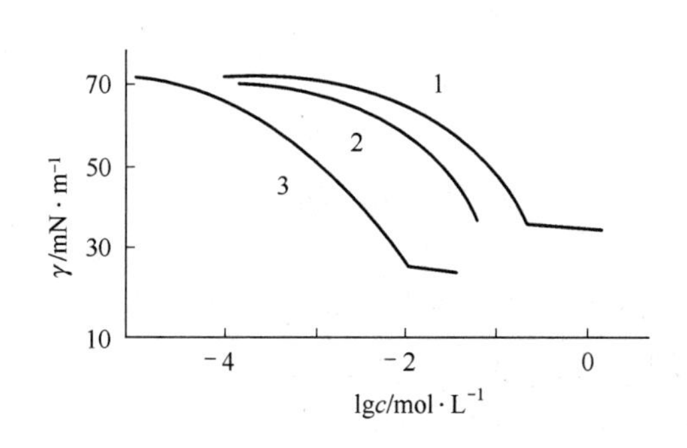

图 1-24 $C_8H_{17}N(CH_3)_3Br(1)$-$C_8H_{17}SO_4Na(2)$ 复配体系的 γ-lgc 关系

1—$C_8H_{17}N(CH_3)_3Br(1)$；2—$C_8H_{17}SO_4Na(2)$ (0.1mol·kg^{-1} NaBr)；3—1∶1 的 (1)-(2)(0.1mol·kg^{-1} NaBr)

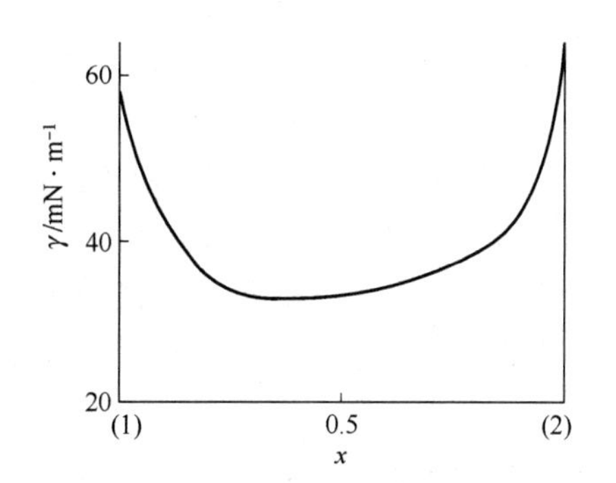

图 1-25 $C_8H_{17}N(CH_3)_3Br(1)$-$C_8H_{17}SO_4Na(2)$ 溶液表面张力 γ 与组成 x 的关系

(25℃，总浓度 0.1mol·kg^{-1})

阴离子-阳离子表面活性剂复配体系可同时具有两组分各自的优点。阳离子表面活性剂是较好的抗静电剂和杀菌防霉剂，但洗涤作用不佳，与阴离子表面活性剂复配后可得到化纤产品的优良洗涤剂，兼有洗涤、抗静电、柔软、防尘等作用，可制成优良的化纤洗涤剂。目前市场上的“防尘柔软洗粉”就是阴离子-阳离子表面活性剂复配的。阴离子-阳离子表面活性剂混合物的最大弱点是溶解度比较小，应用中需采取适当的办法进行增溶。

另外，在通常情况下，阴离子-阳离子表面活性剂混合体系的起泡性、泡沫稳定性及润湿性皆高于同浓度的单一表面活性剂溶液。例如，$C_8H_{17}N(CH_3)_3Br$ 与 $C_8H_{17}SO_4Na$ 等摩尔混合后，气泡在溶液表面的寿命及正庚烷液滴在溶液-正庚烷界面上的寿命分别为单一表面活性剂溶液的 1400 倍及 70 倍；在同一浓度（1×10^{-2} mol·L^{-1}）时，$C_8H_{17}N(CH_3)_3Br$

与 $C_8H_{17}SO_4Na$ 等摩尔混合后在石蜡表面上的接触角为 16°，而 $C_8H_{17}SO_4Na$ 的接触角约为 100°。

阴离子-阳离子表面活性剂复配体系的所有特性均来源于阴、阳离子在吸附层和胶束中的强烈吸引作用。特别是当阴离子-阳离子表面活性剂碳数相近时，吸附层及胶团中的阴、阳离子表面活性剂离子的比例接近于 1，胶团及表面层皆近于电中性，不存在扩散双电层。和单一表面活性剂相比，它没有相同离子间的斥力，更易于在界面和表面吸附，形成比单一表面活性剂更紧密的碳氢链表面层，将强极性的、表面能较高的水表面改变为接近碳氢化合物的非极性的表面，从而改变了水的性质。

阴离子-阳离子表面活性剂复配体系具有以下规律：①混合溶液 CMC 首先取决于两表面活性剂疏水链碳原子数之总和，碳原子数越多，则 CMC 越小，增效越强，当两表面活性剂疏水链碳原子数相同时，则等链长的混合物的 CMC 最小；②两表面活性剂链长不同时，γ_{CMC} 值会不同，其中以等链长混合物的 γ_{CMC} 值最低。应该注意，碳链长在 8 个碳原子以上的 1∶1 烷基硫酸盐与烷基三甲基或吡啶季铵盐混合后，在 CMC 以上会发生浑浊、沉淀或分相。而羧酸盐-季铵盐体系，如 $C_8H_{17}COONa$-$C_8H_{17}N(CH_3)_3Br$、$C_{10}H_{21}COONa$-$C_{10}H_{21}N(CH_3)_3Br$ 与 $C_{12}H_{25}COONa$-$C_{12}H_{25}N(CH_3)_3Br$ 却是例外。在 CMC 时，这些混合物溶液均未出现沉淀与分相，仅在 $C_{12}H_{25}COONa$-$C_{12}H_{25}N(CH_3)_3Br$ 混合体系中有乳光。$C_8H_{17}COONa$-$C_8H_{17}N(CH_3)_3Br$ 和 $C_{10}H_{21}COONa$-$C_{10}H_{21}N(CH_3)_3Br$ 混合体系在超过单一表面活性剂 $C_8H_{17}COONa$ 和 $C_{10}H_{21}COONa$ 的 CMC 两倍时，仍然澄清透明。这对于阴-阳离子表面活性剂混合体系中高表面活性的应用很有意义。

7. 两性-阴离子表面活性剂的复配

两性表面活性剂具有刺激性低、耐硬水性好、适用范围广和生物降解性能优良等优点，所以尽管其价格较高，仍被广泛应用。月桂酰胺丙基甜菜碱（LMB）是两性表面活性剂系列中常见的温和型试剂，而十二烷基硫酸钠（SDS）是产量和用量都很大的一种阴离子型表面活性剂。有人研究了这两种表面活性剂的复配规律。从应用上来说，既可弥补阴离子表面活性剂性能上的不足，又可解决两性表面活性剂价格较高的问题。

阴离子表面活性剂 SDS 和两性表面活性剂月桂酰胺丙基甜菜碱（LMB）在降低表面张力能力和形成胶束能力方面均具有协同增效作用。

图 1-26 是 SDS/LMB 复配体系中 LMB 的比率对降低表面张力能力的影响。从图 1-26 可以看出，随着 LMB 比率的增大，混合体系表面张力逐渐减小，达最低值后，又逐渐上升，表面张力增大。这说明，SDS/LMB 复配体系的表面张力值比单一表面活性剂的更小，在 SDS∶LMB=(7∶3)～(3∶7) 范围内协同增效作用显著。出现协同增效作用的原因在于两性表面活性剂分子中有正电荷存在，溶液中阴离子表面活性剂和两性表面活性剂之间存在着强烈的相互作用。LMB 极性基团所带的正电荷对 SDS 的阴离子基团存在静电吸引作用，而且 LMB 和 SDS 的碳氢链还存在一定的疏水相互作用，因而在液/气界面表面活性剂分子排列得更致密，吸附量更大，故复配后表面活性更高。

从图 1-27 可以看出，随着 LMB 比率的增大，混合体系的 CMC 也逐渐下降，达最低值后保持在一个较稳定的水平。这说明 SDS 和 LMB 复配体系的 CMC 值比单一表面活性剂的更小，而且当 LMB 的比率超过 3 之后，增效作用显著。由于两性表面活性剂形成胶束的能力要比相同疏水基的阴离子型表面活性剂强，由于 LMB 的 CMC 低于 SDS，LMB 与 SDS 混

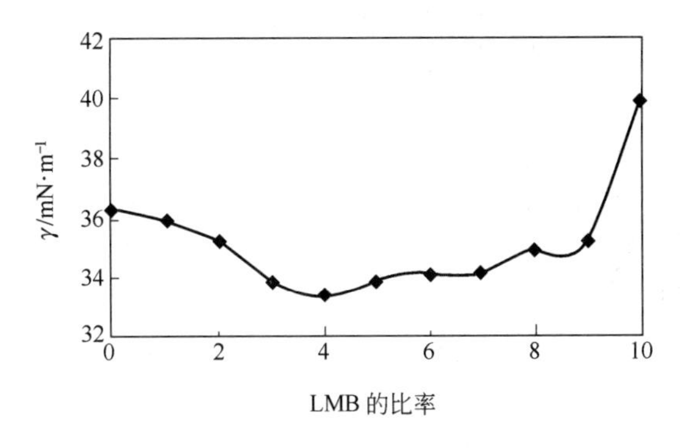

图 1-26　LMB 比率对表面张力的影响（40℃）

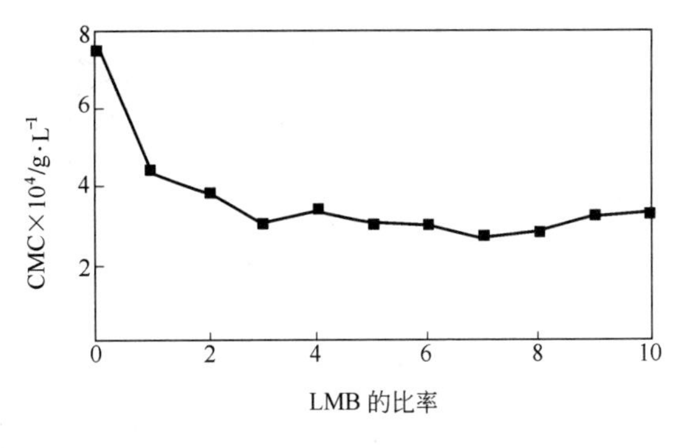

图 1-27　LMB 比率对 CMC 的影响（40℃）

合后，混合表面活性剂分子极性头基正负离子之间的吸引促使不同表面活性剂分子采取比较紧密的排列方式，在水中相互结合形成混合胶束。混合胶束形成后，由于表面活性剂分子之间结合得更加紧密，极性头基之间的空隙更小，致使表面活性剂亲水基周围的定向水分子减少，自由水分子增多，混乱度变大，也使胶束易于形成。

另外，无机盐对 SDS/LMB 复配体系的表面张力和发泡力也有影响。研究表明，低浓度的无机盐会使表面活性剂复配体系表面张力和 CMC 下降，发泡力上升，高浓度的无机盐会使表面活性剂复配体系发泡力下降。例如，0.1mol·L^{-1}的 NaCl 使 0.0025%的复配体系表面张力下降 1.73mN·m^{-1}，0.17mol·L^{-1}的 NaCl 使 2%的复配体系泡沫高度上升 7.2%，而 NaCl 浓度超过 0.26mol·L^{-1}后会使泡沫高度降低。并且，阴离子相同、阳离子不同的无机盐对表面活性剂的影响不同，其规律是 $NaCl \leqslant NH_4Cl < MgCl_2 < AlCl_3$，即价态越高影响越大，而价态相同的无机盐影响差别不大；阳离子相同、阴离子不同的无机盐对表面活性剂的影响规律与阳离子相似，但是差别远不如阳离子之间的差别大。

8. 聚合物与表面活性剂的复配

聚合物与表面活性剂分子间的作用力主要是疏水基之间的作用与静电作用。影响水溶性高分子与表面活性剂相互作用强弱的因素为表面活性剂的碳链长度。一般，表面活性剂的碳链越长，与聚合物的作用越强。

聚合物与阴离子表面活性剂相互作用的强弱为

聚乙烯醇＜聚乙二醇＜羧甲基纤维素＜聚乙酸乙烯酯＜聚丙二醇＜聚乙烯吡咯烷酮

这些聚合物与阳离子和非离子型表面活性剂的作用一般较弱。

（1）聚乙烯吡咯烷酮与表面活性剂的复配　聚乙烯吡咯烷酮（PVP）因具有许多独特的物理化学性质，在日用化学品中具有广泛的应用。PVP 与阴、阳离子和非离子表面活性剂之间具有很好的复配性能。例如，PVP 与阳离子表面活性剂 3-十二烷氧基-2-羟丙基三甲基氯化铵（简写为 $C_{12}NCl$）和阴离子表面活性剂十二烷基磺酸钠进行复配后，其结果如图 1-28～图 1-30 所示。从图 1-28～图 1-30 可以看出，PVP 对 AS 的表面张力具有较大的影响，且 PVP 的浓度越大，影响越大；PVP 对 $C_{12}NCl$ 的表面张力影响较弱；当 $C_{12}NCl$/AS 的混合摩尔比为 1∶1 时，加入 PVP 后，可明显降低体系的表面张力。

另外，从图 1-28～图 1-30 可以看出，PVP 与 AS 混合溶液的表面张力-浓度曲线出现了两个转折点，而与 $C_{12}NCl$ 的混合溶液以及与 $C_{12}NCl$/AS 复配体系的混合溶液均无双折点出现，说明 PVP 与 AS 形成了复合物，而与 $C_{12}NCl$ 和 $C_{12}NCl$/AS 复配体系均未有复合物

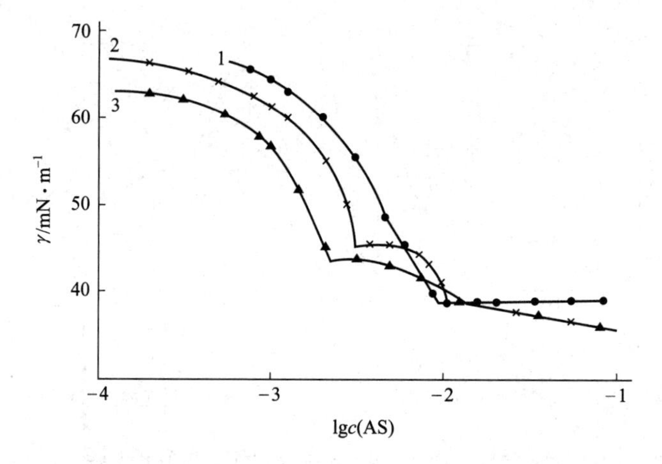

图 1-28 PVP 对 AS 表面张力的影响（40℃）

1—AS；2—AS+0.1% PVP；3—AS+0.3% PVP

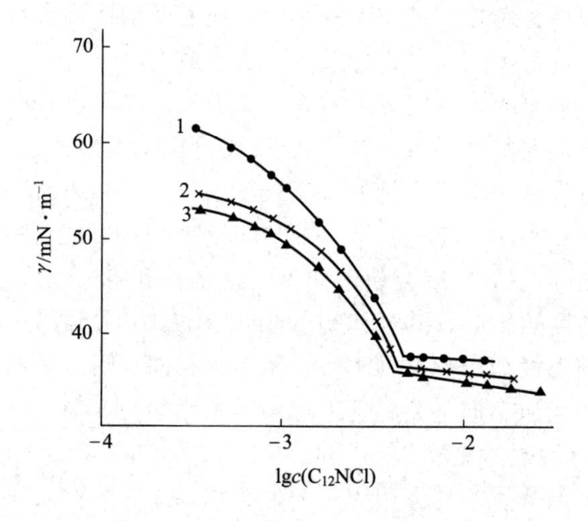

图 1-29 PVP 对 $C_{12}NCl$ 表面张力的影响（40℃）

1—$C_{12}NCl$；2—$C_{12}NCl$+0.1% PVP；3—$C_{12}NCl$+0.5%PVP

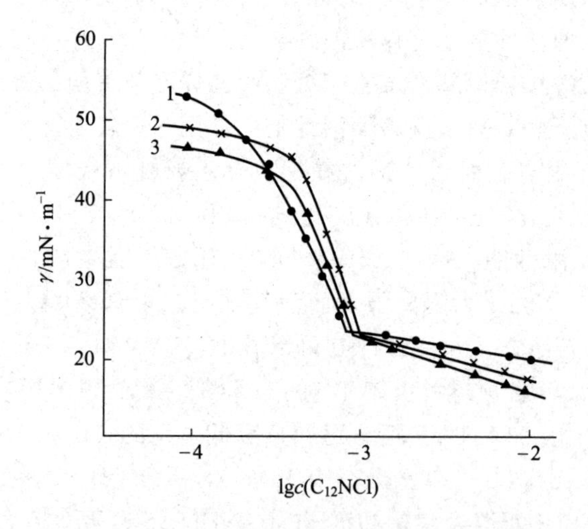

图 1-30 PVP 对 1∶1 的 $C_{12}NCl$/AS 复配体系表面张力的影响（40℃）

1—$C_{12}NCl$/AS；2—$C_{12}NCl$/AS+0.1%PVP；3—$C_{12}NCl$/AS+0.5%PVP

生成。这是由于 PVP 带有微弱的正电荷，减弱了它与阳离子表面活性剂的相互作用，而增强了它与阴离子表面活性剂的结合。形成的复合物可提高对二甲基黄（DMAB）的增溶量。当 $C_{12}NCl/AS$ 混合溶液中加入 PVP 后，可明显提高对 DMAB 的增溶能力，且在混合摩尔比为 1∶1 时，增溶量最大。

（2）明胶与表面活性剂的复配　明胶是把动物体中的胶原蛋白与水一起加热得到的水溶性高分子。明胶在日用化学品中也具有广泛的应用，在洗涤剂中常作为增稠剂，在化妆品中常作为特效组分的微胶囊材料。因此关于明胶与阴离子表面活性剂十二烷基硫酸钠（SDS）的复配也进行了广泛的研究。例如，明胶浓度、明胶种类及分子量对 SDS 的表面活性均有影响。由图 1-31 可以看出，lg[SDS]＜－2.5 时，骨明胶-SDS 体系的表面张力明显低于纯 SDS 溶液，随着 SDS 浓度增大，表面张力曲线中出现一个“平台”区域。骨明胶-SDS 复配体系的表面张力低，说明在明胶溶液中引入少量的 SDS，有利于体系极性基团与非极性基团比例的调整，使形成的配合物具有更好的表面活性，同时也有利于增大分子在界面上的吸附，降低溶液的表面张力。lg[SDS]＞－2.5 时，骨明胶-SDS 复配体系的表面张力变化不大，并最终与 SDS 溶液的表面张力趋于一致。这可能是由于随着 SDS 浓度的增加，溶液中 SDS 分子逐渐在体现表面活性中占了主导地位。图 1-31 还说明水解骨明胶体系的表面张力低于大分子骨明胶体系，这可能是因为水解骨明胶的分子较小，空间阻力小，有利于分子的扩散并与 SDS 分子结合形成配合物。

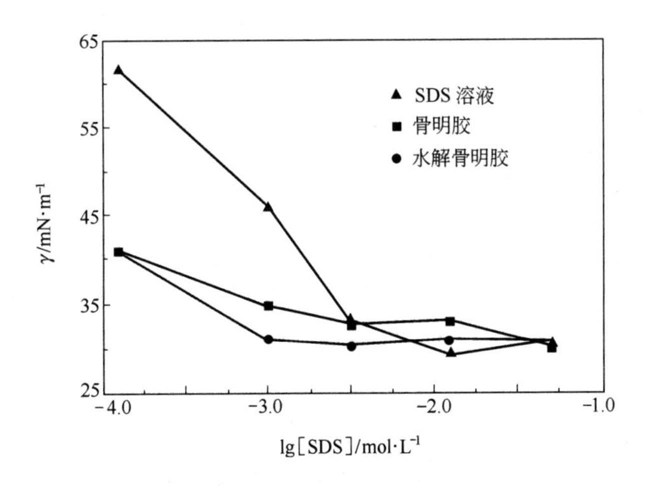

图 1-31　不同体系的 SDS 浓度与表面张力的关系曲线

（明胶质量分数为 1.0%）

另外，明胶对复配体系的乳化力、起泡力及其稳定性也有影响，使上述复配体系的乳化力、起泡力及其稳定性随之增加。一般，明胶浓度的增加导致复配体系表面张力增大，泡沫稳定性降低，但明胶浓度及其种类、分子量对体系的乳化力影响不大。

思考题

1. 表面活性剂与表面活性物质有何区别？
2. 什么是表面活性剂的临界胶束浓度？ 其测定方法有哪些？
3. Krafft 点和浊点有何区别？

4. 增溶的原理是什么？ 染料在表面活性剂中的增溶与在有机溶剂的溶解有何区别？
5. 什么叫做接触角？接触角的大小与洗涤之间的关系是什么？
6. 作为洗涤剂的活性组分，常用的表面活性剂有哪几类？ 各有何特点？
7. 什么是表面活性剂的 HLB 值和 PIT 值？二者对衡量表面活性剂的性能有何优缺点？
8. 电解质对表面活性剂的性能有何影响？
9. 为什么常用低分子的醇作为表面活性剂的增溶剂？
10. 分析 *N*,*N*-二甲基-9-癸烯酰胺可能的合成原理与方法。

第二章 肥皂

肥皂（soap）是高级脂肪酸盐的总称，也就是说凡主要成分是高级脂肪酸盐（至少含有8个碳原子）的物质统称为肥皂。肥皂包括两类：一类是可溶于水的、用于洗涤的脂肪酸碱金属盐；另一类是不溶于水的、不能用于洗涤的脂肪酸非碱金属盐，通常称为金属皂。本章肥皂是指前一类，一般为水溶性的C_{12}～C_{18}脂肪酸的碱金属盐（包括钠盐和钾盐）。其中用氢氧化钠制备的肥皂称为硬质肥皂，用氢氧化钾制备的肥皂称为软质肥皂。

肥皂是人类使用历史最悠久的洗涤用品，起源于公元前27世纪的古埃及。我国魏晋时期有使用肥皂的记载，当时叫"澡豆"。唐代孙思邈著的《千金要方》和《千金翼方》中描述了以猪的胰腺制作澡豆的方法，因此肥皂也称"胰子"。清代在原材料中添加了香精，让胰子因香气而受人们喜爱，大约于1909年开始生产肥皂。随着时代的变迁，肥皂的生产工艺发生了很大变化，从传统的手工生产到现代化的加工和包装技术，从用猪胰腺做原料到现在用植物油、动物油或者人工合成物质为原料，使肥皂的生产规模越来越大，品种也越来越多，已然成为人们生活中不可缺少的洗涤用品。虽然合成洗涤剂的产量不断增加，但是肥皂由于具有耐用、去污力强、刺激性小、生物降解性好等特点，仍然是国内主要的洗涤用品之一。且肥皂的功能也在发生变化，除了清洁外，还具有美容、护肤、杀菌和除臭等多种功效，不仅适宜于家庭使用，工业上也广泛使用。目前，肥皂已呈现出可以满足特定需求的多种形态和品种。肥皂按照产品的组成、外形和用途的不同，可分为洗衣皂、香皂、药皂、透明皂、皂片、液体皂和工业皂等。洗衣皂用于日常衣物的洗涤；香皂用于清洁皮肤，具有悦人的持久香气；美容皂含有营养性组分，可用于美容和护肤；药皂加有抗菌药物，供消毒、清洁用；透明皂香味逊于香皂，可洁肤和洗衣两用；皂片是近中性的，用于洗涤丝、毛织物；液体皂根据配方的不同，可浴用，也可衣用；工业皂主要是纺织工业用皂，如丝光皂。本章重点介绍洗衣皂、香皂、美容皂、药皂以及透明皂等固体皂。可以说，固体皂是肥皂工业的主要产品，目前市场上占有份额较大的品牌有中华、力士、舒肤佳、雕牌等。

今后肥皂的发展方向首先是改性改质，克服普通肥皂在低温下溶解度差和不耐硬水的缺陷，使其兼备肥皂和合成洗涤剂的优点。为此，目前市场上出现了各种复合皂、复合肥皂粉和复合液体皂。其次，皂中加入多种添加剂制成多功能皂，增加市场竞争力，亦是当前肥皂市场的一个主攻方向。近年来，相继上市了药皂、透明皂、护肤皂、富脂皂、花纹皂、浮水皂、手工皂等，以满足消费者多方面的需求。另外，香皂产品日益高档化，如皂中加入蜂蜜、人参、珍珠和水解蛋白等高级营养物质，采用高级香精和华丽的包装，来提高肥皂的商品价值。再者，利用餐厨垃圾、废油脂制作肥皂，不仅可以充分利用自然资源，还可减少环境污染，促进建设节约型社会。

第一节　肥皂的性质及生产原理

一、肥皂的性质

1. 肥皂的水溶性

肥皂的钠皂或钾皂是强碱弱酸盐，因此都会在水溶液中发生水解，呈弱碱性。

$$RCOONa \longrightarrow RCOO^- + Na^+$$

$$RCOO^- + H_2O \rightleftharpoons RCOOH + OH^-$$

水解产生的脂肪酸与未水解的肥皂，形成不溶于水的酸性皂，使肥皂水溶液呈现浑浊。

$$RCOOH + RCOONa = RCOOH \cdot RCOONa$$

一般，影响肥皂水解的主要因素有皂液的浓度、脂肪酸的分子量和温度。通常皂液浓度越高，水解度越低；脂肪酸碳链越长，水解度越高；温度越高，水解度越高。但是，乙醇等强极性有机溶剂能抑制肥皂的水解，加入乙醇，可以得到透明的肥皂水溶液。

肥皂在硬水体系中使用时，硬水中钙、镁离子会与肥皂生成不溶于水的钙皂和镁皂，降低肥皂的去污能力。这是限制肥皂使用的主要原因。

$$Ca^{2+} + 2RCOONa \longrightarrow (RCOO)_2Ca + 2Na^+$$

$$Mg^{2+} + 2RCOONa \longrightarrow (RCOO)_2Mg + 2Na^+$$

2. 肥皂的洗涤性

肥皂属于阴离子表面活性剂，它同样具有离子型表面活性剂的物理化学性质，呈现出降低表面张力、起泡性、分散性、乳化性和洗涤性等性质。但是肥皂的脂肪酸碳链不同，表现的性质也有所差异。组成肥皂常见的脂肪酸如表 2-1 所列。

表 2-1　脂肪酸的种类

名称		分子式	熔点/℃	中和值 /mgKOH·g^{-1}	碘值 /g·100g^{-1}	主要来源
饱和脂肪酸	月桂酸	$C_{11}H_{23}COOH$	44.2	280.1	0	椰子油、棕榈仁油
	肉豆蔻酸	$C_{13}H_{27}COOH$	53.9	245.7	0	椰子油、牛脂
	棕榈酸	$C_{15}H_{31}COOH$	63.1	218.8	0	棕榈油、牛脂、米糠油
	硬脂酸	$C_{17}H_{35}COOH$	69.6	197.2	0	牛脂
不饱和脂肪酸	油酸	$C_{17}H_{33}COOH$	1.5～10.9	198.6	89.9	橄榄油、棉籽油、大豆油、米糠油、牛脂、猪脂、鱼油、鲸油
	亚油酸	$C_{17}H_{31}COOH$	−5.2～5.0	200.1	181.0	棉籽油、大豆油、米糠油
	亚麻油酸	$C_{17}H_{29}COOH$	−11.2～11	201.5	273.5	亚麻籽油
	蓖麻醇酸	$C_{17}H_{32}(OH)COOH$	5.5	—	—	蓖麻油

一般来说，随着脂肪酸碳链的增长，其溶解性下降，洗涤力上升，泡沫持久性增强；不饱和链的引入使其水溶性增强，质地由硬变软，但稳定性也变差。例如：月桂酸钠易溶于冷

水，洗涤力稍大，泡沫粗大，泡沫量多，质地较硬。硬脂酸钠不易溶于冷水，洗涤力甚大，泡沫较细，泡沫量小，质地硬而脆。油酸钠易溶于冷水，洗涤力大，泡沫稍粗大，泡沫量多，质地较柔，有黏性，稳定性较好。各种脂肪酸钠盐的性质如下。

（1）月桂酸钠　硬性的固体皂在水中的溶解性很强，在冷水中的溶解性也很好，而且耐硬水性也强，起泡力大，在冷水中洗涤时去污力好，在中温和高温水中洗涤时，其去污力较碳数多的脂肪酸盐差。

（2）硬脂酸钠　硬性的固体皂在水中的溶解性弱，在冷水中的溶解性不好，耐硬水性也差，起泡力非常小，在高温洗涤时去污力较好，但在中温和冷水中洗涤时去污力较差。

（3）肉豆蔻酸钠和棕榈酸钠　性能居于月桂酸钠和硬脂酸钠之间。

（4）油酸钠　油酸钠与硬脂酸钠的碳数相同，但由于含有不饱和双键而增加了亲水性，同硬脂酸相比，它的水溶性好，而且起泡力和在冷水、温水中的去污力也较强，所制成的皂体较软，很难制成硬性皂。

（5）亚油酸钠和亚麻油酸钠　其碳数与硬脂酸钠、油酸钠相同，但由于它的不饱和度更高，所生成的皂软性更大，水溶性更好。但是这类不饱和度高的脂肪酸盐的去污力很差，又容易酸败，一般不作为肥皂原料使用。

（6）蓖麻醇酸钠　由于其脂肪酸链上有—OH 亲水基，因而能形成硬度高而在水中却很容易溶解的脂肪酸皂。利用这种特性可制成透明皂，但去污力和起泡力较差。

以上是各种脂肪酸的钠盐，此外还有钾盐、铵盐、胺盐等，它们都比钠盐皂更软，一般作为液体皂使用。

3. 肥皂的结晶性

肥皂与其他长链烷烃化合物一样，也具有多晶现象。1943 年，Ferguson 等人将肥皂分为 α、β、ω、δ 四种晶型，这四种晶型可以由 X 射线来鉴别。

α 相被认为是纤维相，它的晶格间隙为 $2.45\times10^{-10}\sim4.65\times10^{-10}$ m，它是在含水极少的情况下生成的肥皂相。一般制造条件下，肥皂含水较多，不能生成 α 相，市场上出售的肥皂中能看到的主要是 β、δ、ω 这 3 种晶型。

β 相晶格间隙约为 2.75×10^{-10} m。β 相肥皂质地坚硬，透明度好，具有极好的水溶性和发泡能力，但在水中浸泡时容易糊烂及开裂。β 相在肥皂中的含量随硬脂酸分子量的增加而增加，迅速冷却也有利于 β 相的形成。另外机械加工，如研磨、挤压、搅拌等也可以促进肥皂中 β 相的转化。

ω 相的晶格间隙约为 2.95×10^{-10} m。含这种相的肥皂不透明，质地硬度在 β 相皂与 δ 相皂之间。ω 相皂比 β 相皂的溶解度小，起泡性差，在水中浸泡不易糊烂及开裂。有利于 ω 相形成的条件是高温、缓慢冷却、低水分和低分子量的脂肪酸。例如，缓慢冷却的冷框肥皂和冷板肥皂都是以 ω 相皂为主的。

δ 相晶格间隙为 $2.85\times10^{-10}\sim3.55\times10^{-10}$ m，质地比 β 相、ω 相皂均软，起泡程度在 β 相、ω 相之间，在水中浸泡也易糊烂和开裂，但比 β 相皂要好。有利于 δ 相形成的条件是低温、高水分及高分子量的脂肪酸。

肥皂的晶格在一定条件下形成，也可以随着条件的改变而相互转换。如将 β 相皂放在一密封容器中加热到 88℃，再缓慢冷却至室温，就可转变为 ω 相皂。肥皂的晶格除了与温度有关外，还与其中所含的水分及机械加工有关。如果要生产透明皂，就应该在生产中为透明的 β 相皂的生成提供有利条件。

二、制皂原理

肥皂的制皂原理分为油脂皂化法和脂肪酸中和法。皂化法是用碱和油脂（脂肪酸的甘油酯）加水皂化得到肥皂和甘油的方法。中和法是将脂肪酸和碱直接反应得到肥皂的方法。

皂化法

$$\begin{matrix} CH_2OOCR \\ | \\ CHOOCR \\ | \\ CH_2OOCR \end{matrix} + 3MOH \longrightarrow 3RCOOM + \begin{matrix} CH_2OH \\ | \\ CHOH \\ | \\ CH_2OH \end{matrix}$$

中和法

$$RCOOH + MOH \longrightarrow RCOOM + H_2O$$

式中，R 为烃基，M 为碱基。

通常用皂化法的较多。油脂皂化时分为 3 个阶段进行。图 2-1 为油脂皂化时皂化率与时间的对应关系。

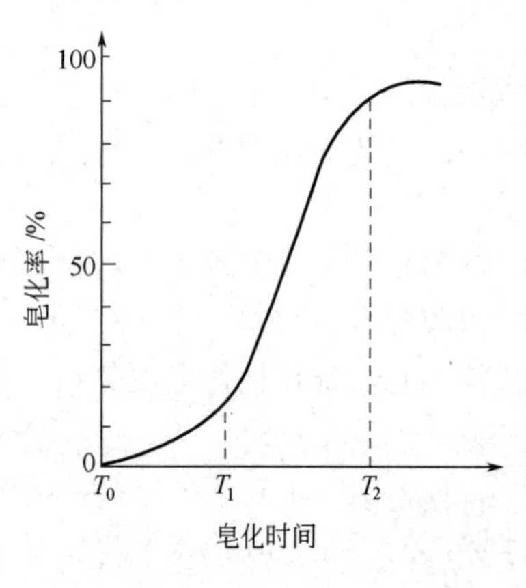

图 2-1 油脂皂化反应

（1）T_0-T_1阶段　乳化皂化阶段。开始油脂与苛性钠互不溶解，反应进行困难。因此，间歇皂化时，通常是把上一次皂化得到的肥皂少量留在釜内，利用脂肪酸钠的乳化作用，使克服非均相反应的障碍，加速皂化反应。在连续皂化时，由高效能的混合装置使油脂和苛性钠紧密接触，同时由于油脂中游离脂肪酸生成肥皂的作用，使皂化速度加快。

（2）T_1-T_2阶段　急速皂化阶段。在这段时间内，反应激烈进行。这个阶段反应为均态，并产生大量热，所以不宜加热，同时要控制油脂和碱液的加入速度，以防反应激烈而溢锅。

（3）T_2-反应结束　最终皂化阶段。在这个阶段，反应已经达到 90%，反应大大变慢，最后达到平衡。为了将油脂全部皂化，必须加入过量的碱，一般过量 5%～10%，并延长反应时间。而且甘油尽量除去，以加速反应。配方中还常常配一些酚类、低分子油脂、不饱和油脂以及带羟基的脂肪酸，以缩短诱导期。

第二节　制皂用油脂及其预处理

一、制皂用油脂

油脂是生产肥皂的主要原料，其中包括植物油（如椰子油、棕榈油、大豆油、米糠油等）和动物油脂（如牛脂、猪脂）。不同油脂是由碳链长度不同的饱和脂肪酸和不饱和脂肪酸组成的甘油酯。表 2-2 是制造肥皂常用的主要油脂的组成。

油脂的质量直接影响肥皂的质量，如油脂中脂肪酸碳链的长短及饱和程度对肥皂的影响在于：饱和脂肪酸含量高的油脂比较好；饱和度低的油脂因碳链含有双键，易发生氧化、聚合等反应，致使油脂酸败和色泽加深。一般选择制皂油脂的指标有以下几项。

（1）相对密度　相对密度能反映油脂分子量及黏度的高低。相对密度大，则分子量大，黏度也高。通常，制皂的油脂相对密度在 0.887～0.975 之间为宜（液体油脂在 20℃ 下测定，固体油脂在 50℃ 下测定）。

（2）凝固点　油脂的凝固点对肥皂质量影响很大。油脂凝固点太高，制成的肥皂易龟裂，泡沫少，去污力差；凝固点太低，会影响肥皂的硬度。油脂饱和度愈高，凝固点愈高。油脂饱和度相同时，分子量愈大者，凝固点愈高。制皂所用油脂的凝固点通常在 38～42℃ 为宜。

（3）皂化值　皂化值是指 1g 油脂完全皂化时所消耗 KOH 的质量（mg）。脂肪酸甘油酯的分子量愈高，则皂化值愈低。由皂化值可以计算油脂的平均分子量及皂化时所需 NaOH 溶液的质量。计算公式如下

$$M=\frac{1000\times 3\times 56.1}{S} \tag{2-1}$$

式中　M——油脂的平均分子量；

S——油脂的皂化值；

3——皂化 1mol 油脂需 3mol KOH；

56.1——KOH 的分子量。

$$W_{\text{NaOH}}=\frac{W_{\text{油脂}}S\times 40}{56.1\times 1000w_{\text{NaOH}}} \tag{2-2}$$

式中　W_{NaOH}——皂化时所需 NaOH 溶液的质量，kg；

$W_{\text{油脂}}$——皂化时油脂的质量，kg；

S——油脂的皂化值；

w_{NaOH}——NaOH 的纯度；

56.1——KOH 的分子量；

40——NaOH 的分子量。

（4）酸值　酸值是指中和 1g 油脂中的游离脂肪酸所需 KOH 的质量（mg）。酸值高，制得的肥皂易变质、出汗、发臭。通过公式（2-3），可由酸值计算游离脂肪酸的含量。

$$\text{游离脂肪酸}(\%)=\frac{V_{A}M\times 100}{1000\times 56.1} \tag{2-3}$$

式中　V_A——油脂酸值；

M——油脂中脂肪酸的平均分子量；

56.1——KOH 的分子量。

（5）碘值　油脂分子的双键能与碘发生加成反应。由加成反应消耗的碘量可以衡量油脂的不饱和程度。每 100g 油脂所消耗碘的质量（g）称为碘值。碘值愈高，不饱和程度愈高，制得的肥皂愈软。根据碘值的大小，油脂可分为干性油、半干性油和不干性油。干性油碘值大于 $130g\cdot 100g^{-1}$，不干性油的碘值小于 $100g\cdot 100g^{-1}$，碘值处于 $100\sim 130g\cdot 100g^{-1}$ 为半干性油。

干性油不饱和程度高，易氧化生成大分子物质，在表面形成硬膜，如亚麻仁油、桐油为干性油，它们不适用于制皂。植物油中椰子油、棕榈油、花生油，动物油脂中牛油、羊油、猪油都是不干性油，适于制皂。半干性油在制皂时可适量配用，如棉籽油、菜油等，但加入量不宜过多，一般棉籽油的用量不超过 3%～5%。

表 2-2 肥皂常用主要油脂的组成

组分	饱和脂肪酸/%				不饱和脂肪酸/%		
	月桂酸	肉豆蔻酸	棕榈酸	硬脂酸	油酸	亚油酸	亚麻酸
亚麻籽油	—	4.0～9.0	4.0～9.0	2.0～8.0	13.0～37.6	4.5～32.1	25.8～58.0
大豆油	0～0.2	0.1～0.4	2.3～10.6	2.4～7.0	23.5～30.8	49.2～51.2	1.9～10.7
桐油	—	—	—	3.4	8.0	10.0	—
棉籽油	—	—	—	—	15.3～36.0	34.0～54.8	—
米糠油	—	0.4～1.0	13.0～18.0	1.0～3.0	40.0～50.0	29.0～42.0	0.05～1.0
菜籽油	—	—	1.0～3.0	0.2～3.0	12.0～18.0	12.0～16.0	7.0～9.0
沙丁鱼油	—	5.8	9.7	2.3	—	—	82.2
长须鲸油	—	—	—	25.0	—	—	75.0
橄榄油	—	0.1～1.2	6.9～15.6	1.4～3.3	64.6～84.4	3.9～15.0	—
花生油	—	0.4～0.5	6.0～11.4	2.8～6.3	42.3～61.1	13.0～33.4	—
蓖麻油	—	—	—	2.0～3.0	7.0～9.0	3.0～3.5	—
牛脂	—	2.0～7.8	24.0～32.5	14.1～28.6	38.4～49.5	0～5.0	—
猪脂	—	1.3	28.3	11.9	40.9	7.1	—
羊脂	—	4.6	24.6	30.5	36.0	4.3	—
棕榈油	—	1.1～0.5	40.0～46.6	2.6～4.7	39.0～45.0	7.0～11.0	—
椰子油	44.0～52.0	13.0～19.0	7.5～10.5	1.0～3.0	5.0～8.0	1.5～2.5	—

（6）不皂化物　不皂化物是指油脂中所含脂肪酸以外的脂肪成分，如萜烯类（维生素 A 等），这些物质不会中和皂化，以杂质状态存在于肥皂中，通常不皂化物质的质量分数大于1%的油脂不可直接制皂。

实际所用的肥皂的原料都不是单一的脂肪酸，而是各种脂肪酸混合的油脂或混合脂肪酸。使用单一的脂肪酸制成的肥皂不仅在经济上不合算，而且在去污力方面也比多种脂肪酸配合的差。由多种脂肪酸配合起来的肥皂可以发挥各种脂肪酸的特性，形成综合协同效应。通常牛脂和椰子油配合使用作为肥皂的原料，其配合比例为牛脂 60%～80%，椰子油 20%～40%。近年也有用棕榈油代替牛油的制品。以棕榈油为主的制品，色泽不如牛油的洁白，不宜生产白色香皂。但牛油的气味不如棕榈油的好，棕榈油的气味适合于加香。例如，加有相同数量的同一种香精，棕榈油的香皂比牛油的香皂气味显得纯正芬芳。需指出的是，所有的油脂要精制后才能使用。

二、油脂的配方设计

传统油脂配方设计主要是根据凝固点、皂化值和碘值三个油脂常数计算油脂配方。

凝固点不是指油脂的凝固点，而是指油脂所含混合脂肪酸的凝固点。凝固点通常用来预测肥皂的硬度和溶解性，认为凝固点越高，则成皂的硬度越大，溶解性越差。但该规律只适用于单一油脂。对复配油脂存在较大局限性。常出现凝固点与硬度反常的现象。如用 1∶1 的辛酸和硬脂酸混合后，凝固点与月桂酸相似，但二者成皂后性能相差显著。肥皂的硬度与混合脂肪酸中的饱和烃含量有关。

传统配方技术还常用两个经验常数来拟定配方。一是 INS 值[1]，该值可预测成皂硬度，

[1] INS 值等于油脂的皂化值减去碘值。

INS 值越大，硬度越高，但椰子油和棕榈仁油除外。二是 SR 值，用 SR 值预测成皂的溶解度和泡沫力；SR 值越大，成皂的溶解度和泡沫力也越大。SR 值由 INS 值计算而得：

$$SR=\frac{\text{混合油脂的 INS 值}}{\text{混合油脂中 INS 值大于 130 的各单体油脂的 INS 值之和(不含椰子油和棕榈仁油)}}$$

表 2-3 给出常用油脂的 INS 值。

表 2-3　常用油脂的 INS 值

油脂	椰子油	棕榈仁油	柏油	羊油	牛油	棕榈油	骨油	猪油	花生油	棉籽油	玉米油	豆油	松油
INS 值	250	235	165	155	150	146	143	137	102	85	79	54	50

混合油脂的凝固点、INS 值和 SR 值的计算均按组成采用加权平均法。例如，香皂的典型配方含量：凝固点 43℃的牛油 80%和凝固点 23℃椰子油 20%，计算出其混合油脂的凝固点为 39℃，INS 值为 170，SR 值为 1.42。

借鉴上述数值，可拟订油脂配方，获得较理想的混合油脂和成品皂。

三、油脂的预处理

油脂是肥皂的主要原料之一，天然动植物油脂中，除了含有三甘油酯之外，还含有不少杂质。如泥沙、料胚粉末、纤维素及其他固体杂质，在油脂中呈悬浮或沉淀状态；另含有游离的脂肪酸、磷脂、色素、胶质、蛋白质以及具有特殊气味的不皂化物等胶状杂质，在油脂中呈溶解或乳化状态。为了满足质量要求，必须对油脂进行预处理。要求不同，处理方法也有所差异。

制普通洗衣皂时，油脂的预处理比较简单。一般先将毛油用蒸汽吹化（熔化），再加入盐水除杂，静置 24h，分层，上层为精油，中层为水，下层为泥角，分去泥角和水即可。

制香皂时，对油的质量要求很严格，已大大超过国内一般食用油的水平。预处理的方法包括脱胶、脱酸、脱色、脱臭 4 个工序，必要时还必须进行加氢处理。

1. 脱胶

脱胶是除去油脂中磷脂、蛋白质以及其他结构不明的胶质和黏液质，但不能降低油脂中游离脂肪酸的含量。常用的脱胶方法有水化法和酸炼法两种。水化法是利用胶质能溶于油中，但在遇水情况下能从油中沉析出来的特性来进行的；酸炼法是利用浓硫酸处理，使油中胶质之类的杂质焦化和沉淀而除去。一般加酸量为油量的 0.5%～1.5%。

现代化脱胶方法是采用磷酸来处理油脂。生产时，毛油先经过滤除去泥沙、纤维等不溶性杂质，再加热至 40～50℃与磷酸混合，使其中的胶质与磷酸进行凝聚反应，同时油中的重金属离子也与磷酸形成磷酸盐沉淀。然后混合物与热水混合，使凝聚物转移到水相，再利用离心机进行分离，重相为胶质和水，轻相为油相。油相进入真空干燥器进行脱水、脱气处理，排除水分和空气后即为脱胶油。

现代化脱胶处理除了回收磷脂（如以豆油、向日葵籽油等含磷高的油脂）和作为油脂水解前处理时要单独进行外，其他均是与脱酸或脱色处理结合使用的。

2. 脱酸

脱酸是除去油脂中的游离脂肪酸，常用碱炼法和蒸馏法。碱炼法（化学精炼法）是用烧碱中和油脂中游离脂肪酸的方法；蒸馏法（物理精炼法）是利用蒸馏技术除游离脂肪酸的方法。

化学精炼时会产生皂脚，并因皂脚的夹带而引起中性油的损失，且工艺复杂，因此国外已大力提倡用物理精炼法，使油脂的脱胶与脱臭工序在同一套装置中完成，可大大简化流程，降低损耗。物理精炼法目前仅适于优质油脂，要求游离脂肪酸小于5%，而劣质油则不宜用此法精炼。化学精炼法则不受此限制，尤其是连续碱炼法，如短促混合法就能适于各种油品，因此在决定油脂精炼前，必须根据毛油质量及精炼油要达到的规格进行综合考虑。

这里介绍碱炼法。碱炼时通常用15%左右的稀碱液与游离脂肪酸发生中和反应生成肥皂，同时也与一些色素如棉酚之类起反应。其中，生成的肥皂具有一定的吸附作用，可以将蛋白质、色素等杂质吸附下来。因此，碱炼既有脱酸作用，也有明显的脱色效果。

现代化的制皂法中一般采用连续碱炼法。由于碱液浓度低，且油与碱的接触时间很短，碱炼时与油脂发生皂化的可能性很小。少量的皂脚可用高速离心机进行分离。例如，瑞典阿法-拉伐尔公司的短促混合（short-mix）连续碱炼法，从毛油进入到精油出来仅十几分钟，油与碱的接触时间仅有几秒钟。以下以阿法-拉伐尔公司的短促混合法来说明连续碱炼法的生产工艺。

如图2-2所示，毛油从贮罐用泵打入粗滤器除去机械杂质，在换热器1中加热到碱炼适宜温度。磷酸由定量泵定量输入热油中，用量为0.05%～0.2%，在混合器2中混合均匀并发生反应，使胶质等杂质以及钙、镁等离子凝聚。在混合器3中，油与液碱混合，碱的用量为中和游离脂肪酸理论碱量的115%～150%。碱与油短暂混合生成肥皂，立即进入离心分离机4中进行分离，皂脚进入贮罐贮存。中性油进入混合器5与热水混合洗涤，油与肥皂水溶液在离心分离机6中得到分离，洗涤水进入贮罐回收利用，油（约含0.5%水分）则进入真空干燥器7进行脱水干燥处理。脱除水分和气体的油脂即为脱酸精油。

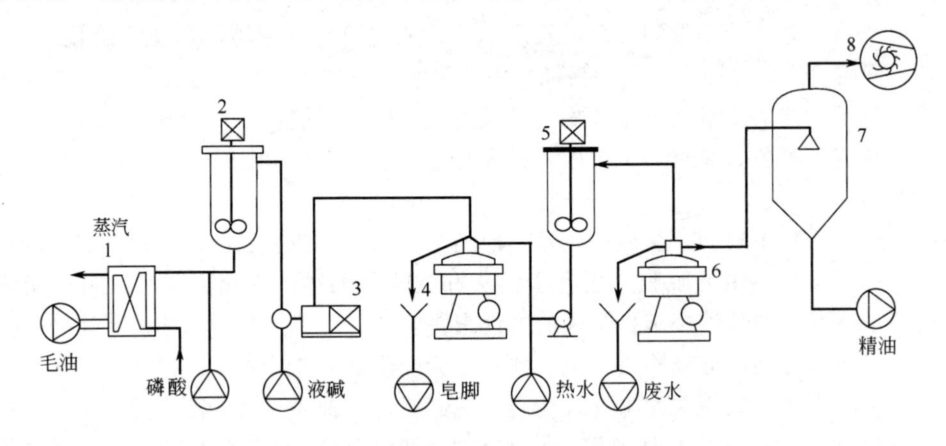

图2-2 油脂连续碱炼工艺设备流程

1—换热器；2,3,5—混合器；7—真空干燥器；4,6—离心分离机；8—真空泵

3. 脱色

碱炼对油脂虽有一定的脱色作用，但达不到白色香皂的质量要求，因此脱色处理是不可缺少的。脱色也有化学法和物理法两种方法。化学脱色法是用氧化、还原剂来除去油脂中的色素。例如，采用氧化剂可破坏棕榈油中的类胡萝卜素，使红色消失；采用硫酸-锌粉反应产生新生态氢，可使米糠油中的叶绿素还原成黄色。化学脱色法仅限于低质油脂的处理，使

其能适于洗衣皂的生产。物理吸附法是采用活性白土等吸附剂来吸附油脂中的色素，适用于制造香皂用的高质量油脂的处理。吸附剂主要为活性白土，一般用量为 3%～5%，若要提高脱色效果，在活性白土中还可加入 0.2%～0.3%的活性炭。脱色温度视油脂种类、质量和脱色要求而定，一般为 105～130℃，如椰子油、棕榈仁油、猪油、茶油在 105℃左右，牛羊油在 105～125℃，棕榈油在 125～130℃。连续脱色工艺流程如图 2-3 所示。

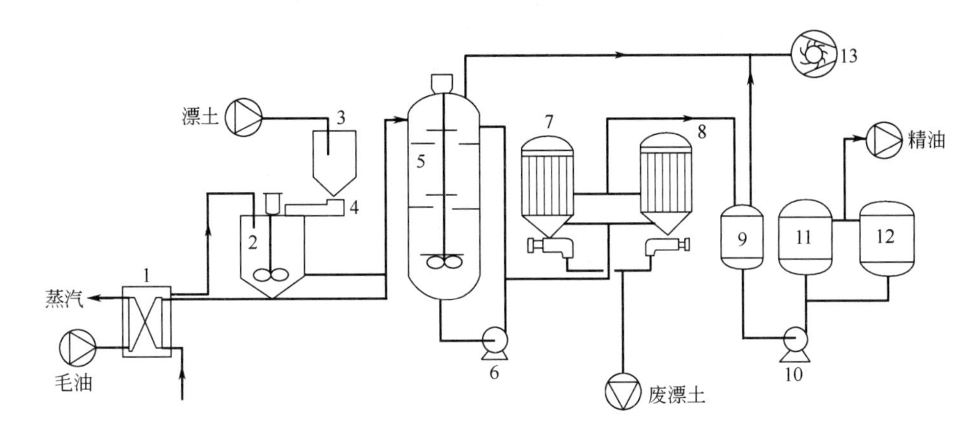

图 2-3 油脂连续脱色工艺设备流程

1—换热器；2—混合器；3,9—缓冲罐；4—螺旋输送器；5—漂白锅；6,10—定量泵；7,8—自动过滤机；11,12—精细过滤机；13—真空泵

脱酸油脂在换热器 1 中加热到脱色所需要的温度，部分热油送入混合器 2 中与定量漂土混合。漂土从贮罐经螺旋输送器 4 定量输送，在混合器中与油形成浆状混合物，在真空作用下送入漂白锅 5 中，并保持一定的停留时间。漂白锅中配有搅拌器及浅盘装置，大部分油脂直接吸入漂白锅与配成浆状的漂土充分混合接触，同时通过夹套加热以保持适宜的温度。

从漂白锅出来的混合油由泵 6 送入自动过滤机 7、8 过滤，漂土留在机内，精油进入缓冲罐 9，再用泵 10 输入精细过滤机 11、12，除去夹带的细微漂土，精油经换热器冷却后进入贮罐，即得脱色精油。

为保证连续生产，采用两台自动过滤机和精细过滤机交替使用，当一台过滤机集满漂土后，混合油就进入另一台过滤机。然后对停止使用的过滤机通入压缩空气，把漂土中的残油压入正在使用的滤机中，再用蒸汽压干滤饼，此时压出的油送入浊油罐。压干的漂土自动从滤布上部落下来，通过自动下料带排出。

4. 脱臭

天然油脂常常具有特殊的气味，无论是牛羊油的膻气，还是椰子油的香气等，都会影响外加香味的纯正。因此，作为香皂用油脂必须进行脱臭处理。一般采用过热蒸汽汽提的方法，即在高温高真空度下除去油脂中的气味物质。汽提温度越高，脱臭所用的时间越短。一般汽提温度为 250℃，真空度维持在 400～660Pa。高真空度的作用除了降低臭味物质的沸点外，更重要的是保护油脂在高温条件下不被空气氧化。直接通入的过热蒸汽主要起搅拌作用，使脱臭油脂在不断翻动下汽化不皂化物，另外还能降低汽化物质的分压，达到很好的汽提作用。

经过脱臭处理的油脂除了脂肪酸甘油酯外，几乎所有的有机挥发物都被除去了，其中包括植物甾醇、维生素 E 之类的天然抗氧剂。因此与空气接触极易氧化，所以脱臭油脂不能直接从250℃高温下排出，必须冷却到50℃下才能与空气接触。为了贮存安全，还必须加入柠檬酸之类的抗氧剂，加入量为0.01%～0.02%。油脂连续脱臭工艺流程如图2-4所示。

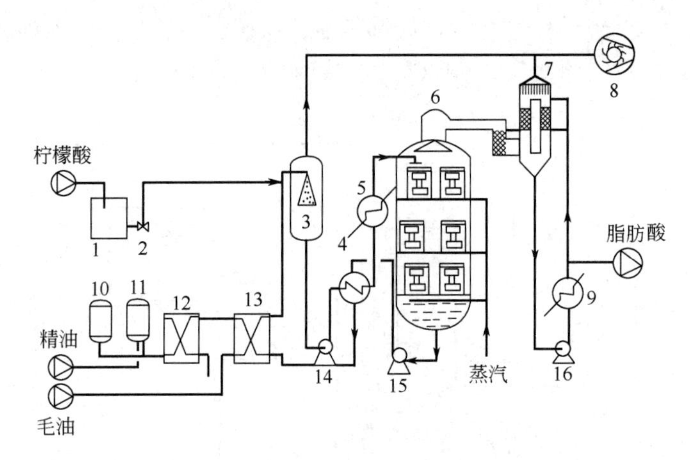

图2-4　油脂连续脱臭工艺流程

1—缓蚀罐；2,14～16—定量泵；3—脱气器；4,5,9,12,13—换热器；6—脱臭塔；7—洗涤回收器；8—真空泵；10,11—精滤器

脱色油脂经粗滤器除去机械杂质后，在换热器13中加热到脱臭所需的温度后进入脱气器3。在进入脱臭器前定量连续加入抗氧剂柠檬酸，也可在冷却后的精油中加入。抗氧剂用定量泵2加入，油用泵14送入换热器4、5中，加热到脱臭所需的温度250℃，然后进入脱臭塔6。脱臭塔由不锈钢制成，内装多层脱臭盘，油从一层溢流到另一层，以保证油在塔内有足够的停留时间，每层脱臭盘均有直接蒸汽通入，在最佳的温度和真空条件下达到最好的汽提效果。

脱臭塔底部出来的脱臭油由泵15打入冷却换热器4、13降温，在经精滤器10、11过滤后送入贮罐，即得脱臭精油。

脱臭塔顶出来的气体，进入洗涤回收器7，与循环冷却液进行充分的气-液接触，异味物质和脂肪酸得到冷凝后集于器底由泵16抽出。而大部分流体经换热器冷却后重新循环到洗涤器上部进行喷淋，并冷凝从脱臭器汽化来的气体。

5. 氢化

不论是香皂还是洗衣皂，均对制皂用油的凝固点有一定的要求。液体油只能与凝固点高的固体油相配合才能使用。最典型的香皂油脂配比是牛羊油80%，椰子油20%，其混合脂肪酸的凝固点约39℃。但中国牛羊油产量很少，很难实现这一配方，因此需用氢化油来代替。目前国内用量最大的是氢化猪油（凝固点为56℃）和氢化棉籽油等。氢化油脂统称为硬化油，在制皂厂中硬化油加工是一个很重要的辅助工序。

油脂氢化之前应经过脱胶、脱酸及脱色处理。油脂加氢有间歇工艺和连续工艺两种。连续工艺主要用于单一品种的油脂厂，若需要在同一设备中加工不同油脂或生成不同要求的氢化产品，则间歇式有利。

现代油脂加氢不仅能使不饱和油脂饱和化，而且具有高度的选择性，能使二烯酸、三烯酸氢化成单烯酸，也能使顺式双键酸氢化成反式双键酸。选择性氢化可提高油脂的营养性、抗氧化性等。

第三节 皂基的制备方法

皂基是指含水分35%的脂肪酸皂，又称为净皂。它是制造肥皂的半制品。

皂基的制备有中性油皂化法和脂肪酸中和法两种。中性油皂化是制备皂基的基本方法之一。美国油脂制造业中，中性油皂化法占30%，其余70%则是脂肪酸中和法。

一、中性油皂化法

皂化法又分为间歇式和连续式两种方式。间歇式生产是在带有搅拌装置的开口皂化锅完成，因此又称大锅皂化法，这种方法设备投资少。在国外，大锅皂化法基本已不用，但在中国，大部分肥皂仍采用大锅皂化法生产。连续皂化法是现代化的生产方法，这种方法能使碱和油脂充分接触，在短时间内完成皂化，不仅生产效率高，而且产品质量稳定。

（一）沸煮皂化法（间歇式）

沸煮皂化法也叫大锅皂化法。其主要设备就是带直接蒸汽盘管的平口皂化釜（如图2-5所示）。油脂与碱在锅中经皂化完全后，通过盐析、洗涤、整理等操作制成皂基。

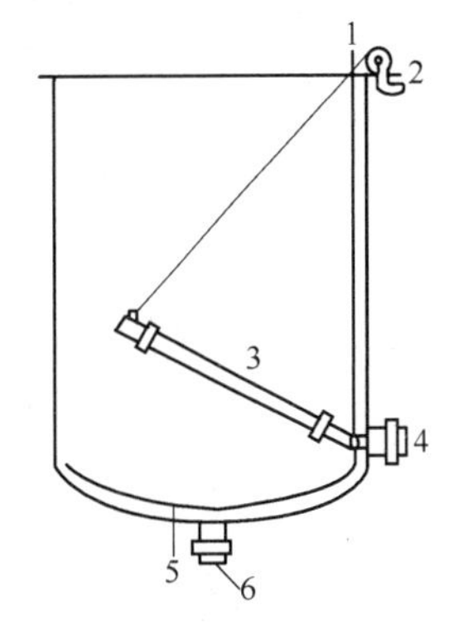

图2-5 间歇式皂化釜

1—蒸汽入口；2—绞车；3—虹吸管；4—废液出口；5—蒸汽出口；6—肥皂出口

1. 皂化

在锅中装入由配方确定的混合原料油脂，在加热、搅拌下，加入氢氧化钠溶液（加入量由油脂的皂化值决定），使之发生皂化反应。为了缩短皂化反应的诱导期，通常是把上一次皂化得到的肥皂少量留在釜内，利用脂肪酸钠的乳化作用，使克服非均相反应的障碍，加速皂化反应。另外，氢氧化钠溶液要分段加入，浓度也要由稀到浓逐渐增加。开始时只加入5%～7%的稀碱，使油脂分散成乳液。第二阶段加入15%的碱液，使皂化反应迅速进行。由于皂化反应是放热反应，此阶段要及时调整加热蒸汽的用量，以免造成溢锅。第三阶段加入24%的碱液，促使皂化反应完全。当皂化率达到95%～98%、游离碱小于0.5%时，皂化反应即完成。皂化后的产物为皂胶。

2. 盐析

皂化后的皂胶中除了肥皂外，还有大量的水和甘油，以及色素、磷脂等原来油脂中的杂质。因此，皂化反应终了后继续搅拌，同时慢慢加入饱和食盐水，由于肥皂难溶于盐水，所以与水相分离，此作用称盐析。然后停止加热和搅拌，在保温下放置数小时或数十小时，肥皂会分离浮在上层。接着将下层的废液（包括盐水、过量的氢氧化钠、甘油、水溶性杂质等）从锅底部放出。放出的废液中可回收甘油和食盐。

食盐的用量随脂肪酸钠的憎水基链长增大而减小，链愈长，愈容易盐析，需要的盐水浓度愈低。各种油脂的脂肪酸组成各不相同，所以需要的盐水浓度也各不相同。使肥皂能够从盐水中完全析出的盐水最低浓度称为极限浓度。一些常用油脂的极限浓度见表2-4。操作时可根据油脂配方来调节加盐量。

有一个理论即“66%水合肥皂规则”，对于掌握和理解盐析以及下面叙说的洗涤、碱析

表 2-4 油脂皂化时盐析、碱析的极限浓度

皂化油脂	盐析水中 NaCl 含量/%	碱析水中 NaOH 含量/%	皂化油脂	盐析水中 NaCl 含量/%	碱析水中 NaOH 含量/%
向日葵油	5	4.5	棕榈油	5	4.9
豆油	6	5.6	猪油	6～6.3	5.3
玉米油	5	4.5	牛羊油	5～7	4.6～6.13
棉籽油	5.5～6.9	5.3	椰子油	20～25	17.7
菜籽油	3.5～4.8	3.6	棕榈仁油	18	13.5
花生油	5.5～6.7	4.9			

和整理操作具有一定的指导意义。这个规律可以具体地叙述为：一个皂粒可以当作一个含有66%脂肪酸的水合肥皂和废液组成，此废液的成分与从中分离出去的废液相同。也就是说，在盐析、碱析、整理操作中分离出的上层皂液可以当作由两个组分构成：一是不含电解质的肥皂和水的体系，另一个是含有水和全部电解质的游离溶液，游离溶液的组分与下层废液相同。上层皂液的实际脂肪酸含量取决于它含有游离溶液的比例。当上层皂液与水混合时，皂粒中游离溶液的电解质浓度因稀释而降低，当降低到低于极限浓度后，一部分皂粒就能溶入游离溶液中。这时分出的带有部分肥皂的废液称为皂脚。因肥皂、水、电解质比例不同，皂胶有时可以成为皂粒-皂脚-废液的三相体系。在大锅皂化法中，根据“66%水合肥皂规则”，在测定皂粒的脂肪酸含量（%）后，可以算出其中的废液含量为

$$皂粒中废液含量=(1-测定脂肪酸/66\%)\times 100\% \tag{2-4}$$

在连续皂化法中，只要定期测出皂粒的组成，就能算出应补充的电解质和水的数量，这是计算机自动控制操作的基础。

3. 碱析

排除废液的上层肥皂中，除含有水分外，还有甘油和若干不皂化物。碱析就是加入过量的碱液使第一次皂化反应中剩余的少量油脂完全皂化，也叫补充皂化。碱析时，先在盐析皂中加水煮沸后，再加入过量的氢氧化钠溶液，适当地反复搅拌后，静置分层，放出下层的碱析水（可用于下一锅油脂的皂化）。

4. 整理

整理是调节皂基中肥皂、水和电解质三者之间的比例，使皂基和皂脚充分分离，尽量增加皂基的得率。整理时，在碱析后的皂粒中加入少量水，小心谨慎地加热、搅拌，使其均匀，在锅中静置24～40h后，分成两层，上层为纯肥皂（约含30%的纯肥皂），下层为皂脚（含杂质较多的肥皂），再次进行分离后，将上层的纯肥皂经过加热干燥后即为皂基。

大锅皂化法整个操作周期需50～60h，时间长、蒸汽耗量大、劳动强度高、占地面积大是该法的主要缺点，方便、灵活、操作容易、投资费用少是其主要优点。但随着生产规模的扩大，在能源消耗等技术经济指标要求越来越严的今天，大锅皂化法已不能适应现代化生产的需要。目前国外肥皂大公司大都采用连续化生产工艺。下面重点介绍连续皂化法。

（二）连续皂化法

连续皂化法是将油脂和氢氧化钠采用均一且高速接触的方式进行皂化的方法。例如利用水蒸气喷射在高温下将油脂与碱喷射搅拌皂化的联合利华（Unilever）方法；采用胶体磨以乳化状态进行皂化的法国蒙萨逢（Monsavon）方法；采用“恒组分控制系统”进行皂化的瑞典阿法-拉伐尔（Alfa-Laval）方法等。这些都是世界较知名的方法。下面介绍目前世界上

最常用的阿法-拉伐尔公司的连续皂化法全过程。

阿法-拉伐尔连续皂化法又称为离心纯化法，它是全封闭、全自动的皂化法。整个过程分皂化、洗涤及整理 3 个阶段，工艺流程图如图 2-6 所示。

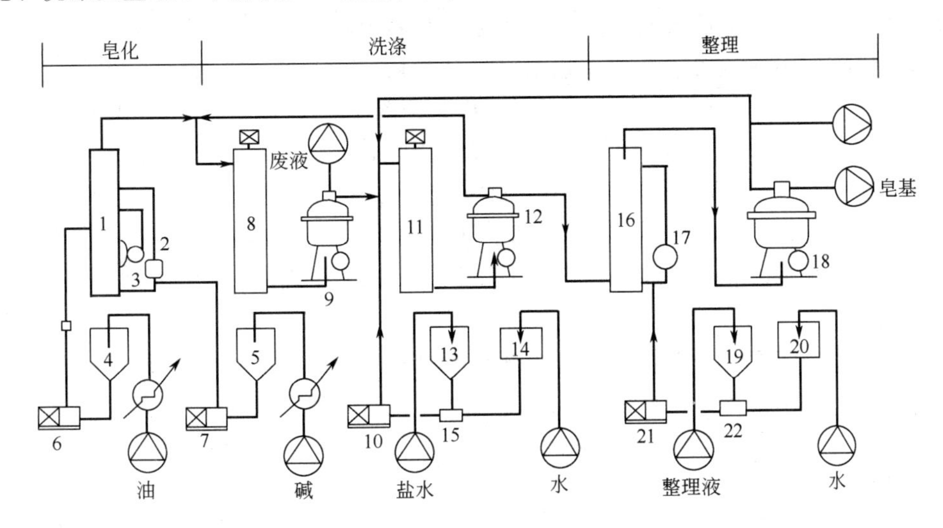

图 2-6 阿法-拉伐尔连续皂化法工艺流程

1—皂化塔；2,17—循环泵；3—混合泵；4,5,13,14,19,20—恒位槽；
6,7,10,21—定量泵；8,11,15,22—混合器；9,12,18—离心机；16—整理塔

1. 皂化阶段

阿法-拉伐尔皂化塔由下塔（a、b 段）和上塔（c 段）组成（如图 2-7 所示）。下塔被一块挡板隔成 a、b 两段，b 段中又由一块孔板分隔。循环泵（P-1）将物料从 b 段的顶部回流到 a 段底部。碱液由定量泵（DP-1）提供，从循环管进入，使塔底肥皂含有一定量的过量碱。油脂由定量泵（DP-2）送入皂化塔的 b 段，经过混合泵（P-2）的作用使油与碱液很快皂化。然后进入 c 段，排出皂化塔。排出量与循环量之比为 1∶4。对新加入的油脂而言，皂化始终从皂化率 80%开始。由于大量的肥皂存在，油脂与碱一入塔就溶解在肥皂中，使皂化反应大大加快，只需 2min 皂化率就可达到 99.8%，当肥皂离开塔顶时，皂化率已达 99.95%，游离碱含量仅在 0.2%左右。其质量明显优于大锅皂化法。该皂化塔是一个全封闭系统，皂化塔的出口由恒压阀控制以保持塔内压力稳定，在加压下进行皂化，皂化温度可提高到 125℃，这样不但能生产 60%脂肪酸含量的皂基（一般皂化温度为 95～100℃），而且能生产 72%～73%以上脂肪酸含量的皂基。

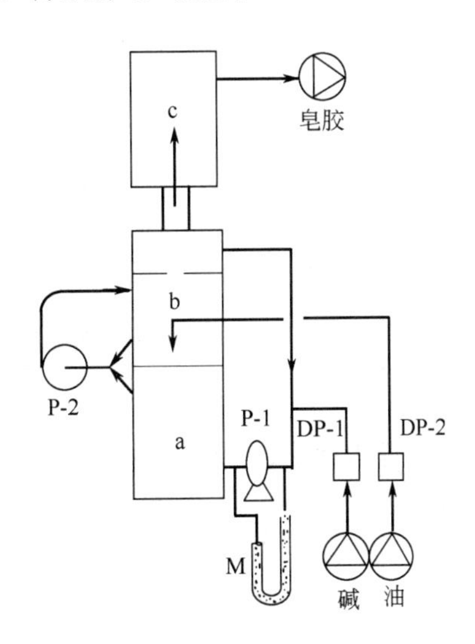

图 2-7 阿法-拉伐尔皂化塔

皂化时，油脂和 28%的 NaOH 溶液分别经过滤和预热器由定量泵 6、7 输入皂化塔 1，油脂与碱液分别由恒位槽 4、5 供应，这样既稳定了进料压力，使流量稳定，又能去除物料中的空气。向塔中加入碱液的量是采用“恒组分控制系统”来控制的。该控制系统主要是利用皂胶的黏度随肥皂中电解质含量的不同而变化的特性来实现的。在某一电解质区域中，电解质与黏度有着特别灵敏的关系。“恒组分控制系统”就是利用测出的黏度变化来控制和调

节烧碱的加入量，使皂化始终处于碱性、但游离碱含量又不高的情况下完成。皂基黏度变化是在循环泵进出口两端测出的。

2. 洗涤阶段

中性油脂经皂化后，必须把含甘油的废液从肥皂中洗涤出来，以提高皂基的质量和甘油的回收率。阿法-拉伐尔采用全逆流二次盐水洗涤工艺。

一定浓度的盐水经过滤后进入恒位槽 13 和混合器 15，在混合器 15 中与一定量的水混合，调节适宜浓度，由定量泵 10 打入第二级洗涤混合器 11 中，由整理段来的皂脚及离心机 9 来的皂粒也同时进入，在混合器 11 中混合均匀后进入离心机 12 进行分离，分出的半废液逆流到第一级洗涤混合器 8 中与皂化皂混合，再经离心机 9 分离出废液和肥皂。废液送入甘油回收车间回收甘油，肥皂则进入第二级混合器 11。第二级离心机 12 分出的肥皂送入整理工序。

该洗涤单元效益高。混合器是带有机械搅拌的垂直圆柱设备，转速 $60r \cdot min^{-1}$。整个洗涤时间仅 10min 左右，皂粒中甘油可降到 0.2%以下，废液含甘油量在 12%以上。在整个洗涤过程中，盐水的浓度直接影响到洗涤效果，因此，盐水浓度的控制非常重要。

3. 整理阶段

整理工序就是调节皂胶中肥皂、水和电解质的比例，使皂基和皂脚能充分分离，在皂脚量最小的前提下获得最大量的优质皂基。因此在连续化的操作中如何确定电解质和水的补充量是一个很重要的问题。一般根据“66%水合肥皂规则”，在连续皂化生产时只要定期测出洗涤皂胶的组分，就能算出整理工序中应补充的电解质和水的数量。

该整理工序在整理塔 16 中进行。一定浓度的整理液经过滤后进入恒位槽 19，再进入混合器 22，在此与定量水混合调整到需要浓度，然后由定量泵 21 输入整理塔 16。进入整理塔的电解质也可用“恒组分控制系统”自动进行。在整理塔中，肥皂形成皂基与皂脚两相，从塔顶直接进入离心机 18 进行分离，皂脚回到洗涤工序，皂基则输入成型车间生产洗衣皂或香皂。

连续皂化法所获得的皂基质量高，在皂基中脂肪酸含量 62%左右，电解质总量 0.4%～0.5%。

二、脂肪酸中和法

脂肪酸中和法制备皂基比油脂皂化法简单。它是现将油脂水解为脂肪酸，然后再用碱将脂肪酸中和成皂基，包括油脂脱胶、油脂水解、脂肪酸蒸馏及脂肪酸中和 4 个工序。油脂脱胶工艺在前面已经讲过，下面介绍水解、蒸馏、中和 3 个工序。

1. 油脂的水解

油脂水解后生成甘油和脂肪酸，其基本原理可由以下化学方程式表达

$$\begin{array}{l} CH_2OOCR \\ | \\ CHOOCR \\ | \\ CH_2OOCR \end{array} + 3H_2O \rightleftharpoons \begin{array}{l} CH_2OH \\ | \\ CHOH \\ | \\ CH_2OH \end{array} + 3RCOOH$$

现代油脂工业多采用无催化剂热压釜水解法和单塔式连续水解法。下面介绍这两种工艺。

（1）无催化剂热压釜水解法　无催化剂热压釜水解工艺是间歇式生产，其工艺路线通常为两次水解。首次水解是将油脂和淡甘油水（淡甘油水是第二次水解后回收的）用泵输入热

压釜中，通入 3.0MPa 蒸汽加热升温到 230℃，使油脂水解。待水解率达 85%左右停止通蒸汽，静置分离出甘油水，此时水中甘油可达 15%左右，应予以回收。在分去甘油水的油相中再加入定量的水，重新通入蒸汽加热，使油脂继续水解，直到水解率为 95%以上。静置，使脂肪酸和甘油水分层，淡甘油水供下一次水解使用，脂肪酸输送到蒸馏工段。其工艺流程如图 2-8 所示。

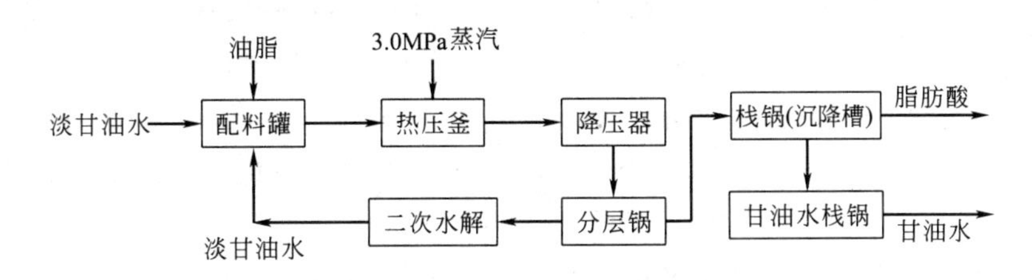

图 2-8 无催化剂热压釜水解工艺流程

（2）单塔式连续水解法　这种油脂水解工艺是油脂在水解塔中逆向连续地进行水解。油脂从塔底进入，水从塔顶进入，通过分布器使水分散成细微液滴。6.0MPa 高压蒸汽分别从上、中、下三处通入水解塔，维持塔内反应温度 250℃。油与水在塔内逆向流动而逐步反应，甘油水从塔底引出，水中甘油质量分数可达 15%左右。油脂水解后生成的脂肪酸从塔顶引出，水解率可达 98%～99%。其水解工艺流程如图 2-9 所示。

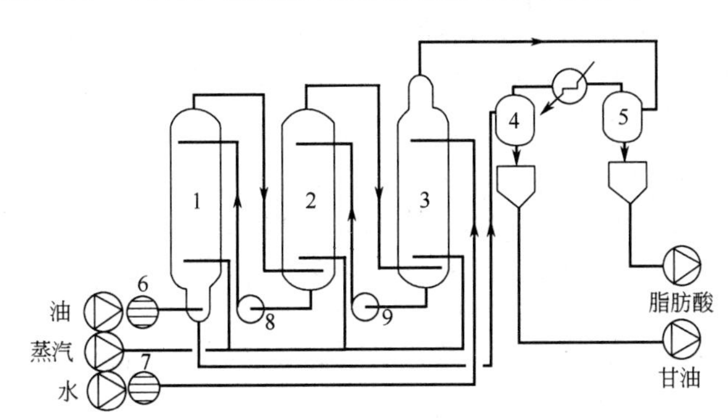

图 2-9 三串联连续水解工艺流程

1～3—热压釜；4,5—沉降釜；6～9—定量泵

单塔式连续水解法是目前世界上最先进的油脂水解工艺之一，生产完全连续化、自动化。现代化的大型水解塔高达 20～30m，油脂由塔底上升到塔顶历经 3h 左右，这种水解塔的日产量可达 200t，不仅产量高，水解率高，而且能耗低，其蒸汽耗量约为热压釜间歇法的一半。

2. 脂肪酸蒸馏

水解所得的粗脂肪酸中含水分小于 0.1%，游离脂肪酸为 97%～98%，油脂为 2%～3%，色泽差，必须经过蒸馏，使之脱色、脱臭，才能得到精制脂肪酸，用于制造优质肥皂。经蒸馏后，有 3%～4%的残渣，残渣主要是未水解的油脂，可以重新投入水解工序。

现代化的脂肪酸蒸馏均采用高真空连续化蒸馏方式。一般工艺过程为：粗脂肪酸经预热后进入脱气塔，脱气塔内压力为 6～10kPa 左右，温度在 60～90℃之间，使脂肪酸中的水分和空气脱去。脱气后的脂肪酸再进入蒸馏塔顶部，蒸馏塔内压力为 0.7～0.8kPa，温度在 200～250℃左右，脂肪酸在高温真空条件下沿塔板分布，受热蒸发为蒸气，并与上层塔板流下的冷凝液相遇，充分发挥蒸馏效果，最终使脂肪酸与难挥发的残渣及易挥发的有气味物质分离。

3. 脂肪酸中和

中和反应在反应塔内连续进行。由于无甘油的存在，不需盐析、碱析等洗涤工序。塔内温度为110℃，压力维持0.28～0.35MPa。脂肪酸由塔底进入，高浓度的碱和适当电解质水溶液在循环过程中加入，碱的加入量由pH计自动控制。反应物在塔内循环，由于反应速度快，在很短时间内就可完成，循环比控制在20∶1左右。借塔内的压力，中和后的皂基直接喷入常压或减压干燥器内，部分水分发生汽化。如果中和时加入50%的浓碱液，可得到脂肪酸质量分数为78%～80%的皂基，冷却后可直接用于制造香皂。若需生产含脂肪酸63%的皂基，中和时只需加入30%的碱液即可。

从以上论述可以看出，脂肪酸中和法具有很多优点，具体如下。

（1）使配方技术更加科学化　中和法可以使配方中要求的脂肪酸组成和不饱和程度得到比较精确的控制。例如，优质香皂是由一定比例的C_{12}～C_{18}脂肪酸盐组成的，在中和法的蒸馏操作中可借助馏分切割获得各种脂肪酸，为肥皂中脂肪酸的合理配比提供原料。而皂化法只能将各种油脂按配方混合使用。

（2）可以使用低档油脂　皂化法对油脂原料的质量要求较高，而中和法可以使用低级油脂原料，且对原料利用率较高。因为低级油脂经过水解和蒸馏过程，其中的杂质较彻底地分离，仍能制得优质肥皂。皂化法工艺虽对油脂有预处理过程，如果油脂中杂质含量高，也难以完全除尽，且预处理过程中油脂损耗多，例如油脂中的游离脂肪酸在碱炼后只能转变为皂脚，而在中和法中这些游离脂肪酸仍可转变为优质皂基。

（3）甘油回收率高　甘油的主要来源之一是通过制皂工业生产的皂化废水、脂肪酸生产中油脂水解的甜水（含有甘油的水溶液）所得的。中和法中油脂水解所得的甘油水的质量优于皂化法的废液质量，它不含食盐、肥皂和其他杂质，含甘油量高，因此甘油水蒸发、蒸馏后得甘油率高。

（4）简化了制皂工艺　油脂皂化路线工艺步骤多，生产过程长，设备复杂，投资大，脂肪酸中和路线工艺过程短，设备较简单。

由于脂肪酸中和路线的技术经济指标明显优于油脂皂化路线，所以现代化油脂企业大部分采用脂肪酸中和法。

第四节　洗衣皂的生产

洗衣皂的主要成分是脂肪酸钠盐，属于阴离子型表面活性剂，具有乳化、发泡、润湿和去污等性能。洗衣皂产量占洗涤剂的30%。虽然由于合成洗衣粉的迅速发展及洗衣机的普及，使洗衣皂的市场逐渐萎缩，但在中国，洗衣皂仍然是主要产品，全年产量达75万吨左右。

洗衣皂的型号很多，早期根据脂肪酸的含量分类，有42型、47型、53型、56型、60型、65型、72型等。2008年我国轻工行业洗衣皂标准QB/T 2486—2008将洗衣皂归纳为Ⅰ型和Ⅱ型两种，Ⅰ型要求干钠皂不小于54%，Ⅱ型要求干钠皂不小于43%。国外洗衣皂中干钠皂的含量一般大于60%，干钠皂72%的属于半透明高级洗衣皂，如雕牌透明洗衣皂等。

产品质量要求：①形状端正，色泽均匀；②图案、字迹清楚；③无不良异味；④总的脂肪物实际质量不低于标准总脂肪物质量的95%，游离碱（NaOH）≤0.3%。

一、洗衣皂的配方

（一）普通洗衣皂的配方

1. 皂基

皂基是生产肥皂的主要原料。如前所述，生产肥皂的主要原料是动植物油，不同的动植物油脂，由于其中含有的脂肪酸的碳链长短不同及饱和程度不同，因此生产出来的肥皂其质地软硬程度、洗涤力及泡沫性都有所差异。用于洗衣皂的皂基，生产时除了牛油、猪油、椰子油、棕榈油和棉籽油等动植物油之外，根据洗衣皂的型号不同，还需加入其他的油脂。

① 硬化油，又称氢化油，常温下为白色或浅黄色固体，熔化后为浅黄色透明液体，易溶于汽油、乙醚和苯中，不溶于水，加入肥皂中，可降低不饱和脂肪酸的含量，减少“冒霜”现象。

② 松香，又称脂松香、无油松香、熟香，其主要成分是松香酸。松香为微黄至棕红色无定形固体，质脆透明，遇热变软发黏；溶于液碱、乙醇、丙酮、苯、松节油和三氯甲烷等有机溶剂；与氢氧化钠、氢氧化钾及碳酸钠起作用生成松香酸盐。松香暴露于空气中易氧化，颜色变为深褐色。其酸值不小于164mgKOH·g^{-1}，软化点大于74℃，加入肥皂中，可以降低成本，并提高肥皂的硬度。

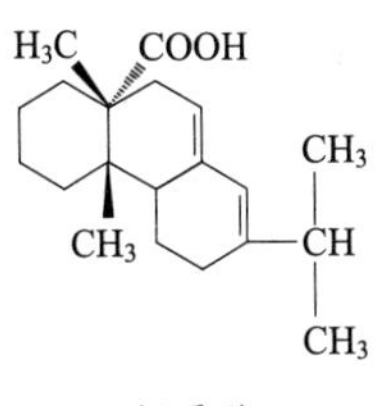

松香酸

③ 柏油，又称乌柏油、皮油，白色蜡状固体脂肪酸，质硬而脆，无臭味；相对密度0.918～0.922，凝固点48～53℃，不溶于水，溶于氯仿、二硫化碳。其酸值不大于20mgKOH·g^{-1}，皂化值为200～209mgKOH·g^{-1}。柏油制成的肥皂质地坚硬而脆，泡沫丰富但不持久，去污力强。

以下是典型的洗衣皂皂基配方。

(1) 42型洗衣皂（冷板车法）皂基配方

原料	质量分数/%
硬化油	33
棉油酸	15
米糠油	20
椰子油/棕榈油	2
松香	30

(2) 60型洗衣皂（真空冷却法）皂基配方

原料	质量分数/%		
	配方(1)	配方(2)	配方(3)
硬化油	34	22	27
猪油	13	—	—
牛羊油	2	7	—
棉油酸	6	—	15
菜籽油	10	—	—
椰子油/棕榈油	5	8	—
米糠油	—	3	—
棉清油	—	10	—
皂用合成脂肪酸	15	40	48
松香	15	10	10

（3）65 型洗衣皂（真空冷却法）皂基配料

原料	质量分数/%		原料	质量分数/%	
	配方（1）	配方（2）		配方（1）	配方（2）
硬化油	5	17.5	棉清油	—	14
猪油	—	10.5	椰子油/棕榈油	4	7
米糠油	28	7	菜籽油	45	30
棉油酸	8	3.5	松香	10	10.5

2. 添加剂

普通洗衣皂（俗称肥皂）的配方中，除皂基外，还要用到泡花碱、碳酸钠、滑石粉、香精、着色剂等添加剂。

（1）泡花碱　泡花碱又称为水玻璃或硅酸钠，分子式 $Na_2O \cdot nSiO_2 \cdot xH_2O$。泡花碱是由不同摩尔比的氧化钠和二氧化硅结合而成。二氧化硅与氧化钠的摩尔比值称为模数。硅酸钠有固体和液体两种，商品以液体较为普遍。模数在 3 以上者称为中性硅酸钠，3 以下者称为碱性硅酸钠。固体硅酸钠外形和普通的玻璃相似，呈天蓝色或黄绿色。密度随模数下降而上升，当模数从 3.33 降到 1 时，其相对密度从 2.413 上升到 2.560，无固定熔点。液体硅酸钠有无色、青灰色、黄绿色、黄色、微黄色透明或半透明黏稠液体，最佳为无色透明液体，能溶于水，高模数的液体黏度很大。

泡花碱是洗衣皂的主要填料。其主要作用是提高洗衣皂碱度、硬度和强度，增加洗衣皂的摩擦力、去污力和泡沫稳定性，使皂体光滑细腻，缓冲洗衣皂内的游离碱，减少对皮肤的刺激和对织物的破坏，软化硬水，减少洗衣皂的消耗。

洗衣皂所用的泡花碱偏碱性，模数为 2.44。泡花碱具有碱性电解质作用，可以作缓冲剂，起调节 pH 值的作用。中性泡花碱会使肥皂外观呆板，容易冒白霜。凝固点低的肥皂可以加入较多的泡花碱，脂肪酸含量高时也需要加入较多泡花碱。但是如果过量，可能引起肥皂组织粗糙，出现三夹板现象。因为肥皂胶体容不下这样多的电解质。

泡花碱也可用做中低档香皂的防腐剂。由于泡花碱的价格较低，又具有多种功能，所以是肥皂中的主要填料。在满足质量的条件下，应尽可能多地填充泡花碱。

（2）碳酸钠　碳酸钠也为碱性电解质，对肥皂的酸败变质很有功效。加入少量碳酸钠（0.5%～3.0%）可以提高肥皂的硬度，特别是配方中液体油脂较多时，还可以节约部分固体油脂，但也容易引起肥皂粗糙、松软、冒白霜。加入的方法是将其配入泡花碱的溶液中，如果以粉状加入，则容易在肥皂中结成块状。

（3）滑石粉　颜色较深的肥皂中加入滑石粉，能使肥皂反光发白，改进肥皂颜色。如肥皂太软，不耐用，可加入 80 目的陶土、高岭土，与水以 1∶1 的比例混合成糊状加入。

（4）钛白粉　钛白粉即二氧化钛，颜色纯白，有较高的不透明度和遮盖力。在洗衣皂内加入 0.2%的钛白粉可以解决真空压条皂的透明和发暗现象，且光泽好，可减弱油腻感觉。白色香皂中也加入少量钛白粉。

（5）香精　中国大部分洗衣皂中，特别是透明皂中多加入香草油。香草油也称香茅油，其主要成分是香叶醇和香草醛。在洗衣皂中也常常加入樟脑油、菜籽油、二苯醚、茴香油、芳樟油及香料厂的副产品来调配，其价格较廉，加入量一般为 0.3%～0.5%。

真空冷却压条的肥皂，由于采用真空闪蒸冷却，香精不能在调和时加入，因而常在成型时使肥皂表面喷入一点香精，以掩盖合成脂肪酸的不良气味。

（6）着色剂　普通洗衣皂常用的着色剂是酸性皂黄和群青。

普通洗衣皂的配方一般为：皂基的加入量按成皂产品的脂肪酸含量加入；泡花碱的加入量为“产量×(1－成皂脂肪酸/皂基含脂肪酸)”；香精为0.3%～0.5%；荧光增白剂为0.03%～0.2%；钛白粉为0.1%～0.2%；着色剂及其他添加剂适量。

（二）复合洗衣皂的配方

随着人们消费水平的提高，虽然普通洗衣皂具有安全性能好、生物降解性好、性能温和等特点，但是已不能满足消费者的需求。这主要是由于普通洗衣皂抗硬水性能差，在硬水中洗涤会与Ca^{2+}、Mg^{2+}生成不溶解于水又无洗涤能力的钙、镁金属皂，使大量的肥皂丧失洗涤能力，造成浪费，且生成的金属皂会与污垢混合形成令人不愉快的皂垢，吸附于被洗涤织物和容器上，使织物难于漂洗，造成织物泛黄、发硬、脆裂等问题。而钙皂分散剂（lime soap dispersing agent，LSDA）的发展解决了这一难题。加有钙皂分散剂的肥皂称为复合洗衣皂或复合皂。

1. 钙皂分散剂的作用机理

肥皂在硬水中与钙、镁、铁离子易形成不溶性的钙皂。钙皂有表面皂膜和凝聚皂渣两种形式。由于钙皂的溶度积（$K_{sp}=10^{-17}\sim10^{-12}$）远小于烷基磺酸盐的溶度积（$K_{sp}=10^{-3}$），很难溶于水中。凝聚皂渣是通过钙皂的胶溶，凝聚成分散粒子。钙皂以其强疏水基的分子作用力吸附脂肪酸及油污，黏附于织物上成为屏障，阻碍洗涤液进入内部，结果发生氧化、酸败，使织物变灰、泛黄、脆裂、牢度减弱。

钙皂分散剂是一种表面活性剂，其特点是有庞大的基团，在洗涤时能阻止肥皂形成钙皂，增加其溶解度，从而提高肥皂的洗涤力。

一般，钙皂分散剂的作用机理可以用混合胶束分散模型来解释，如图2-10所示。该图表示肥皂与LSDA形成混合胶束。图中：(a) 表示脂肪酸分子定向排列于油水界面；(b) 表示在一价阳离子存在下，在水中形成典型的肥皂胶束；(c) 表示在二价阳离子如钙离子、镁离子的存在下，肥皂胶束倒转发生沉淀；(d) 表示如果胶束里有LSDA存在，会形成包括LSDA、肥皂、脂肪酸、水以及其他增溶物性的混合胶束。此时即使有二价阳离子存在，LSDA的庞大基团就像许多楔子一样阻止胶束倒转。内层为疏水基，借分子引力排列比较紧密，疏水基外面的曲面，除本身所带的负电荷外，周围有束缚反离子及扩散反离子，胶束外面覆有水化膜、少量极性分子（如脂肪酸），未反应物则穿插增溶其间，增加了膜的弹性，使胶束分子更加分散，趋于稳定。

需要指出：①钙皂分散剂只能大大减缓钙皂分子之间的聚结，不能阻止Ca^{2+}与肥皂的结合；②在肥皂-LSDA-Ca^{2+}体系中，钙皂的分散是LSDA与自由肥皂离子复合作用的结果，二者有一定程度的协同作用；③LSDA与肥皂组成的混合物有互溶现象，即相互抑制对方的Krafft点。两性LSDA的这种现象十分明显。如图2-11所示，当肥皂与LSDA的比为80∶20时，LSDA会使高Krafft点的肥皂下降20℃。LSDA降低肥皂的Krafft点的意义是提高了肥皂的溶解度。加入LSDA后，在20℃肥皂的溶解度大为改善，25℃的溶解度几乎和合成洗涤剂相同。

目前，用钙皂分散值（lime soap dispersing requirement，LSDR）来表示钙皂分散剂的分散力。LSDR是指在300×10^{-6}的硬水中，为防止100g油酸钠产生钙皂沉淀所需钙皂分散

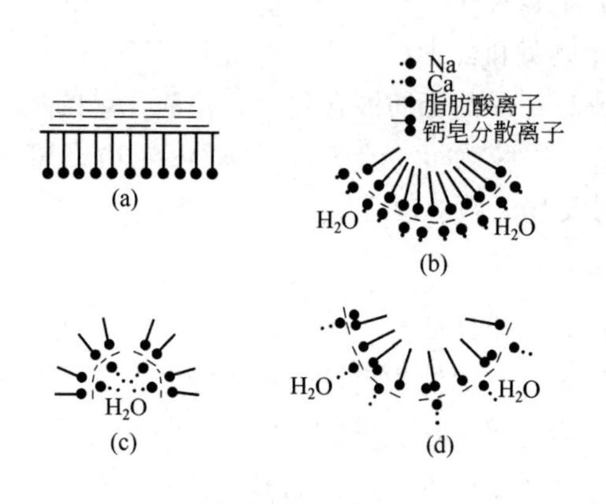

图 2-10　肥皂与 LSDA 体系的简化模型

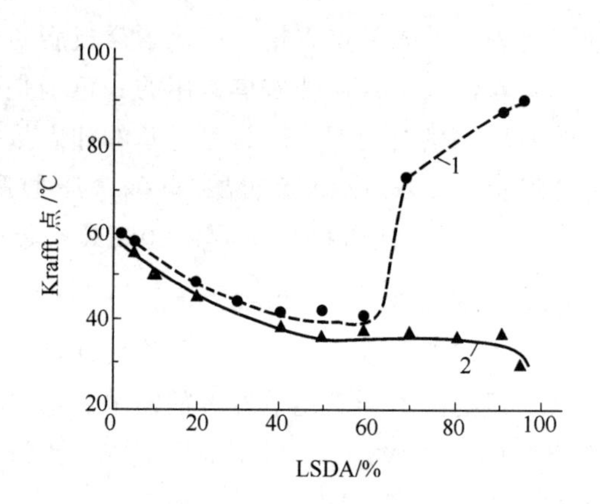

图 2-11　肥皂与两性 LSDA 混合体系的 Krafft 点

1—棕榈酸钠+$C_{16}H_{33}N^+$（CH_3）$_2C_2H_4SO_3^-$；

2—棕榈酸钠+$C_{15}H_{31}CONHC_3H_6N^+$（$CH_3$）$_2C_3H_6SO_3^-$

剂的最小量。其值越小，表示钙皂分散力越大。

测定钙皂分散值的方法主要用比浊法：首先配制钙皂液，将油酸钠加入硬水中（Ca^{2+}与 Mg^{2+}之比为 6∶4），使生成钙皂沉淀物，接着向钙皂液中加入钙皂分散剂，直到溶液呈半透明，即无大块絮状物，最后计算 LSDR。

LSDR 的计算公式为

$$\text{LSDR}=\frac{\text{分散钙皂的分散剂的质量(g)}}{\text{油酸钠的质量(g)}}\times 100\% \tag{2-5}$$

2. 钙皂分散剂的结构和性能特点

钙皂分散剂应该具备以下基本条件：①良好的钙离子稳定性和钙皂分散能力，低的临界胶束浓度与低的表面张力；②能与肥皂互溶，结合成混合胶束；③有强大的极性基和电动电位，胶束分散稳定，能抑制二次粒子的形成；④能使疏水性胶束转化成亲水性胶束；⑤原料易得，成本低廉。

从化学结构看，不是所有的表面活性剂都可以作为钙皂分散剂，只是那些长直链末端附近有双官能团的亲水基，或者分子一端有大极性，而疏水基有一个以上酯基、酰胺键、磺基、醚键等中间链的表面活性剂。它们大多是阴离子型和两性型表面活性剂。

在钙皂分散剂中，典型的阴离子表面活性剂有烷基酚聚氧乙烯醚（TX-10）、脂肪醇聚氧乙烯醚（AEO-9）、脂肪酸甲酯磺酸钠（MES）、α-烯基磺酸钠（AOS）等。这类钙皂分散剂的分散能力适中，LSDR 为 7%～30%，与脂肪酸皂有较好的配伍性，并能有效地提高肥皂的去污力。如果分子中嵌入环氧乙烷，如脂肪醇醚硫酸盐或脂肪酰胺聚氧乙烯，其钙皂分散力最高，LSDR 为 4%。疏水链上有一个酰胺键的磺酸盐，或是油酰胺与强亲水基磺酸盐间有两个次甲基（或苯环）的分散性也较好，如依捷帮 T 型。反之，分子中疏水基直接与亲水基相连，如脂肪醇硫酸盐、烷基苯磺酸钠等分散性就差，LAS 的 LSDR 为 40%，烷基硫酸盐的 LSDR 在 35%～40%之间。但如果有酯基引入磺酸盐表面活性剂的极性基团附近时，LSDR 降至 9%，如 α-磺基脂肪酸甲酯。同系物中，疏水基碳原子数的分布及其异构体的分布也有影响。例如，同样的 AES（脂肪醇醚硫酸盐），仲醇较强，其 LSDR 值为 2%，而伯醇较弱，其 LSDR 为 4%。AES 的疏水基中含 18 个碳的分散性较含 12 个碳的分散性低。

两性表面活性剂比阴离子型表面活性剂具有更好的钙皂分散性。一些两性表面活性剂的钙皂分散值是目前所能达到的最低值，钙皂分散值的数值低于2%甚至难以测出。磺基甜菜碱的钙皂分散性比烷基甜菜碱好，如酰胺丙基磺基甜菜碱的钙皂分散值低达2%。而硫酸基甜菜碱和酰胺基磺基甜菜碱的钙皂分散性比磺基甜菜碱更好。另外，在疏水基中引入聚氧乙烯链，其钙皂分散力增大，如

$$\begin{array}{c} \qquad\qquad\qquad\qquad\qquad\qquad\qquad\qquad CH_3 \\ \qquad\qquad\qquad\qquad\qquad\qquad\qquad\qquad | \\ CH_3(CH_2)_{10}CONCH_2OCH_2CH_2—N^{+}—CH_2CHCH_2SO_3^{-} \\ \quad | \qquad\qquad\qquad\qquad\qquad | \qquad\qquad | \\ (CH_2CH_2O)_2H \qquad CH_3 \qquad OH \end{array}$$

的钙皂分散值为2%，而不带聚氧乙烯的相应物的钙皂分散值为3%。除此之外，磷酸基甜菜碱也是很好的钙皂分散剂，其钙皂分散力比磺基甜菜碱更强。表2-5列出磷酸基甜菜碱的钙皂分散力。磷酸基甜菜碱的结构式为

$$\begin{array}{c} \qquad\qquad\qquad\qquad\qquad\qquad CH_3 \qquad\qquad\qquad\qquad O \\ \qquad\qquad\qquad\qquad\qquad\qquad | \qquad\qquad\qquad\qquad\quad \| \\ CH_3(CH_2)_nCONHCH_2CH_2CH_2—N^{+}—CH_2CHCH_2O—P—O^{-} \\ \qquad\qquad\qquad\qquad\qquad\qquad | \qquad\quad | \qquad\qquad | \\ \qquad\qquad\qquad\qquad\qquad\qquad CH_3 \quad OH \qquad\quad OH \end{array}$$

表2-5　磷酸基甜菜碱的钙皂分散力

n	10	12	14	16
LSDR/%	1.0	1.5	2.0	2.0

通常将两种或两种以上的钙皂分散剂复配使用，可提高其分散能力，并且在加有钙皂分散剂的配方中同时加入次氨基三乙酸钠、柠檬酸钠、沸石、胶体二氧化硅等有机或无机助剂也能起到增效作用。但是需注意，肥皂-阴离子钙皂分散剂有时不耐硫酸钠，而对于甜菜碱类的钙皂分散剂，如牛脂磺基甜菜碱，则可以加到20%以上，具有良好的去污力。

3. 复合皂配方

以下给出复合皂的典型配方，以供参考。

原料	质量分数/%
皂基	58
TX-10	3
Na_2CO_3	12
AEO-9	4
STPP	2
MES	3
4A沸石	6
AOS	2

原料	质量分数/%
$Na_2SiO_3 \cdot 5H_2O$	1
柠檬酸钠	4
避光剂	适量
香精	适量
颜料	适量
增白剂	适量
水	余量

二、洗衣皂的生产方法

洗衣皂早期的生产方法为冷桶法，目前根据生产设备的不同，主要有冷板车法、真空干燥冷却法、滚筒冷却挤压法、压研法以及手工制皂法等。下面对冷板车法、真空干燥冷却法和手工制造法分别进行讲述。

（一）冷板车法

将皂料投入调和锅，加入泡花碱、香料、着色剂、荧光增白剂，在70～80℃下调和15～20min，然后压进冷板车，用冷却水冷凝45～60min，取出大块肥皂，经切块、烘凉、打印后得成品。

该法为大规模机械化生产方法。目前，中国大多数肥皂厂仍然是以冷板车法为主，该法的特点是：①机械化程度高，适用于大规模生产；②成皂较坚硬，着水不易开裂纹；③打印后棱角分明，字迹饱满，外观质量好；④泡沫稍差（因结晶形态不同而引起），干后容易收缩变形。这种生产方法的劳动强度与连续法相比仍然很大，所以在发达国家本法已被淘汰。

（二）真空干燥冷却法

真空干燥冷却法是目前世界上最先进的洗衣皂成型法。自1945年由意大利麦佐尼公司首先获得专利以后，很快在制皂行业得到推广。中国有很多工厂采用此法生产填充洗衣皂、纯皂基洗衣皂及高脂肪酸洗衣皂。该法机械化、自动化程度较高，产品质量较优异，成皂在使用时起泡迅速，泡沫丰富。但产品与冷板车皂的结晶不同，其中β晶型较多，在水中浸泡易于裂糊。另外，该法对油脂配方要求严格，松香的含量不得超过15%。以下介绍麦佐尼公司的真空干燥冷却法。

1. 配料

首先，皂基与填料、着色剂、香精以及助剂在调和罐中调和均匀。皂基含量一般在60%～63%。由于在真空冷却过程中约有4%～5%的水分可蒸发掉，因此，在调配皂浆料时可多加一部分水。

其次，直接加入一定浓度的模数为2.44的泡花碱，以保证产品的硬度。并且，对于不合格的皂可直接加入配料罐，依靠料浆的温度和夹套蒸汽的热量使其熔化。

再次，配料罐中要加入0.1%～0.2%钛白粉，以减少肥皂透明度，增加产品的白度。

最后，优质洗衣皂中还要加入一些香精、荧光增白剂和钙皂分散剂等，香精加入量一般在0.3%～0.5%，属价廉的香茅草油之类。荧光增白剂加入量为0.03%～0.2%。有些洗衣皂还加着色剂，以黄色、蓝色为主。

调和罐是一个钢制敞口的夹套容器，夹套以蒸汽加热和保温，另外带有桨式搅拌器（30～35r·min^{-1}）和自动翻皂斗，以便把生产过程中的不合格产品送回配料罐中。所有物料加完后，保温在75～95℃，经搅拌调和均匀，取样化验，脂肪酸和游离碱达到控制标准以内，料浆放入真空冷却器。

2. 真空冷却

配料罐的肥皂料浆经过过滤器，再用泵打入真空冷却器，使其冷却凝固。

真空冷却器是经过精加工的圆柱形铸铁容器，底、顶均为锥形，筒内装有紧贴壁身的转动刮刀，由空心转轴带动，物料经过空心轴经喷嘴喷到筒壁上。喷头与刮刀安装角度为90°，刮刀处于导前位置。真空冷却器的结构如图2-12所示。

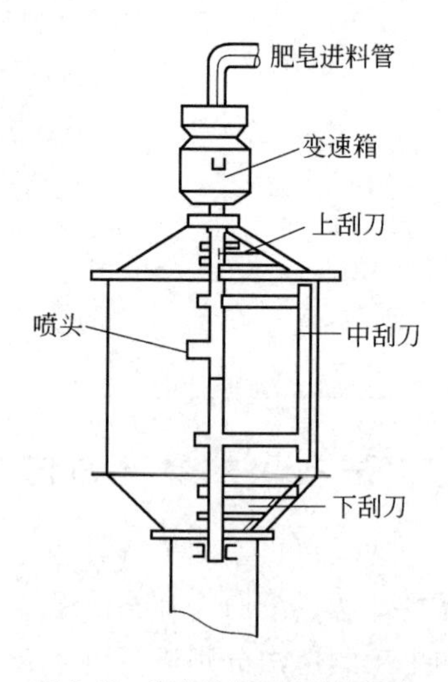

图2-12 真空冷却器的结构示意

冷却室内维持3333.05Pa（25mmHg）的残压，使室内水的沸点降到26℃以下，这样当90℃的料浆从喷嘴喷出的时候，水分急剧汽化，肥皂温度迅速降到26℃以下，并立即在筒壁上凝固，随即由刮刀铲下，铲下的皂片落入锥底下的压条车料斗中。

3. 压条

与真空冷却器配套的是双螺杆压条机，螺杆直径300mm，转速$20r \cdot min^{-1}$，每台的生产能力可达成$2 \sim 4t \cdot h^{-1}$。压条机螺杆处的机身带夹套，通冷水冷却，水温宜在20℃以下，温度一高，肥皂发软、黏，出条不畅。

真空冷却器排出的废气中会含有少量的皂粉，需具备旋风分离器回收皂粉。生产低脂肪酸洗衣皂时，皂粉并不多，大约一周出一次即可。

4. 切块、晾干、打印及装箱

压条机压出的连续皂条，被切块机切成符合要求的皂块。皂块要求整齐一致、棱角分明，因此要求切块机的速度始终与压条出条速度保持一致。

麦佐尼公司的切块机是连续式切块机，刀架安装在一个头尾相接的链条圈上，刀架链条圈安装在两只转轮上，转轮由空气电动机驱动。切块机的最大速度为120块$\cdot min^{-1}$。

真空冷却设备压出的皂条表面较软，皂体也不如冷板车的硬，立即打印有困难。因此需要进行烘凉，烘凉过程是在帘式烘房中进行的。帘式烘房由自动进出皂机及帘条房组成，自动皂机把切出的皂块整齐地排列在输送带上，推入烘房的帘子上，帘子的行走速度与进皂周期保持同步。肥皂在烘房内停留15～20min。烘房分前后两段，前段送的是热风，使肥皂表面水分干燥，后段送的是冷风，使肥皂表面冷却变硬，以利于打印机进行打印。

打印机采用自动打印机，打印速度与压条机出皂速度同步，一般100～120块$\cdot min^{-1}$。打印要求字迹清楚、饱满。为保证打印正常进行，一般需加入少量的润滑剂。

（三）手工制造法

手工皂是使用天然油脂与碱液，用人工制作而成的肥皂。常用的油脂包括橄榄油、棕榈油、椰子油。碱液通常为氢氧化钠或氢氧化钾的水溶液。手工皂的优势在于可以依据个人的喜好与目的，加入各种不同的添加物，以适应个人的肤质。常用的添加剂有牛乳、母乳、豆浆、精油、香精、花草、中药药材、竹炭粉、防腐剂、染料等等。可以根据不同的肤质制成不同的产品，具有很强的主观性。

手工皂制备方法主要有冷制法和热制法两种。冷制法是利用皂化反应时产生的热能提供皂化所需的起始温度而完成皂化反应的制程，因其可在常温下制皂，而得以保有油脂中不耐高温的有益成分，所以成为手工皂的主流制程，但完成皂化的时间长。热制法是为缩短皂化所需的时间，在进行皂化反应或中和反应时提供所需热源，以加速完成皂化，所需时间可大幅缩短至2h左右。其基本制备过程如图2-13所示。

图2-13　手工制造法基本制备过程

按照配方，称量一定比例的油脂、NaOH、水的重量。然后配制碱液，并搅拌至溶液透明，将配制好的碱液加入油脂中，边加边搅拌，此时可以添加精油等植物提取物和营养物质使手工皂具有不同效用。待皂液搅拌黏稠后，将其倒入模具中成型，静置1～2天后，取出放在阴凉通风处4～8周进行熟化。

第五节　香皂的生产

香皂是带有宜人香味的块状硬皂，采用牛油、羊油、椰子油、猪油和柏油为原料。皂中除脂肪酸钠盐外，还加有各种添加剂（如抗氧剂、香精及钛白粉）。香皂的性能温和，有乳状泡沫，对皮肤无刺激，常用于洗脸、洗澡，兼有清洁和护肤功能，用后皮肤感觉良好，留香持久。

目前，在皂类洗涤用品中，香皂的产量保持稳定增长，国内的著名品牌有力士、舒肤佳、夏士莲等。世界上最先进的香皂生产工艺与设备均由意大利麦佐尼、荷兰联合利华、德国韦勃-锡兰德、日本佐藤等公司提供。

中国对香皂的质量有严格的要求：皂型端正，图案字迹清楚，组织均匀，色泽一致，香味稳定，无不良异味；总的脂肪物实际含量不低于标准脂肪物的 98%；中性油脂不大于 0.5%；总的游离碱不大于 0.3%；水分以及挥发物不大于 15%。

近年来，为了增加香皂品种的竞争力，在市场上出现了许多香皂新品种。其中，主要方法是向皂中加入各种添加剂，使香皂产品向高档次、功能性和新概念上发展。今后，不论是以营养滋润为特点的美容皂，还是具有杀菌消炎作用的保健皂；不论是老人皂、成人皂，还是婴儿皂、女性专用皂；不论是以表现造型、包装为特色的艺术装饰皂，还是以超常量加香为特色的香水皂，都要体现出新特色、新概念。只有独具特色的创新香皂产品才能持续发展。

一、生产香皂的原料及配方

（一）生产香皂的原料

1. 皂基

生产香皂的油脂主要是牛羊油、椰子油、棕榈油、棕榈仁油及猪油等。棕榈油和牛羊油同属于固体类油脂，用以保证香皂有足够的硬度；棕榈仁油和椰子油同属月桂酸类油脂，以增加香皂的泡沫和溶解度。

香皂去污能力的大小，泡沫的多少，皂体组织的粗细与软硬，溶解度的大小，防止酸败能力的强弱，外观的端正程度，光泽是否悦目以及香气的持久性等，是衡量其质量好坏的主要标志。这些性能除与加工工艺有关外，主要与香皂的油脂配方和加入的添加物有关。

实践证明，以棕榈油为主的配方，只宜生产一般加色香皂，不宜生产白色香皂。牛羊油的气味不及棕榈油好，棕榈油的气味适合于加香。研究表明，加有相同数量的同一香精的两块香皂，棕榈油配方的香皂比牛羊油的香皂其香味显得纯正芬芳。以下是生产香皂用皂基的配方。

原料	质量分数/%		
	配方(1)	配方(2)	配方(3)
漂白牛羊油	42	75	70
漂白猪油	35	10	15
漂白硬化猪油	8	—	—
漂白椰子油	15	15	15

2. 香精

香皂芳香气味的优劣直接左右着香皂在市场上的销售。多年来,消费者们喜爱香皂的各种各样的香型,像英国人多喜爱薰衣草香型、檀香香型,法国人和德国人喜欢花香香型,如玫瑰、紫丁香、百合等香型。在中国,高档香皂中檀香型占30%,茉莉型占30%,玫瑰型占10%,薰衣草和馥奇型占10%;中档香皂中茉莉型占28.5%,玫瑰型占28.5%,檀香型占21.5%,白兰型占14%,馥奇型占5%,其他香型则很少。

香皂中使用香精的量根据档次也有不同,一般优级皂用量2%~2.5%,一级皂用量1.2%~2%,二级皂用量0.8%~1.5%,三级皂用量0.8%~1.2%。

(1)皂用香精的基本要求　皂用香精的基本要求有:①首先要求香皂的性质温和、滋润,所含香精对人的皮肤应无刺激性,具有祛除体臭的性能,洗后使人增添一种清爽、新鲜的感觉,且有一定的留香性。②嗅觉上感觉香气协调,即头香、体香和尾香不能有明显差异。③皂基都带有一定程度的油脂气味,香精对这种气味应有很好的遮蔽能力。④香精在皂体中要有较长时间的稳定性,也就是香气特征、强度不会发生明显的变化。⑤香精不应对皂体有明显的着色,也不应随时间的延续使皂体色泽越来越深。⑥皂体本身是一种胶体,会降低香精挥发度,而香精在这种条件下应有较好的透发性。⑦在洗用时,香皂中的香精有较好的扩散性,使香气四溢扑鼻。

(2)皂用香精的香型　香精的配制要根据香型和香皂的档次所许可的香精价格来选用香料原料。高档的香精可使用较多的天然香料如精油、浸膏、树脂类,低档香精多是人造香料。目前,皂用香精典型的香型有以下几种。

① 檀香型。檀香型香皂是市场上较流行的品种之一,香气浓郁持久。配制檀香型香精的香料有檀香木油、合成檀香油、柏木油,以及适量的藿香油、香根油、肉桂油、丁香油。这些香料既起到增强香气的效果,又有较好的持久性。另外,玫瑰系列的香料与檀香有很好的协调性,实际上檀香型是以檀香为主的复合香型,如下列配方。

原料	质量分数/%
合成檀香油	20
檀香醚	8
柏木油	10
藿香油	4
甘松油	2
香根油	3
桂醛	0.5
香叶油	5
苯乙醇	5
乙酸苯乙酯	2
香叶醇	6
山萩油	1

原料	质量分数/%
玫瑰香精	8
新铃兰醛	5
洋茉莉醛	2
紫罗兰酮	5
香豆素	4
佳乐麝香	2
香柠檬油	3
酮麝香	2
柠檬醛	0.5
赖百当浸膏	1
桂酸乙酯	1

② 茉莉香型。白色香皂大多数使用茉莉香型,其香气清新、透发,但持久性稍差。为了取得较满意的香气效果,常用以茉莉为主体的复合香型,如闻名的力士香皂是以茉莉香为主,又有玉簪、水仙、玫瑰等成分的复合体。高档的茉莉香精可用一些天然茉莉浸膏,以下是茉莉复合型香精的配方。

原料	质量分数/%	原料	质量分数/%
甲基己基桂醛	5	大茴香醛	3
铃兰素	5	橙叶油	7
邻氨基苯甲酸甲酯	3	卡南加油	3
新铃兰醛	5	苯乙醇	8
乙酸乙酯	13	灵猫香膏	0.1
乙酸芳樟酯	3	桃醛	1
芳樟醇	4	檀香醚	2
藿香油	0.5	洋茉莉醛	3
柳酸丁酯	3	柠檬醛	3
柳酸戊酯	1	二氢月桂烯醇	2
乙酸苏合香酯	1.5	异丁香酚	1.5
香叶油	5	紫罗兰酮	4
合成檀香油	3	二氢异茉莉酮	0.5
癸醛	0.1	佳乐麝香	2.5
乙酸对甲酚酯	0.25	配制茉莉油	4.3
苯乙酸对甲酚酯	0.25		
赖百当浸膏	2.5		

③ 玫瑰香型。玫瑰花有几种不同的颜色，所以玫瑰型香皂也常有粉、黄、粉红色之分。玫瑰型香皂香气浓郁而持久，尤其是天然玫瑰花油，在皂体中一年之久香气仍透发，不变色，然而由于价格昂贵，仅能在高档香精中少量使用。下面是一个玫瑰型香精的配方。

原料	质量分数/%	原料	质量分数/%
香茅醇	10	壬醛	0.3
香叶醇	10	芳樟醇	5
苯乙醇	10	甲基己基桂醛	2
香叶油	7	依兰油	2
乙酸苯乙酯	4	乙酸苄酯	2.5
乙酸香叶酯	3	赖百当浸膏	0.7
合成檀香油	3	新铃兰醛	5
檀香醚	2	苯乙二甲缩醛	1
乙酸香根酯	1.5	结晶玫瑰	1.5
藿香油	3	佳乐麝香	5
四氢香叶醇	2	香豆素	0.5
紫罗兰酮	6	苯乙酸乙酯	2
异丁香酚	2	桂醇	3
叶青素	2	柠檬醛	1
墨红浸膏	0.5	异戊基苯乙基醚	0.5

④ 馥奇型。馥奇型的香皂一般都是绿色的。调和这种香精的主体香料主要是薰衣草油、香豆素和橡苔浸膏。除此之外，还必须加入适当的木香香料如檀香油、柏木油或藿香油等，以及玫瑰油和柠檬油来增加甜香，如以下配方。

原料	质量分数/%
薰衣草油	10
橡苔浸膏	4
香豆素	5
檀香醚	3
合成檀香油	4
柏木油	3
葵子麝香	2
洋茉莉醛	3
柳酸戊酯	3
紫罗兰酮	4
羟基香茅醛	4
铃兰醛	4
芳樟醇	5
橙叶油	3
赖百当浸膏	2

原料	质量分数/%
二氢月桂烯醇	0.5
藿香油	4
甘松油	3
香叶油	3
香叶醇	7
配制玫瑰油	8
二苯醚	2
香柠檬油	2
甲基己基桂醛	2
乙酸苯乙酯	2
丙酸芳樟酯	3
桂醇	0.5
柠檬醛	1
桂醛	2
叶青素	1

3. 着色剂

香皂有不同颜色，其赏心悦目的色彩是受到消费者喜爱的另一主要原因。习惯上选用的着色剂的颜色与香精的香型有一定的对应关系。如檀香型多用棕色，馥奇型多用草绿色，茉莉型多用白色，玫瑰型用白色或淡红色等。作为皂用着色剂，要求不与碱反应，耐光，水溶性好，色彩艳丽。常用的着色剂有皂黄、曙红、酞菁等。

4. 钛白粉

钛白粉与在洗衣皂一样，其主要作用是增加香皂白色，降低透明度，特别是在白色香皂中。有的配方中也用氧化锌代替钛白粉，但效果略差。一般加入量为0.025%～0.20%。

5. 抗氧剂

为了防止香皂原料中所含的不饱和酸被氧化，产生酸败等现象，需加入一定的抗氧剂。要求抗氧剂的水溶性好，对皮肤无刺激，不夹杂其他气味等。常用的抗氧剂有泡花碱，其用量为1.0%～1.5%；二叔丁基对甲酚，其用量为0.05%～0.1%。

6. 螯合剂

为阻止香皂皂基中带有的微量金属，如铜、铁等对皂体的自动催化氧化，常加入螯合剂乙二胺四乙酸钠(EDTA)，加入量为0.1%～0.2%。

除以上原料外，有时为提高香皂的档次，还加入多脂剂、杀菌剂、中草药提取液等。

(二)香皂的配方

以下给出典型香皂的配方。

1. 普通香皂配方1

原料	质量分数/%
皂基	85
防腐剂	0.15
螯合剂	0.15
抗氧化剂	0.02

原料	质量分数/%
TiO_2	0.5
氯化钠或氯化钾	0.6
香精	0.8～1.0
去离子水	12～13

2. 普通香皂配方 2

原料	质量分数/%	原料	质量分数/%
皂基	84.35	EDTA（20%）	0.09
尿素	11.25	丁基化羟基甲苯（BHT）	0.07
椰子油脂肪酸	4.22	香料，色素	适量

3. 超级温和香皂的配方

原料	质量分数/%	
	配方（1）	配方（2）
牛脂/椰子油（70∶30）钠皂	9.5	14.4
硬脂酸	0.9	14.6
椰子油脂肪酸	8.1	—
月桂油	—	13.0
辛基甘油醚磺酸钠	67.2	—
C_{12}～C_{18} 的烷基甘油醚磺酸钠	—	15.5
羟乙基磺酸钠	5	—
月桂酰基肌氨酸钠	—	25.0
氯化钠	4	8
钛白粉	0.3	0.5
香精	1.0	2.0
水	4.0	7.0

二、香皂的生产工艺

香皂常采用压研法来生产，包括皂基的干燥、拌料、研磨、真空压条、切块、打印以及包装等工艺过程。

1. 干燥

香皂的脂肪酸含量一般以 80%为标注含量，个别产品也有 72%的。由大锅法或连续煮皂法生产的皂基，其脂肪酸含量为 62%～63%。要制得脂肪酸含量为 80%的香皂，必须对皂基进行干燥。常用的干燥方法有热空气干燥法、闪击蒸发干燥法和真空干燥法。

热空气干燥法是将热的皂基先在冷却辊筒上制成 0.5mm 厚的皂带，然后送入帘式烘房中，其中的温度为 60～70℃，利用热空气进行干燥。这种干燥方式热量消耗大，产量低。

闪击蒸发干燥法是将皂基先经换热器加热到 120～125℃，然后在分离器内闪击蒸发，高浓度的脂肪酸钠料浆落到冷却筒上，被冷却固化，然后从筒上以皂片形式铲下。为了更均匀地控制干燥后皂片中的水分，也可采用二次常压干燥，第一次干燥到脂肪酸含量 72%，第二次干燥到脂肪酸含量 80%左右。这种干燥方法设备简单，能耗较低，但皂片干湿不均，有砂粒感。

真空干燥法在真空干燥室进行，要求皂基预热的温度更高，一般采用列管式换热器来加热。列管式换热器的外壳直径 200～325mm，列管内径为 8～12mm，长 300～350mm，列管数目根据加热面积不同分别为 120～150 根。皂基走管内，热蒸汽走管外，蒸汽压力为 0.6～1.2MPa。真空干燥室与生产洗衣皂的真空干燥室形式相似，即圆柱形筒上带着锥形的顶盖和底盖，空心转轴上带着喷头和刮刀，这样皂基由喷头喷到干燥室的筒壁上后，要等轴转过 3/4 周，才被铲下。所不同的是，为避免铁质进入而影响香皂的质量，真空干燥室及主要部件均用不锈钢制成，刮刀用特殊的 3mm 厚的层压板制成。真空室的操作压力为 7999.32～13332.2Pa（60～100mmHg）。铲下的皂片落到真空干燥室底部的双螺杆压条机内，经压条机挤压并切割成直径为 10mm、长 20～30mm 的短皂条（也叫皂粒）。经压条机输出的皂粒含水量为 10.5%～12.5%，温度 50～55℃，直接依靠风力输送到皂粒仓贮存，以供拌料使用。这种干燥方式产品的质量最好，但设备复杂，投资大。另外，由于真空干燥时闪蒸激烈，水分汽化大，因此废气中的夹带皂粉较多（约为皂粒产量的 0.8%～1.0%），需用旋风分离器回收。在旋风分离器的底部装有螺旋输送器，可把皂粉直接送回真空干燥室的底部，混入压条机的皂片中。但由于这部分皂粉的脂肪酸含量高于真空干燥室中的皂片，当其返回皂片中时易造成干湿不均的现象，影响后工序的效果或产品的质量。因此，国外有些制皂中，在旋风分离器的底部安装一台小型压条机，把这些皂粉单独挤压出条。

2. 拌料

拌料是在搅拌机中将干燥后的皂基和其他添加剂（如香精、起泡剂、抗氧剂、杀菌剂以及钙皂分散剂等）充分混合，使之在皂粒中分散均匀。例如麦佐尼公司的“BDM”拌料系统（如图 2-14 所示），这种搅拌机是螺带式的，可使物料前后翻动。整个操作过程采用电子控制程序控制，克服了人为误差，计算精度高达 0.5%，另外具有良好的密封性，可防止液体物料挥发和固体物料飞扬。物料从搅拌机放出，送到研磨机进行研磨。

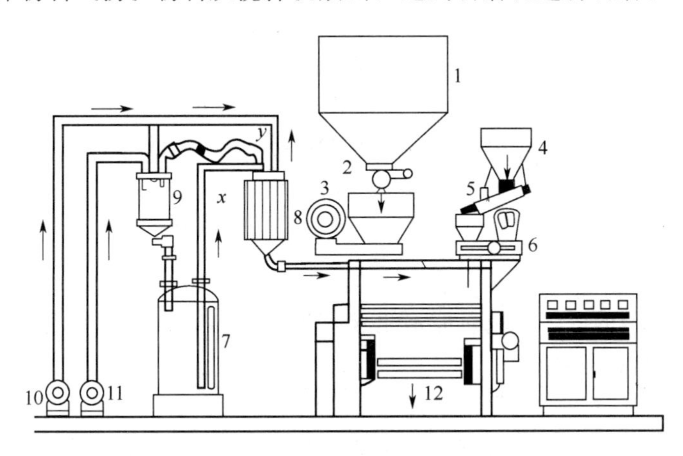

图 2-14　“BDM” 拌料系统

1—皂粒罐；2—下料阀；3，6—秤；4—固体加料斗；5—送料器；7—液体贮罐；8—液体计量罐；9—高位槽；10—空气压缩机；11—真空泵；12—分批拌料锅

3. 研磨

研磨可使皂粒与添加物进一步均化并具有一定的塑性，同时可改变肥皂的晶相，使其最大程度地转化为 β 相。常用辊筒式研磨机进行研磨。

研磨机一般由 3～4 个辊筒组成。辊筒的直径一般为 300～400mm，长约 800mm。第一个辊筒的转速为 15～25r・min^{-1}，其后的辊筒转速依次比前一个快一倍，以便皂片依次黏附至下一个辊筒上。冷凝的皂片在最后一个辊筒上被刮刀刮下。为使混合物充分均化，并使肥皂极大限度地转变为 β 相，一般都用三台研磨机串联使用。研磨后，皂温为 35～45℃，皂片厚 0.2～0.4mm。联合利华公司研制出了在同一台机上进行两次研磨的研磨机，它把长辊筒一分为二，皂片先经研磨机的半边研磨，用铲刀铲下后经过特殊料斗，使皂片通过另半边的辊筒机研磨，这样，一台机器就可达到6～8次的研磨，节约了投资，同时降低了动力消耗。

4. 真空压条

经研磨的皂粒随即输入真空压条机，进行真空成型压条。真空压条系统由两台压条机组成，一上一下串联排列，中间以真空室连接。从研磨机来的皂片，先经过上压条机制成皂粒落入真空室［53328.8～79993.2Pa（400～600mmHg）］，皂粒中的空气被抽出，然后经下压条机挤压成型。下压条机出口处是圆锥形炮头，炮口处有一块成型挡板，挡板的成型口一边可调，便于控制皂块的质量。炮头出口处有加热装置，使成皂的皂心温度控制在35～45℃。

5. 切块、打印、包装

切块机是回转链条式，切割皂条的刀片安装在链条上，链条转动时可带动刀片连续切皂，并且刀片间距可调节，可根据品种的要求切出大小不同的皂块。

现代化的打印机采用冷冻印模，即在印模中送入－30℃的制冷液，使印模的操作温度维持在－20℃左右，可解决肥皂粘模的现象，并且，高度自动化地从皂坯送入，至打印卸出，仅需0.2～0.4s。

对于香皂的包装，一般采用蜡纸及外包纸两层包装，较高级的香皂用蜡纸、白板纸及外包纸三层包装。现代化包装机由纸包机、纸盒机、装箱机、封箱机、打包机、码垛机等组成，可自动完成香皂的包装、装箱、进仓、堆放等一系列工作。

第六节　透明皂的生产

一、概述

透明皂是皂体透明的固体硬皂，起泡迅速，泡沫丰富，加有高级香精，香味优雅芬芳，对皮肤的刺激性低，综合洗净力好，又不过分洗去自然皮脂，保湿成分丰富，是十分理想的高档洗涤用品，正越来越受到人们的欢迎。

从外观形态看，透明皂有全透明皂和半透明皂两种。目前对透明皂有一个度量的概念。根据国内外行业的约定，通过6.35mm（1/4in）厚的皂块能看清14号黑体字的肥皂即称为透明皂，低于这一标准，就是半透明皂或不透明皂。根据这一约定，国内制定了肥皂行业透明度测定方法（QB/T 1913—2004）。该方法使用白度计来测量肥皂的透明度。透明度以样品的内在光反射因数与光反射因数之差与内在光反射因数的百分比来表示。对于透明皂，要求（6.5±0.15)mm厚切片的透明度不小于25％。

按制造方法不同，透明皂有“溶剂法”透明皂和“机械研磨法”透明皂两种。“溶剂法”是在制皂时加入乙醇、糖、山梨醇及甘油等透明剂来达到透明的方法；“机械研磨法”是不加透明剂，全靠研磨、压条来达到透明的方法。

“溶剂法”制的透明皂与“机械研磨法”制的透明皂相比，不但脂肪酸含量低（约40％），而且价格高、不耐用，还要消耗大量的乙醇、糖及甘油，因此，国内很少生产。但由于它的外表透明，晶莹如玉，对消费者有一定的吸引力，一般作为礼品皂，用于洗脸化妆。

“机械研磨法”所制的透明皂其透明度不及“溶剂法”所制的透明皂，一般是半透明，因不需加用乙醇、糖及甘油，价格比“溶剂法”的低，且质量好，与一般香皂相似。因此，这种透明皂国内有很多制造厂生产，也受消费者的欢迎。这种半透明皂常用于洗衣，也可供洗脸或沐浴。

二、全透明皂的生产

全透明皂的生产原理是把能够阻止肥皂结晶的物质加入肥皂中，使其在适当的冷凝条件下成为无晶体的超冷液体结构，像玻璃那样透明。能够阻止肥皂结晶的物质主要是乙醇、糖、山梨醇及甘油等。因此，这种生产透明皂的方法叫“加入物法”或“溶剂法”。

1. 全透明皂的配方

利用“溶剂法”制全透明皂，在配方设计时，应注意以下问题：①为保证成皂的色泽和透明度，应选择质好、色好、纯净的高档油脂为原料，如国产高级牛羊油、进口高级牛油及进口高级椰子油等。原料油脂要经过碱炼脱酸、脱色、脱臭与过滤等处理，关键是酸值和色泽要达标。并且，油脂配方中的脂肪酸的凝固点越低，透明度越高。但凝固点过低，皂体发软，不耐用，而且生产上也难于操作。一般控制凝固点在 38～42℃，以 40℃为最好。②加入物必须与皂浆的相溶性好，且溶解砂糖的水要用去离子水，若加入自来水或硬度较大的水，成品颜色会变浅发白，透明度下降。这是因为硬水中的 Ca^{2+}、Mg^{2+} 与 RCOONa 结合形成絮状沉淀，从而影响了产品的透明度。③皂化时，NaOH 必须是纯品，以免成皂游离碱存在过量，且其中的杂质影响皂体的透明度。④由于没有盐析、碱性等操作，所以油脂水解出的甘油留在皂浆中，应在配方设计时将这部分甘油考虑在内。

以下是典型的透明皂的配方。

原料	质量份		
	配方(1)	配方(2)	配方(3)
牛羊油	100	80	40
椰子油	100	100	40
蓖麻油	80	80	40
NaOH(30%)	161	133	60
乙醇	50	30	40
甘油	25	—	20
砂糖	80	90	55
溶解糖的水量	80	80	45

除了牛羊油、椰子油外，近年来，将马油用于透明皂中以美容洁肤的越来越多。这是因为马油中含有大量的不饱和脂肪酸（油酸、棕榈酸为主）和维生素，与皮肤相容性好，可令皮肤平滑，并且具有保湿与滋润、消炎舒缓、抗氧化的功效和作用，对治疗湿疹等皮肤问题也有很好的作用。

以下是典型的马油皂的配方。

原料	质量分数/%
马油	21
甜杏仁油	30
乳木果油	6
椰子油	3
NaOH	9
紫草浸泡油	1.2
纯净水	余量
—	—

2. 全透明皂生产工艺

全透明皂一般生产工艺流程如图 2-15 所示。

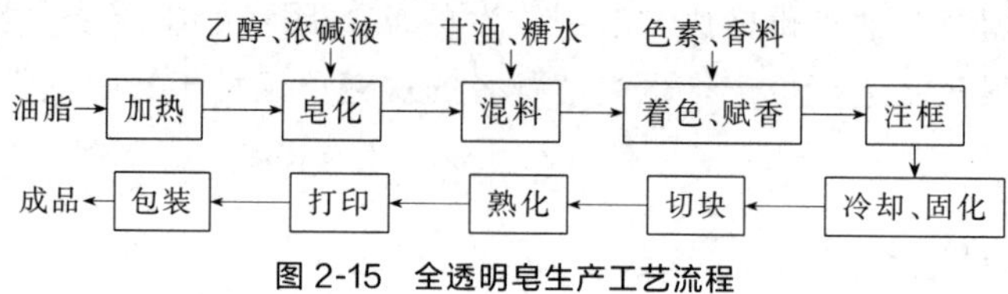

图 2-15 全透明皂生产工艺流程

生产时，将牛羊油及椰子油加热到 80℃左右，过滤后加入到带有搅拌器的皂化锅中。蓖麻油特别是含有一些黏状物的毛油，过热会使色泽变深，因此应与其他油脂分开放置，在准备加入液碱前加入。液碱与乙醇混合在一起，在搅拌下快速加入到乙醇中。皂化时有乙醇存在，能大大加快皂化反应。皂化锅带蒸汽夹层，控制锅内温度小于 75℃。当皂化完全(取一些样品溶解在蒸馏水中应清晰)时，停止搅拌，皂化锅加盖放置一会儿。

在另一只锅中制备糖水，把糖溶解在 80℃的热水中，糖液面上浮现的泡沫应去除。然后在搅拌下先把甘油加入到肥皂中，再加入热的糖液。此时肥皂中的游离 NaOH 控制在 0.15%以下，再加盖放置，待肥皂温度降到 60℃时，加入香精及着色液，搅拌均匀后移入木框中冷却固化，冷却后的肥皂切成所需大小的皂块，放在盘架中晾置一段时间，以排除大部分残余酒精后，再进行打印。打印好的肥皂，还需用吸有乙醇的海绵或布来轻轻地揩擦，以达到满意的透明度。最后进行包装。

目前开发了一种高脂肪酸含量的全透明皂的生产方法。该透明皂的干皂质量分数为 85%，甘油为 5.5%，香精和水分为 8%，盐分为 0.32%，脂肪酸凝固点 37.7℃。其制法如下：根据配方选择的油脂经处理后投入皂化锅，按沸煮法工艺生产出 60%～63%脂肪酸含量的纯净皂基后，用常规的干燥方法把皂基干燥到脂肪酸含量 72%～75%的皂片，将皂片完全溶解到温热的乙醇中，静置以除去少量的氯化钠和碳酸钠等乙醇不溶杂质，得到清澈透明的溶液，然后蒸去大部分乙醇，再在浓缩液中加入香精、着色剂和其他添加剂后浇入模具中，直到凝固成硬的皂块。皂块经切割机切成需要的小块，在温度 30～32℃下维持两三个月，以排除大部分残余酒精(质量减少 20%～25%)。然后皂块进一步打印、洗磨后即可包装。

利用这种方法生产全透明皂时，应注意以下问题：①皂化和调和时，物料的温度不能太高，长时间高温会导致产品颜色变深。②浇注时，物料的温度保持在 60℃左右。温度过高，产品带有色泽；温度太低，香皂表面不平整，影响后续加工。③快速冷却时，要保持冷库温度在－20℃左右，冷冻时间 20min。时间短，产品太软难于退模；时间长，破坏香皂皂体结构，影响透明度。④如果产品生产过程中用丙二醇取代乙醇，晾皂时间可大大缩短，提高生产效率。

三、半透明皂的生产

1975 年，Amour-Dial 公司提出用香皂生产设备，连续生产有一定透明度的肥皂，称之为“半透明皂”。目前，国内生产的透明洗衣皂，绝大多数都是用“机械研磨法”制造的，不需加乙醇、糖及甘油等，采用香皂的加工工艺，但成皂的脂肪酸含量都在 72%左右，比香皂的脂肪酸含量低。

1. 半透明皂的配方

油脂配方与香皂的基本相同，即牛羊油 80%和椰子油 20%，配方中椰子油比例越大，产品透明度越好，皂体质量越好，但成本也越高。也可根据油源情况，使用一部分猪油、花生油或硬化油等。对油脂色泽的要求同一般的白色香皂，油脂的色泽越好，对成皂的透明度越有利。也有在油脂配方中使用2%～3%松香，但由于加松香对成皂的色泽有影响，特别是放置一段时间后易使色泽变深，因此很多厂都不加松香。在辅料方面，除了在皂粒中加入必要的添加剂，如香精、颜料、抗氧剂和螯合剂等外，为提高产品透明度和改善皂体外观质量，也可在配方中加入甘油、蔗糖、尿素等化合物等。

2. 半透明皂的生产

半透明皂的生产原理是利用机械研磨的方法，使肥皂中的结晶颗粒尽可能多地转变为β相，由于β相结晶颗粒的直径小于可见光波长，能使普通光线通过而呈现透明。肥皂中β相越多，透明度越高。

机械加工法的生产过程与常规香皂生产相似，具体工艺如下

皂基制备→真空冷却→拌料→研磨（或挤压）→真空出条→切块打印→包装

(1) 皂基制备　皂基用沸煮法生产，脂肪酸含量62%～63%，氯化钠含量越低越好。

(2) 真空冷却　用真空干燥-冷却工艺能满足生产透明皂的条件。皂基温度110～125℃，真空度大于96kPa，皂基从喷嘴到室壁的几秒内水分蒸发，皂体温度急剧下降，皂条温度可降到40～50℃，脂肪酸含量提高到70%左右，皂条水分22%～25%。这时可得到较透明的皂条。

(3) 拌料　为了使皂粒与添加剂混合均匀，必须采用特殊搅拌机，该机除了具有拌和作用外，还具有剪切作用，在一定的皂体温度下，物料在均化的同时还能起到机械转晶的作用，转晶效果明显。

(4) 研磨　一般采用三辊研磨机，利用辊筒转速不一所产生的剪切力达到机械转晶的目的。要达到好的效果，辊筒之间的距离不能大，一般控制在0.4～0.6mm。研磨产生的热量会造成水分蒸发，影响透明，需要用冷却水来控制温度，以保证最好的透明度。

(5) 挤压　德国和意大利的肥皂机械商提供了一种专供生产透明皂的挤压机，该机带有特殊的转晶器，主要是由多层的孔板和温度调节器组成。通过该机可以产出透明度很好的皂条。

真空出条及以后工序与常规香皂相同。

生产半透明皂时，为了获得较好的透明度，要注意以下几点：①所用的原料纯度要高，色泽要好。②整个工艺过程要严格掌握，认真操作。③脂肪混合物的凝固点应保持在35～42℃之间，电解质含量应为0.3%～0.5%。④不可用钛白粉之类的浑浊添加剂。

总之，溶剂法生产周期长，占地面积广，劳动生产率低，产量不大。机械加工法可以大规模、连续化生产，劳动生产率高，成本就大大降低。但机械加工法产品的透明度质量不及溶剂法，只能达到中等水平，有时只能生产半透明皂。为了提高透明度，可以在配料中加入二元醇，如在每千克皂片中加入2%的乙缩二乙二醇，其透明度可提高35%左右。

第七节　肥皂的花色品种

随着人们物质和精神生活的不断提高，人们对于香皂产品的质量和花色品种有了更多、更高的要求，单一的香皂品种已很难占据市场。根据人们的特殊需要，目前已开发出一些特种用途的香皂，如青岛长城医学美容用品公司、强生公司等用于痤疮病的消粉刺美容皂，索

芙特用于减肥、丰乳等特种用途的细胞减肥香皂、腹部减肥香皂、细胞调节美腿香皂，白猫（重庆）、上海制皂等公司用于疥癣、脂溢性皮炎及面部蠕形螨患者的硫黄香皂，以及湖南日化的脚气皂等。

一、富脂皂

人体的皮肤表面覆盖着一层天然的由皮肤排泄的皮脂和汗液组成的乳化膜。它由乳酸、脂肪酸、固醇类、游离氨基酸、尿素、脲酸、中性脂肪、Na^+、K^+、Cl^-等混合物构成，因而呈弱酸性，表皮的pH值一般为5.5～6.5，在普通的肥皂中，游离碱的含量较高，微碱性，在使用碱性钠皂进行盥洗时，有脱除皮肤油脂的倾向，使保护皮肤的弱酸性皮脂膜被洗掉，皮肤表面性质暂时呈碱性，破坏皮肤正常生理机能平衡，给人以异常干燥的感觉。而对于湿疹患者、皮肤敏感的人（婴幼儿、妇女等）以及已有皮肤老化现象的人，则恢复得更慢，并易因外界的刺激而引发皮肤炎症。

1. 常用过脂剂

为了缓解肥皂的脱脂，早期的办法是将油脂加回到肥皂中，但这会导致肥皂的洗净力和发泡力降低。近年来，人们开始向皂中添加过脂剂以抵消肥皂的脱脂作用。添加过脂剂的肥皂称为富脂皂、过脂皂或润肤皂。这些过脂剂在皮肤上保留一层疏水性薄膜而提供润湿效果，或留下疏水性薄膜而使皮肤柔软，所添加的过脂剂包括下面几类。

（1）油脂类型　羊毛脂及其衍生物、矿物油、椰子油、可可脂、水貂油、海龟油等。利用肥皂洗涤时，其中的过脂剂呈薄膜残留于皮肤上，起保护皮肤的作用。这类物质的使用量为0.5%～1.5%。

为了克服加入油脂而抑制泡沫的缺点，可以加入聚乙二醇和聚丙二醇。还有一种有效的方法就是做成微胶囊，微胶囊用淀粉、糊精、阿拉伯胶、明胶等制成。皂中加入3%的微胶囊，使用时微胶囊破坏，油脂留在皮肤上形成薄膜，滋润皮肤。

（2）脂肪酸类　现在多采用脂肪酸作富脂剂，如牛油/椰子油（50/50），再加2%～10%的脂肪酸。法国的佳美（Cambag）富脂香皂有3种不同类型的商品：一是加10%游离脂肪酸，适用于干性皮肤；另一种加7.5%的游离脂肪酸，适用于一般性皮肤；还有一种加6.5%的游离脂肪酸，适用于油性皮肤。

（3）脂肪酸包层填充物　这种填充剂既有富脂作用，又能降低成本。采用的填充剂一般是与脂肪酸能形成盐的化合物，如碳酸钙、氢氧化钙、碳酸锌、氧化锌等。由于脂肪酸的作用，在填充物微粒表面形成一个肥皂层，将这种脂肪酸包层的填充物加入香皂时，会产生一种润滑和富脂感。其富脂效果甚至优于采用游离脂肪酸或其他的富脂剂，而且成本降低许多。

（4）聚合物　阳离子纤维树脂聚合物可以降低洗涤性皮炎和减少脱脂。聚氧乙烯聚合物能赋予肥皂滑溜感。丁二酸乙二醇聚酯、聚丙二醇-1,4-丁基醚配入香皂可以减少皮脂的损失。硅氧烷可以使香皂温和，具有增湿的效果。如含聚二甲基硅氧烷和纤维素季铵盐的浴皂保湿性好，使皮肤光滑，易冲洗干净。

（5）润湿盐　可溶性乳酸盐或谷氨酸盐对皮肤有明显的湿润效果，使用量为10%～45%。

（6）其他　鲸蜡醇、硬脂酸单甘酯、乙二醇硬脂酸单酯、聚丙二醇丁基醚等配入香皂，起保湿作用，减少皮肤水分的损失。另外，十二烷基甜菜碱（BS-12）作为两性表面活性剂甜菜碱系列中的重要一员，由于其优良的抗静电、抗硬水、柔软和低刺激等特点，在香皂中添加 0.3%的 BS-12 后，不仅可较好地降低游离碱的质量分数，还具有稳泡性能，能较好地改善皮肤舒适度。

2. 富脂皂的配方

富脂皂容易发生的问题是极易溶于水中，皂体易糊烂，使用时间比传统的肥皂短。下面的配方可以提高肥皂的坚硬度，减少膨胀而形成的糊烂，所产生的泡沫呈奶油状。

配方 1

原料	质量分数/%	原料	质量分数/%
椰油酸乙酯基磺酸钠	33.1	氯化钠	0.35
羟乙基磺酸钠	9.1	香料、色素	适量
硬脂酸	29.8	钛白粉	0.2
丁二酸椰油酰胺基乙酯磺酸二钠	15.0	水	10

该配方的特点是起泡性好，温和，不糊烂，易加工。

配方 2

原料	质量分数/%	原料	质量分数/%
皂基（80%）	95.85	聚氧乙烯（20）甲基葡萄糖醚	1
水	1	钛白粉	0.5
叔丁基羟基苯甲醚	0.05	香精	0.8
羟乙基羊毛脂	0.8		

该配方的特点是易于成块，洗涤时呈乳油状泡沫，有极好的柔软感。

二、美容皂

美容皂也称为营养皂，除具有清洁肌肤的特性外，还可滋润皮肤、营养机体、促进皮肤新陈代谢，从而达到延缓皮肤衰老的作用。其配方特点是采用高级化妆品香精和高级营养润肤剂。美容皂一般具有幽雅清新的香气、美观别致的造型和精致华丽的包装。

美容皂的特效组分是天然添加物，主要的添加物有蛋白质、牛奶、蜂蜜、珍珠、蔬菜和水果等。根据添加物的不同，美容皂主要有以下品种。

（1）牛奶皂　在皂中加入少量的奶粉，对皮肤有极好的营养和润肤作用。因为牛奶中含有蛋白质、脂肪和碳水化合物，还有盐、胆固醇、卵磷脂和脑磷脂。

（2）燕麦皂　燕麦中含有不饱和脂肪酸，在皂中加入少量燕麦片，能使皮肤产生兴奋感，改善皮肤的血液循环。

（3）明胶皂　水解明胶对皮肤有很好的亲和力，对皮肤角质有营养作用，还能防止皮肤的水分损失。

（4）维生素 E 皂　基于维生素的抗衰老作用，在国际上比较流行。

（5）添加天然物的香皂　这些天然物有芦荟、藿藿巴油、散沫花、玉米胚芽油、丝瓜汁等。

除了以上美容皂以外，还有许多品种。目前，市场上美容皂中常用的添加物及其作用如表 2-6 所列。

表 2-6　美容皂中常用的添加物及其作用

添加物	作用	添加物	作用
牛奶	保湿、润肤	花粉	祛斑、延缓细胞衰老
蜂蜜	滋润	珍珠粉	美白
木瓜精华	美白	麦芽素	滋润
冷杉油	抑菌	橄榄油	滋养
月见草	滋润	蔬菜(胡萝卜、莴苣等)	营养、补充维生素
矿石、火山石	去角质层	芒果油、杏仁油	滋养、抗皱

这些天然组分的添加，使美容皂在保持香皂洗净清洁功能的同时，还能较好地保养肌肤，以迎合不断增长的崇尚天然的绿色消费观念。

配方 1

原料	质量分数/%	原料	质量分数/%
椰子油	10～13	白芷超声醇提液	1～3
棕榈油	20～23	天门冬水煎液	1～3
橄榄油	21～38.3	茶树精华	0.2～2
氢氧化钠	8.5～9	水	加至 100
白术水煎液	1～3		

该配方的香皂不但能清洁皮肤，更能抑菌、祛斑、祛痘和美白，保持皮肤的润滑和嫩白。其中，白芷有效治疗黄褐斑、白癜风、痤疮等多种皮肤病，同时可以抑制黑色素生成，具有美白功效；天门冬能“镇心，润五脏，益皮肤，悦颜色”，还能较好地修复晒后皮肤；茶树精油具有杀菌消炎、收敛毛孔和卓越的祛痘功效，适用于油性及粉刺皮肤，治疗突发性病毒、细菌和真菌性感染及灼伤、晒伤皮肤。以上三种物质均对多种细菌有抑制作用，从而使该配方达到抑菌的功效。

配方 2

原料	质量分数/%	原料	质量分数/%
皂基	50	当归	3
菊花	5	半夏	7
白术	8	白牵牛	2
女贞子	2	玉竹	5
甘草	10	楮实	2
荆芥	6		

该配方可以有效治疗痤疮、暗疮、青春痘、黄褐斑、雀斑、干燥起皮等皮肤病，能有效清除皮肤中的自由基、抑制过氧化物质、清除皮肤内褐色素的生成，具有润肤养颜、增白莹面、祛斑的功效。

三、特种香皂

在 GB 19877.3—2005 中指出，特种香皂指添加了抗菌剂、抑菌剂成分，具有清洁及抗菌、抑菌功能的香皂，能抑制金黄色葡萄球菌、大肠杆菌、白色念珠菌的生长，主要是供个人卫生和消除体臭之用。这种肥皂中加有杀菌剂和消毒剂，可以防止在汗液分解时产生不愉快的气味，还可以防治粉刺和剃须时的感染。

所加入的抗菌剂和抑菌剂必须满足以下要求：①应具有广谱的抑菌性；②留在皮肤的持久性和祛臭性；③易在肥皂中分散，不影响肥皂的气味、颜色和稳定性；④与肥皂中其他添加剂（如螯合剂、抗氧剂或香料）具有相容性。

常用于肥皂的抗菌剂有二苯脲系、水杨酰苯胺系化合物等。如在美国一般使用3,4,5-三溴水杨酰苯胺。另外，三氯均二苯脲、盐酸双氯苯基胍基乙烷、3-三氯甲基-4,4-二氯均二苯脲、福美双、对氯间二甲酚、十一烯酸单乙醇酰胺等也可用作肥皂的杀菌剂。例如，Colgate公司曾以对氯间二甲酚作杀菌剂，后用2,4,4-三氯-2-羟基二苯醚代替了氯代酚，能抗革兰氏阳性和阴性菌，制成杀菌皂。

常用的抑菌剂有：感光素、氨基乙酸、溶菌酶、维生素类、尿囊素、甘菊环、硫黄等。

目前，特种香皂的发展趋势是以天然的杀菌物质代替合成药物，除了达到抗菌、抑菌的功能外，还具有除螨、抑螨的效果；或用祛臭香料或清香型香料做成胶囊的形式，以延缓香气而达到除臭的目的。

配方：抑螨除螨植物皂

原料	质量分数/%	原料	质量分数/%
植物油	23.5	栀子	5
氢氧化钠	15.5	黄连	3.5
薄荷精油	1	金银花	3.5
甘油	3	蛇床子	2
肉豆蔻酸	9	大黄	2
五倍子	0.5	水	加至100

该植物配方皂除螨效果好，可以有效改善人体皮肤健康状况。

四、彩纹皂

彩纹皂也称多色皂，如大理石花纹皂、彩带皂、木纹皂、涡流纹皂、斑点纹理皂等。在美国，彩纹皂占香皂市场的12%～13%。对于彩纹皂，出现斑点、渗色或着色不均视为不合格品。

彩纹皂加工工艺主要有固-固混合技术和液-固加工技术两种。

1. 固-固混合技术

固-固混合技术是把两种或两种以上不同颜色的经研磨的肥皂，以一定比例混合挤压出来，使之成为彩纹。

彩纹皂最简单的方法是间歇法。将总料10%～30%的皂料与所要求的染料及其他成分混合、研磨、挤压，切成细条，密闭贮存，以防水分蒸发。然后将另一部分大约70%～90%的皂料，同第一部分皂料所采用的辅料一样，包括香精、防腐剂等进行混合，研磨之后，将两部分着色和不着色的肥皂，同时以一定速度按一定比例，缓缓引入挤压机内，于是，这些不同色调的皂料经混合、挤压、出条、打印，就成为彩纹皂了。

另外，还有连续固-固法彩纹皂加工方法。

2. 液-固加工技术

液-固混合技术生产彩纹皂的优点在于利用普通的肥皂生产线，对原设备稍作改动，在压条机的入口处添加一染料导入口，就可连续地加工出理想的彩纹皂。

最简单的办法是将与皂基不同的染料制成液体染料混合物，直接导入末级挤压机的漏斗中，与皂基混合挤压、出条、打印。要求所采用的液体染料的黏度不低于5Pa·s，因为彩纹的效果随液体染料的黏度增加而增加，如果能制成凝胶状的染料混合物，彩色效果更佳。

常用的彩纹皂染料载体一般为能溶于水的纤维素衍生物，如纤维素醚、纤维素酯、羟乙基纤维素和羧甲基纤维素钠等，也可采用淀粉、明胶、海藻酸钠和聚乙烯醇等。皂用染料含量为1.0%～5.0%。另外，还要加入微量的防腐剂和部分表面活性剂，以使染料有良好的分散性。

五、浮水皂

浮水皂是一种密度较小（相对密度约为0.8）的肥皂，皂体中含有许多细微气泡。它的配方与普通的香皂相近，但制皂方法特别。一种方法是在开始冷却成皂时，将空气或氮气与皂基一起送入混合机内，在高速搅拌下，使细小的气泡分散在皂体中，再注框冷却，即成为内含有许多微气孔的浮水皂。另一种方法是在固体肥皂中放置一个由石膏、塑料或多孔聚合物注成的空心模孔。

六、液体皂

液体皂中脂肪酸的质量分数为30%～35%，是以脂肪酸钾皂与其他表面活性剂复配后，加入一定量的增溶剂、稳泡剂、护肤剂、螯合剂、香精等添加剂，形成介于皂类与合成洗涤剂产品之间的洗涤产品。它与复合皂一样兼有皂类与合成洗涤剂的优点，且生产工艺和设备简单，对皮肤刺激性小。以下是一个液体皂的典型配方及制法。

原料	质量分数/%	原料	质量分数/%
精制水	35	油酸	12
丙二醇	10	氢氧化钾	2
甘油	10	月桂酰二乙醇胺	4
肉豆蔻酸	10	砂糖	2
月桂酸	12	染料、防腐剂	1
软脂酸	1	香精	1

制法：①将15份精制水、丙二醇和甘油混合搅拌加热至70℃，搅拌下依次加入肉豆蔻酸、月桂酸、软脂酸和油酸，使其溶解；②用20份的精制水溶解氢氧化钾，配成的溶液加热至70℃，慢慢中和上述溶解的混合酸；③添加月桂酰二乙醇胺，温度降至50℃；④加入砂糖、染料、防腐剂和香精，冷却至30℃时分装。本品泡沫丰富，对皮肤没有刺激性。

第八节　肥皂的质量问题分析

一、冒霜

冒霜是指肥皂在贮存过程中由于水分蒸发，皂体内的固体添加剂渗出，在其表面形成白色霜状物质的现象。这种现象常见于洗衣皂中，超能皂、强力皂，甚至透明皂也有这种现象。

1. 冒霜的原因

对肥皂表面的“霜”进行酸解、分离，发现脂肪酸的比例占 89%；对分离的水用石油醚萃取低级脂肪酸，低级脂肪酸所占比例为 0.62%，其余为碳酸钠、二氧化硅、氯化钠、水等肥皂的成分。将形成的霜的脂肪酸进行成分分析，发现不饱和脂肪酸占 84.71%，其中油酸占 66.5%，亚油酸占 11.4%，十八碳三烯酸占 2.2%，十六碳一烯酸占 4.61%，可见油酸是“有机霜”的主要成分。

油酸微溶于水，而其钠盐溶解度很大，并且，不饱和脂肪酸盐类的亲水性比饱和脂肪酸盐类的亲水性要强，这样在肥皂内部水分进行平衡移动的时候，就会带着不饱和脂肪酸盐类及少量低级脂肪酸盐移动到肥皂表面而形成“霜”。因此，混合油中不饱和脂肪酸盐含量过多是肥皂冒霜的主要原因。

无机盐类的白霜形成原因在于：将肥皂放在空气中时，肥皂中的水和空气中的水以及电解质要形成动态平衡，当肥皂的水向外移动时，将无机盐类带到肥皂表面。另外，无机盐类也会由浓度高的肥皂内部自动向浓度低的表面移动，这样就能形成“无机霜”。

2. 控制“冒霜”的措施

通过下列方法可控制洗衣皂“冒霜”。

① 调整油脂配方，减少不饱和脂肪酸油脂的用量，将配方中脂肪酸的碘值控制在 $85g \cdot 100g^{-1}$ 以下。

② 由于肥皂必须保持一定的超碱量，且泡花碱中含有二氧化硅，因此，将除碳酸钠与硅酸钠以外的总游离电解质，控制在 0.5%以下。

③ 加入适量的淀粉。淀粉较便宜，加入淀粉可以吸收部分水分，并且使肥皂硬度好，外观光滑细腻，可以抑制水分和电解质以及不饱和脂肪酸盐的平衡移动，达到减缓肥皂“冒霜”的目的。另外，淀粉在洗涤过程中可吸附污垢。

④ 加入醋酸纤维素或聚乙烯吡咯烷酮等成膜剂，阻止水分及其他物质向肥皂表面移动，但这种费用太高，对肥皂这种低档产品不太适用。

⑤ 皂箱内衬蜡纸，以防潮湿，保持皂箱于空气流通处。

二、粗糙

皂体粗糙主要是指香皂在擦洗时，感觉皂体有粒状硬块，不光滑，与皮肤摩擦时造成不愉快的感觉。有的将这种现象叫“砂粒感”。

1. 皂体粗糙的原因

① 皂基干燥时，皂片厚薄不均，使得水分含量不均匀，导致局部过干。

② 皂基中电解质含量过多或分布不均匀，导致皂基结晶体较粗大而不细腻。

③ 皂粒中含水量过低，当含水量低于 8%～9%时，即使在成型工段补充外加水，也不能使皂粒吸水均匀。这是由于外加水渗入皂粒且达到水分分布均匀需要数小时，而正常生产的渗水时间只有 10～15min。

④ 加入了大量的过干返工皂，产生局部粗糙。

⑤ 混料时，研磨机的效率不高。

2. 控制皂体粗糙的措施

① 选择良好的皂基干燥工艺。如真空干燥法优于热空气干燥和闪击蒸发干燥法。

② 加强皂粒仓的密闭性。皂粒仓的密封性不好会导致上下层皂粒含水分不同而造成“砂粒感”。如皂粒仓上加盖，就可以在一定程度上改善“砂粒感”。

③ 控制皂基电解质含量。从皂化工序进入整理工序，保证出锅皂基的游离碱含量不高于0.10%，氯离子含量不高于0.36%。

④ 皂粒水分控制在11.0%～12.5%。要做到这一点，必须保持皂基温度、加热器蒸气压、进料速度等工艺参数都要稳定。

⑤ 控制返工皂量不大于新皂量的5%，对于较干的返工皂，要预先经过充分的渗水，渗水时间应不少于0.5h。

⑥ 控制研磨机辊筒的间隙在0.2～0.3mm，以保证压匀那些直径大于0.3mm的微粒，使加工出来的香皂皂体柔滑。

三、白点、花斑

白点、花斑是指肥皂表面或内部出现米粒大小的白点或灰色度深浅不一的花纹现象。

1. 肥皂产生白点、花斑的原因

（1）油脂配方的原因　月桂酸类油脂的量不足是造成软白点的直接原因，椰子油、棕榈仁油中月桂酸分别占油脂脂肪酸组成总量的49.1%和47.6%。如果配方中不加椰子油和棕榈仁油，会出现白点。目前，由于椰子油供应紧张，在洗衣皂配方中，不再使用椰子油，使成皂的电解质容纳量下降。采用胶体磨生产洗衣皂可增加皂中SiO_2的含量。其机理在于有乳化液（肥皂液）存在的条件下，由棉油酸和泡花碱起反应，所生成的钠皂和硅酸胶粒迅速通过高速剪切的胶体磨后，得到直径小于20μm呈乳胶状的皂基胶体，使成皂中SiO_2容量加大。

（2）工艺原因　①返工皂的加入量过多，而调和过程时间短，使得有些过于干燥的皂头不能很好地与正常皂基熔合均匀，正常皂基夹带未完全熔解的微小皂头进入真空室，通过螺旋压条，形成肥皂头白点或花斑；②加入太多的电解质，或者由于配方中可容纳电解质的月桂酸类油脂的加入量太少，影响了肥皂的出条成型；③出条速度过快，则皂基在真空室停留时间和压条机内研磨的时间缩短，皂基结晶时受到的研压力减少，使得成皂表面白点数量增加。

（3）设备方面的原因　①真空室内喷头孔径太大时，通过它喷出的皂基雾粒也就太大，这种较大雾粒在真空室内干燥、冷却过程中失水不均匀，造成雾粒中心和表面干湿不一，使得皂基在研磨过程中通过干湿集合作用，形成白点。②使用机械真空泵。由于机械泵造成的真空是脉冲式真空，真空度不恒定，这样形成的结晶体含水量也会有所不同，进而使得皂体表面形成白点。③出条机的出条能力与输皂泵的输皂能力不吻合。若输皂泵能力过小，就会造成供料不足，致使出条机不能连续开车，皂料在真空系统内停留时间不一，造成白点过多，甚至造成皂料部分过干。若输皂能力过大，容易造成出条机积料过多，容易蹦料，致使皂泵时开时停，导致供料不稳。皂泵不能连续供料也是造成软白点过多的因素之一。④真空室桶体不圆，锅壁不光滑，刮刀刮不净，刮刀架上黏附的皂太多，长时间不进行清理，在生产中干皂粒有时脱落与湿皂粒混合，都会产生白点和皂面粗糙。

2. 控制白点、花斑的措施

（1）调整配方　若采用真空出条，油脂配方中松香最多只能用8%，其次配方中应加入4%～10%的椰子油和棕榈仁油，有利于真空出条，其成皂表面白点和花斑数量显著减少，同时提高了肥皂在出条时的硬度，保证了肥皂的外观质量，出条容易并且皂面光滑。这是由于其容纳电解质的量加大，可以增加泡花碱的用量。

（2）改进工艺和设备　①减少返工皂的加入量，使返工皂量不大于新皂量的5%；②减小真空室内喷头孔径，有的厂家将喷头孔径从 ϕ16mm 改为 ϕ12mm，可使肥皂的白点大为减少；③用机械真空泵抽真空时，采用恒位水箱来稳定机械真空泵；④使出条机的出条能力与输皂泵的输皂能力基本吻合；⑤压条时选用小孔径的挡板，延长肥皂在压条机内的研磨时间，对减少成皂表面的白点有一定的效果。

四、酸败

酸败是肥皂在放置过程中出现黑色斑点、发生变味、产生令人不愉快的油腻味的现象。

1. 肥皂酸败的原因

① 油脂配方中含有过量的高级不饱和酸的油脂。这些不饱和酸酯在其双键处容易被氧化，如一分子的亚油酸经氧化会生成三分子的低级脂肪酸。

$$CH_3(CH_2)_4CH{=}CHCH_2CH{=}CH(CH_2)_7COOR+4O_2 \longrightarrow CH_3(CH_2)_4COOH+HOOCCH_2COOH+HOOC(CH_2)_7COOH$$

肥皂中游离碱的量不足以中和这些小分子酸。进一步氧化还会生成过氧化物，低分子量醛、酮等，是肥皂产生不愉快气味的原因。

② 皂化不完全。未皂化物会在与空气、阳光长期接触中生成游离脂肪酸和甘油，特别是菜油中含量最高的芥酸甘油酯和木焦油酸甘油酯很难皂化。另外，肥皂中过量游离松香酸的存在也容易产生酸败。

③ 铜、铁、镍等重金属以及残存于肥皂中的活性白土会促进酸败。

④ 肥皂中含有过量的甘油。如果肥皂中水分大量挥发后，肥皂中的甘油会渗透到肥皂表面，在长期接触空气和阳光的情况下，会形成多种氧化物或酸类。

⑤ 肥皂配料中碱性物质少，而酸性物质过多。比如有强酸性的香料会引起肥皂酸败。

2. 防止肥皂酸败的措施

① 添加模数适当的泡花碱。泡花碱中的二氧化硅能使肥皂结晶紧密，抵抗氧气对肥皂内部的袭击。另外，硅酸钠属于强碱弱酸盐，肥皂在表面发生酸败时，其氧化钠部分会对酸败起抑制作用。硅酸钠还能增加肥皂的硬度、耐磨性、耐用性，并有软化硬水的作用。

② 加入适量碳酸钠中和游离脂肪酸。加入量一般为0.5%～1%，就足以防止肥皂酸败；超过3%时，会导致肥皂粗糙。

③ 加入抗氧剂或适量的松香。松香的主要组成之一松香酸有两个双键，一接触空气就被氧化，但它的氧化终止于氧化物或过氧化物，不会断链产生小分子酸。因此，松香实际在起着抗氧化作用，这种抗氧化作用在于使肥皂的结晶紧密，对肥皂起保护遮盖作用。肥皂中的松香可增加肥皂的溶解度，降低皂水表面张力，使肥皂对无机电解质容量增大，并增加去污力。

④ 加入螯合剂，以螯合对于氧化有催化作用的重金属离子，这在液体皂中尤其重要。

五、开裂

开裂是指肥皂在放置过程中表面出现裂纹的现象。

1. 肥皂开裂的原因

① 在配方中泡花碱浓度过高，皂基内电解质含量太多，或是松香、椰子油或液体油太少，粒状油多，容纳电解质能力较差，都易造成开裂。

② 在生产过程中，调和不均、冷却水开得过早、打印时过分干燥，都可能造成开裂。

2. 控制肥皂开裂的措施

① 对于80%的牛油和20%椰子油的标准配方，脂肪酸凝固点为38℃，氯化钠含量为0.42%～0.52%，水分为13%～14%，香料为1%，可得到满意的塑性，不易造成开裂。

② 水分和加工温度对于肥皂的可塑性也有影响。例如上述配方中水分降至10%以下，肥皂的可塑性大大下降，可通过研磨和搅拌时喷水调整。而水分高于16%时，肥皂在40℃时可塑性太大，失去刚性。加工时温度控制在35～45℃为宜，温度太低，往往出现开裂。

③ 对于香皂，加入少量羊毛脂、非离子表面活性剂、CMC、C_{16}醇、硬脂酸等，以及将香精用量增加，都有助于减少开裂。

④ 改进生产工艺，使物料调和均匀，注意打印时皂块的干湿度等。

六、糊烂

糊烂是指肥皂遇水后膨胀而松散，使肥皂不耐用的现象。

1. 肥皂糊烂的原因

① 配方中不饱和脂肪酸含量过多。一般认为碘值越高，糊烂越严重。

② 皂块中水分含量高也容易糊烂。

③ 在加工操作中也有许多因素导致糊烂，如水分的渗透性、液晶相的膨胀性、可溶物质的分散性及相型转变等。

2. 控制肥皂糊烂的措施

① 调整配方，一般认为硬脂酸与棕榈酸之比以(1∶1)～(1∶1.3)为宜，椰子油用量增加可以改善糊烂程度。

② 控制皂块中的水分在11.0%～12.5%。

③ 调整工艺，尽量减少肥皂的糊烂部分G-相的生产。研究表明，在富脂皂中棕榈酸盐/硬脂酸盐呈现像带状的大粒结晶，水分通过皂液相渗透，从而导致液晶相的膨胀。如果液晶相中月桂酸的含量较高，由于油酸盐-月桂酸盐的溶解度大，它们能很快分散，膨胀就较小。

思考题

1. 为什么制皂前要对油脂进行预处理？ 根据所学内容总结出油脂预处理的工艺流程图。

2. 碱炼中对碱的要求有哪些？ 为什么说碱炼可以脱酸也可以脱色？

3. 肥皂的晶型有哪些？ 以表格的形式概括总结出各自的特点及其形成的有利条件。

4. 用框图描述 Alfa-Laval 连续皂化法的工艺流程。
5. 洗衣皂的基本组成有哪些？ 各有什么作用？
6. 钙皂分散剂作用原理是什么？ 常用的钙皂分散剂的结构有何特点？
7. 香皂的生产工艺和洗衣皂的生产工艺有何区别？
8. 泡花碱在洗衣皂和香皂中的加入量和作用有何不同？
9. 生产香皂时，皂基为什么要先进行干燥，干燥的方法有哪些？ 各有什么特点？
10. 透明皂的生产方法有哪些？ 怎样提高透明皂的透明度？

第三章 粉状合成洗涤剂

肥皂由于对硬水比较敏感，生成的钙皂、镁皂会沉积在织物和洗衣机零件上。因此，从第二次世界大战以后，合成洗涤剂大量进入以往的肥皂市场，经历了从20世纪30～50年代以十二烷基苯磺酸钠为主要活性物、以三聚磷酸盐为主要助剂、以硫酸钠为填充料的洗衣粉配方确定初期，到20世纪60～80年代配方的改良发展阶段，到20世纪末洗衣粉发展的鼎盛阶段。目前合成洗涤剂以绿色化、浓缩化、高值化、便捷化为发展方向。洗衣粉为粉状合成洗涤剂的最初产物，因此本章重点讲述洗衣粉的生产方法。

第一节 生产洗衣粉常用的原料

表面活性剂是合成洗涤剂中不可缺少的最重要的组分，发挥主要的洗涤作用，故称之为主剂。有的原料如三聚磷酸钠、硫酸钠、对甲苯磺酸钠等，在洗涤剂中一般发挥辅助作用，故称之为助剂（或助洗剂）。

一、生产洗衣粉常用的主剂

（一）表面活性剂

表面活性剂作为洗涤剂的主要原料，已有几十年的历史。为适应织物品种和洗涤工艺的变化，洗涤剂配方中所用的表面活性剂已由单一的品种发展成多种表面活性剂复配，使其在性能上相互得到补偿，发挥良好的协同效果。目前，在洗涤剂中使用较多的是阴离子表面活性剂和非离子表面活性剂，阳离子表面活性剂和两性表面活性剂使用量较少。关于常用表面活性剂的品种和性质请参阅第一章的相关内容。

这里需强调的是，选择表面活性剂应考虑如下几个方面：①去污性。特别是复配后的去污性要好，还需具备一定的抗硬水性、污垢分散性、抗沉积性、溶解性、泡沫性，以及良好的气味、色泽和贮存稳定性等。②工艺性。要求加工容易，易于操作处理。③经济性。要求价格便宜、成本低、利润大、效益高。④安全性。表面活性剂应易于降解，对人、动物毒性要低。

在以上诸因素中，去污力是最重要的。一般来说，两种不同类型的表面活性剂复配后在去污力方面是否具有协同效应，与表面活性剂的类型及其加入量有关。图3-1是十二烷基苯磺酸钠（ABS）与不同类型的表面活性剂复配后的去污力变化。图3-1(a) 是ABS与肥皂复配后对棉布的去污效果。当活性物全为肥皂时，去污力最高，达50％左右，复配后其去污力稍有下降，二者基本上没有协同效应。这也是通常肥皂与洗衣粉不能混用的原因。目前，在粉状洗涤剂中，肥皂主要用做泡沫调节剂，在重垢液体洗涤剂中，肥皂与其他表面活性剂配合使用，其作用为，洗涤时肥皂先与碱土金属离子络合，使其他表面活性剂的性能得到充分发挥，故又称为“牺牲剂”。图3-1(b）是ABS与烷基酚聚氧乙烯醚复配后的去污效果。复配后最好的去污效果是烷基酚聚氧乙烯醚为20％、ABS为80％的配比，除此之外，其他复配体系的去污力都较差。图3-1(c）是ABS与酰胺磺酸钠的配合对薄呢的去污效果。其协同作用很明显，在酰胺磺酸钠为60％时去污效果最好。

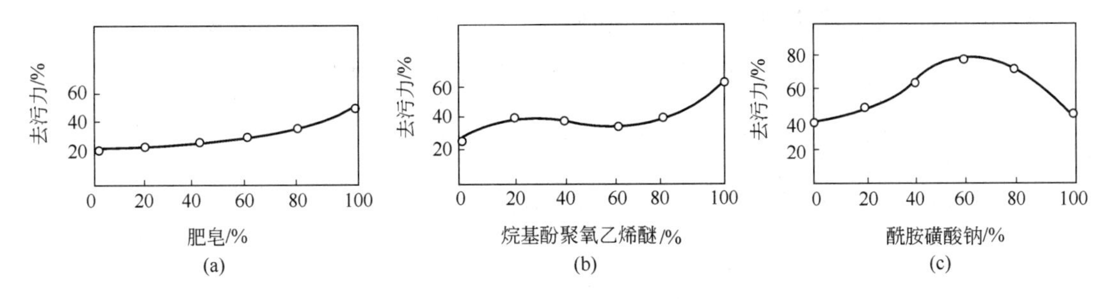

图3-1　ABS与不同类型的表面活性剂复配后的去污力变化

（有效成分含量为0.2％）

除了表面活性剂之间的复配外，还要考虑表面活性剂与助剂之间的复配、洗涤条件等因素的影响。所以调制合成洗涤剂之前需进行适当实验，搞清各种因素和条件的作用。关于表面活性剂的复配作用详见第一章。

（二）常用表面活性剂的性能比较

阴离子表面活性剂直链烷基苯磺酸钠（LAS）自20世纪60年代取代支链烷基苯磺酸钠至今，由于其溶解性良好，有较好的去污和泡沫性能，工艺成熟，价格较低，仍是粉状和液体洗涤剂中使用最多的一种阴离子表面活性剂。它对硬水的敏感性可通过加入螯合剂或离子交换剂加以克服，它产生的丰富泡沫可用控泡剂进行调节。

其他阴离子表面活性剂如仲链烷基磺酸盐（SAS）、α-烯烃磺酸盐（AOS）、脂肪醇硫酸酯盐（AS）、α-磺基脂肪酸酯盐（MES）、脂肪醇聚氧乙烯醚硫酸钠（AES）可以代替LAS或与LAS以不同的比例配合使用。

SAS溶解度比LAS大，不易水解，性能稳定，去污性、泡沫性类似于LAS。它主要用来配制液体洗涤剂。

AOS（C_{14}～C_{18}）的抗硬水性好，泡沫稳定性好，去污力强，刺激性低，可用于某些特殊的领域。AOS洗涤剂的泡沫不能用钙皂调节，只能用特殊的泡沫调节剂进行调节。

AS对硬水比较敏感，常与螯合剂和离子交换剂配合使用。它在欧洲洗涤剂配方中用量较大，在美国和日本的重垢型洗涤剂中常与LAS配合使用。

MES对硬水敏感性低，钙皂分散性好，将其用于肥皂含量高的液体洗涤剂中很有价值。如果在MES加入合适的稳定剂，解决其水解问题，将会促进其在洗涤剂中的使用。

AES抗硬水性好，在硬水中去污力好，泡沫稳定，在低温液洗中有较高的稳定性和良好的皮肤相容性，广泛用于液体洗涤剂中，如洗发香波、餐具洗涤剂等。

非离子表面活性剂脂肪醇聚氧乙烯醚抗硬水性好，在相对低的浓度下就具有良好的去污力和污垢分散力，并具有独特的抗污垢再沉积作用，能适应低温洗涤和洗涤剂低磷化的要求，是粉状和液体洗涤剂中的主要成分。

烷基酚聚氧乙烯醚（APEO）在洗涤剂中大量使用的是环氧乙烷加成数为 5～10 的辛基酚或壬基酚衍生物。由于其生物降解性差，在洗涤剂中的用量明显下降。

烷醇酰胺（6501）常用于高泡洗涤剂中，以增加使用时泡沫的丰富度和泡沫的稳定性，同时也能改进产品在低温下的去污力。

氧化胺也是一种泡沫稳定剂。由于其热稳定性差，成本高，一般只用在一些特殊的低刺激性的洗涤剂中。

常用的阴离子表面活性剂和非离子表面活性剂在衣用洗涤剂中的使用情况如表 3-1 所示。

表 3-1 常用表面活性剂在衣用洗涤剂中的使用情况

表面活性剂	重垢粉状	重垢液体	特种	洗衣助剂
LAS	+	+	+	+
AOS	(+)	(+)	(+)	−
MES	(+)	−	−	−
AS	+	(+)	+	+
AES	+	+	+	+
肥皂	+	+	+	+
AEO	+	+	+	+
APEO	(+)	(+)	(+)	(+)
6501	(−)	(+)	+	+
氧化胺	(+)	(+)	(+)	+

注：+适用；（+）仅用于某些产品或某些地区；−不适用；（−）不适用某些产品或某些地区。

阳离子表面活性剂通常用做织物的后处理剂，由于阳离子表面活性剂易于吸附在织物上，使其具有柔软的手感和抗静电性。常用的柔软剂有二硬脂基二甲基氯化铵及咪唑啉的衍生物。烷基二甲基苄基氯化物可用做杀菌剂，且由于它具有很好的抗静电性，可用做织物的后处理剂。

两性表面活性剂刺激性小，耐硬水性好，有优良的去污性能和调理性，但由于成本高，常用于个人卫生用品和特种洗涤剂中。

二、生产洗衣粉的助剂

洗涤剂中使用的助剂有无机助剂和有机助剂。根据其对洗涤作用的影响，又可分为助洗剂和添加剂两类。

助洗剂主要是通过各种用途来提高表面活性剂的洗涤效果。如螯合剂能与水中的钙、镁等离子通过螯合作用形成可溶性的配合物，从而提高表面活性剂的洗涤效果。

助洗剂必须满足以下几方面的要求：

① 一次洗涤性。去除颜料、油脂的能力强，对各种不同的纤维织物有独特的去污力，能改进表面活性剂的性质，可将污垢分散在洗涤剂溶液中，改进起泡性能。

② 多次洗涤性。抗再沉积性好，防止在织物上产生结垢，防止在洗衣机上产生沉积物。

③ 工艺性。化学稳定性好，工艺上易于处理，不吸湿，具有适宜的气味和色泽，与洗涤剂中的其他组分相容性好，贮存稳定性好。

④ 安全性。对人、动物安全，无毒，对环境无污染，可由生物降解吸附或其他机理脱活，废水处理容易，没有不可控制的累积，无过肥化作用，不影响饮水质量。

⑤ 经济性。原料易得，价格便宜。

在洗涤剂中用量较少、对洗涤效果影响不大的一些添加物称为添加剂，如荧光增白剂、腐蚀抑制剂、颜料、香精和杀菌剂等。它们能赋予产品某种性能来满足加工工艺或使用要求。

应该指出，助洗剂和添加剂没有明显界限，如蛋白酶，它在洗涤剂中用量很少，但能分解蛋白质污垢，提高洗涤效果。

(一) 螯合剂、离子交换剂

1. 聚磷酸盐

聚磷酸盐是洗涤剂中较早使用的螯合剂，常用的有三聚磷酸钠（$Na_5P_3O_{10}$）、焦磷酸钠（$Na_4P_2O_7$）和六偏磷酸钠［$(NaPO_3)_6$］。这几种聚磷酸盐的碱性次序为焦磷酸钠＞三聚磷酸钠≫六偏磷酸钠。它们都能螯合水中的钙、镁、铁等离子，使水软化，其螯合离子的能力列于表 3-2 中。

表 3-2　室温时 100g 聚磷酸盐的螯合力　　单位：g

聚磷酸盐＼离子种类	Ca^{2+}	Mg^{2+}	Fe^{3+}	聚磷酸盐＼离子种类	Ca^{2+}	Mg^{2+}	Fe^{3+}
$Na_4P_2O_7$	4.7	8.3	0.273	$Na_6P_4O_{13}$	18.5	3.8	0.092
$Na_5P_3O_{10}$	13.4	6.4	0.184	$(NaPO_3)_6$	19.5	2.9	0.031

由表 3-2 可知，三聚磷酸钠（STPP）对钙离子的螯合力比焦磷酸钠好，但不如六偏磷酸钠。对镁离子的螯合力，三聚磷酸钠比六偏磷酸钠的高，但不如焦磷酸钠。

以下分别介绍这 3 种聚磷酸盐在洗涤剂中的特性。

(1) 三聚磷酸钠　三聚磷酸钠是由 2mol Na_2HPO_4 与 1mol NaH_2PO_4 加热脱水缩合而成。

$$2Na_2HPO_4 + NaH_2PO_4 \longrightarrow Na_5P_3O_{10} + 2H_2O$$

其结构式为

```
         O       O       O
         ‖       ‖       ‖
NaO — P — O — P — O — P — ONa
         |       |       |
        ONa     ONa     ONa
```

三聚磷酸钠俗称“五钠”，英文缩写为 STPP，外观为白色粉末状，能溶于水，水溶液呈碱性。它对金属离子有很好的络合能力，不仅能软化硬水，还能络合污垢中的金属成分，在洗涤过程中起到使污垢解体的作用，从而提高洗涤效果。

三聚磷酸钠在洗涤过程中还起到“表面活性”的效果。例如它对污垢中的蛋白质有溶胀和加溶作用，对脂肪类物质能起到促进乳化作用，对固体微粒有分散作用，防止污垢的再沉积。此外，它还能使洗涤溶液保持一定的碱性。上述这些作用都起到了助洗效果。实验证明，将三聚磷酸钠加入到表面活性剂水溶液中能提高表面活性剂的亲水性和疏水性污垢的分散性。三聚磷酸钠在吸水后能形成稳定的六水合物 $Na_5P_3O_{10} \cdot 6H_2O$，该物质在室温下蒸气压很低，稳定性很高。洗衣粉中的三聚磷酸钠如能处于水合状态，则制取的洗衣粉含水量高，不易结块，流动性好。正常洗衣粉中三聚磷酸钠的使用量一般在20%～50%。

（2）焦磷酸钾　焦磷酸钾是由两个分子的K_2HPO_4脱水缩合而成。其结构式为

```
      O     O
      ‖     ‖
KO—P—O—P—OK
      |     |
      OK    OK
```

由于焦磷酸的钠盐溶解度较小，一般都用焦磷酸钾，但焦磷酸钾很易吸湿，只宜用在液体洗涤剂中。焦磷酸盐对钙、镁等金属离子有络合能力，也有一定的助洗效果，但对皮肤有刺激性，只宜用于配制重垢型液体洗涤剂、金属清洗剂、硬表面清洗剂等清洁用品。

（3）六偏磷酸钠　六偏磷酸钠由六分子的磷酸二氢钠脱水缩合而成。其结构式为

```
   ONa    O     ONa   O
   |       \\   /     ‖
O═P—O——P——O—P—ONa
   |                  |
   O                  O
   |                  |
O═P—O——P——O—P—ONa
   |       //   \     ‖
   ONa    O     ONa   O
```

六偏磷酸钠水溶液的pH值接近7，对皮肤刺激性小，浓度较高时还有防止腐蚀的效果，在中性和弱碱性溶液中对钙、镁离子有很好的络合能力。它的缺点是易吸湿和水解，一般仅用在工业清洗剂中。

应该指出，由于聚磷酸盐在水溶液中能水解生成正磷酸盐。其中六偏磷酸钠的水解速度最快，焦磷酸盐在冷水中的水解很慢，三聚磷酸盐居于两者之间。因此配制重垢液体洗涤剂时通常使用焦磷酸盐。为提高溶解度，可使用焦磷酸钾。

2. 有机螯合剂

洗衣粉中大量配用聚磷酸钠盐，是产生“水体富营养化”的一种原因。水体的富营养化是含磷、氮元素过多地排放到水体后引起的二次污染现象。磷是一种不可缺少的元素，对细胞的分裂及有机物的合成、转化、运输、呼吸乃至对浮游植物的能量代谢有重要作用。在适宜的条件下，无机水体中的藻类进行光合作用，合成本身的原生质，反应如下：

$$106CO_2+16NO_3^-+HPO_4^{2-}+122H_2O+18H^+\longrightarrow \underset{\text{藻类原生质}}{C_{106}H_{263}O_{110}N_{16}P}+138H_2O$$

按此反应式计算，1g磷入水，可使水中生成水藻115g。因此，在世界范围内广泛开展三聚磷酸钠代用品的研究，其中有许多为低分子量的有机螯合剂以及具有显著络合碱土金属离子能力的高分子化合物。表3-3是聚磷酸盐及其几种代用品在不同温度下对钙离子的键合能力。

表3-3　聚磷酸盐及其几种代用品在不同温度下对钙离子的键合能力

螯合剂	钙离子键合能力/$mgCaO\cdot g^{-1}$		螯合剂	钙离子键合能力/$mgCaO\cdot g^{-1}$	
	20℃	90℃		20℃	90℃
焦磷酸钠	114	28	乙二胺四乙酸钠	219	154
三聚磷酸钠	158	113	1,2,3,4-环戊烷四羧酸钠	280	235
氨基三亚甲基磷酸钠	224	224	柠檬酸钠	195	30
次氨基三乙酸钠	285	202	羧甲基氧代丙二酸钠	247	123
N-(2-羟乙基)亚氨基二乙酸钠	145	91	羧甲基氧代丁二酸钠	367	54

以下介绍常用的有机螯合剂。

(1) 次氨基三乙酸钠　次氨基三乙酸钠（NTA）于1970年用于代替三聚磷酸钠，以生产低磷或无磷洗涤剂。其结构式为

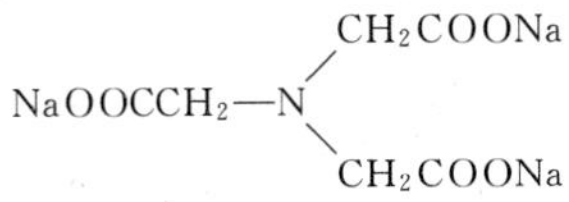

```
                CH2COONa
               /
NaOOCCH2—N
               \
                CH2COONa
```

可通过以下反应来制备NTA

$$NH_3 + 3NaCN + 3HCHO + 3H_2O \longrightarrow N(CH_2COONa)_3 + 3NH_3$$

次氨基三乙酸钠螯合碱土金属离子的能力很强（室温 $285mgCaO \cdot g^{-1}$），且生成的螯合物很稳定，是STPP的一个很好的代用品。但是它能阻止生成不溶性钙皂，因此不适用于以不溶性钙皂作泡沫调节剂的洗涤剂配方。另外，由于次氨基三乙酸钠易潮解，用它配制的洗衣粉易吸潮结块，需加防结块物料（如氨基三乙酸二钠盐）。此外，次氨基三乙酸钠的洗衣粉料浆干燥困难，产量较低，且成品颗粒较细。

次氨基三乙酸钠的助洗能力比柠檬酸钠好，而柠檬酸钠对生态环境比次氨基三乙酸钠要好得多，因此，有时将两者复配使用。次氨基三乙酸钠结构中含有氮，也会对环境产生过肥化问题。它与汞、镉等重金属生成的螯合物可通过胎盘障碍造成鼠类生育缺陷，因而在有些国家和地区限制其使用。

(2) 柠檬酸钠　柠檬酸钠的结构式为

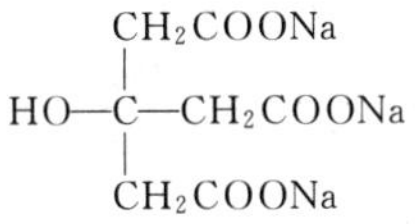

```
       CH2COONa
       |
HO—C—CH2COONa
       |
       CH2COONa
```

在洗衣粉中，柠檬酸钠可取代STPP，也可作为无磷液体洗涤剂中的助洗剂。它在低温下螯合钙离子的能力较强，但温度升高，螯合力降低。它螯合镁离子的能力与溶液的pH有关，在pH＝7～9、20～50℃、柠檬酸与镁离子的摩尔比为1∶1时，每克柠檬酸可螯合116mg镁离子，即可螯合90%以上的镁离子。除碱土金属外，它还可螯合大多数二价和三价金属离子。有氨存在时，它的螯合能力更大，但大于60℃时，螯合效果很差。

柠檬酸钠中不含氮、磷等元素，生物降解性好。另外，柠檬酸钠溶解性好，pH调节方便，低温时螯合性好，可作为液体洗涤剂的助洗剂。但目前由于其价格高，使用不普遍。

3. 离子交换剂

4A沸石是洗衣粉中常用的离子交换剂，其作用与STPP不同。在它的分子筛结晶铝硅酸盐空穴中，有可相对自由移动的钠离子，能与钙离子、镁离子等进行交换，使水软化，从而提高洗涤剂的去污能力。4A沸石又称为合成沸石或分子筛（4A型），是一种白色固体颗粒，呈网络式结构（如图3-2所示），比表面积约 $600m^2 \cdot g^{-1}$；不溶于水和有机溶剂，能溶于强碱和强酸；吸附分子的能力很强，可吸附水，液体、气体和不饱和的有机物质；对钙、镁离子有交换能力，理论交换能力为 $352mgCaO \cdot g^{-1}$。

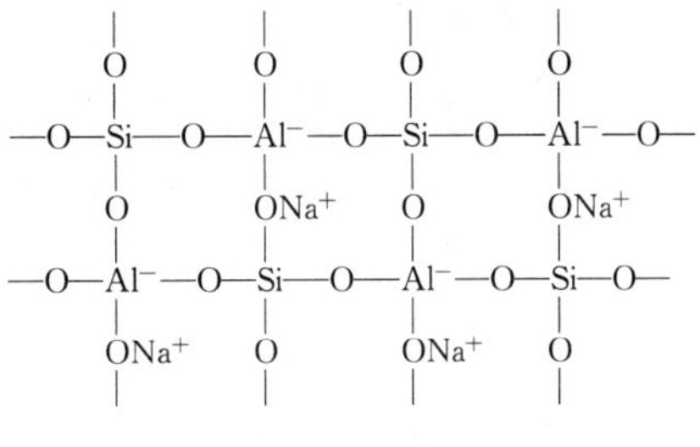

```
      |          |           |          |
      O          O           O          O
      |          |           |          |
—O—Si—O—Al⁻—O—Si—O—Al⁻—O—
      |          |           |          |
      O        ONa⁺          O        ONa⁺
      |          |           |          |
—O—Al⁻—O—Si—O—Al⁻—O—Si—O—
      |          |           |          |
    ONa⁺         O         ONa⁺         O
      |          |           |          |
```

图3-2　4A沸石的网状结构示意

4A沸石作为螯合剂具有如下特点：①具有分散性能和抗沉积性能；②与表面活性剂有

协同作用；③呈碱性，有缓冲作用；④降低料浆黏度，有防结块性能；⑤生物降解性良好，对环境安全；⑥4A 沸石代替 STPP 时，需加少量协和助剂，才能达到使用 STPP 的水平。常用的协和助剂为聚羧酸盐，如丙烯酸与马来酸酐的共聚物。

4. 高分子电解质

聚丙烯酸钠是主要用做助洗剂的高分子电解质，它对多价金属离子也有螯合作用，可以提高洗涤剂在硬水中的去污能力。聚丙烯酸钠还可以吸附于被洗物表面和污垢表面，增加被洗物与污垢之间的静电斥力，有利于污垢的去除，并能增加污垢的分散能力，防止污垢再沉积。聚丙烯酸钠与 STPP 复合使用有较好的助洗效果。

（二）漂白剂

一般使用的洗涤剂不能洗去织物上的一些色素污垢，为达到合适的清洗效果，需使用漂白剂。漂白剂能破坏发色系统或者对助色基团产生改性作用，将其降解到较小单元，使之变成能溶于水或易从织物上去除的物质。常用的有两类：一类是含氧漂白剂，另一类是含氯漂白剂。

1. 过硼酸钠

过硼酸钠（$NaBO_3 \cdot 4H_2O$）是最重要的含氧漂白剂，为白色单斜结晶颗粒或粉末；味咸，微溶于水，水溶液呈碱性，不稳定，极易放出活性氧原子，能溶于酸、碱、甘油等；熔点为 63℃，在 130～150℃失去结晶水；在游离碱存在下容易分解；与稀酸作用生成过氧化氢；与浓硫酸作用放出氧和臭氧。

过硼酸钠在水溶液中受热分解生成 H_2O_2 和 $NaBO_2$，H_2O_2 具有漂白作用。其反应式如下

$$NaBO_3 \cdot 4H_2O \longrightarrow H_2O_2 + NaBO_2$$
$$H_2O_2 + OH^- \longrightarrow H_2O + OOH^-$$
$$OOH^- \longrightarrow OH^- + [O]$$

其中，过氧阴离子浓度随水溶液的碱性和温度的升高而升高，因此，温度越高，漂白活性越好，一般适宜温度大于 60℃。

为了提高过硼酸钠在低温下的漂白效果，需加入漂白活化剂，一般为酰化物，如四乙酰基乙二胺（TAED）。在洗涤剂中，漂白活化剂与过氧阴离子作用生成过氧羧酸。

$$RCOX + OOH^- \longrightarrow RCOOOH + X^-$$

过氧羧酸的氧化电位较高，因此在低温时的漂白作用比过氧化氢好。

另外还有些活化剂可使活化温度下降得更多，如异壬酸苯酚酯磺酸钠可使活化温度下降到 40℃，而且这种活化剂本身也是表面活性剂，具有洗涤作用。

$$(H_3COC)_2N—CH_2—CH_2—N(COCH_3)_2$$

TAED

$$(CH_3)_3CCH_2CH(CH_3)CH_2—\overset{O}{\overset{\|}{C}}—O—C_6H_4—SO_3Na$$

异壬酸苯酚酯磺酸钠

由于过硼酸钠使用方便，又不损伤染料，是世界上应用最广泛的漂白剂。在欧洲，洗衣粉中过硼酸钠的加入量为 12%～24%，四乙酰基乙二胺的加入量为 1%～3%。

2. 过碳酸钠

过碳酸钠用于洗涤剂中属于含氧漂白剂，它的分子式为 $2NaCO_3 \cdot 3H_2O_2$，是一种白色

粉末或颗粒，溶于水。过碳酸钠在50℃温度下就有漂白作用，不必加入活化剂，生产时的成本比用过硼酸钠低。过碳酸钠在水中分解为钠离子、碳酸根离子和双氧水，双氧水放出原子氧，具有漂白杀菌作用。但是，过碳酸盐不稳定，其分解温度较低，吸湿后更易分解。在相对湿度80%下，室温贮存8个月，分解量小于5%，如将其加入到洗衣粉中，贮存期不宜过长。

为了提高过碳酸钠的贮存稳定性，可采用以下两种方法。

(1) 加入内稳定剂　工业用的过碳酸钠中往往含有铁、锰、铜等金属离子，这些金属离子会促使过碳酸钠分解。因此，在过碳酸钠的制造过程中或反应完成后，常常添加沉淀或络合这些离子的化合物，如硅酸盐、乙二胺四乙酸盐、磷酸盐等。但应注意，有些化合物对过氧化氢的分解有抑制作用，如氯化镁、硫酸镁等。

(2) 包敷法　即在过碳酸钠粒子表面包敷一层有机或无机膜。无机包敷物有碱土金属盐类、碳酸钠、碳酸氢钠、硼酸盐、磷酸盐等；有机包敷物主要是一些低熔点的蜡类。包敷的方法有两种：一是将包敷物溶液喷洒到过碳酸钠的颗粒上；二是将包敷物溶液加入到过碳酸钠的悬浮液中，而后将过碳酸钠用过滤的方法或离心的方法分离出来，然后水洗，干燥。

（三）抗再沉积剂

洗涤是一个可逆过程，已从织物上除去的污垢可能再返回到织物上。能将除去的污垢合适地分散在洗涤液中，不再返回到织物表面的物质称为抗再沉积剂。在合成洗涤剂中常用十二烷基苯磺酸钠等阴离子表面活性剂作为洗涤活性物，这种表面活性剂对纤维上黏附的污垢虽有脱除能力，但与肥皂相比，存在着脱落下来的污垢会重新附着在纤维上的缺点，即抗污垢再沉积能力差，洗后织物表面泛灰、泛黄。为了克服这一缺点，必须在合成洗涤剂中加入抗再沉积剂。

1. 羧甲基纤维素钠盐（CMC）

羧甲基纤维素钠盐具有很好的抗污垢再沉积能力。它是纤维素的衍生物，英文缩写为CMC。其反应如下

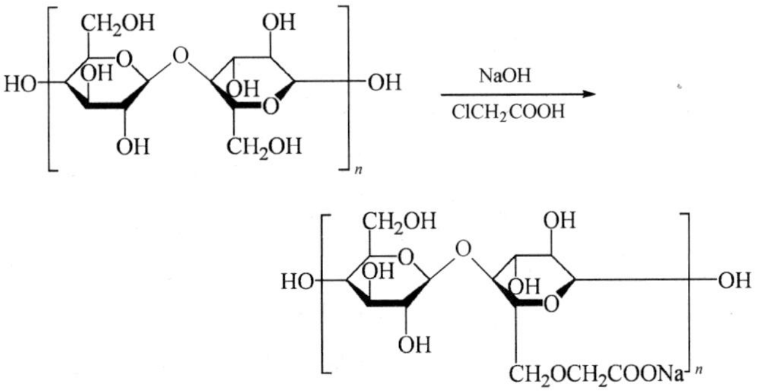

纤维素的分子结构属多聚葡萄糖，每个葡萄糖单元中有三个羟基，其中伯醇羟基中的H易被—CH_2COOH所取代。将纤维素用NaOH和氯乙酸处理，即得到羧甲基纤维素钠盐，其溶解度的大小取决于纤维素羟基上引入羧甲基的多少。每一个脱水葡萄糖单体上引入的羧甲基钠的个数称为取代度。CMC的取代度在0.4～0.8时，抗污垢再沉积能力最好。

CMC抗污垢再沉积作用的机理主要是CMC吸附在纤维的表面，从而减弱了纤维对污垢的再吸附，由于CMC体积庞大，且带有负电荷，吸附后由于位阻效应和静电作用，阻止

了污垢的再沉积，可显著地提高洗涤剂的去污力。但也不能忽视 CMC 将污垢粒子包围起来，使之稳定分散在洗涤液中的作用。CMC 在棉纤维表面的吸附最显著，因此它对棉织物的抗污垢再沉积效果最好，而对毛织物及合成纤维织物的抗污垢再沉积能力则欠佳。洗涤剂中加入 CMC 的量一般为 0.5%～1%。

2. 聚乙烯吡咯烷酮

聚乙烯吡咯烷酮是一种合成高分子化合物，英文缩写为 PVP，它由乙烯吡咯烷酮聚合而得。

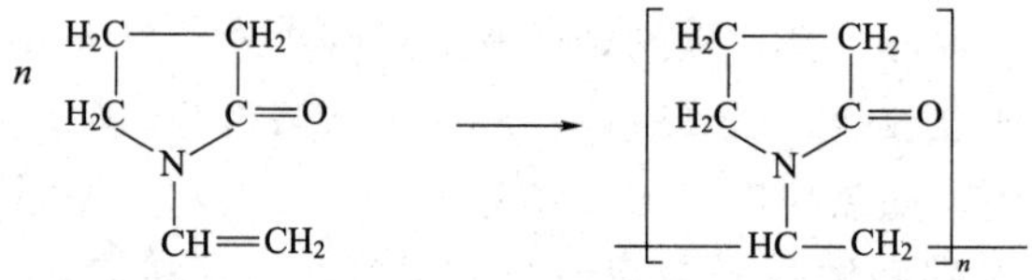

$$n\ \begin{matrix} H_2C & — & CH_2 \\ | & & | \\ H_2C & & C{=}O \\ & N & \\ & | & \\ & CH{=}CH_2 & \end{matrix} \longrightarrow \left[\begin{matrix} H_2C & — & CH_2 \\ | & & | \\ H_2C & & C{=}O \\ & N & \\ & | & \\ & HC—CH_2 & \end{matrix}\right]_n$$

用做抗再沉积剂的 PVP 的平均分子量在 10000～40000，它对污垢有较好的分散能力，对棉织物及各种合成纤维织物均有良好的抗污垢再沉积效果。表 3-4 列出了 PVP 及 CMC 在各种织物上的抗污垢再沉积能力，以反射率损失表示抗污垢再沉积能力的大小，数字愈小，抗污垢再沉积效果愈佳。PVP（K-15）和 PVP（K-30）分别表示分子量为 1 万和 4 万的 PVP。从表中数据可以看出，对于疏水性的合成纤维和羊毛，PVP 的抗污垢再沉积能力比 CMC 好得多。PVP 不仅抗污垢再沉积能力强，而且在水中溶解性能好，遇无机盐也不会凝聚析出，与表面活性剂配伍性能好。所以 PVP 是一种性能优良的抗再沉积剂，其缺点是价格昂贵。

表 3-4　PVP 及 CMC 在各种织物上的抗污垢再沉积能力

抗再沉积剂 / 纤维	PVP (K-15)	PVP (K-30)	CMC	ABS(参比)
棉	22.4	29.7	33.0	43.8
涤纶	4.8	6.7	39.5	39.5
锦纶	26.1	31.0	62.8	62.8
腈纶	10.3	13.3	41.6	41.6
黏胶丝	31.6	36.3	51.0	59.3
羊毛	5.6	6.0	15.0	15.1

应该指出，聚乙烯吡咯酮（PVP）对棉纤维和合成纤维都具有良好的抗再沉积性，但价格高。通常将 CMC 和 PVP 混合使用效果好。另外，还可将 CMC 与非离子纤维素聚合物（如丙烯酸）配合使用，可适合于各种纤维，近来聚羧酸也被有效地用于抗再沉积剂。

一些表面活性剂，如 C_{16}～C_{18}脂肪醇的聚氧乙烯醚（5）、C_{12}～C_{18}烷基胺的聚氧乙烯醚（5）、C_{12}～C_{18}烷基二甲基甜菜碱、十二烷基羟丙基氧化胺等是聚酯纤维织物很好的抗再沉积剂。

（四）荧光增白剂

人们对织物洗后的白度很为关注。为了增加织物洗后的白度，以往在洗衣粉中加入少量蓝色染料，使织物上增加微量的蓝色，与原有的微黄色互为补色，从视觉上提高了表观白度，但织物反射的亮度却降低了。目前，主要采用荧光增白剂，它不仅增加了白度，还增加了亮度，使织物能反射出更多的光。

荧白增白剂是能将不可见的紫外光（波长 290～400nm）转变成可见光的有机化合物。它发出的蓝色荧光与织物泛出的黄光互为补色，使白色织物显得更加洁白，有色织物更加鲜艳。

国内洗涤剂中常用的荧光增白剂有荧白增白剂 31#和荧白增白剂 33#，二者均为二苯乙烯三嗪型。其结构式为

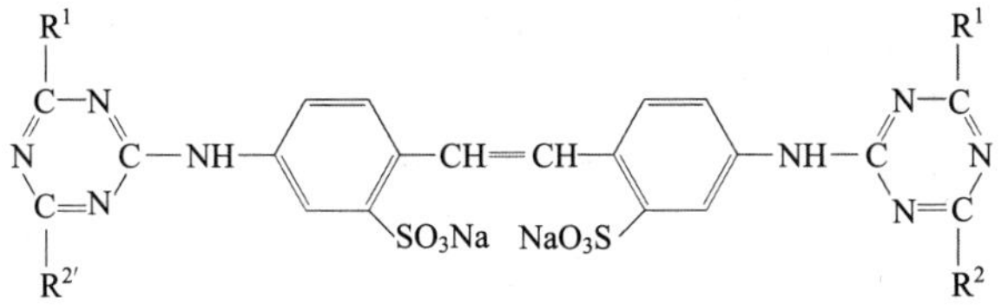

R^1, $R^{2'}$, N, C—N, C—NH—, —CH=CH—, SO_3Na, NaO_3S, —NH—C, N—C, N=C, R^1, R^2　荧白增白剂 31#

R^1 = —$NHCH_2CH_2OH$；

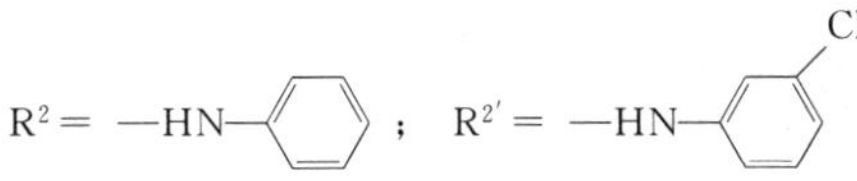

R^2 = —HN—⟨苯环⟩；　$R^{2'}$ = —HN—⟨苯环⟩—Cl

荧白增白剂 33#

R^1 = —N⟨　⟩O；　R^2 = —HN—⟨苯环⟩

这类荧光增白剂的合成方法是以 4,4-二氨基二苯乙烯-2,2-二磺酸（D. S. D 酸）与两个分子的三聚氯氰缩合，其余的氯原子再分别被相应的取代基取代而成。

国内洗衣粉中荧光增白剂的加入量常为 0.1%，国外一般为 0.3%，有时高达 0.5%。荧光增白剂在洗涤液中的作用类似于织物染料。棉用的和耐氯的荧光增白剂主要靠氢键与纤维结合，其结合能力与其扩散能力有关。

（五）酶

酶是由菌种或生物活性物质培养而得到的生物制品，它本身是一种蛋白质，能对某些化学反应起催化作用。例如，蛋白酶能将蛋白质转化为易溶解于水的氨基酸。在洗涤剂中添加酶制剂能有效地促进污垢的洗脱。由于酶对生物体的活性作用，在生产和应用过程中要防止酶的粉尘吸入人体呼吸道及肺部，为此常将酶与硫酸钠、非离子表面活性剂混合后喷雾造粒。还可用微胶囊将酶制剂包裹起来，这样不仅可以防止粉尘污染，还有利于保持酶的活性。酶的品种很多，以下几种酶可用于洗涤剂中。

1. 蛋白酶

蛋白酶能促使不溶于水的蛋白质水解成可溶性的多肽或氨基酸。如织物上有奶渍、血渍、汗渍等斑迹，用一般表面活性剂难以洗去，而蛋白酶对这些污斑的去除有很好的效果。蛋白酶的品种也很多，在洗涤用品中宜选用耐碱性的碱性蛋白酶。

碱性蛋白酶在洗衣粉中的加入量根据原料酶的活性确定。例如，酶活力在 $33\times10^4\mu\cdot g^{-1}$，则加入量为 0.5%～0.6%；酶活力在 $(8\sim10)\times10^4\mu\cdot g^{-1}$，加入量为 1%～1.5%；酶活力在 $(1\sim2)\times10^4\mu\cdot g^{-1}$，加入量为 5%～10%。这里 μ 为规定条件下分解出相当于 $1\mu g$ 酪氨酸的酶量，定为一个活力单位，简称 1μ。

2. 脂肪酶

脂肪酶能促使脂肪中的酯键水解。织物上的脂肪类污垢虽可借表面活性剂的乳化作用而去除，但效果不理想。如在洗涤用品中添加脂肪酶，可使油脂水解为亲水性较强的甘油单酯或甘油双酯而易于除去。脂肪酶作用较为缓慢，因此宜将织物在含有酶的洗涤液中预浸渍后再进行洗涤，则效果较好。残余的脂肪酶还可能积累性地被吸附在洗后的织物上，因此织物

经多次用这类洗涤剂洗涤后，可取得显著的效果。

3. 纤维素酶

纤维素酶近年来被研究开发用于洗涤剂工业。纤维素酶本身并不能与污垢发生作用，纤维素酶的活力主要使纤维素发生水解，如果使织物表面的茸毛发生局部水解，则有利于污垢的释出。纤维素酶还能使洗涤后的织物有柔软蓬松效果。在纺织印染工业中可用纤维素酶对牛仔织物进行加工处理，以代替传统的石磨工艺，随培养的菌种不同，纤维素酶也有不同的品种，有些仅能在纤维素大分子的非结晶区域作用，有些能浸入大分子的结晶区进行作用，可能导致纤维的损伤。在酶的品种筛选时必须注意这些性能。

4. 淀粉酶

淀粉酶能将淀粉转化为水溶性较好的糊精，因此它能使织物上黏附的淀粉容易洗去。

在洗涤剂中使用酶制剂时，应注意酶的选择性和活性。酶的活性作用受到温度、pH 值及配伍的化学药品等因素的影响，酶适宜的工作温度一般在 50～60℃左右，因此用含酶的洗涤剂洗涤织物时宜用温水，如水温过高，酶将失去活性，各种不同的酶又有它们各自适宜的 pH 值。例如 pH 值在 5 左右，纤维素酶能发挥其活性。洗涤溶液多数处于弱碱性，为了使酶适应洗涤的条件，有时需要对酶的品种进行筛选或改性处理。阳离子表面活性剂能迅速降低酶的活性；阴离子表面活性剂一般对酶的影响较小，脂肪醇聚氧乙烯醚类非离子表面活性剂不但不会影响酶的活性，反而对溶液中的酶有稳定作用。另外，甲酸盐、乙酸盐、甘氨酸、谷氨酰胺盐和乙酰胺化合物对酶也有稳定作用，起作用含量为 1%～5%。醇类如乙醇、乙二醇、丙二醇等在 5%～20%的含量下对酶也有稳定作用，但含量过高，会使酶沉淀。另外在加酶液体洗涤剂中，除了加入上述酶稳定剂外，还应注意 pH 应为 7～9.5，为避免洗涤过程中 pH 下降而影响去污效果，常加入 4%～8%的 pH 值缓冲剂。

（六）抗静电剂和柔软剂

棉、麻纤维的织物洗涤干燥后往往有明显的粗糙手感，特别是棉织物的内衣、床单、毛巾等如产生这种粗糙感，人的皮肤就会感到不舒适。为克服此缺点，可在洗涤制品中加入柔软剂。合成纤维由于绝缘性好，且摩擦系数大，所制成的织物在摩擦时会产生静电，影响舒适性。为了防止静电，可在洗涤制品中加入抗静电剂。对于有调理功能的洗发香波和护发素，也应具有柔软和抗静电功能，使头发具有良好的梳理性和飘逸感。

如前所述，多数阳离子表面活性剂都具有柔软和抗静电的功能，但一般的阳离子表面活性剂不宜与洗涤剂中常用的阴离子表面活性剂配伍，需在织物洗涤和漂清之后再将柔软剂或抗静电剂加入洗浴或洗衣机中。但也有一些阳离子表面活性剂可以与阴离子表面活性剂同浴使用柔软剂、抗静电剂，使一种洗涤剂兼有洗涤、柔软、抗静电的效果，避免了分步操作的麻烦。具有这种特性的阳离子表面活性剂有二硬脂酰二甲基氯化铵、硬脂酰二甲基苄基溴化铵、高碳烷基吡啶盐、高碳烷基咪唑啉盐（如 1-甲基-1-硬脂酰胺乙基-2-硬脂酰咪唑啉甲基硫酸酯）。这些表面活性剂不仅是柔软剂和抗静电剂，往往还具有抗菌性能。

非离子表面活性剂中的高碳醇聚氧乙烯醚和具有长碳链的氧化胺也具有柔软功能。另外有人还开发了具有柔软功能的阴离子表面活性剂，它们对阴离子洗涤剂有很好的相容性，如

$$\mathrm{(R)(R^1)CH-(CH_2)_nCOOM} \qquad \mathrm{R-\underset{\underset{R^1}{|}}{\overset{\overset{O}{\|}}{P}}-OM}$$

M 为可溶性阳离子，R、R^1 为烃基

（七）稳泡剂和抑泡剂

洗涤剂发泡能力和泡沫稳定性在使用时是非常重要的。例如洗发香波和皮肤用清洁剂都要求有丰富而细密的泡沫，衣用洗涤用品在使用时也应有适当的泡沫起携污作用，同时泡沫也对织物的漂洗程度起到指示效果。但用洗衣机洗涤时，如果泡沫太多，难以漂洗。因此，在配制洗涤剂时，要根据应用目的的不同来控制泡沫的多少。洗涤剂的泡沫可由选用不同品种表面活性剂及其配比的变化来加以调节，也可以用加入稳泡剂或抑泡剂的方法来控制。

甜菜碱型两性表面活性剂和烷基醇酰胺是常用的稳泡剂，同时它们本身也有洗涤功能，特别是与磺酸盐型和硫酸酯盐型阴离子表面活性剂配伍时有很好的稳泡效果。有些水溶性的高分子化合物也可用做稳泡剂，例如聚乙烯吡咯烷酮（PVP）可作为剃须膏、香波等高档化妆品的稳泡剂。添加 PVP 还有助洗效果，并能使毛发具有光泽。氧化叔胺也具有很好的稳泡效果，常用的有月桂基二甲基氧化胺和豆蔻基二甲基氧化胺等。氧化烷的起泡性和稳定性比同浓度下 6501（烷醇酰胺）好得多。

机洗时要求使用低泡洗涤剂，因为泡沫过多，溢出洗衣机，造成损失；另外，泡沫亦可降低机械力对织物的作用，即降低去污力的发挥。所以须加入泡沫抑制剂（抑泡剂），常用的有肥皂、聚硅氧烷、聚醚和石蜡油。

饱和的 C_{20}～C_{24} 脂肪酸皂是很好的泡沫抑制剂。目前国内主要用这类物质作抑泡剂，用量一般为 3%左右。但肥皂作为抑泡剂具有一定的局限性：①肥皂的抑泡能力对除 LAS 以外的其他 SAA 都很低；②由于抑泡作用来源于洗涤过程中的钙盐，而钙盐产生于硬水或含钙的污垢，所以只有在含 Ca^{2+} 浓度高时，肥皂才会发挥抑泡作用，这样在软水或轻垢条件下，其抑泡作用得不到发挥；③要求助洗剂螯合 Ca^{2+} 的能力适中，对于含 STPP 的洗衣粉，抑泡效果好，但对于含 NTA 的洗衣粉，仍有丰富的泡沫。

异氰尿酸盐也是一种有效的泡沫抑制剂，其化学结构式如下

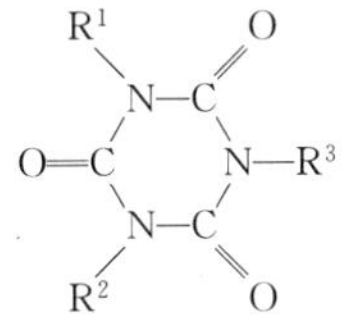

```
 R1        O
  \       //
   N—C
  /     \
O═C       N—R3
  \     /
   N—C
  /       \\
 R2        O
```

R^1、R^2、R^3 是相同的或不同的 C_8～C_{30} 的脂肪烃基或烷基苄基的烃基

表面活性剂的起泡能力与其结构有关，因此除了使用抑泡剂外，还可选择低起泡性的表面活性剂。聚醚是环氧乙烷和环氧丙烷的嵌段共聚物，是一种低泡型的非离子表面活性剂。这类化合物先用含活泼氢的化合物引发环氧乙烷反应，然后再与环氧丙烷反应得到非离子表面活性剂，其通式为 $R(C_2H_4O)_p(C_3H_6O)_qH$，其中，R 是含活泼氢的起始剂，p、q 分别为环氧乙烷和环氧丙烷的物质的量（mol）。这类物质配伍于洗涤剂中即成为低泡型洗涤剂。

（八）其他助剂

1. 硫酸钠

硫酸钠来源广泛，价格低廉。含 10 个结晶水的硫酸钠称为芒硝，无水硫酸钠又称为元明粉或精制芒硝，在洗衣粉中主要用做填料，同时还具有如下作用：①降低表面活性剂的临界胶束浓度；②提高表面活性剂在织物中的吸附量，有利于去除污垢；③提高料浆的密度，调节产品的表观密度；④改善其流动性，防止洗衣粉结块。硫酸钠在洗衣粉中的用量可高达

20%～45%。

2. 碳酸钠

碳酸钠又称纯碱，可分为无水物、一水合物、七水合物和十水合物等几种。碳酸钠因制造条件不同，有轻质和重质两种物理状态，轻质堆积密度为600～700g·L^{-1}，重质所占体积很小，是一种粗粒的无尘粉剂。无水碳酸钠有吸湿性，暴露于大气中将缓慢吸水而形成一水合物。从理论上讲，纯碱在贮存中约会增加18%的质量，但很少会发生这种情况。因外层变成水合物后，形成了半不渗透层，水分不易进一步渗入。尽管如此，在袋装的纯碱中，常发生质量增加现象，这在加工时应予以考虑。

在洗涤剂中加入碳酸钠，可使洗涤剂的pH不会因遇到酸性的污垢而降低，因而产品仍具有良好的洗涤效果。碳酸钠可与污垢中的酸性污垢，如脂肪酸作用生成肥皂，提高去污能力。一般来说，在洗棉、麻织物中加入碳酸钠，去污力较好。但加入量过多，对皮肤刺激性增强。另外，碳酸钠能与钙离子、镁离子作用生成沉淀，沉积在织物上，影响织物强度。普通洗衣粉中碳酸钠用量为8%～12%；机用洗涤剂中纯碱用量较大；洗丝毛织物以及刺激性低的洗衣粉中不加纯碱。

3. 硅酸钠

硅酸钠俗称水玻璃或泡花碱，分子式可表示为$Na_2O \cdot nSiO_2 \cdot xH_2O$。它是用石英砂与纯碱在高温下加热熔融而制得。商品硅酸钠为粒状固体或黏稠的水溶液。水玻璃的Na_2O和SiO_2的比值改变时，性质也随之变化，如果分子中$Na_2O : SiO_2 = 1 : n$，则此比值n称为模数。模数愈低，碱性愈高，水溶性也愈好；反之，模数愈高，碱性愈低，水溶性也愈差。在洗涤剂中所用水玻璃的模数为1.6～2.4，它在水中能水解而形成硅酸的溶胶。

水玻璃添加在洗衣粉中有显著的助洗效果，首先是硅酸钠对溶液的pH值有缓冲效果，使溶液的pH值保持在弱碱性，有利于污垢的洗脱。其次是它水解产生的胶体溶液对固体污垢微粒有分散作用，对油污有乳化作用。此外水玻璃还能增加洗衣粉颗粒的机械强度、流动性和均匀性。水玻璃的缺点是水解生成的硅酸溶胶可被纤维吸附而不易洗去，织物干燥后会感到手感粗糙，故洗衣粉中水玻璃的添加量不宜过多。

4. 增溶剂

增溶剂可提高配方中组分的溶解度和液体洗涤剂的溶解性能，这对产品的配制和使用十分重要。

在洗衣粉的料浆中加入增溶剂对甲苯磺酸钠或二甲苯磺酸钠，能降低料浆的黏度，亦即在料浆黏度相同的条件下，可将料浆中的固含量提高，这样就可以增加喷雾干燥塔的生产能力，从而节省能量消耗。加入这些物质还可改善产品的流动性，减少洗衣粉结块的可能性。另外，洗衣粉中如含有非离子表面活性剂，产品的表观密度较大，加入甲苯磺酸钠，则可使产品的表观密度减少。

5. 腐蚀抑制剂

洗衣机的某些部件用铝制造，易腐蚀，因此市售的大部分洗涤剂中含有少量水玻璃即硅酸钠，它是一个优良的腐蚀抑制剂。液态的硅酸盐能以薄层沉积在铝的表面，使铝免受水溶液中OH^-的攻击而得到保护。

6. 杀菌剂、抑菌剂和防腐剂

杀菌剂是在短时间内能杀灭微生物（包括芽孢及其繁殖体）的物质。抑菌剂是在低浓度时能长时间阻止微生物增加的物质。防腐剂是使制剂免受微生物的污染而不致变质的物质。

用洗衣粉进行低温洗涤时，病菌或霉菌会残留在织物上，成为传播疾病的媒介物，并产生不良气味。因此，在其中常加入少量杀菌、抑菌剂，如三氯异氰尿酸（TCCA）和 2-羟基-2,4,4-三氯二苯醚（DP300）。TCCA 遇水能水解，生成次氯酸，因而有漂白杀菌作用，用量一般为 1%～4%；DP300 是极有效的抑菌剂和脱臭剂，在很低的浓度下就能抗革兰阴性菌和阳性菌，也能抗霉。

7. 香精

加入香精会使产品具有令人愉快的气息，有时特定的香精还会使人联想到产品的质量。质量优良的洗涤剂普遍加入香精。香精的香型有多种，如茉莉型、玫瑰型、铃兰型、紫丁香型及果香型等。要求所用的香精在 pH＝9～11 稳定，与其他组分相容性好，对过硼酸钠、氯和空气的过敏性低，对环境无害。香精在洗涤剂中的用量很少，一般在 0.1%～0.5% 之间。

8. 色素

由于洗衣粉的原料几乎都是白色的，所以市售的洗衣粉多为白色的，但对于特殊的成分，如酶或漂白活化剂常用染料染成鲜艳的有色颗粒，加入到白色洗衣粉中，一般为蓝色。液体洗涤剂与织物柔软剂一般染成绿色、桃红色或蓝色。洗涤剂用色素应满足贮存稳定、与其他组分相容性好、对光稳定、不会牢固地吸附在织物上等要求。

第二节　洗衣粉的配方设计

一、普通洗衣粉

普通洗衣粉常有含磷和无磷洗衣粉两类。世界各国洗衣粉配方差距很大，有些国家限制了配方中磷酸盐的用量，有些国家或地区禁止使用磷酸盐。另外，有些国家在配方中规定了漂白剂的含量。因此，在设计洗衣粉的配方时，除了充分考虑多种表面活性剂的复配使用、助洗剂和漂白剂的用量外，还应考虑洗涤习惯、产品成本及对环境的影响等。中国洗衣粉标准 GB 13171—2008 将洗衣粉分为 3 个型号，分别规定了洗衣粉的理化指标，如表 3-5 所列。

早期的标准 GB 13171—91 中Ⅰ型和Ⅱ型以阴离子表面活性剂为主。Ⅰ型中，LAS 在 10%～20%，有的加少量（3%左右）的非离子表面活性剂，如 AEO-9 和 TX-10。Ⅱ型为低泡洗衣粉，除 10%左右的 LAS 外，还加入抑泡剂肥皂和聚醚。Ⅲ型以非离子表面活性剂为主，碱性高些，更适合于机洗。

表 3-5　洗衣粉的理化指标

<table>
<tr><th>项目</th><th>Ⅰ型</th><th>Ⅱ型</th><th>Ⅲ型</th></tr>
<tr><td>颗粒度</td><td colspan="3">通过 1.25mm 筛的筛分率不低于 90%</td></tr>
<tr><td>色泽</td><td colspan="3">白(染色粉应色泽鲜艳均匀)</td></tr>
<tr><td>水分及挥发度/%　≤</td><td colspan="3">15</td></tr>
<tr><td>总活性物加聚磷酸盐/%　≥</td><td>30</td><td>30</td><td>40</td></tr>
<tr><td>总活性物/%　≥</td><td>14</td><td>10</td><td>10</td></tr>
<tr><td>非离子表面活性剂/%　≥</td><td>—</td><td>—</td><td>8</td></tr>
</table>

续表

项目		Ⅰ型	Ⅱ型	Ⅲ型
聚磷酸盐/%	≥	14	20	25
pH值(0.1%溶液,25℃)	≤	10.5		11.0
发泡力(当时)/mm	≤	130		
相对标准粉去污力比值		1.0		
加酶粉酶活力/$\mu \cdot g^{-1}$	≥	650		

标准洗衣粉的配方为：LAS 15%，STPP 17%，硅酸钠 10%，Na_2CO_3 3%，CMC 1%，Na_2SO_4 54%。

表 3-6 列出了典型的欧洲、日本和美国洗衣粉配方，以供参考。

表 3-6 欧洲、日本和美国洗衣粉配方

组分		配方组成/%					
		欧洲		日本		美国	
		含磷	无磷	含磷	无磷	含磷	无磷
阴 SAA	ABS	5～10	5～10	5～15	5～15	0～15	0～20
	AS	1～3	—	0～10	0～10	—	—
	AES	—	—	—	—	0～12	0～10
	AOS	—	—	0～15	0～15	—	—
非 SAA	AEO、APEO	3～11	3～6	0.1～3.5	0～2		
控泡剂	肥皂、硅油、烃	0.1～3.5	0.1～3.5	1～3	1～3	0～1	0～0.6
增泡剂	烷醇酰胺	0～2	—	—	—	—	—
螯合剂	STTP	20～40	—	10～20	—	23～55	—
	NTA、柠檬酸钠	0～4	—	—	—	—	—
离子交换剂	4A 沸石	2～20	20～30	0～2	10～20	—	0～45
纯碱		0～15	5～10	5～20	5～20	3～22	10～35
漂白剂		10～25	20～25	0～5	0～5	0～5	0～5
漂白稳定剂	EDTA	0.2～0.5	0.2～0.5	—	—	—	—
漂白活化剂	TAED	0～5	0～2	—	—	—	—
柔软剂		—	—	—	0～5	0～5	0～5
抗再沉积剂		0.5～1.5	0.5～1.5	0～2	0～2	0～0.5	0～0.25
酶	蛋白酶、脂肪酶	0.3～0.8	0.3～0.8	0～0.5	0～0.5	0～0.25	0～2.5
荧光增白剂	$31^{\#}$、$33^{\#}$	0.1～0.3	0.1～0.3	0.1～0.8	0.05～0.25	0.05～0.25	0.05～0.25
防腐剂	硅酸钠	2～6	2～6	5～15	5～15	1～10	0～25
香精		—	—	适量	适量	适量	适量
颜料		—	—	适量	适量	适量	适量
填充料和水	硫酸钠	余量	余量	余量	余量	余量	余量

二、高密度浓缩洗衣粉

高密度浓缩洗衣粉采用附聚成型法制造，其表观密度为 0.5～1g・ml^{-1}（通常为 0.6～0.9g・ml^{-1}），与传统的高压喷雾干燥法制得的洗衣粉（表观密度为 0.2～0.5g・ml^{-1}）相比，具有包装紧凑、占货架体积小、用户携带方便等优点。

我国依据环保要求及消费者应用需求对洗衣粉的生产标准进行了多次调整，在 2009 年的标准中分为两类，即 GB/T 13171.1—2009（含磷型）和 GB/T 13171.2—2009（无磷型）中，在每一类中又分为普通洗衣粉和浓缩洗衣粉，其中规定了浓缩洗衣粉非离子表面活性剂的含量，如表 3-7 所列，除了要求去污力大于标准洗衣粉外，还规定了实验溶液的浓度（标准粉为 0.2%，HL-A、WL-A 试样为 0.2%，HL-B、WL-B 试样为 0.1%）。

表 3-7　GB/T 13171.1—2009 中洗衣粉的理化指标

项　　目		HL-A	HL-B	WL-A	WL-B
外观		不结团的粉状或粒状			
表观密度 /g・cm^{-3}	≥	0.30	0.60	0.30	0.60
总活性物质量分数 / %	≥	10	10	13	13
其中：非离子表面活性剂质量分数 / %	≥	—	6.5①	—	8.5①
总五氧化二磷质量分数 / %	≤	8.0	8.0	1.1	1.1
游离碱（以 NaOH 计）质量分数 / %	≤	8.0	10.5	10.5	10.5
pH(0.1%溶液，25℃)	≤	10.5	11.0	11.0	11.0

① 当总活性物质质量分数≥20 %时，非离子表面活性剂质量分数不作要求。

高密度浓缩洗衣粉中表面活性剂的含量比传统的喷雾干燥法的高。有人按照洗衣粉中活性物总含量和其中非离子表面活性剂含量的多少将高密度浓缩洗衣粉分为 3 类：①高密度粉，活性物含量在 10%～20%，非离子表面活性剂在 8%以下的表观密度高的洗衣粉；②浓缩粉，活性物含量在 15%～30%，非离子表面活性剂在 10%～15%的表观密度高的洗衣粉；③超浓缩粉，活性物含量在 25%～50%，非离子表面活性剂在 15%～25%的表观密度高的洗衣粉。因此，在设计高密度浓缩洗衣粉时，要根据要求充分考虑表面活性剂的总含量和其中非离子表面活性剂的含量，并注意表面活性剂之间的协同效应，使产品具有更好的洗涤性能。另外，附聚成型中使用的胶黏剂有硅酸盐溶液、非离子表面活性剂、聚乙二醇、聚丙烯酸盐及羧甲酸纤维素等。选择合适的胶黏剂以及合适的固体粉料与液体料的比例，以改善产品的颗粒结构和流动性及其在水中的溶解度。

其次，应该注意制造高密度浓缩洗衣粉对助剂的要求有：①固体助剂的颗粒度分布和表观密度恒定，无机械杂质；②附聚过程中如采用磺酸和纯碱中和工艺，因中和反应是在液、固相间进行，要求使用比表面积大的表观密度为 0.5g・ml^{-1}的轻质纯碱粉，这有利于在短时间内完成中和反应；③三聚磷酸钠表观密度适中，使其成型时能较快地水合；④沸石的平均粒径应小于 10μm；⑤配方中的硫酸钠用量应尽量减少。为了计量准确，通常将固体物料进行预混合，筛选除去大颗粒后，使其均匀地进入附聚成型设备。

表 3-8 列出了几种典型的高密度浓缩粉配方，以供参考。

表 3-8 几种典型的高密度浓缩粉配方　　单位：%

组分	欧洲配方	亚洲			组分	欧洲配方	亚洲		
		配方 1	配方 2	配方 3			配方 1	配方 2	配方 3
LAS	7	26	15	25	TAED	4	—	—	—
AOS	—	—	10	2	Na_2SO_4	4	12	4	4
AES	3	2	—	—	$NaSiO_3$	5	13	5	15
AS	—	—	—	7	K_2CO_3	—	—	10	5
肥皂	—	2	4	3	Na_2CO_3	14	5	10	22
非 SAA	8	6	7	3.5	4A 沸石	28	20	20	适量
聚乙二醇	—	—	2	2	添加剂	8	4	适量	适量
$NaBO_3 \cdot H_2O$	16	5	—	—	水	余量	余量	余量	余量

第三节　粉状合成洗涤剂的生产方法

粉状合成洗涤剂的产量占合成洗涤剂总产量的 80%以上，制造粉状洗涤剂的方法主要有喷雾干燥法、附聚成型法及干式混合法等几种，以下分别介绍这几种生产方法。

一、喷雾干燥法

（一）喷雾干燥法的分类及其特点

喷雾干燥法是先将表面活性剂与助剂调制成一定黏度的料浆，再用高压泵和喷射器喷成细小的雾状液滴，与 200～300℃的热风接触后，在短时间内迅速成为干燥的颗粒，这种方法也叫气流式喷雾干燥法。按照料浆的雾状液滴与热风的接触方式，可分为顺流式喷雾干燥法和逆流式喷雾干燥法两种。

1. 顺流式喷雾干燥法

如图 3-3 所示，从热风炉出来的热风沿塔的上部旋转进入塔内，料浆同样也从塔顶喷出，喷下来的料浆通过转盘产生的离心力迅速成为雾状液滴而散落下来，迅速与热风接触后，从塔顶顺流而下，被干燥成颗粒。由于旋风分离器直接连接在排风机上，因而造成塔内呈负压，使干燥粒子不会向上飞扬。从旋转圆盘甩出来的雾化料浆与热风接触时，骤然暴露在高温下，料浆中的水分和空气猛然脱离出去，形成干燥、皮壳很薄的空心颗粒。

顺流喷雾干燥的特点有：①料浆与高温空气迅速接触，水分蒸发快，形成的颗粒皮壳很薄，易破碎，细粉多，产品的表观密度小；②由于料浆与高温空气迅速接触，水分蒸发快，防止了液滴温度的迅速上升，因此特别适合于处理热敏性物质，如脂肪醇硫酸盐；③由于物料在塔内停留时间短，干燥塔塔身较低，产量较大；④此法干燥条件适度，对处理有机物含量高的高泡洗衣粉有利。

2. 逆流式喷雾干燥法

如图 3-4 所示，用高压泵将料浆送至塔顶，经喷嘴向下喷出，热风则从塔底经过热风口的导向板进入塔内，沿塔壁以旋转状态由下向上经过塔顶，通过旋风分离器排出。因此，从喷嘴喷射出来的料浆液滴与来自塔底下方的热风接触，在塔内徐徐下降，并逐渐干燥。由于料浆液滴与热风的流动是相向而行，故称为逆流式喷雾干燥法。这种方式的喷雾干燥塔的高度较高，一般在 20m 以上。塔内温度分布是塔底的温度最高，离塔顶越近，温度越低。这样在料浆液滴喷射出来时，周围空气的温度较低，随着液滴的下降，逐渐受到较高温度的作用。由于料浆液滴是边下降边干燥，先从表面开始干燥，逐渐形成颗粒，颗粒的表层随之加厚，颗粒内部所含的水分一经与热风入口处附近的高温相接触，迅速汽化膨胀，冲破颗粒的干燥表皮，使之成为圆球状的空心颗粒。

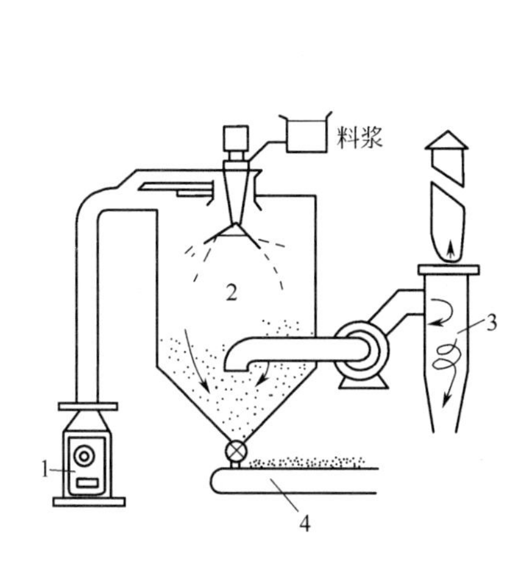

图 3-3　顺流式喷雾干燥装置
1—热风炉；2—干燥塔；
3—旋风分离器；4—输送带

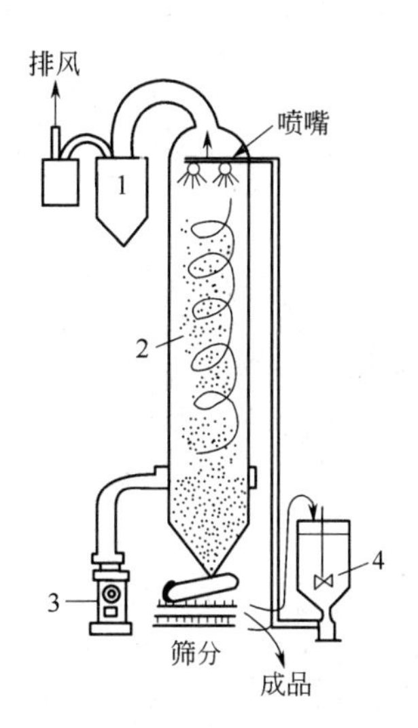

图 3-4　逆流式喷雾干燥装置
1—旋风分离器；2—喷雾干燥
塔；3—热风炉；4—料浆槽

逆流喷雾干燥的特点有：①采用逆流喷雾干燥法生产的洗衣粉颗粒一般比较硬，表观密度较大；②易于通过改变热风送入量和在塔内旋转的程度，从而改变料浆液滴在塔内的停留时间，以便获得干燥适度（指含有适量水分）的颗粒；③由于逆流干燥中，干燥成品与高温热风相遇，故不宜处理受热易变质的物料，如酶、脂肪醇硫酸盐等料浆的干燥。

（二）喷雾干燥法的生产工艺

喷雾干燥法生产过程主要分为料浆的配制、喷雾干燥和成品包装等工序。其生产过程如图 3-5 所示。

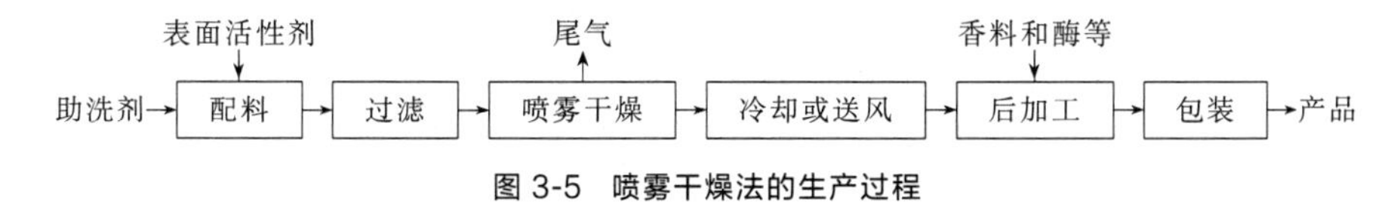

图 3-5　喷雾干燥法的生产过程

以下以逆流式喷雾干燥法来说明洗衣粉的工艺，其工艺流程如图 3-6 所示。

1. 料浆的配制

配料锅中装有搅拌设备，以保证配方中各种物料的充分混合，并防止物料积聚在器壁和

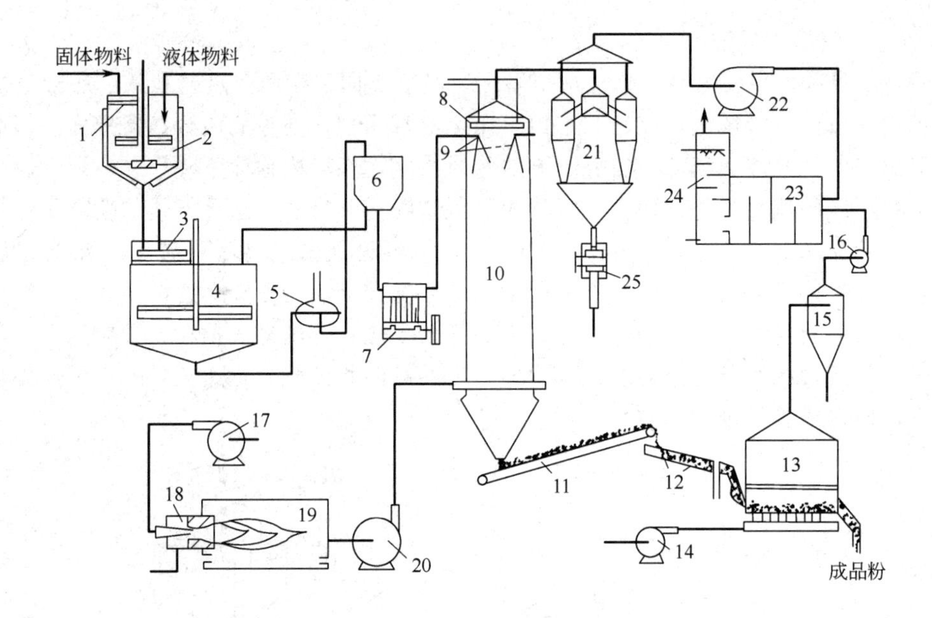

图 3-6 喷雾干燥法生产洗衣粉的工艺流程

1—筛子；2—配料缸；3—粗滤器；4—中间缸；5—离心脱粒机；6—脱气后中间缸；7—三柱式高压泵；8—扫塔器；9—喷粉枪头；10—喷粉塔；11—输送带；12—振动筛；13—沸腾冷却器；14—鼓风机；15—旋风分离器；16，22—引风机；17—煤气炉一次风机；18—煤气喷头；19—煤气炉；20—热风鼓风机；21—圆锥式旋风分离器；23—粉仓；24—淋洗塔；25—锁气器

锅底。锅由夹套加热。在配料时，表面活性剂可以 ABS 和肥皂的状态直接加入，也可以苯磺酸和脂肪酸的状态加入。采用后一种加入法时，在配料锅中用相应的酸与碱中和，生成表面活性剂，然后加入配方中的其他物料。操作中必须保证完全中和，否则会使产品变色或有异味。

料浆配制是否恰当对产品的质量和产量影响很大。配制料浆最重要的是料浆的流动性要好，总固体含量要高，使浆料均匀一致，适于喷粉。因此，要严格按照配方中规定的比例进行加料，并注意加料的次序，以及浆料的温度和黏度。

（1）投料规律　一般的投料规律是先投难溶解料，后投易溶解料；先投轻料，后投重料；先投少料，后投多料。总的原则是每投一料，必须搅拌均匀后方可投入下一料，以达到料浆的均匀性。例如，可先加入表面活性剂，加热至一定温度，加入 CMC、荧光增白剂等，待其溶解后，再加入 Na_2SO_4、Na_2CO_3、STPP 等。

（2）料浆温度　料浆保持一定的温度有助于料浆中各组分的溶解和搅拌，并可控制结块。但是如果温度太高，某些组分的溶解度反而降低，析出结晶，或者是加快水合和水解。例如组分中的三聚磷酸钠、纯碱、硅酸盐及硫酸钠等都会吸水变成结晶体，特别是三聚磷酸钠能迅速水合，亦能水解；STPP 的变化会使料浆发松变稠，流动性变差。一般适宜温度是在 60～65℃，如果在配料时加入聚二乙醇型非离子表面活性剂，配料温度可适当提高些，但以不超过 65～75℃为宜。

（3）料浆的稠度　料浆的稠度除了与助剂添加的数量与方式有关外，也与料浆中夹杂空气的多少有关，而空气泡的产生又与搅拌时有无旋涡和表面扰动以及投料方式等互相关联。料浆中的含水量对其稠度影响也很大，这里的水既起溶解作用，又起黏合作用，要尽可能使粉体成品中的水分大都是结晶水状态。在保证成品的流动性、不结块、表观密度及颗粒度的情况下，可适当提高粉体的水分。配制好的料浆总固体含量在60%以上。

配制好的料浆由配料锅进入低速搅拌的贮罐（或老化器），使三聚磷酸钠充分水合，以利于提高产品的质量。老化后的料浆通过磁性过滤器和过滤网除杂后，进入均质器。再用升压泵送至高压泵，由高压泵经过一个稳压罐后进入喷雾塔，进行喷雾干燥。

2. 喷雾干燥

料浆经高压泵以5.9～11.8MPa压力通过喷嘴，呈雾状喷入塔内，与高温热空气相遇，进行热交换。从雾状液滴的干燥历程来看，可以把空心粒状的形成从塔顶到塔底分为表面蒸发、内部扩散与冷却老化3个阶段。一开始液滴表面水分因受热而蒸发，液体内部的水分因浓度差而扩散到液滴表面，内部水分逐渐减少，这时液滴内部的扩散速度要比表面蒸发速度大一些，随着表面水分的不断蒸发，液滴表面逐渐形成一层弹性薄膜。随后，液滴下降，温度升高，热交换继续进行，这时表面蒸发速度增大，薄膜逐渐加厚，内部的蒸气压力增大，但蒸气通过薄膜比较困难，这样就把弹性膜鼓成空心粒状。最后，干燥的颗粒进入塔底冷风部，这时温度下降，表面蒸发很慢，残留水分被三聚磷酸钠等无机盐吸收而成结晶颗粒。一般的颗粒直径在0.25～0.40mm之间，表观密度为0.25～0.50g・ml^{-1}。

洗衣粉经塔式喷雾干燥形成空心颗粒的过程与料浆的均匀性、料浆的温度与物理性能、喷雾的压力、干燥的方式、干燥塔的高度以及气流状态等因素有关。

喷粉塔应有足够的高度，以保证液滴有足够的时间在下降过程中充分干燥，并成为空心粒状。中国目前的逆流喷雾干燥塔的高度（直筒部分）一般大于20m，小于20m的塔空心粒状颗粒形成不好，影响产品质量。如包括塔顶、塔底的高度在内，总高约25～30m。塔径有4m、5m及6m三种，一般认为直径小于5m的塔不易操作，容易造成粘壁。大塔容易操作，成品质量较好，但是塔大而产量过小时，热量利用就不充分。一般直径6m、高20m的喷粉塔，能获得年产量15～18kt的空心颗粒产品。

喷粉塔多为钢制的圆柱结构，顶部和底部呈锥形。塔底的锥角一般为60°，以便洗衣粉能自动连续地排出塔体。塔顶锥体的倾斜角为55°左右，这样可以避免由于排气加速而干扰塔内气体的流动状态，使塔内的气液保持原有的稳定流动状态，使尾气中的细粉夹带量减少，避免了细粉在排风管中的沉积。

在距塔身上缘2～3m处安装有喷枪，为避免湿料喷在塔壁上，喷枪大多倾斜安装，喷枪与塔壁夹角27°～30°为宜。喷枪上带有按一定间距均匀安装的多个喷嘴。喷嘴与塔壁距离一般为1.2～2m。喷嘴直径2.4～3mm，压力3.0～4.0MPa，喷出的雾滴直径400μm左右。喷嘴的安装位置应避开塔顶热风排出的加速段，这样有利于雾滴在塔中均匀分布，并可减少尾风中夹带的粉尘量。

在塔下部的外层倒锥体上有进风口，为保证热风能均匀地进入干燥塔，沿塔周的变径热风环管上设置了许多支管。一般直径为6m的塔中有16～24个进风口，进口可设导向板，使热风沿切向进入塔中呈螺旋形旋转向上。这样可避免塔壁进口处粘粉，以及温度升高引起的黏结粉烧焦现象的发生，同时有利于提高热风口的温度和热效率。

从喷粉塔出来的洗衣粉温度在70～100℃，经过皮带输送机和负压风送后温度迅速下降，三聚磷酸钠及无机盐就能与游离水结合，形成较稳定的结晶水，有利于提高颗粒的强度和流动性。

3. 尾气的净化与处理

喷粉塔的尾气中含有一定量的细粉和有机物，温度较高，湿度较大。通常经 CLT/A 型旋风分离器一级除尘，除尘效率可达 99%以上。一级除尘后尾气中的粉尘浓度降至 $100mg \cdot m^{-3}$，达到 $150mg \cdot m^{-3}$的国家排放标准。如果旋风分离器的进口风速不在 12～$18m \cdot s^{-1}$、旋风分离器密封不好或旋风分离器中的温度低于尾气露点的温度，则会影响到分离效果。一般在一级除尘后再加上盐水洗涤、静电除尘或布袋除尘等二级除尘措施。尾气中的粉末浓度可降至 10～$30mg \cdot m^{-3}$。如采用盐水洗涤，盐水含量 18%～22%，气体空塔速度 2～$5m \cdot s^{-1}$，洗涤塔内具有 4 层塔板，塔板上堆有塑料鲍尔环。每层塔板上装有一组喷淋管，共 6 组喷淋管，上面的 2 组喷淋清水，下面的 4 组喷淋盐水。尾气通过它的温度均为 50℃。

从旋风分离器或袋滤器中分离的细粉可通过气流或机械方法返回到塔中，进塔位置可置于喷嘴上方。这样有利于成型，使成品粉质量均匀。

4. 产品的输送、保存以及热敏性物料的添加

从喷雾干燥塔出来的洗衣粉一般都要经过皮带输送机和负压风送装置进入容积式分离器，再经过筛分，得到成品粉进入料仓。料仓中的粉在后配料装置中与热敏性物料（如酶、过硼酸盐和香精等）以及非离子表面活性剂混合，过筛后的成品粉进入包装机进行包装。

风送是物料借空气的悬浮作用而得到移动。洗衣粉风送时，考虑到进口物料分布不均和气流的不均匀性，输送管中空气流速为 10～$18m \cdot s^{-1}$，比洗衣粉在空气中的沉降速度 1～$2m \cdot s^{-1}$大得多。对于粉状物料，一般为 1kg 空气输送 0.3～0.35kg 粉料，即气料比为 1∶(0.3～0.35)。风送中掉下的疙瘩料可回到配料锅重新配料。

筛分设备是根据对洗衣粉颗粒度的要求而确定的。有的采用淌筛（用于物料粒度不同组分的分离装置）除去疙瘩粉，有的采用双层振动平筛除去粗粉和细粉。疙瘩粉和细粉均可回到配料锅重新配料。细粉也可以直接回到喷粉塔中。

5. 成品包装

经过喷雾干燥、冷却、老化的成品，在包装前应抽样检验粉体的外观、色泽、气味等感官指标，以及活性物、不皂化物、pH 值、沉淀杂质和泡沫等理化指标。成品的粉体应是流动性好的颗粒状产品，应无焦粉、湿粉、块粉、黄灰粉及其他杂质。装袋时的粉温越低越好，以不超过室温为宜，否则容易反潮、变质结块。

二、附聚成型法

（一）附聚成型法的特点及理论

20 世纪 80 年代，出于环境保护方面的考虑，要求少用或不用对环境有害的包装材料，于是在洗衣粉生产中发展了附聚成型法。所谓附聚就是指固体物料和液体物料在特定条件下相互聚集，成为一定的颗粒（附聚体）。与喷雾法相比，附聚成型法又叫无塔成型法。它的最大优点是省去了物料的溶解和料浆的蒸发步骤，相应地也省去了若干设备，从而单位产量投资费用少，生产费用也低，三废污染最小，产品表观密度大（0.5～$1.0g \cdot ml^{-1}$），主要用来生产新型的浓缩洗衣粉。有资料表明，用附聚成型法生产洗衣粉可节省能源 90%，建厂投资节省 80%，操作费用降低 70%，减少非离子表面活性剂热分解损失 20%，减少三聚磷酸钠水解损耗 20%，同时节约生产占地面积。这种方法要求各组分理化性能稳定，料流控制准确。

下面简要介绍附聚成型法生产洗衣粉的理论。

附聚成型法生产洗衣粉是指液体胶黏剂（如硅酸盐溶液）通过配方中三聚磷酸钠和纯碱等水合组分的作用，失水干燥而将干态物料桥接、黏聚成近似球状实心颗粒。该过程是一个物理化学过程，导致附聚的主要机理有机械连接、表面张力、塑性熔合、水合作用或静水作用等。

许多典型的附聚作用都可以用数学模拟进行描述。假定液体胶黏剂取代了附聚颗粒间空气所占有的空间，则附聚作用所需的液体量可由式(3-1）计算。

$$X=\frac{E\rho_{\mathrm{L}}}{E\rho_{\mathrm{L}}+(1-E)\rho_{\mathrm{s}}} \tag{3-1}$$

式中　X——附聚产品中液体的质量分数；

E——附聚前粉的孔隙率；

ρ_{s}——实际颗粒密度；

ρ_{L}——液体的密度。

在洗涤剂附聚成型时，除附聚作用外，同时还有水合物和半固体硅酸盐沉淀产生。游离水的含量和配方组分的物料状态在不断地变化，直到附聚过程的最后都不会达到平衡，因而附聚成型的动力学极为复杂，实际应用时需对上述的数学模型进行修正。

附聚成型时的水合反应较复杂。在不同时间、不同条件下可能有不同的水合产品（如表3-9所示）。从表3-9中可以看出，有几种水合物（如STPP的六水合物、碳酸钠的七水合物等）在附聚温度高于80℃时不稳定，水合物不断产生和分解，水在水合的和无水的组分间不断地运动，在附聚器中要达到动态平衡比较困难，因此附聚产品要进行老化处理。

表3-9　附聚成型中可能产生的水合物及其分解温度

无水组分	水合物	水合物分解温度/℃
三聚磷酸钠	6	80
碳酸钠	1	100
	7	32
氢氧化钠	10	34
	1	68
硫酸钠	7	68
	10	24

无水组分	水合物	水合物分解温度/℃
二氯异氰脲酸钠	2	100
硅酸钠	1	55
	5	—
	6	—
	8	—
	9	—

附聚产品中大多数是以三聚磷酸钠的六水合物和碳酸钠的一水合物存在。这种结合紧密而稳定的水合水，称为结合水。结合松弛而不稳定的水叫游离水。产品的含水是结合水和游离水的总和。为防止结块，一般游离水的含量<3%。结合水对产品是有益的，它可降低产品的成本，并能增加产品的溶解速率。

（二）附聚成型工艺

附聚成型的基本工序有预混合、附聚、调理（老化）、后配料、干燥、筛分和包装，如图3-7所示。

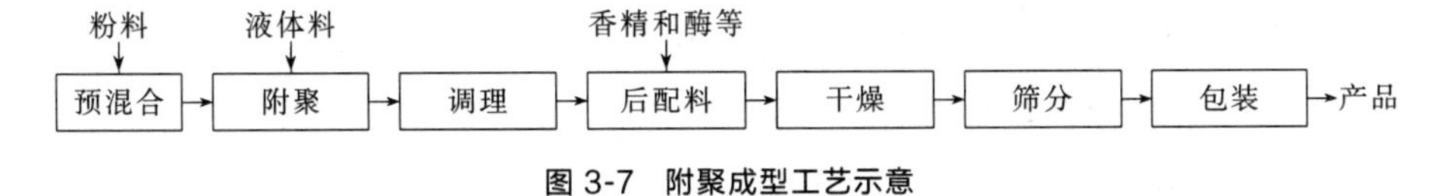

图3-7　附聚成型工艺示意

该生产工艺主要包括原料输送、料的计量控制、预混合、造粒、干燥老化和后处理等，其工艺流程如图3-8所示。

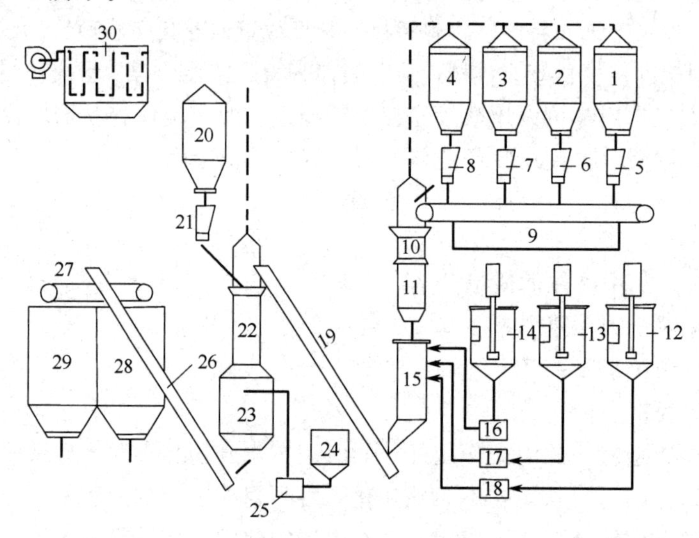

图3-8 洗衣粉附聚成型工艺流程

1～4—洗衣粉原料粉仓；5—三聚磷酸钠流量计；6—纯碱流量计；7—芒硝流量计；8—少量粉料流量计；9—水平皮带输送机；10—螺旋给料器；11—粉体混合器；12—非离子表面活性剂或磺酸保温罐；13—液体硅酸钠或水保温罐；14—其他表面活性剂保温罐；15—造粒成型机；16—其他活性物计量泵；17—液体硅酸钠计量泵；18—非离子表面活性剂或磺酸计量泵；19—皮带输送机；20—酶仓；21—酶计量计；22—酶-洗衣粉混合器；23—加香器；24—香料罐；25—香料计量泵；26—成品皮带输送机；27—进料仓输送带；28，29—成品槽；30—除尘器

先将配方中各种固体组分分别粉碎、过筛后送入上部粉仓，其中少量组分先混合后再送入。粉仓中的原料经过计量后落在水平输送带上送入预混器进行预混合。预混合后的粉料经螺旋给料器送入造粒机。经过预热定量的几种液体组分如非离子表面活性剂、水等同时进入造粒机，直接喷散在处于悬浮状态的粉料上，进行附聚，并完成必要的中和反应，再经老化以保证三聚磷酸钠、碳酸钠等充分水合，再加酶、加香进行后配制，最后经干燥、筛粉后送至成品贮槽。

目前洗衣粉生产中使用最多的是采用混合机附聚和混合机附聚与流化床干燥相结合的工艺，流化床干燥可使附聚成型的浓缩洗衣粉进一步干燥、成型，得到的洗衣粉粒度分布更窄，颗粒表面更光滑，水分含量更少，流动性更好。

（三）常用的附聚器

附聚器是附聚成型生产洗衣粉最重要的设备，以下重点介绍常用的几种附聚器。

1. 立式附聚器

立式附聚器是荷兰 Schugi BV 公司研制出来的。这种附聚器是由弹性材料制成的直立圆筒附聚器，筒内悬挂一搅拌轴（见图3-9），轴上有几

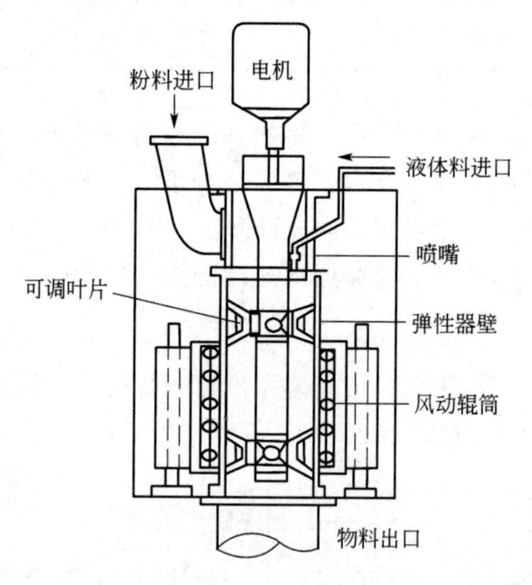

图3-9 立式附聚器

组突出刮板，刮板的角度可单独变化。搅拌轴的转速在 $1000\sim2000r\cdot min^{-1}$之间调节。

这种附聚器是靠轴向重力流动连续操作的。三聚磷酸钠、沸石、硫酸钠、碳酸钠以及一些微量细粉等固体物料从圆筒上部进入混合室，被混合刮板剧烈搅动，并与喷入的硅酸钠、氢氧化钠、非离子表面活性剂、脂肪酸和聚合物等液体物料从筒壁的喷嘴用压缩空气雾化喷洒。粉料在高速旋转的刮板的作用下形成湍流，被雾化的液滴均匀润湿，进行附聚作用。附聚温度可达 55～60℃。粉/液物料沿着混合器内壁按立式螺旋的路径向下移动至出料口。物料在混合器中的停留时间约 1min。该设备生产能力为 $91t\cdot h^{-1}$，主要用于机用餐具洗涤剂和洗衣粉的生产。这种附聚器体积小、产量大、操作简易，因此必须极准确地控制物料的流量，以保证得到均匀的产品。另外，为了防止成品黏附在混合器内壁上，可采用氯丁橡胶作弹性器壁。当外圈风动滚轮沿外壁上下运动时，弹性器壁不断产生变形，就能起到自清理的作用。

由于物料在这种附聚器中停留的时间很短，产品一般很湿也很黏，必须进一步调理、老化。产品常在流化床中进行老化、干燥、冷却、筛分。筛分得到的混合物在第二个附聚器中与热敏性物料混合，进行后配料，筛分后产品的表观密度在 $0.75\sim1.0g\cdot ml^{-1}$。

2. “Z”形附聚器

“Z”形附聚器由两部分组成，前一部分是一只转筒，后一部分为 V 形混合器（如图 3-10 所示）。固体粉料经过转轴上带有刀片板条的狭缝，从转鼓上部加入。液体料通过一旋转分散杆加入，离心雾化成液滴与固体粉料进行附聚。主要的附聚作用在转筒中发生，在 V 形部分进一步附聚，并使颗粒均化。在每一半周部分物料向前移动，其余的返回。在“Z”形附聚器中，物料停留时间约 90s。这种附聚器的生产能力为 $61.2t\cdot h^{-1}$，主要用于生产洗衣粉。

3. 转鼓式附聚器

转鼓式附聚器是水平安装在滚珠上的一个大圆筒，该圆筒由马达带动旋转，如图 3-11 所示，可以把整个装置看作“鼓中之鼓”。其内鼓是由一根杆和笼式结构组成，这种和笼式结构在外鼓中可以自由浮动。在进料端，笼条之间空隙较窄，可获取粉状原料，而出料端较宽，可处理附聚物料。在壳体与笼状结构之间装有连续螺旋带，用以横向返回细粉至进料端。

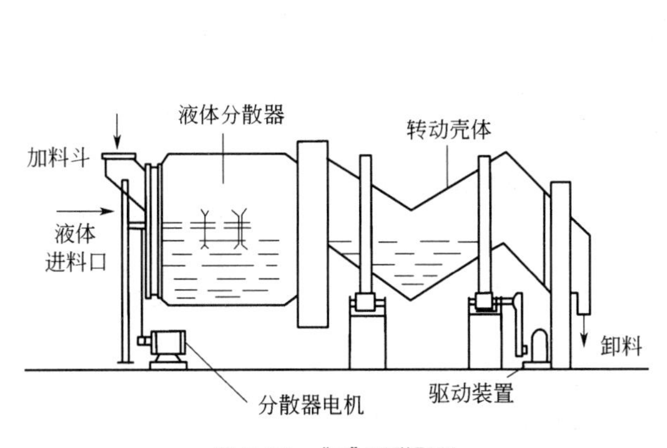

图 3-10　“Z”形附聚器

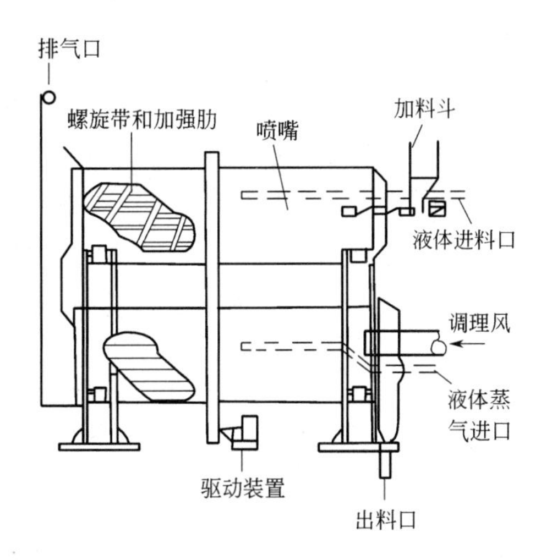

图 3-11　转鼓式附聚器

在转鼓旋转时，粉状物料由壳体带至如时钟上 1:00～2:00 的位置，重力作用又使它们从料层中落下，形成一降幕帘。硅酸盐及表面活性剂喷嘴与此幕帘呈垂直安装，并尽可能接近转鼓的直径处。喷成雾状的液滴润湿附近的颗粒，进行附聚，料层的碾压作用可进一步压实附聚体，并使其他的颗粒有机会与液体粘接剂接触。并且，料层内部的剪切作用将大颗粒破碎，保持粒度均匀。物料在这种附聚器内的停留时间平均为 20～30min。转鼓式附聚器的生产能力为 $100t \cdot h^{-1}$，主要用于生产机用餐具洗涤剂和洗衣粉。

4. 斜盘附聚器

斜盘附聚器结构简单（如图 3-12 所示），它是一斜盘，由马达传动，可连续计量调节至盘的某一固定位置上。在盘旋转时物料层受离心力的碾轧。液体的原料和硅酸盐粘接剂喷洒到不断更新的料层上，从而产生附聚作用。粒状产品从盘的较低边缘溢流出料。

对这种附聚作用的研究认为，此法包括晶粒的形成和颗粒的生长两个不同的操作过程，它们分别在盘面的不同区域发生。在转盘处于最佳操作状态时，用肉眼就可见到存在 3 种不同的流型：自由流动的原料，正在附聚的中间产品和成品。物料在盘上的停留时间仅几分钟。这种附聚器的生产能力约 $20.4t \cdot h^{-1}$，主要用于机用餐具洗涤剂与洗衣粉的生产。

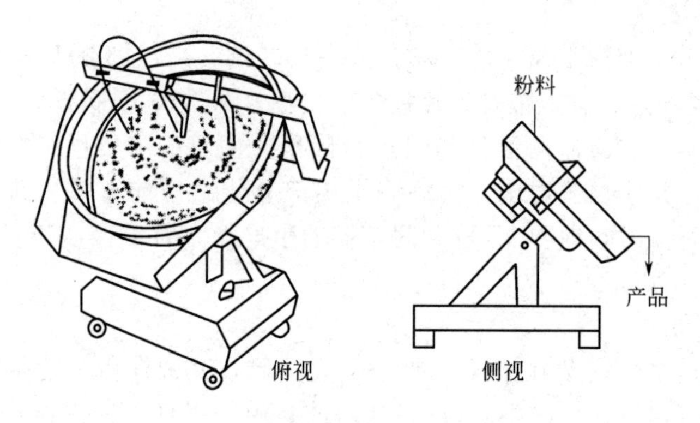

图 3-12 斜盘附聚器

总之，附聚器的种类较多，但通常具有两个主要特性。首先要使固体组分保持恒速运动，保证所有颗粒表面都能与液体接触。其次，是将液体硅酸钠均匀喷到干物料上，使其形成附聚颗粒。

（四）附聚成型法生产洗衣粉常见的质量问题

附聚成型法生产洗衣粉常见的质量问题有附聚不良、大颗粒太多、产品溶解性差、结团或流动性差、松密度过高、吸附表面活性剂量少、碎耗太多、对氯不稳定等。表 3-10 列出常见的质量问题及其产生的原因，以便为改善洗衣粉的质量提供参考。

表 3-10 附聚成型法生产洗衣粉常见的质量问题及其原因

常见的质量问题	产生的原因
附聚不良	水分不足、液体分散不充分、硅酸盐溶液浓度太大、硅酸盐用量不当、纯碱用量过多、混合力过大或者温度太高
大颗粒太多	硅酸盐浓度太大、原料含水量太大、分散不良、原料的颗粒太大、混合不充分或者设备超负荷运行

续表

常见的质量问题	产生的原因
产品溶解性差	干燥过度、硅酸盐的模数太高、原料配方不当或者水合反应不完全
结团(流动性差)	水分太多、原料水合比不适当、表面活性剂用量过多、粒度分布范围过窄、调理过程不充分或者物料运动欠当
松密度过高	硅酸盐用量太大、原料配比不当、调理干燥时间过长或者附聚不均
吸附表面活性剂量少	水分太多、硅酸盐浓度太大、配方不当、表面活性剂类型不合适或者机械加工过度
碎耗太多	硅酸盐浓度太小、干燥不充分或者细颗粒数量太多
对氯不稳定	水分太多、各组分添加程序不当、漂白剂选用不当或者硅酸盐模数太高
产品得率低	附聚不良或者大颗粒太多

第四节　典型洗衣粉的生产实例

一、漂白型洗衣粉

(一)漂白型洗衣粉的要求

漂白型洗衣粉（bleaching laundry detergent powder）又称彩漂洗衣粉。漂白型洗衣粉一般含有含氧漂白剂（如过碳酸盐、过硼酸盐等），对白底花布来说，由于使白度增加而衬托得花布更鲜艳；对非白底花布来说，由于对纤维上附着的污垢去除率高，从而恢复色布原有色彩，显得光亮艳丽。漂白型洗衣粉要求对花布不褪色，不损伤纤维，去污力强，易于漂洗，漂白性强。

用漂白型洗衣粉洗衣时应注意：①先将水温调到50℃，加入彩漂粉，溶解。再把衣服浸入水中20～30min，然后轻轻揉搓，污物就会洗去。②不要把干粉直接撒在衣服上，防止局部氧化褪色。

(二)漂白型洗衣粉的配方及制法

1. 普通漂白型洗衣粉的配方

原料	质量分数/%	
	配方(1)	配方(2)
烷基苯磺酸钠	10.0	14.0
脂肪醇聚氧乙烯醚	3.0	—
脂肪醇聚氧乙烯醚磺酸钠	—	2.0
十二烷基硫酸钠	2.0	2.0
皂料	2.0	3.0
纯碱	6.0	—
硅酸钠（模数2.4）	6.0	7.0
三聚磷酸钠	20.0	16.0
过碳酸钠	12.0	—
过硼酸钠	—	15.0
羧甲基纤维素钠	1.0	1.0
荧光增白剂	0.1	0.1
四乙酰基乙二胺	—	3.0
硫酸钠	30.8	29.8
香料	0.1	0.1
水	余量	余量

制法：将除过氧化物、香料外的其他物料制浆，荧光增白剂先溶于水，然后加入料浆。

喷雾干燥制得空心颗粒粉，加入过氧化物、香料（30℃以下加入），混合均匀即制成。

2. 含酶漂白型洗衣粉的配方

原料	质量份	原料	质量份
牛油醇聚氧乙烯醚（5）	1.9	硫酸钠	48.6
C_{16}～C_{18}脂肪醇聚氧乙烯醚	1.7	纯碱	12.7
十二醇/十四醇/牛油醇聚氧乙烯醚（14∶6∶8）	17.1	乙二胺四亚甲基膦酸钠	0.85
十二烷基苯磺酸钠	30.0	四乙酰基乙二胺	2.1
蛋白酶（颗粒）	0.5	皂料	6.4
过硼酸钠	25.0	消泡剂	3.0
丙烯酸/马来酸共聚物钠盐	16.6	香料	0.2
4A 沸石	103.1	水	40.2

制法： 先将 56.9 份沸石、1.9 份牛油醇聚氧乙烯醚（5）、6 份丙烯酸/马来酸共聚物钠盐、2 份硫酸钠和 16.1 份水混合，喷雾干燥。在该干燥颗粒上喷雾 17.1 份十二醇/十四醇/牛油醇聚氧乙烯醚（14∶6∶8）。另将 C_{16}～C_{18}脂肪醇聚氧乙烯醚 1.7 份、皂料 6.4 份、十二烷基苯磺酸钠 30 份、沸石 46.2 份、丙烯酸/马来酸共聚物钠盐 10.6 份、纯碱 12.7 份、乙二胺四亚甲基膦酸钠 0.85 份、硫酸钠 46.6 份和 24.1 份水混合制浆，喷雾干燥。将该粉粒与先前制的颗粒混合，再加入酶、过硼酸钠、香料、消泡剂、四乙酰基乙二胺等，混合均匀，制得不结块、去污力强的含酶漂白型洗衣粉。

二、洗衣机用洗衣粉

洗衣机用洗衣粉（laundry detergent powder for washing machine）一般加有消泡剂，泡沫低，易漂洗，去污力强，供洗衣机洗涤时不会溢出泡沫。

配方 1

原料	质量分数/%	原料	质量分数/%
非离子型表面活性剂	10.0	硫酸钠	43.3
三聚磷酸钠	20.0	羧甲基纤维素钠（以 60%计）	1.5
焦磷酸钠	10.0	荧光增白剂	0.2
硅酸钠	15.0		

该洗衣粉采用低泡沫的非离子表面活性剂，泡沫少且去污性能好，易于漂洗，适用于全自动洗衣机。

配方 2

原料	质量分数/%	原料	质量分数/%
烷基苯磺酸钠（100%）	1.16	硅酸钠（40%）	8.0
牛油脂肪酸	6.4	过硼酸钠	11.1
三聚磷酸钠	10.0	荧光增白剂	0.17
焦磷酸钠	5.0	羧甲基纤维素钠（以 60%计）	2.0
次氯酸钠	2.0	硫酸钠	余量

制法：将烷基苯磺酸钠、牛油脂肪酸、三聚磷酸钠和焦磷酸钠混合。将硫酸钠和羧甲基纤维素钠混合均匀，于搅拌下加入前述混合物中，待分散均匀后，加入次氯酸钠，再加入硅酸钠，混合研磨后，加入过硼酸钠和荧光增白剂，得洗衣机用洗衣粉。

三、特种洗衣粉

特种洗衣粉（special laundry detergent powder）主要用来洗涤特种织物，特别是对洗涤温度、搅拌有特殊要求的过程，以防止窗帘布的褶皱、羊毛的毡化和染料的扩散等。西欧的特种洗衣粉主要有精细有色织物洗涤剂、羊毛洗涤剂、窗帘布洗涤剂和手工洗涤剂。

精细有色织物洗涤剂通常不含有漂白剂和荧光增白剂，用来洗涤如合成的精致编织物或含有对氧化物敏感的染料的织物，以及可由荧光增白剂使色泽转变成彩色的精致编织物。

羊毛洗涤剂主要用在30～40℃、低速搅拌的洗衣机中洗涤，用它来洗涤特殊处理的无绒毛织物，可防止毛毡化。

窗帘布洗涤剂中含有特种抗再沉积剂，以防止窗帘布的灰黄化。手工洗涤剂是高泡产品，用来洗涤特别脏的地方。表3-11是几种特种洗衣粉的配方。

表3-11 特种洗衣粉配方　　单位：%

组成	精细有色织物洗涤剂	羊毛洗涤剂	窗帘布洗涤剂	手工洗涤剂
LAS，AES	5～15	0～15	0～10	12～25
AEO	1～5	2.0～25①	2～7	1～4
肥皂	1～5	0～5	1～4	0～5
双烷基二甲基氯化铵	—	0～5②	—	—
三聚磷酸钠	25～40	25～35	25～40	25～35
过硼酸钠	—	—	0～12	—
硅酸钠	2～7	2～7	3～7	3～9
抗再沉积剂	0.5～1.5	0.5～1.5	0.5～1.5	0.5～1.5
酶	0～0.4	—	—	0.2～0.5
荧光增白剂	0～0.2	—	0.1～0.2	0～0.1
香精	适量	适量	适量	适量
填充料	余量	余量	余量	余量

① 仅在液体洗涤剂中非离子表面活性剂的含量高。

② 仅在液体洗涤剂中含阳离子表面活性剂。

思考题

1. 4A沸石去除水中的钙、镁离子的机理与三聚磷酸钠相比有何不同？
2. 要防止过肥化问题，在洗涤剂设计时可采取哪些措施？
3. 用过硼酸钠作漂白剂时，为什么要加入漂白活性剂，其活性机理有哪些？
4. 常用的洗涤用酶有哪些？ 其作用原理有何不同？ 如何提高酶的稳定性？
5. 喷雾干燥法生产洗衣粉时，按物料与气流接触的方式可分为哪两类？ 各有什么特点？
6. 附聚成型法生产洗衣粉可能用到的原料有哪些？ 各有何作用？ 如何提高附聚效果？
7. 水玻璃在洗衣粉中有何作用？ 与肥皂中的作用相比有何不同？

第四章

液体合成洗涤剂

在合成洗涤剂产品中，除粉状洗涤剂外，液体洗涤剂发展迅猛，是当今主流洗涤用品。

液体合成洗涤剂具有以下优点：①制造工艺和制造设备简单；②液体洗涤剂属于节能型产品，不但制作过程节省能源，在使用过程中也适合低温洗涤；③产品适应范围广，除洗涤作用外，还具有多种功能；④使用水作为溶剂或填料，生产成本低；⑤使用时容易定量、易溶解，可以高浓度形式施用于领口和袖口等脏污处；⑥无粉尘污染。其缺点是在液体中各种组分间容易发生反应，如荧光增白剂，特别是漂白剂和漂白活化剂，很难配入到液体洗涤剂中。

各国液体洗涤剂发展迅速，从全球范围来看，北美洗衣粉的市场份额早就被液体洗涤剂所超过。在我国，自1986年以来液体洗涤剂每年以高于20%的速度增长，远高于洗涤用品工业总增长率。洗涤用品的产业结构也发生了巨大的变化，从2000年以合成洗衣粉为主发展到2019年以液体洗涤剂为主，并形成了多元化产品结构。

液体合成洗涤剂的应用非常广泛，可用于清洗衣服、厨房、浴室、家具、车辆、人体、头发等。因此按用途进行分类，液体合成洗涤剂可分为衣用液体洗涤剂、餐具洗涤剂、炊具洗涤剂、地毯洗涤剂、玻璃洗涤剂、洗手液、沐浴液、洗发香波等；从外观来看，液体合成洗涤剂有透明液、乳状液、微乳液以及双层液体状态；从配方看，液体合成洗涤剂有含磷酸盐助剂的混合物、不含磷酸盐助剂的混合物，还有以肥皂为主并混有少量非离子表面活性剂的浓缩混合物。

第一节　生产液体洗涤剂的主要原料

液体洗涤剂是在一定工艺条件下，由各种原料加工制成的一种复杂混合物。液体洗涤剂产品质量的优劣，除与配方工艺及设备条件有关外，主要取决于所用原料的质量。因此，原料的选择及其质量是非常重要的。

生产液体洗涤剂的原料有两类。一类是主要原料，即起洗涤作用的各种表面活性剂。它们用量大，品种多，是洗涤剂的主体。另一类是辅助原料，即各种助剂。它们在液体洗涤剂中发挥辅助作用，其用量可能不大，但作用非常重要。实际上，主要原料和辅助原料的划分没有严格的界限，如某些辅助原料的用量远超过主要原料，而某些表面活性剂在一种液体洗涤剂中是主要原料，而在另一种液体洗涤剂中只起辅助作用。关于起洗涤作用的表面活性剂，请参阅第一章的有关部分。以下重点介绍液体洗涤剂中常用的助洗剂。

1. 螯合剂

凡能与硬金属离子（如 Ca^{2+}、Mg^{2+}、Fe^{3+}）结合，生成不溶性配合物的物质，称为螯合剂。在洗涤剂中，首先表现为能使硬水软化，即螯合剂先于表面活性剂与水中的 Ca^{2+}、Mg^{2+}、Fe^{3+} 螯合，使水软化。这样，不但节省表面活性剂，还可以避免在织物上留下污垢沉淀物，使被洗物保持鲜艳色彩。

一般来说，在粉状合成洗涤剂中最常用也是性能最好的螯合剂是三聚磷酸钠。但是在液体洗涤剂中很少用三聚磷酸钠作螯合剂，原因在于三聚磷酸钠的溶解度较小，20℃时，其溶解度只有 15%，这样会使液体洗涤剂变得浑浊以至分层，影响透明度。因此，在液体洗涤剂中，主要用溶解度较大的焦磷酸钾（20℃时，其溶解度为 60%）来螯合 Ca^{2+}、Mg^{2+}。另外，还可以用柠檬酸和酒石酸来螯合 Fe^{3+}，用硅酸钠与碳酸钠配合螯合 Mg^{2+}，用乙二胺四乙酸钠（EDTA）和次氨基三乙酸钠（NTA）螯合 Ca^{2+}、Mg^{2+}。

应该指出，EDTA 是常用的也是最有效的螯合剂，其结构式为

$$(NaOOCCH_2)_2N—CH_2—CH_2—N(CH_2COONa)_2$$

EDTA 对 Ca^{2+} 的螯合能力最强，在溶液中能与金属离子形成一个牢固的环状结构，使金属离子被牢固地束缚。另外，EDTA 还有一系列特殊的性能，如它能提高溶液的透明度，并具有一定的杀菌能力，使液体洗涤剂的手感舒适。

2. 增泡剂

大部分液体洗涤剂对泡沫有一定要求，如洗发香波和皮肤清洗剂都要求有丰富而细腻的泡沫。泡沫还可以起携带污垢的作用，并对漂洗过程起指示作用。丰富而稳定的泡沫使洗涤过程中充满美感，成为一种享受。常用的增泡剂有烷醇酰胺、氧化胺以及 C_6～C_{10} 的脂肪醇等。

3. 增稠剂

大部分民用液体洗涤剂要求有一定的稠度或黏度，它能提高感官效果，使用时不易倾翻。对于一些光滑表面使用的液体洗涤剂，产品黏稠尤为重要。

因此，在选择表面活性剂时，应优先考虑非离子表面活性剂，因为这类表面活性剂能赋予液体洗涤剂较大黏度。另外，为了提高黏度，添加一些水溶性高聚物，如聚乙二醇、羧甲基纤维素钠、聚乙烯醇、聚醋酸铵等，添加 1%～4% 的无机电解质（如 NaCl、NH_4Cl），也可显著提高产品的黏度，但无机电解质在高温下效果不好。

4. 增溶剂（助溶剂）

增溶剂可提高表面活性剂在水中的溶解性，还可提高各配伍组分的相溶性，对产品配制和使用相当重要。例如在清洗重垢污斑的产品（如衣领净等）中，使用增溶剂可提高产品中表面活性剂的含量。

在重垢型液体洗涤剂中，除了表面活性剂外，还有部分无机助剂，这些无机物的存在常使表面活性剂溶解度下降，使产品不稳定，易分层，必须加入增溶剂。常用的增溶剂有对甲苯磺酸钠、二甲苯磺酸钠、尿素或低分子的醇等，其用量为 5%～10%。但是，应该注意尿素不宜在碱性液体洗涤剂中使用。这是因为尿素是由氨基甲酸铵分解而得。尿素中少量的氨基甲酸铵与碱反应放出氨气，其味是香精不能掩盖的。反应式如下：

$$CO_2 + 2NH_3 \longrightarrow NH_2COONH_4$$

$$NH_2COONH_4 \xrightarrow{200℃} NH_2CONH_2 + H_2O$$

$$NH_2CONH_2 + H_2O \longrightarrow (NH_4)_2CO_3$$

在轻垢型液体洗涤剂中，如餐具洗涤剂中，表面活性剂含量若小于10%，一般不需加增溶剂，但当表面活性剂含量大于10%时，常加入乙醇、甲苯磺酸钠、尿素、吐温-60和聚乙二醇等增溶剂，使餐具洗涤剂在0～2℃时仍能保持透明状。

另外，三乙醇胺除了具有增溶作用外，还能帮助金属氧化物和钙、镁盐在液体中分散，有利于污垢的悬浮；降低产品的黏度和低温贮存时产品的雾点，改进低温贮存稳定性。

异丙醇和乙醇也可以降低非离子型表面活性剂为主要组分的液体洗涤剂的黏度，改进溶解性，使产品易于贮存。通常，为避免刺激皮肤，这些增溶剂的加入量一般应小于7%。

5. 珠光剂

对于一些高档乳状液体洗涤剂，为了得到更加漂亮的外观，产生珍珠般的色泽，常加入珠光剂。过去常用一些天然珠光原料，如贝壳粉、云母粉、天然胶等，目前多用化学合成的珠光剂，以达到遮盖自然光的目的，产生珠光效果。这类珠光剂主要有硬脂酸的金属盐(镁、钙、锌盐类)、丙二醇硬脂酸酯、丙三醇硬脂酸酯等。其中，乙二醇硬脂酸酯是液体洗涤剂中常用的珠光剂。

6. 摩擦剂

有一部分液体洗涤剂，用于清洗带有牢固污斑的硬表面（如炉灶、炊具等），必须借助机械摩擦力才能有效去污。这时，可以加入摩擦剂，以增大洗涤剂与硬表面之间的机械摩擦力，使污斑脱离载体。

摩擦剂通常要有一定的硬度和粒度。常用的摩擦剂有石英砂等非金属矿粉，以及硬质塑料细粉或塑料小球，有时泡沫塑料小球也作为地毯清洗用的摩擦剂。

7. 杀菌消毒剂

无论是餐具清洗剂，还是衣用洗涤剂，都有杀菌消毒功能的要求。常用的消毒剂是含氯消毒剂，如次氯酸钠、次氯酸钙、氯化磷酸三钠、氯胺T（其化学式为$CH_3C_6H_4SO_2NClNa \cdot 2H_2O$)、三氯异氰尿酸及其盐，以及碘伏等。

其中，次氯酸钠是含氯杀菌消毒剂的代表，其分子式为NaClO，分子量74.45。固态次氯酸钠为白色粉末，在空气中极不稳定，受热后迅速分解，只有在碱中比较稳定。商品为碱性水溶液，有13%和10%两种有效氯含量的次氯酸钠，呈微黄色，碱度不低于2%～3%，可贮存10～15天。通常用有效氯表示次氯酸钠的浓度。有效氯是一个表示氧化剂电子转移能力的化学量。次氯酸钠接受两个电子变成氯化钠，因此有效氯值等于次氯酸钠分子中实际氯含量的两倍。

次氯酸钠的优点是成本低，在冷水中就有很强的杀菌消毒作用，常用在卫生消毒剂中，有时用于液体洗涤剂中。次氯酸钠的缺点是在pH值9.5～11时才稳定，在这个范围之外分解成氢氧化钠和不稳定的次氯酸，次氯酸又分解为氯化氢、氯酸盐和新生的氧。另外，次氯酸钠是一个很好的漂白剂，对皮脂的蛋白类污垢的去除很有效，是一个能与很多污垢、色斑作用的重垢、广谱氧化剂，与过氧化物相比，不需要较高的温度和碱性以及较长的时间，在硬水中也具有较好的漂白性。但是，应该注意，次氯酸钠是强氧化剂，可以使纤维素的羟基和木质素的酚氧化，从而对织物造成损坏，当然也会伤害皮肤，对一些染料也有损伤，而且与洗涤剂的其他组分，如香料、酶和荧光增白剂等产生作用。

另外，近期的研究表明，碘伏也是一类性能良好的杀菌消毒剂。碘伏是碘与表面活性剂或高分子聚合物形成的配合物，其品种较多。例如，聚维酮碘（PVP-Ⅰ）是由碘与聚乙烯吡咯烷酮络合而制得。PVP-Ⅰ具有良好的杀菌性能，稳定性好，毒性极低，着色弱且易褪色，刺激性弱。与传统的含氯消毒剂相比，碘伏的综合性能好，在很宽的 pH 值范围（pH＝3～9）内具有很好的杀菌消毒效果，对金色葡萄球菌、大肠杆菌、乳状链球菌、肝炎病毒等都具有很高的灭活率，十分适合于餐具用洗涤消毒剂。另外，碘伏还有一个最大的优点，就是碘伏溶液的指示作用，即碘伏溶液呈黄褐色时，具有消毒效果，颜色减退，消毒效果下降。这有利于消毒过程中对剂量的掌握。目前，由于碘伏的生产成本比较高，影响了其推广使用。

8. 缓冲剂

缓冲剂也叫 pH 值调节剂，主要用来调节溶液的酸碱度，使 pH 值处在所设计的范围内，满足产品的特定需要。pH 值调节剂一般在产品配制的后期加入，常用的缓冲剂有柠檬酸、酒石酸、磷酸、硼酸钠、碳酸氢钠以及磷酸二氢钠等。

9. 调理剂

调理剂在液体洗涤剂中能使产品增加调理功能，如调理香波中的调理剂可改善头发的梳理性，使头发柔顺、光亮。在衣用洗涤剂中，调理剂可以使纤维柔顺膨松、抗静电等。常用的调理剂主要是两性表面活性剂和阳离子表面活性剂，如氧化叔胺、阳离子聚合物、羊毛脂衍生物等。

10. 防腐剂

在液体洗涤剂中，为了延长产品的贮存期，有时需加入防腐剂。常用的防腐剂有以下几种。

（1）甲醛　甲醛具有一定的防腐作用，但它能与香精作用，使产品变色，个别情况下还会引起皮肤过敏，一般用量为 0.1%～1%。

（2）尼泊金酯类（对羟基苯甲酸酯类）　在酸、微碱及中性溶液中具有抑菌作用，最低有效含量为 0.01%～0.2%。尼泊金丙酯和尼泊金甲酯混合使用可提高防腐效果。

（3）布罗波尔（Bronopol，2-溴-2-硝基-1,3-丙二醇）　白色结晶，易溶于水，用量 0.01%～0.05%；适宜的 pH 范围为 4～6，在中性和碱性条件下分解为甲醛和溴化物；对皮肤无刺激，具有广谱抑菌性；可单独使用，亦可与尼泊金酯类配合使用，配合使用时效果更好。

（4）凯松（Kathon C G）　加有镁盐稳定剂的 5-氯-2-甲基-4-异噻唑啉-3-酮和 2-甲基-4-噻唑啉-3-酮的混合液，有效物含量 1.5%～2%，最低抑菌含量为 0.000125%，适宜的 pH 范围为 5～8，在碱性或高温下分解失效，在洗发香波中加入量为 0.02%～0.13%。

（5）防腐剂 PC（对氯间苯二酚）　白色或浅黄色针状结晶，也是一种广谱抑菌剂，对皮肤无刺激，毒性低，可代替尼泊金酯类，一般用量为 0.05%～0.075%。

除上述洗涤助剂外，为了降低液体洗涤剂的冰点，提高其低温贮存的稳定性能，还可加入防冻剂，如乙醇、异丙醇等；为了改善产品的气味和外观，还可加入香精、色素；为了延长贮存期，还可加入防腐剂、抗氧化剂等。

11. 酶

在液体洗涤剂中，常用液体蛋白酶和淀粉酶，其用量为 0.4%～0.8%，一般在配制后期加入，加入时 pH 应在 7～9.5，温度低于 30～40℃。另外，液体洗涤剂中加入少量钙

(100×10^{-6}～500×10^{-6})，可使酶获得很好的贮存稳定性。因此应避免使用与钙结合的助剂如 STPP、NTA、EDTA 等。酶不能与次氯酸钠等含氯的杀菌剂配合使用，否则将丧失活性，过氧酸盐类氧化剂对酶的影响较小。

12. 溶剂

水是液体洗涤剂中用量最大、也是最廉价的溶剂和填料，水质的优劣直接影响产品的质量。未经处理的天然水中含有钙盐、镁盐、氯化钠及其他无机杂质和有机杂质。一般来说，可用螯合剂软化硬水；以活性炭吸附去除有机杂质，采用离子交换树脂或电渗析法除去 Ca^{2+}、Mg^{2+}、Fe^{3+} 等阳离子以及 Cl^{-}、SO_4^{2-}、HCO_3^{-} 等阴离子，得到去离子水；还可以用蒸馏方法得到纯净的蒸馏水。在一般的液体洗涤剂中，使用软化水和去离子水就可以了，一些特殊用途液体洗涤剂才使用蒸馏水。

还有些液体洗涤剂使用乙醇、异丙醇、丙酮等有机溶剂，如干洗剂、预祛斑剂等。

第二节 液体洗涤剂的配方及其生产工艺

一、液体洗涤剂的配方设计

对于液体洗涤剂的配方设计，主要根据洗涤对象和产品的外观形态确定配方中表面活性剂的用量以及助剂的种类和用量。在轻垢型液体洗涤剂中，主要活性物一般控制在 10%～15%，稳泡剂一般为 5%左右，碱性助剂一般为 10%～15%，增溶剂一般为 5%左右，防冻剂一般为 10%左右，其他如色素、香精、增白剂等占 1%左右，水可达到 60%～70%。

重垢型液体洗涤剂是液体洗涤剂的重要品种，一般分为非结构型和结构型两种类型。非结构型液体洗涤剂是透明的，其中的表面活性剂含量较高，高达 40%以上，且基本上是使用溶解性能较好的表面活性剂（如非离子表面活性剂、钾盐型阴离子表面活性剂）。助剂都是些水溶性较高的焦磷酸钾、柠檬酸钠等。当浓度较高时，还需加入助溶剂来降低黏度和提高稳定性。由于受到溶解度和稳定性的限制，一般很少加入助剂和漂白剂，但有些国家（如美国）的配方中助剂含量有 15%～20%。表 4-1 是欧洲、美国和日本重垢型液体洗涤剂的配方。此类产品原料成本较高且综合性能不太理想。

表 4-1 重垢型液体洗涤剂配方　　单位：%

配料	化合物	欧洲		日本		美国	
		含助剂	不含助剂	含助剂	不含助剂	含助剂	不含助剂
阴离子表面活性剂	烷基苯磺酸钠	5～7	10～15	5～15	—	5～17	0～10
	肥皂	—	10～15	10～20	—	0～14	—
	醇醚硫酸盐	—	—	5～10	15～25	0～15	0～12
非离子表面活性剂	烷基聚乙二醇醚	2～5	10～15	4～10	10～35	5～11	15～35
抑泡剂	肥皂	1～2	3～5	—	—	—	—
稳泡剂	脂肪酸烷醇酰胺	0～2	—	—	—	—	—
酶	蛋白酶	0.3～0.5	0.6～0.8	0.1～0.5	0.2～0.8	0～1.6	0～2.3

续表

配料	化合物	欧洲		日本		美国	
		含助剂	不含助剂	含助剂	不含助剂	含助剂	不含助剂
助剂	焦磷酸钾、三聚磷酸钠、柠檬酸钠、硅酸钠	0～3	—	3～7	—	6～12	—
增溶剂	甲苯硫酸钠、乙醇、乙二醇	3～6	6～12	10～15	5～15	7～14	5～12
荧光增白剂	二苯乙烯苯磺酸盐、双二苯乙烯联苯衍生物	0.15～0.25	0.15～0.25	0.1～0.3	0.1～0.3	0.1～0.15	0.1～0.25
柔软剂	季铵盐、黏土	—	—	—	—	0～2	—
稳定剂	三乙醇胺、螯合剂	—	1～3	1～3	1～5	—	—
香精		适量	适量	适量	适量	适量	适量
染料		适量	适量	适量	适量	适量	适量
水		余量	余量	余量	余量	余量	余量

结构型液体洗涤剂是一种不透明的黏稠悬浮液，其中含有大量不溶的固体颗粒。它与非结构型液体洗涤剂的明显区别是：①体系中的表面活性剂主要以阴离子表面活性剂（如烷基苯磺酸钠）为主，且含量也较低；②助剂的种类大大拓宽，加入量也比非结构型液体洗涤剂提高很多。由于溶解度有限或不溶而曾被认为不能用于重垢型液体洗涤剂的助剂，如三聚磷酸钠、碳酸钠、4A沸石等，都可以使用。结构型液体洗涤剂中富含表面活性剂的层状液滴，有时阴离子表面活性剂的含量达30%～50%，以增强除脂能力。除此之外，还含有STPP或沸石、漂白剂和酶制剂等。其密度为1.2～1.3$g \cdot cm^{-3}$。与高密度浓缩洗衣粉一样，它具有节省包装、方便运输等优点。

另外，结构型液体洗涤剂由于其中的固体颗粒的密度往往大于连续相，故其稳定性一般较差，常常分为两层，一层是透明的电解质溶液，一层是黏稠、不透明的含大量表面活性剂和不溶助剂的悬浮液。为解决这一问题，一种方法是加入聚合物类抗絮凝剂（如聚丙烯酸衍生物），使体系形成一种网络状的三维结构，阻止固体颗粒下沉。这种方法制备的液体洗涤剂黏度较高，使用时难以倾倒。另一种方法则是利用电解质和聚合物的盐析和渗透等作用使体系中的表面活性剂形成球形层状液晶。这种结构可以悬浮大量的固体颗粒，从而使体系稳定。

结构型重垢液体洗涤剂于20世纪80年代由美国率先生产，其产量在逐年增加。中国的水硬度高，洗涤温度低，且衣服穿着周期长，故高助剂含量的结构型重垢液体洗涤剂较适合中国国情。但目前发展却很慢，市场上的产品很少，且总固体物含量较低，因此开发结构型重垢液体洗涤剂大有可为。

二、液体洗涤剂的生产工艺

液体洗涤剂的生产工艺比较简单，不像生产洗衣粉那样需要复杂的设备，因而投资省、“上马”快。一般采用间歇式生产装置，这主要是因为生产工艺简单，产品品种繁多，没必要采用投资多、控制难的连续化生产线。

液体洗涤剂的生产主要包括配料、过滤、排气、包装等几个过程。图 4-1 是液体洗涤剂的生产工艺流程。以下对其生产过程进行详细说明。

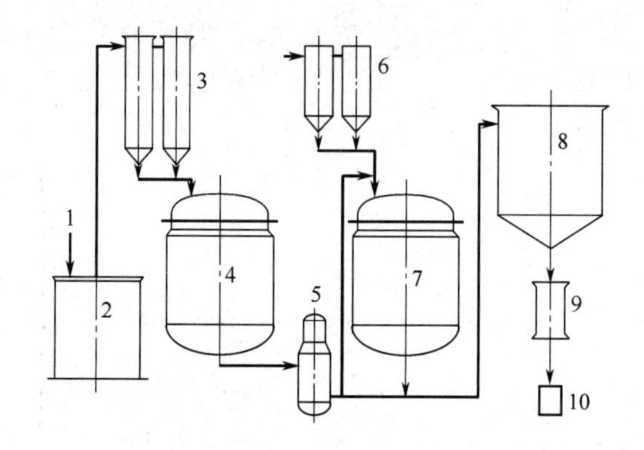

图 4-1　液体洗涤剂的生产工艺流程

1—进料；2—贮料罐；3—主料加料计量罐；4—乳化罐；5—均质机；
6—辅助加料计量罐；7—冷却罐；8—成品贮罐；9—过滤罐；10—成品包装

1. 物料的预处理和输送

按照工艺要求选择适当的原料，并做好原料的预处理。如有些原料应预先在烘房中熔化，有些原料应用溶剂预溶，然后才能选用合适的设备输送。

少量的固体物料通过手工输送，在设备手孔中加料。液体物料主要靠泵和重力输送。对于低黏度的液体物料，可用离心泵来输送，对于高黏度的液体物料，主要使用旋转泵、齿轮泵等来输送。有时也采用真空吸入法来输送低黏度液体，即将进料设备抽成一定的真空度，低黏度物料即被吸入设备内，但应注意易挥发物料不适宜用真空吸料法。造成真空的设备有水喷射泵，也可用机械真空泵。

2. 配料

输送过来的各种物料在带有搅拌器的配料锅进行混合。配料锅一般用不锈钢制成，带有夹套，夹套内送水蒸气或冷水，达到加热或冷却的目的。大部分液体洗涤剂是制成均相透明混合溶液或乳状液。无论哪一种液体，都离不开搅拌。只有通过搅拌才能将多种物料混合均匀，并且搅拌过程中，搅拌器的桨叶必须定位恰当，要使最上一层的桨叶正好浸在液面以下，以防搅拌时带进大量空气。

要使物料搅拌均匀，搅拌器的选择和搅拌工艺操作十分重要。常用的均质搅拌器有以下 3 种类型。

（1）桨叶式均质搅拌器　这种搅拌器构造简单，搅拌速度较慢，液体在旋转的水平方向运动效果好，但垂直方向搅拌效果不好，适用于流动性大、黏度小的液体物料，也适用于纤维状或结晶状固体物料的溶解或混合。常见的桨叶式均质搅拌器的各种桨板形状如图 4-2所示。

（2）螺旋桨式均质搅拌器　这种搅拌器由 2～3 片螺旋推进桨叶组成，液体可在轴向和切向运动，即液体离开桨叶后做螺旋运动，适用于低黏度液体和以宏观均匀为目的的混合过程。为了提高液体的循环效果，可在搅拌桶中安装气流管。如图 4-3 所示。

（3）涡轮式均质搅拌器　这种搅拌器的作用原理和结构类似于离心泵（见图 4-4），利用离心力的作用进行混合，可造成激烈的旋涡运动和很大的剪切力，将液体微团分散得非常

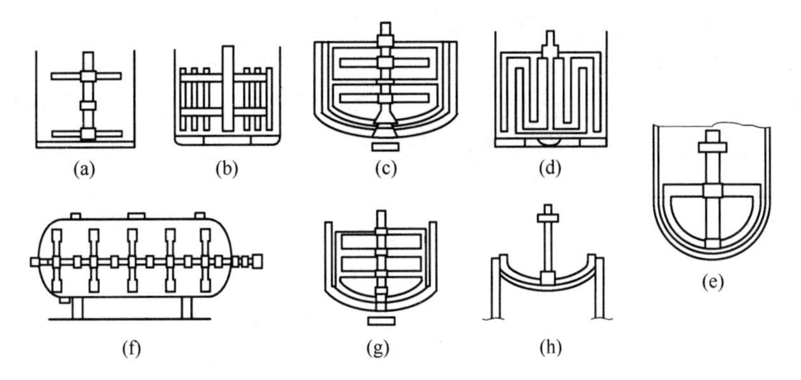

图 4-2　桨叶式均质搅拌机的各种桨板形状

（a）双层平板桨叶；（b）门形桨叶；（c）双层运动桨叶；（d）指状桨叶；（e）变形桨叶；（f）马路形桨叶；（g）马踏形桨叶；（h）马蹄形桨叶

细。这类搅拌器安装时要尽量接近于釜底，以便径向液体折向上方，卷起沉于釜底的沉淀积料。这种搅拌器适合高黏度且密度大的液体的混合，也适用于要求迅速溶解和高度分散的操作，尤其是制备乳化体。

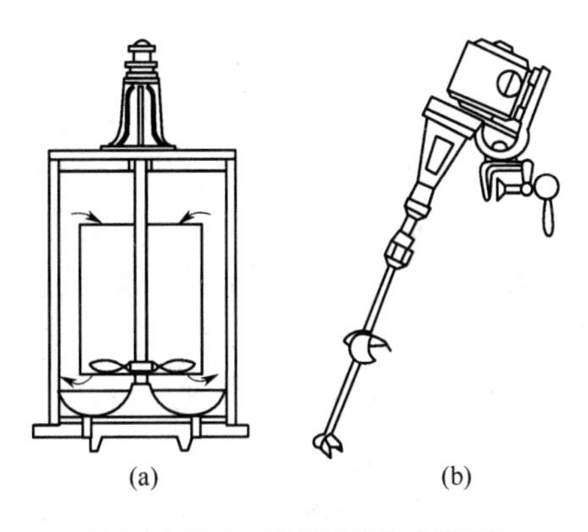

图 4-3　装有气流管的螺旋式搅拌机

3. 加香、加色

加香液体洗涤剂所用的香精主要是化妆品用香精，常用的有茉莉型、玫瑰型、檀香型、桂花型、白兰型以及薰衣草型等。根据不同产品用途和档次，选择不同档次的香精，且用量差别也较大，少至0.5%以下，多至2.5%不等。香精加入一般在工艺最后，加入温度在50℃以下为宜。有时，将香精用乙醇稀释后再加入到产品中。

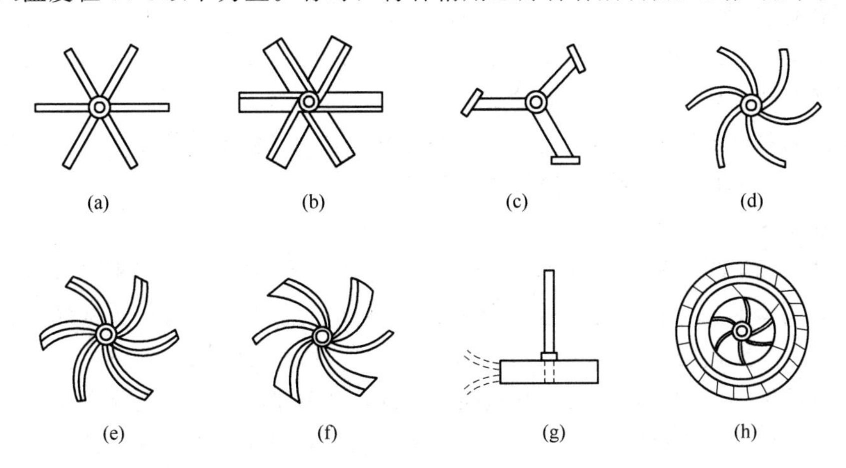

图 4-4　涡轮式搅拌机的涡轮叶片形状

（a）平板叶片；（b）45°斜角平板叶片；（c）螺旋浆形叶片；（d）弯形叶片；（e）带斜角的弯形叶片；（f）带双层斜角的弯形叶片；（g）斜度可变形平板叶片；（h）带导向叶片的弯形叶片

产品的色泽在外观上能给人以赏心悦目的感觉。一般常用色素来赋予产品一定的色泽。

常用的色素包括颜料、染料及珠光剂等。透明液体洗涤剂一般选用染料使产品着色，这些染料大多不溶于水，部分染料能溶于指定溶剂（如乙醇、四氯化碳），用量很少，一般为千分之几。对于能溶于水的染料，加色工艺简单。如果染料易溶于乙醇，即可在配方设计时加乙醇，将染料溶解后再加入水中。有些色素在脂肪酸存在下有较好溶解性，则应将色素、脂肪酸同时溶解后配料。

对于乳状液体洗涤剂（如乳状香波），有时加入珠光剂。最早使用的珠光颜料有天然鱼鳞片、氯氧化铋、二氧化钛。目前在高级液体洗涤剂中常用硬脂酸乙二醇酯，该珠光剂在产品中分散性好，并且稳定性好。硬脂酸乙二醇酯为浅黄色片状物，使用时可预先溶解在乙醇中，在制备后期加入，并控制一定温度，加入量为1%～10%。有时也将表面活性剂的水溶液加热到珠光剂的熔点以上，然后加入珠光剂。但必须注意，只有通过慢慢搅拌和慢慢冷却，才可获得良好的珠光效果。

4. 产品黏度的调整

对于透明型液体洗涤剂，常加入胶质、水溶性高分子或无机盐类来提高其黏度。一般来说，用无机盐（如NaCl、NH_4Cl）来增稠很方便，加入量为1%～4%，配成一定浓度的水溶液，边搅边加，但不能过多。若用水溶性高分子增稠，传统的工艺是长时间浸泡或加热浸泡。但如果在高分子粉料中加入适量甘油，就能使粉料快速溶解。操作方法：在有甘油存在下，将高分子物质加入水相。室温搅拌15min，即可彻底溶解。如果加热，则溶解更快。当然加入其他助溶剂亦可收到相同的效果。

对于乳化型液体洗涤剂来说，其增稠比透明型产品更容易一些。最常用的增稠剂就是合成的水溶性高分子化合物，如PEG、PVP等。如果不希望产品的黏度太高，以防止流动性太差而造成使用不便，只需加入乳液浑浊剂，如高碳醇类（如十六醇、鲸蜡醇）、高级酸（如山嵛酸、硬脂酸或棕榈酸）的丙二醇（或甘油）酯等。食盐和硫酸钠的加入量只要合适（加入浓度刚好使皂和洗涤剂盐析，但不形成凝胶而分离），也能起乳浊作用。硬脂酸镁和硅酸镁也被用做乳浊剂。

对于以脂肪酸钠或脂肪酸钾为主要活性物的肥皂型液体洗涤剂，一般都有较高黏度，如果加入长碳链脂肪酸，可进一步增加黏度。

当希望产品黏度低时，可加入增溶剂，如乙醇、二甲苯磺酸等。反过来，要求高黏度的产品，配方尽可能不加入或少加乙醇和二甲苯磺酸等。

5. pH值调节

液体洗涤剂的pH值都有一个范围要求。重垢型液体洗涤剂及脂肪酸钠为主的产品，pH＝9～10最有效，其他以表面活性剂复配的液体洗涤剂，pH在6～9为宜。洗发和沐浴产品pH最好为中性或偏酸性，以pH＝5.5～7为好。特殊要求的产品应单独设计。根据不同的要求，可选择硼酸钠、柠檬酸、酒石酸、磷酸和磷酸氢二钠等作为缓冲剂。一般将这些缓冲剂配成溶液后再调产品的pH值。当然产品配制后立即测pH值并不完全真实，长期贮存后产品的pH值将发生明显变化，这些在控制生产时应考虑到。

6. 过滤

在混合或乳化时，难免带入或残留一些机械杂质，或产生一些絮状物。这些都会影响产品的外观，因此要进行过滤。液体洗涤剂的滤渣相对来说较少，因此过滤比较简单，只要在釜底放料阀后加一个管道过滤器，定期清理就可以了。

7. 排气

在搅拌作用下，各种物料可以充分混合，但不可避免地将大量气体带入产品中，造成溶液稳定性差，包装计量不准。一般可采用抽真空排气工艺，快速将液体中的气泡排除。

8. 包装

日用液体洗涤剂大都采用塑料瓶小包装。因此，在生产过程的最后一道工序，包装质量的控制是非常重要的。正规大生产通常采用灌装机进行灌装，一般有多头灌装机连续化生产线和单头灌装机间歇操作两类。小批量生产可用高位手工灌装。灌装时，严格控制灌装质量，做好封盖、贴标签、装箱等工作。

以上主要是透明型液体洗涤剂的生产工艺，对于乳液型产品的生产将在第五章进行详细论述。

第三节 液体洗涤剂的典型品种

一、衣用液体洗涤剂

（一）衣用液体洗涤剂配方设计原则

衣用洗涤剂主要是用来代替洗衣粉和肥皂来洗涤衣物、被褥等纺织物，其作用主要是洗涤去污，因此，对产品的主要要求应与洗衣粉和肥皂相同。由于其竞争对象仍然是洗衣粉和肥皂，这就决定了衣用液体洗涤剂的配方特点和设计原则，具体表现在以下3个方面。

(1) 经济性　这是与洗衣粉和肥皂进行竞争的主要因素。决定产品经济性的因素很多，如配方组成、生产工艺、设备投资，以及包装和贮运的费用等，在用户方面主要体现在洗涤温度、用量、漂洗次数等。通过配方设计，可以使其成本降到更低，尤其是在节省原材料和能源方面充分体现了这类产品的优点。

(2) 适用性　通过优化配方，提高产品的适用性。中国习惯于低温或常温洗涤，纺织品中化纤比重较大，水质硬度较大，这些就要求根据使用环境和洗涤对象进行配方的精心设计。另外还要考虑产品的档次，满足不同消费者的需求，为产品更新换代提供途径。

(3) 助洗剂的选择　在配方设计时，合理选择多种助洗剂，以有效增加产品的去污力，降低表面活性剂的用量。同时要注意酶的活性，在此基础上，选择对环境友好的助剂。例如，助洗剂STPP在水中会逐渐水解，故不宜用于液体洗涤剂。常用焦磷酸盐作螯合剂。

（二）衣用液体洗涤剂配方及制法

1. 重垢型衣用液体洗涤剂

重垢型衣用液体洗涤剂主要用于洗涤粗糙织物、内衣等污垢严重的衣物。配方中以阴离子表面活性剂为主体，一般为高碱性。

透明重垢型衣用液体洗涤剂突出的特点是表面活性剂的含量很高，可高达40%。其中表面活性剂和助剂均呈溶解状态，是各向同性溶液。由于受到溶解性和稳定性的限制，其中助剂和漂白剂的含量很少。各种助剂加入后应保持透明或具有稳定的外观。其有效性集中在油污的去除，尤其是可以在低温下使用。

重垢型液体洗涤剂一般需加入抗再沉积剂，洗衣粉中常用的CMC在液体洗涤剂中遇到阴离子表面活性剂后会析出并沉到底部，因此液体洗涤剂中不宜用CMC作为抗再沉积剂。即使加入CMC也是选用分子量很低的品种。如果需要配制透明度很高的洗涤剂，最好使用聚乙烯吡咯酮（PVP）作为抗再沉积剂。

配方

原料	质量分数/%
2-十二烯基琥珀酸盐	10.40
柠檬酸	3.70
污垢松散多聚物	0.50
二亚乙基三胺	0.80
氯化钙	0.01
甲酸钠	0.90
三乙醇胺	6.00
氢氧化钠	5.60
乙醇	6.00
十二烷基磺酸盐	8.00
椰子油烷基磺酸盐	2.50
C_{13}～C_{15}醇聚氧乙烯(5EO)醚	17.00
油酸	3.70
酶	0.15
水	余量

制法：按照配方中各成分的顺序依次加入混合器中、搅拌均匀。

配方中污垢松散多聚物的制备：以1,4-苯二酸（氯化物）同1,2-丙二醇进行酯化，并用环氧乙烷进行乙氧基化，所得的多聚物混合物在冷乙醇（15℃）中进行分离，得到。平均乙氧基化物质的量多为12～43mol。

2. 普通衣用液体洗涤剂

普通衣用液体洗涤剂用于洗涤一般纤维制品，如腈纶、涤纶、棉、麻等织物。

配方1

原料	质量分数/%
支链烷基苯磺酸钠	30.0
癸基二乙醇胺氧化物	3.0
二甲苯磺酸铵	5.0
水	62.0

配方2

原料	质量分数/%
ABS	20.0
AES($C_{12}EO_3$)	5.0
AEO($C_{12}EO_{20}$)	3.0
聚乙二醇(聚合度20)	5.0
乙醇	5.0
香精	0.3
水	61.7

添加聚乙二醇的目的是增加制品的低温稳定性。

配方3

原料	质量分数/%
直链烷基苯磺酸铵	13.4
油酸钾	2.4
椰子油二乙醇胺	0.6
焦磷酸钾	1.0
十六烷基二甲基胺氧化物	1.5
荧光增白剂	0.1
水	81.0

3. 香氛类洗衣凝珠

洗衣凝珠是将洗衣液包封在水溶性膜里得到的凝珠。洗衣凝珠接触水溶液后，外层的水溶性膜遇水溶解，释放出其中包封的洗衣活性成分，从而清洗衣物。优势在于使用便捷，包装精致，多效合一，迎合新时代消费的需求。其主要成分包括水溶性膜材料、表面活性剂、稳定剂、漂白剂、柔顺剂、酶、香精、去离子水等，通过技术手段将凝珠做成多腔结构以存贮各个组分。水溶性膜材料是洗衣凝珠的重要组成部分，目前市售产品采用最多的是聚乙烯醇，其缺点在于溶解时容易形成凝胶，影响洗涤效果。表面活性剂除了十二烷基苯磺酸盐(LAS)、脂肪醇聚氧乙烯醚硫酸盐（AES)、脂肪醇聚氧乙烯醚（AEO)、脂肪酸盐外，主要有异构醇醚（TO-8、XL80)、脂肪酸甲酯乙氧基化物（FMEE)、改性油脂乙氧基化物(SOE)、烷基糖苷（APG）等。

凝珠产品对香精的要求较高。为了保持产品的稳定，所选择的香气类型通常需要清新、饱满、愉悦、透发，同时具有较好的留香效果。用于凝珠的头香通常需要选择沸点低、香气扩散性较强的水果型，如柑橘、柠檬、苹果、桃、青瓜等，带出头香的清新感，同时提升香气的透发效果；体香通常加入花香、木香、琥珀、芳香、甜香等增加香气的饱满度；底香通常需要加入麝香、木香、膏香等多种组分增加香气留香效果。另外，由于洗衣凝珠含有较多的活性酶及加入了鲜艳色素，因此选择香料时，需要考虑香料本身的化学性质是否稳定、是否存在变色因子等。一般香精加入量为1%～5%。

配方

原料	质量分数/%
蓖麻油甲酯乙氧基化物 ELM-9	25
仲烷基磺酸钠 SAS60［60%（质量分数）水溶液］	12
脂肪酸甲酯磺酸钠 MES	40
烷基糖苷 APG［50%（质量分数）水溶液］	10
次氨基三醋酸钠	1
聚丙烯酸钠	5
1,3-丙二醇	5
香精	1
聚季铵盐	1

4. 特种液体洗涤剂

特种液体洗涤剂是指用于洗涤毛、丝以及需护理和带色的纤维，如窗帘、罩布等织物。

目前，特种液体洗涤剂在世界范围的市场占有率越来越大。其中大部分不含过硼酸钠，羊毛洗涤剂不含有荧光增白剂；为丝、毛等织物设计的配方既不含有过硼酸钠，也不含有荧光增白剂；对于一些由于染料易氧化或造成染料转移的纤维，特种洗涤剂更是大有可为。

特种液体洗涤剂不同于重垢液体洗涤剂。例如，液体毛用洗涤剂常常不含阴离子表面活性剂，而是含有阳离子表面活性剂和非离子表面活性剂的混合物，其中，非离子表面活性剂起洗涤作用，阳离子表面活性剂起柔软和蓬松的作用。例如，洗涤羊毛衫的基础配方为：

原料	质量分数/%
脂肪酸聚氧乙烯醚	23
乙醇	15
柔软剂 1631	5
其他	57

表 4-2 是典型的特种液体洗涤剂配方。

表 4-2 特种液体洗涤剂的典型配方 单位：%

原料	含柔软剂的羊毛洗涤剂	不含柔软剂的羊毛洗涤剂	窗帘、罩布用洗涤剂
阴离子表面活性剂	—	10～30	0～8
非离子表面活性剂	20～30	2～5	15～30
阳离子表面活性剂	1～5	—	—
乙醇、聚乙二醇	0～10	0～10	0～5
二甲苯磺酸钠	—	0～3	—
柠檬酸钠	—	0～15	2～5
荧光增白剂	—	—	适量
香精、色素	适量	适量	适量
水	60～70	60～80	65～75

二、洗发香波

香波是英文 shampoo 的译音，原意为洗发。由于这一译名形象地反映了这类商品的一个特征，即洗后留有芳香，久而久之，香波就成了洗发用品的称呼。洗发用品的种类很多，按产品形态分类，可以分为块状、粉状、膏状和液体等。其中液体洗发香波是最常用的品种。液体洗发香波按外观分为透明型、乳化型和胶状型 3 种，按功能可分为普通香波、调理香波、药物香波等。

国外洗发香波的生产始于 20 世纪 30 年代，中国于 20 世纪 60 年代开始生产，当时具有代表性的产品是海鸥洗发膏。近年来，产品的品种、数量都日益增多，目前市场上流行的品牌有力士、飘柔、潘婷、沙宣以及海飞丝等。从发展趋势看，洗发香波注重以下 3 方面。①安全性：要求对眼睛、皮肤无刺激；②天然性：选用天然油脂加工而成的表面活性剂，以及选用有疗效的中草药或水果、植物的萃取液为添加剂；③调理性：同时具有洗发、护发的调理香波已成为市场的流行品牌。

洗发香波的主要活性物质是具有洗涤功能的表面活性剂。洗发时表面活性剂的亲油基渗入污垢和头发角质纤维的界面，减弱了头发和污垢之间的吸引力，再借助搓洗，使污垢卷离到含有洗涤剂的溶液中。

（一）普通香波

普通香波是指只具有去污、清洁功能的洗发用品。从配方上来分析，具有洗涤功能的表面活性剂占 15%～20%，含量最多的是去离子水，可达 75%左右，其余为增稠剂、稳泡剂、保湿剂、防腐剂等。另外，为了使产品悦目、芳香，可加入色素、香精、珠光剂等。

从外观上来说，普通香波有透明型、珠光型、冻状以及膏状等几种，以下对它们的配方进行说明。

1. 透明香波

透明香波中主要以阴离子表面活性剂为主要的洗涤活性物，例如以下配方。

原料	质量分数/%	原料	质量分数/%
AES(70%)	20	色素	适量
6501	4	防腐剂	适量
氯化钠	1～2	去离子水	余量
香精	适量		

2. 珠光香波

在透明香波中加入珠光剂就可制得相应的珠光香波。常用的珠光剂有乙二醇的硬脂酸单酯及其双酯，一般双酯的效果比单酯好，但价格较贵。珠光剂在香波中的加入量为0.5%～3%。另外，还可加入珠光助剂，如十六醇、十八醇、硬脂酸镁等，其结晶可影响珠光剂的结晶，提高珠光效果。

珠光效果的好坏与珠光剂的用量、加入温度、冷却速度、配方中原料组成等均有关系。在采用块状或片状的珠光剂时，下列因素都可能造成珠光效果不良：①体系缺少成核剂（如氯化钠、柠檬酸）；②珠光剂用量过少；③表面活性剂增溶效果好；④体系油性成分过多，形成乳化体；⑤加入温度过低，溶解不好；⑥加入温度过高或制品pH值过低，导致珠光剂水解；⑦冷却速度过快，或搅拌速度过快，未形成良好结晶。

因此在设计配方时应注意组分之间的相容性，在制备中应严格控制工艺。一般来说，珠光剂在75℃加入，加入后要慢慢地搅拌和慢慢地冷却，以利于结晶。以下举例说明珠光香波的配方和制法。

原料	质量分数/%	原料	质量分数/%
AES(70%)	20	泛醇	0.5
6501	4	活性甘宝素	0.8
甜菜碱CAB-35(30%)	3	柠檬酸	0.1
M2001	1	凯松CG	0.1
氨基硅微乳	0.5	丙二醇	1
水溶性羊毛脂	1.5	香精	适量
珠光片	2	去离子水	余量

制法： 将去离子水加热至85℃，然后依次加入表面活性剂，搅拌使其溶解均匀，冷却至75℃时，加入珠光片，慢慢冷却至50℃以下时加入香精、活性甘宝素、凯松CG等，搅匀后，再冷却至40℃以下，出料。出料后的香波应陈化48h后，才能进行灌装。

3. 冻状香波

在透明香波的基础上加入一定量的水溶性纤维素，如羧甲基纤维素、羟乙基纤维素等，就可制得冻状香波，例如以下配方。

原料	质量分数/%	原料	质量分数/%
月桂基硫酸三乙醇胺(40%)	25	香精	适量
咪唑啉型表面活性剂	15	色素	适量
6501	10	防腐剂	适量
羟丙基甲基纤维素	1	去离子水	余量

4. 膏状香波

膏状香波属于皂基香波，即配方中含有硬脂酸皂作为洗涤剂，例如以下配方。

原料	质量分数/%	原料	质量分数/%
K_{12}	20	香精	适量
6501	1.0	色素	适量
单硬脂酸甘油酯	2.0	防腐剂	适量
硬脂酸	5.0	去离子水	余量
KOH(19%～20%)	5.0		

（二）祛头屑香波

医学研究证实，当真菌异常繁殖时，就会刺激皮肤细胞分泌过量皮脂，从而产生大量的头皮屑，同时引起头皮发痒。因此，通过抑制或杀灭致病真菌、清洁头皮、消除产生头屑和瘙痒的根源，就可以达到祛屑止痒的目的。

祛头屑香波为液体或膏状，可抑制头皮角化细胞的分裂，并具有抗微生物和杀菌的作用，从而起到祛屑止痒功能。从配方分析，祛头屑香波中除了起洗涤作用的表面活性剂外，还有加脂剂、香精和祛屑止痒剂。其中，祛屑止痒剂是特效组分，不同的祛屑止痒剂除了祛屑止痒效果不同外，还会影响产品的剂型和外观。作为洗发香波的祛屑止痒剂应具备以下条件：①无毒、无异味、无刺激或低刺激；②杀真菌效果好；③良好的配伍性能；④稳定性好；⑤对成品本身无不良影响。

1. 常用的祛屑止痒剂

祛屑止痒剂是具有杀菌、抗霉、抗氧化、抑制皮质分泌、使头皮恢复正常代谢的物质。常用的祛屑止痒剂有：水杨酸、硫黄、十一烯酸单乙醇酰胺、吡啶硫酮锌、活性甘宝素以及Octopirox等。

(1) 水杨酸、硫黄、二硫化硒、硫化镉　这些物质是早期使用的祛头屑止痒剂，具有杀菌性，但刺激性大，效果较差，不适合儿童，加入量一般在2%～5%左右。水杨酸、硫黄只有杀菌作用，祛屑效果很不理想，只能维持一天左右，而且刺激性大，且水杨酸易被皮肤吸收。二硫化硒会使头皮变得过干，若冲洗不彻底，会使头发脱色，甚至造成脱发。因此，高档的洗发香波很少使用这类止痒剂。

(2) 十一烯酸及其衍生物　十一烯酸及其衍生物对人体皮肤和头发的刺激性小，具有良好的配伍性、水溶性、稳定性和抗脂溢性，与头发角蛋白有牢固的亲和性，使用后还会减少脂溢性皮炎的产生，是一种比较有效的祛头屑止痒剂，加入量一般在1%～2%左右，对细菌、真菌具有较强的杀菌抑菌效果，具有良好的祛头屑功能。这类祛屑止痒剂的典型品种是十一烯酸单乙醇酰胺磺化琥珀酸酯二钠盐（SL-900）。

SL-900是由十一烯酸单乙醇酰胺与琥珀酸发生酯化，再由 Na_2SO_3 磺化而制得的，其分子结构为

$$\begin{array}{l} \qquad\qquad\quad CH_2COOC_2H_4NH-\overset{\displaystyle O}{\overset{\|}{C}}-(CH_2)_8CH{=}CH_2 \\ \qquad\qquad\quad | \\ NaSO_3-CHCOONa \end{array}$$

SL-900是一种无毒、极温和的、具有广谱抗菌性能的阴离子表面活性剂，水溶性好，一般制成含量为50%的浅黄色透明水溶液供应市场。SL-900治疗皮屑的机理在于抑制表皮

细胞的分裂，延长细胞变化率，达到减少老化细胞的产生和积存现象，使用后还会减少脂溢性皮肤病的产生，目前是一种比较有效的祛屑止痒剂。其优点是：①适用范围较广，配伍性能良好，既可配成透明香波，又可制成乳状香波，还可制成其他形式的制品；②祛屑止痒效果良好；③无毒、很温和，还具有一定的去污性能；④价格较低，可普遍应用；⑤配制简便。但它也有一定的缺点：①热稳定性不太好，应在50℃以下加入；②应在体系调成中性或微酸性后才能加入；③不能与阳离子表面活性剂共存于体系中，调理剂尽量选用两性表面活性剂；④因其分子结构上含有双键，故在贮存和使用过程中，应尽量避免与氧化剂接触。SL-900在发用化妆品中的有效添加量为2%～5%（以50%水溶液计），一般在配制后期加入。它除了制成洗发用品外，还可用于粉刺霜中。

（3）吡啶硫酮锌　吡啶硫酮锌（简称Z. P. T）的结构式为

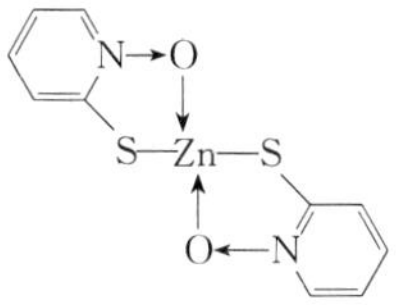

Z. P. T的合成路线主要有3种：①以α-氨基吡啶为起始原料，经乙酰化、氧化、水解、重氮化、氯化和巯基化，合成2-巯基吡啶-*N*-氧化物，最后与锌盐螯合。该法工艺步骤长，总收率低。②以吡啶为原料，经氧化后以NaOH为催化剂与硫在二甲基亚砜（DMSO）溶液中共热制得2-巯基吡啶-*N*-氧化物，然后与锌盐螯合。该法工艺虽简单，但巯基化收率极低，仅为20%，也不适合工业化。③以2-卤代吡啶为原料，经氧化、巯基化和螯合成盐等几步合成得到吡啶硫酮锌。该法中2-氯代吡啶的活泼性虽不如2-溴代吡啶，但其价格较低，适合工业化生产。其合成路线如下

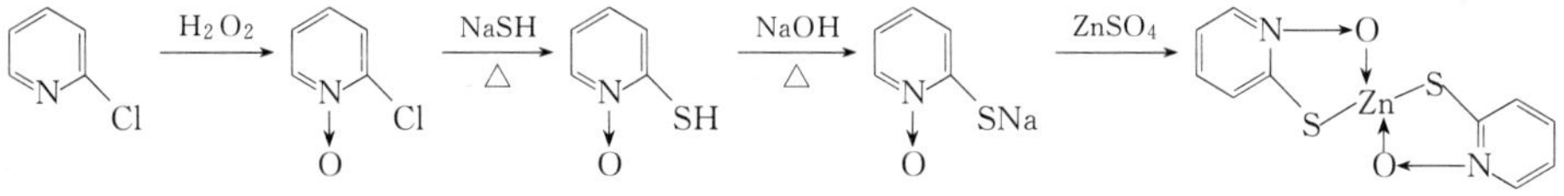

Z. P. T的优点：①对细菌、真菌病毒有强力的杀灭和抑制繁殖的效果，能抑制皮脂溢出，常规量对人体无害，长期使用无副作用；②热稳定性好；③在较宽pH范围（4.0～9.5）内稳定；④配伍性良好；⑤产品为浅色、无味，不影响成品。但是，使用Z. P. T时应注意以下几点：①由于Z. P. T极难溶于有机溶剂和水中，因此不宜配成透明香波，而且易沉淀，必须加入一定量的悬浮剂或稳定剂。②Z. P. T在pH为4.0～9.5之间能稳定存在，而pH值小于4.0或大于9.5会分解或水解。③Z. P. T光稳定性不好，遇氧化剂或还原剂会发生结构变化，应避光密封保存。④体系中会形成比Z. P. T更稳定的螯合物，将会发生螯合转移现象，如与铁生成蓝紫色，与铜生成灰绿色，也不宜与EDTA共用。⑤在配制过程中，需将其进行非常精细的分散并使之稠化，方能稳定地存在于制品中，避免产生沉淀。Z. P. T. 在日化制品中的添加量为1%～1.5%（粉剂），可通过与某些阳离子复合而增效。

（4）活性甘宝素　活性甘宝素（climbazole）是由德国Bayer公司于1977年研制出来的，其结构式为

$$H_3C-C(CH_3)_2-CO-CH(N\text{-咪唑基})-O-C_6H_5$$

活性甘宝素的合成路线如下

$$H_3C-C(CH_3)_2-CO-CH_2F \xrightarrow[\text{Br}_2\text{，室温}]{\text{溴化}} H_3C-C(CH_3)_2-CO-CHBrF \xrightarrow[K_2CO_3]{Cl-C_6H_4-OH} H_3C-C(CH_3)_2-CO-CHF-O-C_6H_4-Cl$$

$$\xrightarrow[\text{咪唑}]{-HF} H_3C-C(CH_3)_2-CO-CH(N\text{-咪唑基})-O-C_6H_4-Cl$$

活性甘宝素与 Z. P. T 有协同作用，对眼睛的刺激小，在 pH＝3～8 范围稳定，可用于制透明型祛头屑香波，一般加入 0.5％～1.5％，就具有很好的祛头屑效果，对能引起头皮屑的卵状芽孢菌、卵状糠疹菌、白色念珠菌和发藓菌有抑制作用。其祛屑机理是通过杀菌和抑菌来消除产生头屑的外部因素，以达到祛屑止痒的效果。它不同于单纯通过脱脂等方式暂时地消除头屑，因此被广泛地应用于各种香波与护发素等产品中。

（5）Octopirox　Octopirox 是 20 世纪 80 年代由德国赫司特公司研制的，其结构式为

$$H_3C-C(CH_3)_2-CH_2-CH(CH_3)-CH_2-(\text{4-甲基-2-吡啶酮-1-}O^-)\ \ H_3^+N-CH_2CH_2-OH$$

Octopirox 是以异丙基丙酮为原料，经氯化、酯化、酰化、环化、羟胺化及成盐等 6 个步骤合成。其合成路线如下

$$H_3C-C(CH_3)=CH-CO-CH_3 \xrightarrow{NaOCl} H_3C-C(CH_3)=CH-COOH + HCCl_3$$

$$H_3C-C(CH_3)=CH-COOH + CH_3OH \xrightarrow{98\%H_2SO_4} H_3C-C(CH_3)=CH-CO-OCH_3$$

$$H_3C-C(CH_3)_2-CH_2-CH(CH_3)-CH_2COCl + H_3C-C(CH_3)=CH-CO-OCH_3 \xrightarrow{AlCl_3}$$

$$H_3C-C(CH_3)_2-CH_2-CH(CH_3)-CH_2-CO-H_2C-C(CH_3)=CH-CO-OCH_3$$

$$H_3C-C(CH_3)_2-CH_2-CH(CH_3)-CH_2-CO-CH_2-C(CH_3)=CH-CO-OCH_3 \xrightarrow{\text{加热}}$$

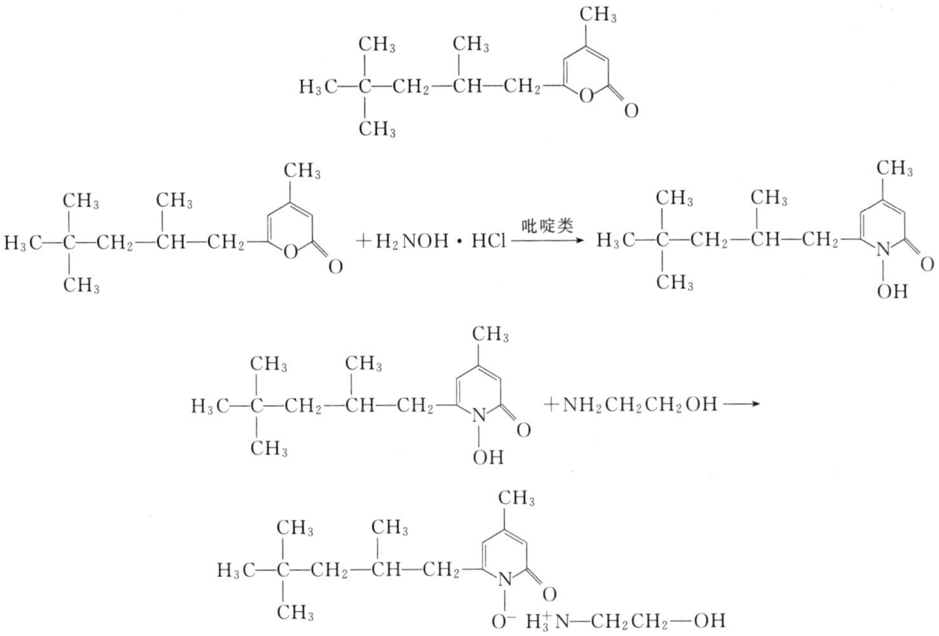

$$H_3C-\underset{CH_3}{\overset{CH_3}{C}}-CH_2-\overset{CH_3}{CH}-CH_2-(\text{ring: }CH_3,\ O,\ O)$$

$$H_3C-\underset{CH_3}{\overset{CH_3}{C}}-CH_2-\overset{CH_3}{CH}-CH_2-(\text{ring: }CH_3,\ O,\ O) + H_2NOH \cdot HCl \xrightarrow{\text{吡啶类}} H_3C-\underset{CH_3}{\overset{CH_3}{C}}-CH_2-\overset{CH_3}{CH}-CH_2-(\text{ring: }CH_3,\ N-OH,\ O)$$

$$H_3C-\underset{CH_3}{\overset{CH_3}{C}}-CH_2-\overset{CH_3}{CH}-CH_2-(\text{ring: }CH_3,\ N-OH,\ O) + NH_2CH_2CH_2OH \longrightarrow$$

$$H_3C-\underset{CH_3}{\overset{CH_3}{C}}-CH_2-\overset{CH_3}{CH}-CH_2-(\text{ring: }CH_3,\ N-O^-\ H_3^+N-CH_2CH_2-OH,\ O)$$

Octopirox 是一种白色或淡黄色的粉末，在 pH＝3～9 范围内可稳定存在，具有优良的溶解性和配伍性，可制成透明香波，使用安全，是世界上唯一可用于免洗护发用品中、可保留在头皮和头发上的祛头屑止痒剂。其独特的祛屑止痒机理是通过杀菌、抗氧化作用和分解过氧化物等方法，从根本上阻断头屑产生的外部渠道，从而根治头屑、止头痒。Octopirox 具有广谱抗菌性，一些厂家将其用于祛体臭的香皂和膏霜类产品中。Octopirox 在洗发香波中的加入量为 0.1%～0.5%，养发液和护发素中的加入量为 0.05%～0.1%。另外，Octopirox还可代替防腐剂，制成无防腐剂的各种日化用品。

（6）天然祛屑止痒剂　天然祛屑止痒剂是从植物中提取出来的。常用的有茶皂素、植酸盐、儿茶酚、甘草酸及其盐。其中，茶皂素是一种从茶枯饼中用水或酒精浸提出来后，经过分离精制而得的三萜类皂苷混合物。它本身是一种具有乳化、分散、润湿、发泡性能的水溶性天然非离子表面活性剂，具有良好的杀菌消炎功效，同时，茶枯中残留的茶油对头发还有滋润和养护作用。经分离精制的茶皂素有浅黄色或棕色无定形粉末（含量 80%±5%）和棕色黏稠状液体（含量≥30%）两种规格。粉状产品在洗发香波中的添加量为 5%时，即有明显的祛屑止痒功效。其优点是：①能与各类表面活性剂配伍，且有协同效应；②本身具有表面活性；③无毒，不刺激；④价格较低。其缺点是：配入香波后对稠度有影响，通过调整配方可消除其不利影响。

天然祛屑止痒剂可单独使用，也可合用，均有一定的祛屑、止痒功效。

2. 祛头屑香波配方及制法

配方 1

原料	质量分数/%	原料	质量分数/%
月桂醇硫酸三乙醇胺盐	25	香精	0.2
月桂酰肌氨酸钠	10	黄原胶	0.5
吡啶硫酮锌(48%分散液)	3	着色剂	0.5
尼泊金甲酯	0.2	去离子水	60.6

配方 2

原料	质量份	
	配方(1)	配方(2)
脂肪醇聚氧乙烯醚硫酸钠(28%)	80	120
酰胺基聚氧乙烯硫酸镁盐	16	—
Octopirox	0.4～1.0	0.4～1.0
尼泊金酯	0.4	0.4
香精	0.6	0.6
氯化钠	8.2	—
椰油酰胺丙基甜菜碱	—	6.0
珠光剂	—	6.0
水	93.7	65.6
柠檬酸	适量	适量

制法： 将水加热至70℃，将无机盐类分散于水中，然后加入各种表面活性剂，用50%柠檬酸调pH至6.5～7.0。搅拌下加入祛头屑药物，冷却至45℃，加入香精，得到祛头屑香波。

（三）调理香波

调理香波除了具有清洁头发的功能外，还可以改善头发的梳理性，防止静电产生，使头发柔顺、富有光泽。

1. 常用的调理剂

调理剂是指对头发具有营养、滋润功能或能使头发柔顺的物质，常用的调理剂有以下几类。

(1) 对头发具有柔顺作用的阳离子表面活性剂　如硬脂基二甲基苄基氯化铵、二氢化牛脂基二甲基氯化铵、C_{12}～C_{18}烷基三甲基氯化铵、十六烷基或硬脂基二甲基氧化铵，或它们的混合物，在香波中的用量为0.5%～2.0%。

(2) 油溶性蜡状物　一般为高碳醇（如十六醇、鲸蜡醇）、甘油酯和其他多元醇脂肪酸酯，用量为0.5%～1.5%。如果将醇与季铵盐配合使用［比例为（0.42～1.5）∶1］，这样配制的产品稳定性和调理性均好，黏度适中。

(3) 阳离子聚合物　如二甲基二烯丙基氯化铵与二甲基丁烯基氯化铵的共聚物。这类物质可在头发上形成一层光亮的保护膜，既可起保护作用，又可起滋润、柔软调理的作用。另外，高分子的水解蛋白还可对头发起修补、滋养作用。

为进一步提高产品黏度和稳定性并赋予适宜的性能，还可添加≤10%的保护胶体，常用的有CMC、HEC、瓜尔胶等纤维素的衍生物。

2. 调理香波配方及制法

配方 1

原料	质量分数/%
十六烷基三甲基纤维素溴化铵	10
羟乙基纤维素	1
NaOH	0.15
季铵化乙基纤维素	0.5
2-溴二硝基丙烷-1,3-二醇	0.01
吡啶硫酮锌	0.35
香精、色素	适量
水	余量

该配方中含有吡啶硫酮锌药物，同时具有洗涤、调理、祛头屑作用。

配方 2

原料	质量分数/%
甘氨酸十八烷基盐酸盐	1
十六醇	3
硬脂酸-肽缩合物	1
氢化蓖麻油聚乙烯醚	1
丙二醇	10
水	余量

配方中氨基酸烷基盐酸盐还可防止头发干枯。

配方 3

原料	质量分数/%
羟丙基双硬脂基二甲基氯化铵	5.0
十六醇	2.0
羟乙基纤维素	2.0
防腐剂	0.2
香精	适量
水	余量

制法： 将水投入反应锅中，加热至 50～60℃，然后加入表面活性剂等物料。搅拌下冷却至 40～45℃，加入添加剂，如药剂、香精、色料、防腐剂等，脱气后灌装，得到调理香波。

（四）药物香波

药物香波除具有一般香波的共性外，还具有药物赋予的特殊功能。

1. 药物香波中常用的药物成分

（1）芦荟　芦荟汁中含有芦荟素、芦荟大黄素、糖类、氨基酸、生物酶、维生素、矿物质等多种活性化学成分，具有杀菌、导泻、解毒、消炎、保湿、防晒、抗癌等作用，在香波中具有软化头发、强壮发根、防止断发等作用。

（2）桑葚　桑葚中含有丰富的维生素 A、维生素 B_1 和 B_2、维生素 C、维生素 D、胡萝卜素、果糖及矿物质，还含有脂肪油，具有滋养头发、乌发、生发功用。

（3）大蒜　大蒜不仅是一种营养丰富的调味品，同时也是一种具有抑菌、美容、护发、生发等功能的药品。大蒜无臭有效药物的提取方法：先将大蒜用蒸汽进行短时间蒸煮，使大蒜中的蒜氨酯失活，再用甲醇进行提取。提取液中添加胶态氢氧化铁并振荡后放置 24h，分离出胶状蛋白铁络盐沉淀物，以除去可溶性蛋白质。然后将滤液减压蒸馏，回收甲醇，得到大蒜无臭有效药物。

2. 药物香波的典型配方

配方 1

原料	质量份
十二烷基硫酸钠	30.0
羊毛脂	4.0
咪唑啉型表面活性剂	6.0
烷醇酰胺	10.0
NaCl	2.0
芦荟汁	50.0
香精	2.0
色素	适量
防腐剂	0.4
精制水	97.6

配方 2

原料	质量分数/%		原料	质量分数/%	
	配方(1)	配方(2)		配方(1)	配方(2)
油酸	6	5	大蒜无臭药物	0.5	0.5
硬脂酸	—	2	香精	0.8	0.8
十二烷基硫酸钠	20	20	NaCl	适量	适量
烷醇酰胺	5	5	防腐剂	适量	适量
三乙醇胺	6	10	水	余量	余量

配方 3

原料	质量分数/%		原料	质量分数/%	
	配方(1)	配方(2)		配方(1)	配方(2)
AES(80%)	16.0	14.00	桑葚提取液	3.0	3.0
SAS(60%)	2.4	1.44	色素	适量	适量
6501	2.0	3.00	香精	0.3	0.3
珠光剂	3.0	—	防腐剂	适量	适量
NaCl	3.2	4.70	精制水	余量	余量

三、餐具洗涤剂

（一）餐具洗涤剂的配方设计

餐具洗涤剂又称为洗洁精，外观透明，带有水果香气，去污力强，乳化去油性能好，泡沫适中，洗后不挂水滴，安全无毒。

设计餐具洗涤剂的配方时，应注意以下几点。

① 设计配方时应考虑表面活性剂的配伍效应以及各种助剂的协同效应。如 AEO 与 AES 复配后，可提高产品的泡沫性和去污性，普通型餐具洗涤剂中表面活性剂含量为 20% 左右，而浓缩型的餐具洗涤剂中表面活性剂含量达 40% 以上；配方中加入乙二醇单丁醚，有助于去除油垢；加入月桂酸乙二醇胺可以增加泡沫稳定性，减少对皮肤的刺激，还可提高产品的黏度；羊毛脂及其衍生物可防止餐具洗涤剂对皮肤的刺激，滋润皮肤。

② 餐具洗涤剂一般都是高碱性，目的是提高产品的去污力和节省活性物的用量，并降低成本，但 pH 值不能大于 10.5。

③ 餐具洗涤剂大多数为透明状液体，并且具有一定的黏度，一般为 150～300mPa · s。调整产品的黏度主要利用无机盐。

④ 高档的餐具洗涤剂加入釉面保护剂，如醋酸铝、甲酸铝、磷酸铝盐、硼酸酐及其混合物。

⑤ 配方中加很少量香精和防腐剂。

表 4-3 是典型的餐具洗涤剂的配方。

（二）手洗餐具洗涤剂的配方及制法

1. 普通型

普通型餐具洗涤剂中表面活性剂的含量较低，约为 20%，配制简单，但应注意若配方中含有 AES 时，应先将 AES 溶解后，再加入其他的表面活性剂。以下结合具体配方来说明普通型餐具洗涤剂的制备方法。

表 4-3 典型的餐具洗涤剂的配方 单位：%

原料	配方(1)	配方(2)	配方(3)	原料	配方(1)	配方(2)	配方(3)
AES(60%)	18.3	8.3	5.5	氯化钠	3.0	1.0	2.0
ABS(60%)	30.0	13.5	9.2	硫酸钠	—	0.6	—
脂肪酰二乙醇胺	4.0	1.9	1.2	防腐剂	适量	适量	适量
二甲苯磺酸钠(40%)	8.5	3.0	1.0	水	36.2	71.7	81.1

配方 1

原料	质量分数/%	原料	质量分数/%
AES	5.0	甲醛(36%)	0.2
椰子油酰二乙醇胺	4.0	EDTA	0.1
ABS(42%～48%活性物)	15.0	食盐	适量
脂肪醇聚氧乙烯醚$(EO)_7$	6.0	香精	0.3
乙醇(95%)	0.2	精制水	余量

制法：在不锈钢配料罐中加入精制水，夹层蒸汽加热至40℃，慢慢加入AES，不断搅拌，在40～50℃下，依次加入ABS、脂肪醇聚氧乙烯醚、椰子油酰二乙醇胺，混合均匀后，降温至40℃以下，加入香精、甲醛、乙醇、EDTA，搅匀，用柠檬酸调pH至7.0～8.5，加入食盐调整黏度。

配方 2

原料	质量分数/%	原料	质量分数/%
壬基酚聚氧乙烯醚(HLB=14.1)	2.0	二甲苯磺酸钠(40%)	3.0
十二烷基硫酸钠(28%)	15.0	EDTA(40%)	0.5
椰子酰二乙醇胺	2.0	NaCl	适量
十二烷基苯磺酸	13.0	防腐剂	适量
氢氧化钠(50%)	3.3	水	61.2

制法：将水投入配料罐中，加入含量为50%的氢氧化钠，再加入十二烷基苯磺酸，搅匀，物料pH应大于5，否则补加50% NaOH。然后在60℃加入其余表面活性剂，搅拌混合，冷至43℃，加入其余物料。用NaCl调产品的黏度至150～300mPa·s，用柠檬酸调pH为6.5～7.5。最后加入防腐剂，得产品。若要得到不透明产品，可加入0.15%的珠光剂。

2. 浓缩型

浓缩型液体洗涤剂与高密度浓缩洗衣粉一样，具有节省包装、运输方便、无效组分少的优点，已成为目前研究的热点。在“结构型”浓缩液中富含阴离子表面活性剂，可达30%～50%，另外含有STPP或沸石、漂白剂和酶制剂，其密度可达到1.2g·cm^{-3}。“非结构型”浓缩液的密度约为1.0g·cm^{-3}，为了保持产品具有良好的透明外观，常加入大量的增溶剂，用量可达15%以上。

由于浓缩液中阴离子表面活性剂含量很高，往往造成黏度过大，几乎成为膏状，给制备带来困难。解决的方法有两种：一是制造时使用高剪切混合器；二是选择合理制备工艺和合理的投料顺序。以下以浓缩型餐具洗涤剂配方实例来说明制备中应注意的问题。

配方

原料	质量分数/%
去离子水	24.3
异丙苯磺酸钠	4.7
二甲苯磺酸钠	12.0
丙二醇	2.3
氧化镁	2.7
硫酸钠	1.2
C_{12}～C_{14}烷基单乙醇酰胺	8.0
十二烷基苯磺酸钠	44.3

本配方中，总固体物含量为60%以上，有效表面活性剂含量高达55%，制备时应注意加料顺序：①增溶剂（异丙苯磺酸钠和二甲苯磺酸钠）；②镁化合物（氧化镁）；③泡沫促进剂（C_{12}～C_{14}烷基单乙醇酰胺）；④十二烷基苯磺酸钠。使用这种加料顺序，利用低剪切混合器，就可制得黏度为8.8Pa·s的产品，且在低温下贮存无凝胶形成。但是如果先加入十二烷基苯磺酸，即使总固体物含量在44%，也会得到黏度为12Pa·s、近似膏状的产品。只有用高剪切混合器才能得到合格产品。

（三）机洗餐具洗涤剂的配方和制法

机洗餐具洗涤剂的剂型有粉末、片状和液状。通常，机械洗涤餐具方式有高压水泵喷洗法和用高速旋转叶轮搅拌法。无论采用何种方法，对洗涤剂的要求都是去油污能力强、易漂洗、不留痕迹、安全无毒，并且无泡（或低泡）。一般来说，使用非离子表面活性剂虽比阴离子表面活性剂的起泡性低，但仍然产生一定泡沫，所以要尽量少用表面活性剂，多用碱性添加剂和磷酸盐等助剂，以增强去污效果。对于硬水，应添加磷酸钠和强碱性的化合物，也可添加葡萄糖酸钠。

配方 1

原料	质量分数/%
硅酸钾(30.9% SiO_2,20.7% K_2O)	6.6
羧烷基膦酸	1.3
焦磷酸钠	7.23
KOH(48%)	64.75
有效氯(次氯酸钠)	2.6
去离子水	余量

制法：将各物料混匀，即得液体机用餐具洗涤剂。

配方 2

原料	质量分数/%	
	配方(1)	配方(2)
聚乙二醇胺缩合物(95%)	3.00	3.00
Na_3PO_4	—	5.00
EDTA	5.00	—
聚丙烯酸钠(20%固体)	6.90	6.90
KOH	1.56	1.30
焦磷酸钾	40.00	25.00
4-氨基三乙酸钠	—	3.00
染料	0.01	0.01
水	43.53	55.76

制法：将水投入配料罐中，依次加入聚丙烯酸钠、KOH、焦磷酸钾、Na_3PO_4、EDTA、4-氨基三乙酸钠、聚乙二醇胺缩合物和染料，分散均匀，即得机洗餐具洗涤剂。配方（1）固含量49.8%，50%溶液pH=10.4，25℃时相对密度1.43，黏度280mPa·s；配方（2）固含量37.3%，50%溶液pH=10.8，25℃时相对密度1.33。

四、卫生间清洗剂

卫生间清洗剂（toilet cleaner，lavatory cleaner）是专用于清洗浴盆、浴室瓷砖、便池等的具有杀菌、祛臭和去污等多种功能的洗涤剂。一般要求产品泡沫丰富，去污力强，使用安全，并具有一定的消毒功能，不伤金属镀层、瓷性釉面和塑料表面。

从外观上来看，卫生间清洗剂有块状、粉状、液状和气体喷射型等几种，其中液状产品使用较多，有酸性、碱性和中性等清洗剂。目前，碱性产品较少，酸性产品较多，中性产品由于对被处理的对象损伤较小，所以是重点开发的对象。

从作用机理来分，可分为以下几类。

（1）摩擦型　含有固体颗粒，加有少量表面活性剂、助溶剂、香料和溶剂等，主要靠摩擦力除去污垢。

（2）溶解型　主要靠酸的作用，可迅速溶解无机盐、金属氧化物及碱性有机物等污垢，但对于许多油脂状污垢如高碳醇、多糖、蛋白质等效率较低，而且对铁等金属有腐蚀。

（3）物理化学作用型　以表面活性剂为主，借助乳化、增溶等作用去污。特点是对油脂污垢的去除率高，作用温和，不损伤处理对象表面，但对铁锈、脲的去除作用弱。

（一）卫生间清洗剂的特效组分

卫生间清洗剂除了表面活性剂外，还有缓蚀剂、杀菌消毒剂、除臭剂、研磨剂等。以下对这些特效组分加以说明。

1. 除臭剂

卫生间便池内的主要污垢有尿酸，钙、镁的磷酸盐和碳酸盐，以及铁锈、灰尘、有机酸盐和含氮有机物等，污垢呈黄色或黄褐色。卫生间的异臭味主要是排泄物中挥发性的醇、有机酸，以及胺类物质在细菌作用下分解产生的气体，如氨气和硫化氢等。清洁是除臭的主要方法之一，但对易挥发性气体的少量残留物还需采用除臭剂。

根据用途和产品的档次，选择不同的除臭方法及相应的除臭剂。最简单的方法就是赋香掩盖除臭法，即在液体洗涤剂中加入香精，用后依靠留香掩盖臭味。使用最多也是最有效的方法是化学除臭法，即利用中和反应、氧化反应和络合反应等方法。如洁厕净中加入铁盐可以络合便池中的硫化物，而氨臭味可利用乙酸、柠檬酸、酒石酸等中和除臭，一些碱性或酸性制剂、氧化剂、还原剂等与臭气反应，即可达到除臭的目的。利用马来酸酯与臭氧缩合也可除臭。有时也采用物理除臭法，如加入吸附剂来进行除臭。还有一些消毒杀菌剂也可以除臭。

2. 缓蚀剂

酸性卫生间清洗剂对金属表面有腐蚀，可加入缓蚀剂，抑制酸对金属的腐蚀，常用的缓蚀剂有以下几类化合物。①脲类化合物，硫脲、二苯基硫脲、丁基硫脲、丁基二硫脲和乙基硫脲；②硫醇、硫醚类，C_2～C_6 硫醇、甲基硫酚、2-萘硫酚和乙基硫醚等；③醛类，甲醛、巴豆醛；④酸及其他物质，草酸、羟基酸、磷酸、脱水松香酸、氨基吡啉、苯并三氮唑以及植物碱等；⑤阳离子表面活性剂，如 1227，这类表面活性剂除了对金属具有缓蚀作用外，对皮肤的刺激性小。

在酸性卫生间清洗剂中，常用的是磷酸系、草酸系、铬酸系缓蚀剂。EDTA 对金属的腐蚀有抑制作用，但对陶瓷有损伤。

3. 杀菌剂

常用的杀菌剂有以下几类。①酚类化合物，苯酚、异丙基甲酚、二丁基甲酚、壬基或苯亚甲基甲酚及其盐；②含卤化合物，次氯酸钠、氯酸盐、氯化磷酸三钠、三氯异氰酸脲、六氯蜜胺、三氯苯碘伏；③过氧化物，过氧化氢、过氧乙酸、过碳酸钠、过硫酸钾等；④醛类化合物，乙二醛、戊二醛等；⑤阳离子表面活性剂及其他化合物，对氨基苯甲酸、三溴水杨三替苯胺、异噻唑啉酮、洗必泰等。

4. 研磨剂

常用研磨剂有二氧化硅、氧化铝、氧化镁、铝硅酸盐、碳化硅、氧化铁和硅石粉碎物等。

(二)卫生间清洗剂的典型配方及制法

1. 中性卫生间清洗剂配方

原料	质量分数/%	原料	质量分数/%
ABS(60%)	4.0	焦磷酸钾	12.0
二甲苯磺酸钠(40%)	12.0	乙二醇丁醚	8.0
AEO(Plurafac D-25)	4.0	水	54.0
偏硅酸钠(五水合物)	6.0		

该产品适用于浴室瓷砖的清洗。

2. 酸性卫生间清洗剂配方

原料	质量分数/%	原料	质量分数/%
烷基酚聚氧乙烯醚(TX-10)	24.0	缓蚀剂	2.0
硫脲	4.0	水	50
盐酸(31%)	20.0		

该配方为重垢型浴盆清洁剂。

3. 碱性卫生间清洗剂配方

原料	质量分数/%	原料	质量分数/%
ABS	0.2	次氯酸钠	1.0
壬基酚聚氧乙烯醚	10.0	香精	0.8
NaOH	8.0	水	80.0

制法：将表面活性剂、NaOH、次氯酸钠依次加入水中，搅匀即可。碱性卫生间清洗剂可用于便池和抽水马桶的洗涤除垢。

4. 酸性消毒清洗剂配方

原料	质量分数/%	
	配方(1)	配方(2)
十二烷基聚氧乙烯醚(EO_{12})	3.0	3.0
十二烷基二甲基氯化铵	5.0	5.0
盐酸(36%)	20.0	50.0
椰子油脂肪基甜菜碱(30%)	3.0	3.0
色料	适量	适量
水	余量	余量

配方（1）23℃时，黏度为 70mPa・s，pH=1.0；

配方（2）23℃时，黏度为 110mPa・s，pH=1.0。

5. 磷酸缓蚀型配方

原料	质量分数/%	原料	质量分数/%
十二烷基聚氧乙烯醚(EO_{12})	10.0	H_3PO_4	13.0
煤油	17.0	水	余量

6. 固体洁厕净配方

原料	质量分数/%	原料	质量分数/%
十二烷基苯磺酸钠	15.0	六偏磷酸钠	10.0
聚乙二醇	30.0	蓝色染料	2.0
对二氯苯	40.0	香料	3.0

制法：将各原料热熔混合，均质后注模成型，每片 30～100g。该产品是一种长效抽水马桶用固体清洁剂，用时只要将其悬挂于抽水马桶水箱中，即可随水流不断释放出有效成分，达到清洁、防垢、杀菌和祛臭功能。

7. 粉状杀菌型洁厕净配方

原料	质量分数/%	原料	质量分数/%
ABS	8.0	$NaHSO_4$	48.0
PEG(400)	3.0	二氯异氰脲酸钠	4.0
邻苄基对氯苯酚	3.0	颜料	0.15
SiO_2	0.5	香料	1.35
$NaHCO_3$	32.0		

制法：将 ABS、$NaHCO_3$、$NaHSO_4$ 混合约 5min，将二氯异氰脲酸钠与邻苄基对氯苯酚混合热溶，并喷射于上述混合物中，混合 10min，再加入聚乙二醇（PEG），混合 10min，最后依次加入颜料、香料和 SiO_2，每加一种料，混合 5min 后再加另一种料，制得含阴离子型表面活性剂的粉状抽水马桶用清洗剂。

五、汽车用清洗剂

汽车用清洗剂涉及涂料、瓷、铝合金和玻璃等不同性质的表面。这些表面在高碱性溶液条件下极易腐蚀或划破。铝对化学腐蚀最为敏感，呈微蓝色划痕。因此，在设计配方时，既要具有满意的去污能力，又不损伤表面。一般来说，在中等和高碱性条件下，硅酸盐对铝、涂料和玻璃表面可提供保护，同时增加溶液的碱性，增加了污垢的分散力。

由于清洗汽车的部位不同，所用的清洗剂亦不同。下面介绍有代表性的各种汽车用清洗剂的配方。

（一）汽车外壳清洗剂

汽车外壳的污染主要是尘埃、泥土和排出废气的沉积物，这类污垢适宜用喷射型的清洗剂进行冲洗，并且应采用低泡型清洗剂。

配方 1

原料	质量分数/%
无水偏硅酸钠	1.0
50%氢氧化钠	0.7
40%乙二胺四乙酸钠盐	19.3
磷酸酯	2.0
非离子/咪唑啉型两性表面活性剂	3.0
水	74.0

配方 2

原料	质量分数/%
氧化微精蜡	4.2
油酸	0.7
液体石蜡	2.5
CMC	0.4
聚二甲基硅氧烷	2.4
辛基酚聚氧乙烯醚	5.0
脂肪醇聚氧乙烯醚	1.2
甲醇	0.2
水	余量

该配方中由于添加了氧化微精蜡和液体石蜡，因此制得的清洗剂除具有清洗作用外，还具有上光作用。

（二）汽车窗玻璃清洗剂

玻璃的微观结构中每个阳离子被一定络合数的氧离子所包围。玻璃中多数阳离子体积小，具有较大的场强。在玻璃内部，这些力处于平衡状态，而在玻璃表面有剩余的键力，表现为较强的表面能，很容易吸附污垢，并侵入玻璃内部，发生化学反应，形成难以除去的污垢。

玻璃上的污垢主要有灰尘、斑点、水纹、树脂、虫胶、鸟粪、润滑油、汽柴油、残余上光蜡，还有雨水、冰霜、雾水等。

传统清洗玻璃的方法是先用清水冲刷、擦洗玻璃，然后用布或者其他工具将玻璃擦亮。这种方法不但费时、费水，而且容易擦伤玻璃表面。汽车玻璃清洗剂可以快速清除玻璃表面的污垢及灰尘，使玻璃保持光亮，在潮湿空气或寒冷气候下不产生雾霜，并在使用后能够防止雾滴、雨滴附着在玻璃表面，防止尘埃、油烟和油脂附着。该类产品在使用时，一般用水稀释后，涂布或喷于玻璃表面。

1. 通用汽车玻璃清洗剂

配方 1

原料	质量分数/%
醇	15～35
硅氧烷/环氧烷烃交联物	0.1～1
增溶剂	0.1～0.3
表面活性剂	1.5～5.5
缓蚀剂	0.1～0.4
去离子水	58～80

配方中，醇包括一元醇和多元醇，其质量比为（1∶3）～（5∶2）。一元醇具有较好的流动性，但成膜性能一般，多元醇清洗溶解力强，成膜性能好，但流动性能稍差，两者复配能够相互促进，达到更好的效果。一元醇是碳原子数为 2～4 的一元醇；多元醇是碳原子数为 2 或 3 的多元醇。

水溶性的硅氧烷/环氧烷烃交联物的添加可以增强醇类溶剂的成膜性能，提高防静电的效果，防止挡风玻璃在低温下清洗时产生冻膜、挂雾等。硅氧烷选自二甲基硅氧烷、六甲基环三硅氧烷、八甲基环四硅氧烷其中的一种或几种；环氧烷烃为环氧乙烷和/或环氧丙烷。

硅氧烷/环氧烷烃交联物中硅氧烷和环氧烷烃的摩尔比为（2∶1）～（1∶1），二者的交联度为30%～60%。硅氧烷/环氧烷烃交联物可以通过常规的方法将硅氧烷和环氧烷烃进行交联制得。

增溶剂可以采用二甲苯磺酸钠、甲苯磺酸钠等；表面活性剂使用阴离子表面活性剂（α-磺基十八烷酸甲酯、正癸基二苯醚二磺酸钠）和非离子表面活性剂（丁烷基葡萄糖苷、N-酰基吡咯烷酮）复配物，二者的质量比为（2∶3）～（4∶1）；缓蚀剂可以采用各种钢铁用缓蚀剂，如，偏硅酸钠、苯并三氮唑、三乙醇胺等，不仅可有效保护雨刷器的金属不被腐蚀，而且对雨刷器橡胶有软化作用，增大橡胶片与挡风玻璃的接触面积，还能延缓橡胶片的老化。

制法： 将20g异丙醇、3g乙二醇、3g丙三醇、1g α-磺基十八烷酸甲酯、0.7g正癸基二苯醚二磺酸钠、0.5g丁烷基葡萄糖苷、0.6g N-酰基吡咯烷酮和70g去离子水加入到容器中，在50℃下搅拌2.5h，混合均匀后，冷却至30℃。向其中加入0.5g二甲基硅氧烷/环氧乙烷交联物、0.3g二甲苯磺酸钠、0.2g柠檬酸钠和0.2g磷酸三丁酯，继续搅拌1.5h，得到产品。将清洗剂与水按1∶20的比例配制成清洗液后使用。

配方 2

原料	质量分数/%	原料	质量分数/%
醇类	73～99.4	表面活性剂	0.2～0.5
酮类	0～2	颜料	0～0.04
香精	0～0.06	水	0～24.4

配方中，选择挥发性能好的醇类（如乙醇、异丙醇）作为溶剂，有利于表面活性剂的溶解及达到良好的助洗效果，清洗后玻璃上不会留有条纹，清洗效果好；选择易挥发的酮类（如丙酮、丁酮）做助剂，可以减少条纹，加入玻璃清洗剂中不成结晶状，清洗后不需要再用水洗；低含量的表面活性剂可以去除水斑、指纹以及灰尘等轻度污垢，使玻璃表面保持高度透明，清洗后玻璃上残留物少，不形成条纹痕迹。可选用的表面活性剂有三乙醇胺油酸皂或十二烷基磺酸钠；加入少量香味较为浓重的香精，可以遮盖其他原料中某些组分所带有的令人不愉快的气味。可选用的香精有柠檬香精、苹果香精、薄荷油等。颜料可选用酸性湖蓝、弱酸蓝等。

该玻璃清洗剂含表面活性剂和挥发性溶剂，不用水洗，对玻璃的污垢具有较好的去除能力，使用方便、快捷，选用的表面活性剂生物降解性好，不污染环境，无毒，环保，生产工艺简单，成本低，经济效益高。

2. 特效汽车玻璃清洗剂

配方 1

原料	质量分数/%	原料	质量分数/%
十二烷基硫酸钠	2～6	异丙酮	5～40
丙二酮	5～15	氨水	1～4
乙二醇单丁醚	0.5～3	甘油	6～10
PBT	5～30	氯化钠	1～3
去离子水	余量		

该汽车玻璃的清洗剂对汽车在行驶中由于煤灰、粉尘、昆虫等污染颗粒的撞击并黏附在玻璃上的难以去除的污垢，有润湿、溶解、解离分散的作用，去污效果十分显著，特别是通过喷嘴将汽车玻璃清洗剂喷到汽车玻璃上，开动雨刷器清洗玻璃时，有很好的润滑作用，防止玻璃被雨刷器夹带着的形状不规则的细小沙粒所刮伤，同时还具有一定的防雾效果，且不腐蚀，不燃烧，不污染环境。

配方中的 PBT 为漂白土的提取液。制法为：先将 5 份去离子水加热到 35～40℃，然后将 3 份漂白土在搅拌下徐徐加入，搅拌速度控制在 60～80r·min^{-1}，搅拌时间为 5min，静置 15min 后再次搅拌，用 100μm 的精密过滤器对混合液进行过滤，收集的过滤液即为 PBT。

制法：将 PBT 与去离子水混合后，在搅拌下加入十二烷基硫酸钠，使之充分溶解。然后再在搅拌下依次按配方加入异丙酮、丙二酮、乙二醇单丁醚、甘油、氯化钠、氨水，充分搅拌混匀后即可。

配方 2

原料	质量分数/%	原料	质量分数/%
脂肪醇聚氧乙烯醚	0.01～0.05	聚醚	0.1～5
缓蚀剂	0.1～1	乙二醇单丁醚	0.5～4
乙醇	1～6	水	余量

配方中，聚醚为丙二醇嵌段聚醚或烷基酚聚氧乙烯聚氧丙烯醚，与非离子表面活性剂脂肪醇聚氧乙烯醚可复配出低泡的清洗剂，具有良好的渗透性和乳化性。添加的乙二醇单丁醚属溶剂，对汽车挡风玻璃上的油渍、虫胶、树胶等有良好的溶解作用，与乙醇及表面活性剂有很好的协同作用，复配使用后的玻璃清洗剂，可在玻璃上形成保护膜，使挡风玻璃清洗光亮，增大玻璃的透明度，并延长雨刷器使用寿命，对雨刷器上的橡胶无溶胀作用。添加的缓蚀剂为偏硅酸钠、亚硝酸钠、硼砂、三乙醇胺等中的一种或多种，对钢、铁、铝等有缓蚀作用，同时还可使汽车挡风玻璃清洗剂保持在一定的 pH 值，增强清洗效果。因此，该汽车挡风玻璃清洗剂具有疏水疏尘功效，对油脂、昆虫撞击造成的血渍污染、树下泊车落下的鸟粪及胶体、车辆尾气造成的油渍等都有很好的分散乳化作用，更适宜夏季使用。

第四节　其他液体洗涤剂

一、干洗剂

干洗剂是利用溶剂溶解力和表面活性剂的增溶能力的典型洗涤用品。它可防止水洗涤所造成的羊毛织物和真丝织物的不可逆收缩。干洗剂除具有去除污垢的功能外，还具有使织物去皱复原的作用，因而精细的织品有时也选用干洗剂来进行洗涤。

（一）干洗剂的配方设计

有机溶剂是干洗剂的主要成分，其次含有少量的水和表面活性剂等。

1. 有机溶剂

用于干洗的溶剂应满足以下几点：①不与纤维发生化学作用，不能损伤纤维；②挥发性好，洗后能从衣物上迅速蒸发除去；③不易着火燃烧或爆炸，使用安全；④无难闻异味；

⑤不腐蚀干洗机器；⑥去污性好；⑦洗涤过程中溶剂损失较少；⑧价格便宜。

能基本满足这些条件的有机溶剂有烃类，如氯乙烯、四氯乙烯、三氯乙烷等，其中以四氯乙烯使用较多。这些有机溶剂有一定的毒性，使用时防止人体吸入。

2. 水

干洗剂中的有机溶剂可将织物上的油性污垢去除，但不能将水性污垢去除。如果利用增溶技术在有机溶剂中加入适量的表面活性剂和少量的水，形成亲水基向内、亲油基向外的反相胶束，这样就将水增溶在胶束中，提高了对水性污垢的去除能力。

配方中水的含量对于洗涤效果影响很大。当水量少时，由于水被增溶，溶液保持透明状。但当水量增加时，未被增溶的水发生分离，形成 W/O 型乳液。随着阴离子表面活性剂浓度的增大，增溶的水量增大。对于非离子表面活性剂，水的最大增溶量随浓度的增加几乎呈直线增加。溶液中如含盐与氢氧化钠，会使得水的增溶量减少。环氧乙烷的加成数增大时，亲水性增加。环氧乙烷加成数为 4～5 时，在四氯乙烯中，几乎不存在增溶。对于水溶性污垢，高水分含量对洗涤有利。但当湿度大于 75%时，会使织物（羊毛、真丝）产生皱褶，引起收缩。对于织得不够紧密的羊毛，70%湿度就可以引起收缩，所以干洗时必须控制水分。

3. 表面活性剂

干洗剂中加入表面活性剂的作用在于：使织物在有机溶剂中被湿润和浸透；促使固体污垢脱落和分散；将水增溶在有机溶剂中。

干洗剂中使用的表面活性剂 HLB 值宜在 3～6 之间，常用的阴离子表面活性剂有十二烷基磺基琥珀酸盐、烷基芳基磺酸盐、脂肪醇聚氧乙烯醚磷酸酯盐等；非离子表面活性剂有脂肪醇聚氧乙烯醚、烷基酚聚氧乙烯醚、聚氧乙烯脂肪胺等。表面活性剂在有机溶剂中的 cmc 值较高，因此在干洗溶剂中只含有 0.2%～1%的表面活性剂。

4. 其他助剂

干洗剂中的卤代烃与水分作用可能产生对干洗设备有腐蚀作用的卤化氢，为了防止腐蚀，可加入 1,4-氧杂环己烷、苯并三氮唑等含氧或含氮的化合物作为防腐剂。

为使溶剂洗下的污垢不再沉积到织物上，可加入柠檬酸盐、C_4～C_6 醇类、甜菜碱两性表面活性剂等作为抗再沉积剂。

为了改善洗后织物的手感和防止静电，可加入柔软剂和抗静电剂，常用的有季铵盐类、咪唑啉类、聚氧乙烯磷酸酯、二乙醇胺盐等。

如果要保持白色织物的白度和有色织物的亮度，可加入少量过氧乙酸等过氧酸类漂白剂，活性氧的含量为干洗剂的 0.002%～0.04%，或将过氧化物与活化剂混合加入干洗浴中，过氧化物可用过硼酸钠、过碳酸钠等，活化剂可选用乙酸、苯甲酸酯等。

（二）干洗剂的配方和制法

1. 机用干洗剂

配方 1

原料	质量分数/%	原料	质量分数/%
四氯乙烯	65.0	月桂酸二乙醇酰胺	1.0
水	5.0	油酸钠	5.0
异丙醇	10.0	羟乙基二甲基硬脂基对甲苯磺酸铵	14.0

配方 2

原料	质量分数/%	原料	质量分数/%
四氯乙烯/三氯乙烯	40.0	异丙醇	5.0
水	5.0	壬基酚聚氧乙烯醚（EO5～6）	50.0

2. 气溶胶抗静电干洗剂配方

原料	质量分数/%	原料	质量分数/%
脂肪醇聚氧乙烯醚（EO7～15）	0.01～3.5	乙醇	10～25
双十八烷基双甲基氯化铵	0.05～3.0	去离子水	65～85
硅油	0.05～1.5	香精	适量
十二烷基苯磺酸钠	0.01～2.5		

推进剂采用二甲醚或石油液化气。推进剂与干洗剂比例为 20∶10。采用气溶胶喷雾器或手动气压式喷雾器。这种方法适用于毛料服装，兼具去污与除皱功能。喷雾后，待溶剂挥发，即完成了去污、除皱过程。

3. 干洗袋配方

原料	质量分数/%	原料	质量分数/%
水	80～95	乳化剂	0.07～0.20
溶剂	5～2	其余填料	0.1～10
1,2-辛二醇	0.5～10		

配方要确保每千克待洗织物能提供 6g 水、0.5～2.5g 溶剂、0.01～3g1,2-辛二醇，其余填料包括香精及一般的表面活性剂等。可选用丁氧基丙氧基丙醇作为溶剂。使用这种溶剂可以使得价格相对较高的辛二醇用量减少，而且可以免去添加表面活性剂。由于它与水的不互溶性质影响到去污性，可以通过添加聚丙烯酸钠得以解决。

以上配方难以均匀地分布于织物上，为了解决这一问题，可将其涂于无纺布或纸巾上。最好选用无纺聚酯，其优点是不易燃、不与织物作用，而且耐用。被清洁的织物纤维也不致渗入涂有干洗剂的无纺布中。无纺布的尺寸以 18～45cm、厚 0.2～0.7mm 为宜，涂敷质量 30～100g・m^{-2}。

将以上涂有干洗剂的无纺布与待洗织物装入一个特制的聚酯袋内，将袋密封，置于滚筒洗衣机的转鼓内，加热洗涤，能达到干洗效果。

4. 干洗一喷净配方

目前有一种很受消费者欢迎的一喷净。对准油污一喷，油污即去除。该产品是利用溶剂去除油垢，同时还加有吸附剂硅胶，使得除掉的污垢及时被吸附到多孔的硅胶中，达到去污目的，配方如下。

原料	质量分数/%	原料	质量分数/%
层析硅胶	10	乙醇	2
三氯乙烯	44	丁醇	1
四氯化碳	3	香精	2
三氯甲醇	12	氟里昂	16

二、衣服局部污迹去除剂

当衣物被某些物质严重污染，在整体洗涤前，必须对局部重垢进行预去斑洗涤。因此，这类洗涤剂也称为预去斑剂。预去斑剂中常含有有机溶剂。

1. 去除局部污痕的方法

去除局部污痕的主要方法有以下 3 种。

（1）溶剂溶解法　主要处理难以洗掉的如食用油、涂料、沥青、印刷油墨、鞋油、口红等污迹，其中除油脂外还含有大量的颜料。利用油溶性的溶剂不仅可以使油脂溶解，而且还可以使颜料分散。常用的有机溶剂有石油醚、三氯乙烯、四氯乙烯等，以及亲油性强的油溶性溶剂如甲苯、松节油等。另外，要去除以蓖麻油为主的油性污痕时，需使用亲水性强的溶剂如丙酮、丁酮等。应该注意，使用溶剂去除油溶性污痕时，容易形成晕环，为防止这一现象，要在溶剂中加少量水进行乳化或增溶。

（2）化学反应法　对于铁锈、铜锈等污痕，用草酸、氢氟酸等使其成为可溶性物，便于除去。但是由于它们的酸性较强，除掉污痕后需用大量水冲洗。对于含有鞣质的咖啡、果汁、酱油、汗、血、茶等有机酸的污垢，常用 K_2MnO_4、NaClO、H_2O_2 等氧化剂进行氧化分解，为了防止残留过剩的氧化物，还需用硫代硫酸钠等还原剂进行后处理。应该注意，使用氧化剂会引起颜料的氧化和漂白现象，不适宜彩色衣服的处理。

（3）酶法　对于蛋白质类的污痕，一般使用蛋白酶；动植物油脂类的污痕用脂肪酶。对于不耐强溶剂和化学药品的纤维织物，最适于使用酶法除去污痕。

2. 预去斑剂的配方

以下介绍几种常用的预去斑剂的配方。

配方 1

原料	质量份
甘油	51.6
冰醋酸	9.7
甲醇	12.9
乳酸	12.9
乙酸戊酯	12.9
氢氟酸溶液	数滴
丁醇	余量

该配方适合于人造丝、天然丝、棉和醋酸纤维等织物上水溶性污痕的去除，但是用于醋酸纤维时须先做实验。

配方 2

原料	质量分数/%
APEO	14.90～18.80
单乙醇胺	10.30～13.70
三乙醇胺	4.25～4.50
丙二醇	6.30～15.20
丁醇	9.80～15.40
烷基苯磺酸钠	7.30～7.80
仲烷基磺酸钠	3.65～3.70
乙酸	0.50～12.80
水	余量

该配方为纺织品表面墨水和圆珠笔芯油的去斑剂。它对织物的染料不起作用，因此可用于洗涤各种色泽的织物。去污时，可将织物的污斑部分直接浸入少量的去斑液中，或用棉球蘸去斑剂擦洗污斑，操作时间约 10～15min。

配方 3

原料	质量份	原料	质量份
$NaHSO_3$	8.00～10.00	乙酰脲	5.00～15.00
硫脲	15.00～30.00	Na_2CO_3	5.00～10.00

该配方利用氧化还原作用来去除钢笔水的污痕。

配方 4

原料	质量分数/%	原料	质量分数/%
乙醇	10.00	甲苯	20.00
乙酸乙酯	20.00	四氯化碳	30.00
乙酸丁酯	20.00		

该配方利用有机溶剂来去除油溶性的污痕，因此应注意防火；又因该配方有毒，最好在室外使用，用布蘸上本溶剂擦洗。

配方 5

原料	质量分数/%
辛基酚聚氧乙烯醚	71.43
二甲苯和乙二醇	10.71
氨水	17.86

该配方用于血液和蛋白质污痕的去除。

配方 6

原料	质量分数/%	原料	质量分数/%
A. 矿物油	41.6	B. 水	36.2
十二烷基苯磺酸铵	13.35	三聚磷酸钠	1.70
聚乙二醇-硬脂酸盐	2.85	芳香烃磷酸酯	4.30

该配方为双剂型，可制成气溶胶型。具体制法是：将 A 组、B 组成分分别混合搅成透明状，再将 B 组成分加到 A 组成分中，继续搅拌成透明状。然后将上述混合液灌装到含有喷射剂的耐压容器中。喷射剂可采用丁烷、丙烷、异丁烷以及液化石油气等。

第五节　液体洗涤剂的质量问题

液体洗涤剂在生产、贮存和使用过程中，也和其他产品一样，由于原料、生产操作、环境、温度、湿度等的变化而出现一些质量问题，这里就较常见的质量问题及其对策进行讨论。

1. 黏度变化

黏度是液体洗涤剂的一项主要质量指标，生产中应控制每批产品黏度基本一致。但在生产过程中，同一个配方的制品，有时黏度偏高，有时黏度偏低。造成黏度波动的原因有很多。

首先，多数液体洗涤剂都是单纯的物理混合，因此某种原料规格的变动，如表面活性剂含量、无机盐含量的波动等，都可能造成制品黏度的变化。所以，原料的质量控制对保证成品质量至关重要。因此原料进厂后，必须经过取样化验，证明合格后方能投入生产。

其次，对制品及时进行分析。如黏度不足时，应补充表面活性剂、无机盐或增加有机增稠剂的用量；如黏度偏高，可加入增溶剂如丙二醇、丁二醇等或减少增稠剂用量，但必须注意不论提高或降低黏度，都必须先做小试，然后才可批量生产，否则会导致不合格品出现。

有时液体洗涤剂刚配出来时黏度正常，但放置一段时间后黏度会发生波动，其主要原因有：①制品 pH 值过高或过低，导致某些原料（如琥珀酸酯磺酸盐类）水解，影响制品黏度，应加入 pH 缓冲剂，调整至适宜 pH 值；②单用无机盐作增稠剂或用皂类作增稠剂，体系黏度随温度变化而变化，可加入适量水溶性高分子化合物增稠剂，以避免这种现象的发生。

2. 浑浊、分层

透明液体洗涤剂刚生产出来各项指标均良好，但放置一段时间，出现浑浊甚至分层现象，有如下几方面原因：①体系黏度过低，其不溶性成分分散不好；②体系中高熔点原料含量过高，低温下放置结晶析出；③体系中原料之间发生化学反应，破坏了表面活性剂胶体结构；④微生物污染；⑤制品 pH 值过低，某些原料水解；⑥无机盐含量过高，低温出现浑浊。因此，只要选择水溶性的原料，控制无机盐的用量，及时调整产品的 pH 值，注意贮存温度等，就可以避免产品浑浊、分层。

3. 变色、变味

导致变色和变味的原因比较复杂，主要有以下几方面：①所用原料中含有氧化剂或还原剂，使有色制品变色；②某些色素在日光照射下发生褪色反应；③防腐剂用量少，防腐效果不好，使制品霉变；④香精与配方中其他原料发生化学反应，使制品变味；⑤所加原料本身气味过浓，香精无法遮盖。因此应分析变色、变味的原因，采取具体的措施。

上述现象可能同时发生，因此必须按操作规程严格控制，以确保产品质量稳定。

思考题

1. 液体洗涤剂中常用的助剂与粉状洗衣粉相比有何不同？
2. 尿素在液体洗涤剂中有什么作用？ 提高液体洗涤剂透明度的方法有哪些？
3. 利用无机盐电解质提高液体洗涤剂黏度的原理是什么？ 操作中应该注意哪些问题？
4. 在设计加酶液体洗涤剂时应注意哪些问题？
5. 常用的珠光剂有哪些？ 珠光香波生产中应如何控制才能获得良好的珠光效果？
6. 设计一个透明型祛屑止痒香波，并说明各组分的作用。
7. 吡啶硫酮锌的合成方法有哪些？ 各有什么特点？
8. 餐具清洗剂中常用的杀菌杀毒成分有哪些？ 分别有什么特点？
9. 洁厕净的特效组分有哪些？ 各起什么作用？
10. 液体洗涤剂的生产方法有哪些？ 各有何不同？ 如何选择？

第五章

化妆品

化妆品的生产和应用始于埃及。埃及女王“克娄巴特拉”时期，女王用驴乳沐浴，用散沫花染指甲、手掌和脚底。7～12 世纪，化妆品在阿拉伯国家的发展取得成效，特别是发展了香精蒸馏技术，在芳香物加工技术上取得突破。13～16 世纪，化妆品开始从医药中分离出来。17～19 世纪，由于合成染料工业和商业的发展，化妆品逐渐发展为相对独立的产业。随着油脂和化工原料工业、香料工业的科技进步，化妆品在 20 世纪取得了飞速发展。

近年来，人们对化妆品的需求日益多样化，促进了化妆品的巨大发展，不仅表现在产品的数量和品种有很大的增加，而且出现了许多新的生产工艺（如微乳液技术、凝胶技术和气雾剂技术等）和新的理论，使产品的质量有了显著提高。同时，新的理论也对传统的配方技术提出了挑战，例如，十二烷基硫酸钠常作为膏霜类化妆品的乳化剂，但国外近期研究表明，这种乳化剂会使皮肤本身的生理功能发生紊乱，这意味着传统的许多化妆品的配方需要进行调整，相应的生产工艺也需要改进。由于化妆品生产涉及的知识广泛，包括胶体化学、芳香化学、染料及颜料化学、皮肤生理学、毒理学、微生物学、包装新材料开发等多个领域，因此，化妆品的生产是一个复杂的过程，各国都投入大量的人力、物力和财力来进行化妆品的研究开发工作。目前，美国是最大的化妆品生产国，其次为日本、法国、德国、英国、意大利等。

中国化妆品工业自改革开放以来，得到了迅速发展，生产企业有 3000 多家，产品已逾万种，北京、上海、广东、江苏、天津等成为中国化妆品的主要生产基地。随着人们生活水平的日益提高，化妆品几乎成为人们不可缺少的生活用品，而且化妆品的品种丰富、各有特色。

第一节　化妆品的概念及与皮肤的生理学关系

中国《化妆品卫生监督条例》是生产、贮运、经销和安全使用化妆品的基本法则，该条例对化妆品的定义是：“化妆品是指以涂擦、喷洒或其他类似的方法，散布于人体表面任何部位，以达到清洁、消除不良气味、护肤、美容和修饰为目的的日用化工产品。”

一、化妆品的作用

化妆品的作用大致可以归纳如下。

（1）清洁作用　除去面部、皮肤和头发等处的污垢，如清洁霜、洁面乳、沐浴液和洗发香波等。

（2）保护作用　用于抵御风寒、烈日，防止皮肤开裂，对面部皮肤和头发等起保护作用，如雪花膏、冷霜、防晒霜、发乳等。

（3）美化作用　美化和修饰面部、皮肤和头发，或散发香气等，如香粉、胭脂、唇膏、香水、定型发膏、烫发剂、指甲油、眉笔等。

（4）营养作用　增加组织活力，保护皮肤角质层的含水量，使皮肤表面滋润、细嫩，减少面部及皮肤表面的细小皱纹，促进头发生成，赋予光泽等，如珍珠霜、维生素霜、精华素等。

（5）治疗作用　治疗或抑制部分影响外表的某些疾病，作用缓和，如药用牙膏、粉刺霜、祛斑霜、痱子粉等。这类化妆品对人体作用缓和，不同于药物。

二、化妆品的分类

化妆品的种类繁多，可按其使用部位、使用目的、制品的构成成分和形状等进行分类。一般按其使用部位和使用目的可分为基础化妆品、美容化妆品、身用化妆品，头发用化妆品、口腔用化妆品和芳香化妆品等（如表 5-1 所列）。

表 5-1　化妆品的分类、用途及主要制品

分类	使用目的	主要制品	分类	使用目的	主要制品
基础化妆品	清洁	洗面奶、泡沫洁面剂	头发用化妆品	洗发	洗发香波
	润肤	润肤霜、按摩膏、化妆水		护发	护发素、调理剂
	保护	保湿霜		整型	发膏、发水、发油
美容化妆品	基础美容	美容粉底霜、白粉		烫发	烫发剂
	重点美容	唇膏、胭脂、眼影、眼线笔		染发、脱色	染发剂、头发漂洗剂
	指甲化妆	指甲油、除光液		生发、养发	生发剂、生发香水
身用化妆品	沐浴	洗肤剂、沐浴液	口腔用化妆品	洁齿	牙膏
	防晒	防晒霜、防晒油		口腔清爽	口腔清爽剂
	抑汗、祛臭	祛臭喷射剂	芳香化妆品	芳香	香水、古龙水、花露水
	脱色	脱色、除毛霜			

基础化妆品也称为面部化妆品或护肤化妆品，以面部化妆品为主，注重皮肤的生理学，按其用途可分为清洁、润肤和保护用品。

美容化妆品也称为装饰用化妆品，除以面部使用为主以外，还包括美化指甲的指甲油。美容化妆品主要注重美学上的润色，随着人们保健意识的增强，也注意皮肤的生理学，即同时兼顾美容和护肤。

身用化妆品是指除面部皮肤以外的在人体上使用的化妆品，如防晒油、抑汗剂、脱毛露、沐浴液等。

头发用化妆品包括清洁用、梳理用和保护用的化妆品，以及烫发剂、染发剂和生发剂等。

口腔用化妆品主要以清洁牙齿的牙膏为主，此外还包括口腔清爽剂。

芳香化妆品主要是在人身上使用的能留香持久的化妆品，如香水、古龙水、花露水等。

三、化妆品的质量特性

一般来讲，化妆品的质量决定于消费者对产品的满意程度。就化妆品的质量特性而言，它

包括安全性、稳定性、实用性和使用性（如表 5-2 中所列）。当然，经济性和市场的应时性也是重要的因素。因此，企业要获得高质量的产品，必须在设计、制造和销售方面多做工作。

表 5-2 化妆品的质量特性

特性	要求	特性	要求
安全性	无皮肤刺激、无过敏、无毒性、无异物混入	使用性	使用感（与皮肤的相容性、润滑性）
稳定性	不变质、不变色、不变臭		易使用性（形状、大小、质量、结构、携带性）
实用性	保湿效果、清洁效果、色彩效果、防紫外线效果		嗜好性（香味、颜色、外观设计等）

四、化妆品与皮肤的生理学关系

1. 皮肤的组成

皮肤从外到里由表皮、真皮、皮下组织构成（如图 5-1 所示）。

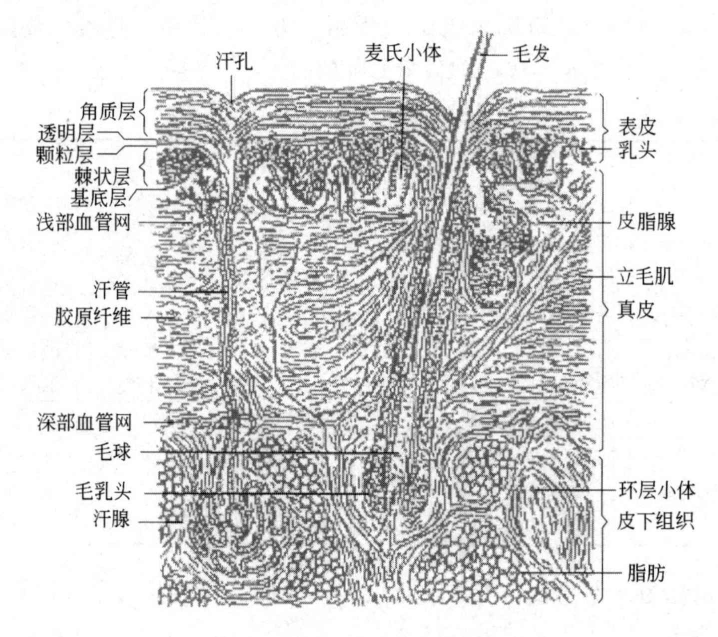

图 5-1 皮肤的构成

表皮主要由角朊细胞组成，厚约 0.1～0.3mm，从上到下分为角质层、透明层、颗粒层、棘状层和基底层。其中角质层是坚韧的有弹性的组织，是化妆品的直接作用部位；基底层中含有黑色素，决定着皮肤的深浅，并能吸收紫外线，防止皮肤损伤。

真皮由胶原细胞构成，使皮肤富有弹性和光泽。真皮层含有丰富的血管、神经、汗腺、毛囊和皮脂腺等。皮脂腺分泌皮脂，皮脂的主要成分为脂肪酸、甘油三脂肪酸酯、蜡、甾醇、角鲨烯等物质，可滋润皮肤和头发。根据皮脂分泌量的多少，人类的皮肤分为干性、油性和中性 3 大类，这是选择化妆品的重要依据。

皮下组织主要由脂肪构成，能保持体温、供给能量、缓冲外来压力等，与化妆品的关系不大。

2. 皮肤的生理作用

化妆品主要是通过皮肤的吸收起作用的。

皮肤吸收的主要途径是通过角质层细胞膜渗透进入角质层细胞，然后通过表皮其他各层而进入真皮；其次是少量脂溶性及水溶性物质或不易渗透的大分子物质通过毛囊、皮脂腺和汗腺导管而被吸收。通常角质层吸收外物的能力很弱，但如使其软化，则可加快吸收。通常情况下，水及水溶性成分不能经皮肤吸收，但油脂和油溶性物质可以通过角质层和毛囊被吸收。对油脂类的吸收能力大致为：动物油脂＞植物油＞矿物油。猪油、羊毛脂、橄榄油等动植物油脂能被吸收，而凡士林、白油、石蜡、角鲨烷等几乎不能吸收。对维生素来讲，具有油溶性的维生素A、D、E、K等比较容易被皮肤吸收，而水溶性维生素C、B难被吸收。

皮质膜是皮肤分泌的汗液和皮脂的混合物在皮肤表面形成乳状的脂膜。它具有阻止皮肤水分过快蒸发、软化角质层、防止皮肤干裂的作用，在一定程度上有抑制细菌在皮肤表面生长、繁殖的作用。皮脂膜中主要含有乳酸、游离氨基酸、尿素、尿酸、盐、中性脂肪及脂肪酸等。由于这层皮脂膜的存在，皮肤表面呈弱酸性，其pH值为4.5～6.5，并且随性别、年龄、季节及身体状况等不同而略有不同。皮肤的这种弱酸性可以起到防止细菌侵入的作用。

角质层中水分保持量在10％～20％时，皮肤张紧，富有弹性，是最理想的状态；水分在10％以下时，皮肤干燥，呈粗糙状态；水分再少，则发生龟裂现象。正常情况下，皮肤角质层之所以能够保持水分，一方面是由于皮脂膜能防止水分过快蒸发；另一方面是由于角质层中存在天然调湿因子（natural moisture factor，NMF），使皮肤具有从空气中吸收水分的能力。NMF主要由氨基酸、吡咯烷酮羧酸、乳酸盐、尿素、尿酸、无机盐、柠檬酸等成分组成。化妆品的保湿剂大多数就是以NMF为模型，如近年来采用的保湿剂有氨基酸、吡咯烷酮羧酸、透明质酸等。

3. 皮肤的老化

关于皮肤的老化机理，目前“自由基学说”是被普遍接受的观点。该学说认为老化是自由基产生和消除发生障碍的结果。正常情况下，生物体内的氧自由基的产生和消除处于相对平衡状态，但某些病理或紫外线的照射可增加氧自由基的形成。自由基形成后，它们可以进攻和损伤皮肤细胞结构，并引起如下变化：①长命分子（如胶原蛋白、弹性纤维和染色体物质）中积累性氧化性变化，使皮肤逐渐失去弹性和张力，皱纹不断增加；②黏多糖（如透明质酸等）的分解，使皮肤干燥角化；③惰性物质的积累和衰老色素的积累；④脂质过氧化引起细胞壁和质膜的变化；⑤动脉和毛细血管的纤维化；⑥酶活力降低和免疫力降低，促进衰老。

皮肤老化是多种因素综合作用的结果，而紫外线照射是加速皮肤老化的最重要的外部因素。

4. 皮肤的美白机理

人体内存在两种黑色素，即真黑色素和脱黑色素。真黑色素为棕色至黑色，不溶于酸、碱；脱黑色素为黄色至红棕色，能溶于碱。关于黑色素的形成，早期认为是由酪氨酸酶催化体内的酪氨酸合成的。近期又提出“三酶理论”，即酪氨酸酶、多巴色素互变酶和5,6-二羟基吲哚-2-羧酸氧化酶，都有十分重要的作用。真黑色素和脱黑色素的生成过程分别如图5-2和图5-3所示。

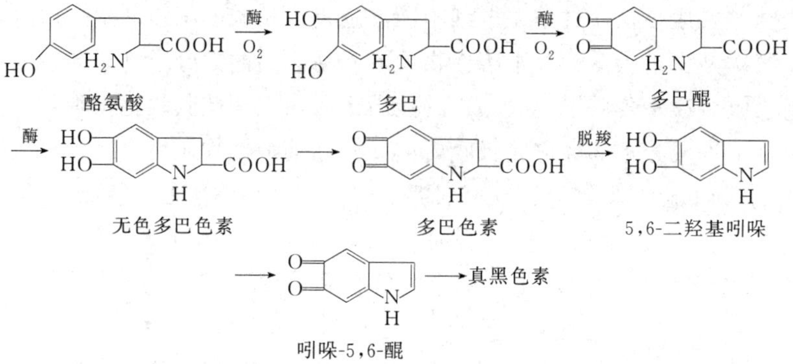

酪氨酸 → 多巴 → 多巴醌 → 无色多巴色素 → 多巴色素 → 5,6-二羟基吲哚 → 吲哚-5,6-醌 → 真黑色素

图 5-2 真黑色素的生物合成过程

酪氨酸 → 多巴 → 多巴醌 → 半胱氨酸多巴 → 半胱氨酸多巴醌 → 苯并噻嗪衍生物 → 脱黑色素

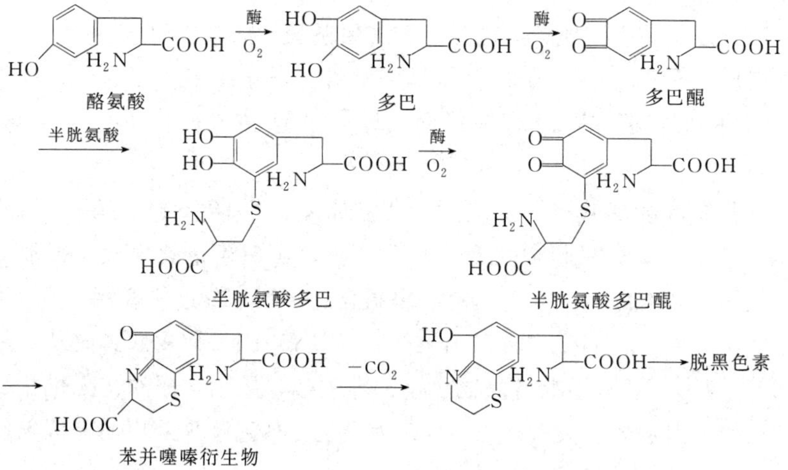

图 5-3 脱黑色素的生物合成过程

人体内的酪氨酸首先在酪氨酸酶催化下生成 3,4-二羟基苯丙氨酸即多巴，多巴进一步在酪氨酸酶的催化下氧化为多巴醌，多巴醌经多聚反应，即与无机离子、还原剂、硫酸、氨基化合物、生物大分子的一系列反应过程，生成无色多巴色素。无色多巴色素极不稳定，可被另一分子的多巴醌迅速氧化成多巴色素。在多巴色素互变酶的作用下，羟化为 5,6-二羟基吲哚羧酸，或脱羧为 5,6-二羟基吲哚。5,6-二羟基吲哚再在酪氨酸酶的催化下被氧化为 5,6-吲哚醌。5,6-吲哚醌是真黑色素的前体，但其他中间产物都可以自身或与多巴醌结合生成真黑色素。

脱黑色素是在半胱氨酸的参与下合成的。人体内的半胱氨酸可以通过专门的膜通道进入黑色素细胞，参与脱黑色素的合成。由于半胱氨酸与多巴醌的加成速度远远大于多巴醌分子内的环化速度，当半胱氨酸存在时，即使量非常小，反应也是倾向于合成脱黑色素。即在生成多巴醌以后的反应中，在半胱氨酸的参与下，迅速产生半胱氨酸多巴和半胱氨酸多巴醌，后者关环、脱羧变成苯丙噻嗪衍生物，最后形成脱黑色素。

因此，可通过以下几个方面来抑制黑色素的形成：①抑制酪氨酸酶、多巴色素互变酶、5,6-二羟基吲哚-2-羧酸氧化酶活性；②还原黑色素形成过程各中间体，或与之结合以阻断黑色素形成；③阻断二羟基吲哚聚合为黑色素；④减少外源性因素如紫外线、氧自由基等对黑色素形成生理过程的影响。

目前，美白化妆品绝大部分的作用机理是抑制酪氨酸酶的活性。

第二节　生产化妆品的原料

化妆品的原料种类很多，性能各异，在化妆品中的作用也各不相同。油脂和蜡及其衍生物是生产化妆品的主要原料；为了使某些成分乳化或增溶等，需加入表面活性剂；为了调整化妆品在皮肤上的感觉和保湿性，需使用胶态物质和保湿剂；为了使某种物质对微生物和氧化剂稳定，还需添加防腐剂和抗氧剂；香味是化妆品的重要指标之一，因此香精对化妆品也是至关重要的；化妆品中的色素亦不可忽视，如演员用的化妆品中的色料极其讲究；药物及一些天然原料用于疗效性、营养性化妆品。

对化妆品原料的选择主要有以下几点要求：①对皮肤无刺激和毒性作用；②不妨碍皮肤正常的生理作用；③稳定性高、色泽好、气味宜人。

一、生产化妆品的主要原料

（一）油脂和蜡类

油脂和蜡类及其衍生物在化妆品中所占的比例非常大，应用范围广，主要作为润肤剂。随着科学技术的进步，润肤剂正在向多功能化发展，其中包括人们对无油脂感、皮肤轻松感、皮肤弹性、润湿性和坚实性等功能的改善。以下对化妆品中常用的油脂和蜡的品种和功能作一简介。

1. 油脂类

油脂类主要包括橄榄油、芝麻油、蛋黄油、海龟油、貂油等。

油脂类的作用如下：①赋予皮肤柔软性和光滑性；②在皮肤表面形成疏水性膜，使皮肤柔润，同时防止微生物侵入；③寒冷时抑制水分从皮肤表面蒸发；④作为加脂剂保护皮肤；⑤使头发有光泽。

2. 蜡类

蜡类是指高碳脂肪酸和高碳脂肪醇构成的酯，常见的有巴西棕榈蜡、小烛树蜡、蜂蜡、羊毛脂等。

蜡类的作用如下：①作为固化剂使用，以提高制品的稳定性，如巴西棕榈蜡、小烛树蜡常用做锭状化妆品的固化剂，尤其是小烛树蜡，除作为唇膏的固化剂外，还适于作光亮剂；②可作为摇溶性制品，改善使用感；③可提高液体油的熔点，改进皮肤的柔软效果；④由于分子中疏水性烃链的作用而形成疏水性膜；⑤增强光泽，提高产品价值；⑥改善成型性能，提高操作性。

3. 油脂和蜡的衍生物

（1）脂肪酸　常用的脂肪酸有月桂酸、硬脂酸、棕榈酸，与碱类并用时，脂肪酸的一部分与碱反应生成硬脂酸皂，作为乳化剂使用；大部分硬脂酸可作为成膜剂，在皮肤表面形成薄膜，使角质层柔软，保留水分。

（2）高碳醇　乳化助剂，油性感抑制剂（如十六醇、十八醇、油醇、羊毛醇）。

（3）酯类　促进展开性，作为混合剂、溶剂、增塑剂、柔软剂、光滑剂，赋予透气性（如肉豆蔻酸异丙酯可作水相、油相的混合剂，色素等的溶解剂）。

（4）磷脂类　具有乳化、分散、润湿等性能，还可作为加脂剂，滋润肌肤。

（5）金属皂　C_{12}以上的铝皂、锌皂，常作为油包水型乳液稳定剂、凝胶剂、分散剂，对皮肤具有光滑性、附着性、消光性，另外还有止痒作用。

4. 高碳烃类

高碳烃类在化妆品中主要起到溶剂作用，能净化皮肤表面。此外，它在皮肤表面能形成疏水性油膜，抑制皮肤表面水分的蒸发，提高化妆品的效果。常见的高碳烃类原料有以下几种。

（1）角鲨烷　角鲨烷是从深海鲨鱼肝提取的角鲨烯烃经加氢而制成，主要成分为2,6,10,15,19,23-六甲基二十四烷，是一种无臭、无味、无色的透明油状液体。它的稳定性和安全性非常好，并且凝固点低，与液蜡相比，无油腻感，常用在膏霜、乳液等化妆品中。

（2）液体石蜡　液体石蜡是烃类原料中用量最大的一种。它是石油在300℃以上蒸馏后除去固体石蜡而精制得到的，其组成为C_{15}～C_{30}的饱和烃。液体石蜡为无色、无臭的透明油状液体，有时带蓝色荧光、化学性质稳定。常用的商品牌号依黏度不同有白油$7^{\#}$、$10^{\#}$、$18^{\#}$、$24^{\#}$，号数越高黏度越大，其中白油$18^{\#}$黏度适中，常用于膏霜类化妆品及发油中。

（3）固体石蜡　固体石蜡是将石油原油蒸馏后残留的部分，经真空蒸馏或用溶剂分离得到的无色或白色透明的固体，熔点在50～70℃之间，主要为C_{20}～C_{30}直链烃，也有2%～3%的支链烃。它与液体石蜡一样，无色、无臭、化学性质稳定，常用于膏霜及唇膏中。

（4）凡士林　凡士林由石蜡真空蒸馏而得，主要成分为C_{24}～C_{34}非结晶性烃类，一般认为凡士林是以固体石蜡为外相、液体石蜡为内相的胶体状态。同固体石蜡一样，凡士林常用于膏霜及唇膏中。

（5）微晶蜡　微晶蜡是由凡士林等脱油得到的微晶固体，由C_{31}～C_{70}的支链饱和烃、环烷烃、直链烃等构成，具有黏性和延伸性，熔点较高，一般为60～83℃，也常用于膏霜及唇膏中。

5. 硅油

硅油是含有硅氧键（—Si—O—Si—）的一类有机化合物的总称。常用的硅油类化合物有二甲基硅油和甲基苯基硅油。

（1）二甲基硅油　二甲基硅油的分子式如下所示

$$H_3C-\underset{CH_3}{\overset{CH_3}{\underset{|}{\overset{|}{Si}}}}-\left[O-\underset{CH_3}{\overset{CH_3}{\underset{|}{\overset{|}{Si}}}}-O\right]_n-\underset{CH_3}{\overset{CH_3}{\underset{|}{\overset{|}{Si}}}}-CH_3$$

二甲基硅油是无色透明的油状物，因其疏水性强，在皮肤上不易被水和汗冲散，可以抑制油分的黏糊感而显出清爽的使用感，还可以帮助其他成分在皮肤和头发上扩展等。二甲基硅油可与其他油分配合使用，适用于所有的化妆品中。

（2）甲基苯基硅油　甲基苯基硅油是甲基硅油中部分甲基被苯基所取代的产物。二甲基硅油不溶于乙醇，而甲基苯基硅油可溶于乙醇，与其他原料相溶性好，可广泛用于化妆品中。

（二）乳化剂

乳化剂是化妆品配方中的一种重要组分，它对产品的外观、理化性质以及用途和贮存条件等有很大影响。乳化剂基本上是各类表面活性剂（见表5-3）。

表 5-3　化妆品常用的乳化剂品种

类别	主要品种
阴离子型表面活性剂	脂肪酸盐、烷基磺酸盐、脂肪醇聚氧乙烯醚硫酸盐、甘油单脂肪酸酯硫酸盐、氨基乙基磺酸盐、碘基琥珀酸盐
非离子型表面活性剂	甘油单脂肪酸酯、失水山梨醇脂肪酸酯、蔗糖酯脂肪醇聚氧乙烯衍生物、聚氧乙烯氢化蓖麻油衍生物、聚乙二醇脂肪酸酯、聚氧乙烯酰胺、烷醇酰胺、羊毛脂、磷脂
两性表面活性剂	咪唑啉衍生物、甜菜碱类、氨基酸类
阳离子型表面活性剂	卤化吡啶类、脂肪烷基季铵盐类、氨基酸类

除了常用的各类表面活性剂外，还有如下天然的表面活性剂。

（1）羊毛脂　羊毛脂是从洗羊毛的废液中提取出来的，熔点为 34～42℃，主要成分为多种酯的复杂混合物、少量的游离醇及痕量的游离酸和烃类。构成酯的醇主要是 C_{18}～C_{26} 脂肪醇、少量的二醇及胆甾醇。皂化后约有 5%二元醇，45%一元醇，25%正、异构脂肪酸和 25%羟基酸。羊毛脂在皮肤上渗透作用好，除了具有使皮肤柔软、润滑及防脱脂的功效外，更主要的是少量羟基的存在有利于 W/O 型乳液的形成，当与亲水乳化剂合用时，还可形成 O/W 型乳液。但是，由于羊毛脂有膻味，常使用其衍生物（如羊毛醇或聚氧乙烯羊毛醇醚）作为乳化剂，可用于膏霜和乳液类化妆品的生产。

（2）卵磷脂　卵磷脂是从大豆油和蛋黄中提取出来的。其主要成分为磷脂丝氨酸、磷脂酰乙醇胺、磷脂酰胆碱，结构中包含有磷酸酯阴离子表面活性剂和季铵盐阳离子表面活性剂两种基团，是有名的天然表面活性剂，广泛用于食品及化妆品的乳化剂及色料悬浮剂。卵磷脂对皮肤具有优异的亲和性和渗透性，配有卵磷脂的膏霜、乳液等化妆品，具有清爽的使用感和柔软效果。

其他具有天然表面活性剂的物质有胆固醇和角皂等。

（三）保湿剂

保湿剂是指化妆品中保持皮肤角质层水分的各种物质。保湿剂在化妆品中除具有上述功能外，还可以作为化妆品本身的水分保湿剂和稳定剂，有时也作为抑菌剂来使用。

皮肤的光滑性、柔软性和弹性与皮肤中角质层中的含水量密切相关。

人类皮肤的角质层中含有天然保湿因子（NMF）的亲水性物质，组成见表 5-4。角质层中含有脂 11%，NMF 30%。因此在选择保湿剂时，不仅要考虑天然保湿因子的存在，还要考虑可以适当抑制水分挥发的细胞间脂质和皮脂等油性成分以及起保水作用的黏多糖类等物质的存在。

表 5-4　天然保湿因子的组成

组分	含量/%	组分	含量/%
氨基酸	40.0	钾	5.0
吡咯烷酮羧酸	12.0	钠	4.0
尿素	7.0	乳酸化合物	12.0
钙	1.5	糖、肽和其他未定物	18.5

理想保湿剂应具备以下的要求：①具有适度的吸湿能力；②吸湿力能够持久；③吸湿能力很少受环境条件（湿度、温度、风等因素）变化的影响；④挥发应尽量低；⑤与其他成分的相溶性好；⑥凝胶点尽可能低；⑦黏度适宜，使用感好，对皮肤的亲和性好；⑧应尽量无色、无臭、无味；⑨价格低、供应稳定。

对化妆品来说，最好模仿天然保湿机理、结构模型来选择保湿剂。化妆品中使用的保湿剂，以甘油、丙二醇和山梨醇等多元醇最多，其次是自然保湿因子的主要成分吡咯烷酮羧酸盐和乳酸盐等，最近也开始使用微生物制剂透明质酸钠、尿囊素以及其他天然保湿剂。

1. 化学合成保湿剂

（1）多元醇类保湿剂　多元醇类化合物由于具有多个羟基，与水有较好的亲和性，可用做化妆品的保湿剂。甘油是最早使用的保湿剂，无色、无臭，是一种比较黏稠的液体。丙二醇的外观和物理性质很像甘油，但与甘油相比，其黏度低，使用感好。在化妆品中可与甘油、山梨醇配合使用作保湿剂。1,3-丁二醇和 1,2-辛二醇是使用较晚的保湿剂，除具有保湿作用外，还具有良好的抑菌作用，可用于各种化妆水和膏霜中。木糖醇热稳定性和水溶性好，可替代甘油作保湿剂。赤藓醇和山梨醇含有六个羟基，其吸湿性比甘油温和、味道好，多用于牙膏中，也可完全替代甘油，作为膏霜、奶液、香波类化妆品的理想保湿剂。此外，低分子量的聚乙二醇（平均分子量为 200～600）也可用做化妆品的保湿剂，常温下为液体，无色、无臭，其吸湿性随分子量的增加而下降。

（2）乳酸钠　乳酸钠的化学结构式为

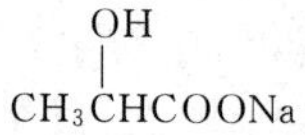

$$\mathrm{CH_3\overset{\overset{\displaystyle OH}{|}}{C}HCOONa}$$

它是一种无色或微黄色透明糖浆状液体，有很强的吸水能力，无臭或稍有特殊气味，味稍咸苦，其水溶液呈中性。在化妆品中可用做保湿剂和吸水剂以及甘油的代用品。

（3）2-吡咯烷酮-5-羧酸钠　其结构式为

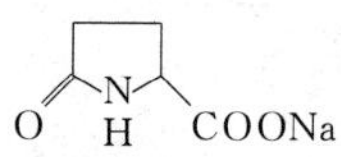

O　N　H　COONa

它是一种无色或微黄色透明液体，无味，在天然保湿因子中是起主要作用的保湿成分，具有良好的吸湿和保湿性能。研究结果表明，其保湿性能明显优于甘油，且对皮肤、眼睛无刺激，因此被广泛用于化妆品中。

（4）透明质酸钠　透明质酸钠是广泛存在于人体结缔组织细胞外基质中的一种多糖类物质，它是由葡萄糖醛酸和乙酰基葡萄糖交替排列构成的长链分子，为酸性黏多糖，其结构式为

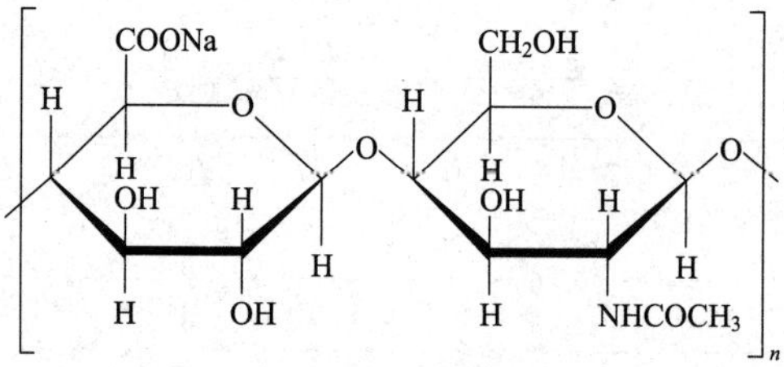

COONa　CH_2OH
H　O　H　O
O　O
H　OH　H　H　OH　H
H　H
H　OH　H　$NHCOCH_3$
n

透明质酸钠有很强的吸湿、保湿功能，其水溶液具有极高的黏弹性。据测定，它的保湿能力远超过一般常用的保湿剂。一般认为它具有保持细胞间隙的水分、保持组织内由胶冻状

基质形成的细胞、保持皮肤的润滑性和柔软性、防止细菌感染等功能。有人认为，皮肤的湿润感消失、出现皱纹主要是由于皮下组织中富含的透明质酸钠减少而引起的。另外，透明质酸钠具有良好的润滑性和成膜性，但由于价格较高未能在化妆品中普遍使用。

（5）尿囊素　尿囊素是尿素的衍生物，因最早在牛的尿囊中发现而得名，其结构式为

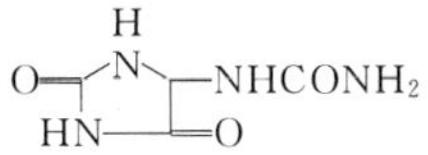

H
O═ N —NHCONH₂
HN——O

尿囊素不仅可以促进肌肤、头发最外层的吸水能力，而且有助于提高角质蛋白分子的亲水力，因此可增加皮肤、头发和嘴唇组织中的含水量。可缓解和治疗如肌肤干燥、粗糙、皱纹、鳞化、角化或头发干枯、无光、断裂、分叉以及嘴唇干裂等症状，并赋予肌肤、头发及嘴唇以柔软、弹性和光泽。用量在1%即可得到显著效果。

尿囊素常用的制备方法有以下两种。

① 氯乙酸与脲加热合成。

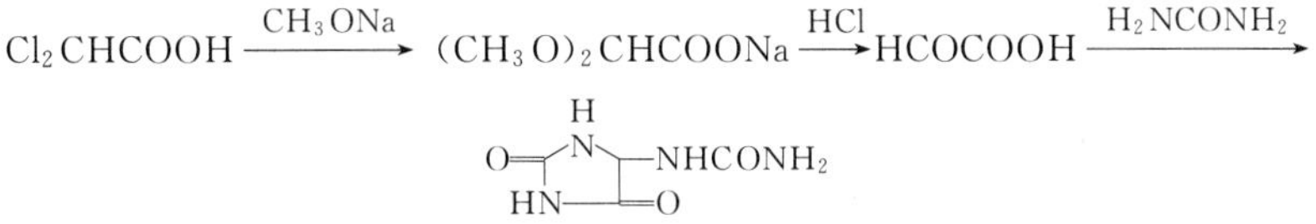

$$Cl_2CHCOOH \xrightarrow{CH_3ONa} (CH_3O)_2CHCOONa \xrightarrow{HCl} HCOCOOH \xrightarrow{H_2NCONH_2}$$

H
O═ N —NHCONH₂
HN——O

② 乙醛酸与尿素直接缩合。

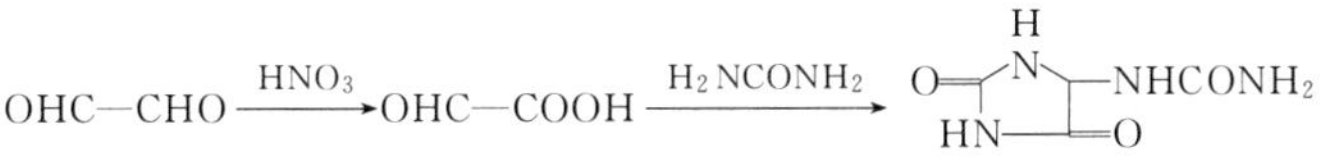

$$OHC—CHO \xrightarrow{HNO_3} OHC—COOH \xrightarrow{H_2NCONH_2}$$ （尿囊素：H，O═ N —NHCONH₂，HN——O）

（6）神经酰胺　神经酰胺是近年来开发出的最新一代保湿剂，是一种水溶性脂质物质，也是细胞间基质的主要部分，其结构为

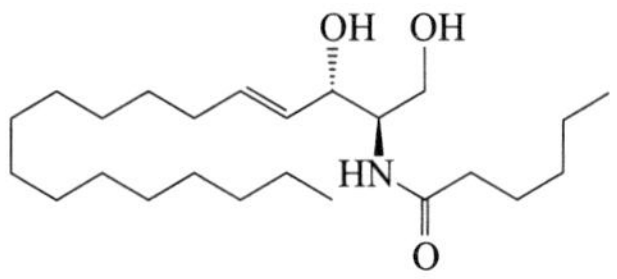

OH　OH
HN
O

这种结构与构成皮肤角质层的物质结构相近，能很快渗透进皮肤，与角质层中的水结合，形成一种网状结构，锁住水分，可改善皮肤干燥、脱屑、粗糙等状况；同时能增加表皮角质层厚度，减少皱纹，增强皮肤弹性，延缓皮肤衰老。

2. 天然保湿剂

（1）霍霍巴油　霍霍巴油呈透明液体状，几乎无臭无味，能赋予皮肤不油腻感、光滑及柔软感，是干性皮肤良好的化妆品用保湿剂，常配入膏霜和乳露中。

（2）角鲨烷　角鲨烷为透明清晰的液体，是一种没有异味的烃类物质，无毒性、安全，用于化妆品中能增加皮肤的呼吸作用和防止皮肤失去水分。过去是将从鲨鱼肝油中提取的角鲨烯经化学处理而制得，现在可以从橄榄油得到。

（3）蜂蜜　蜂蜜是一种良好的保湿剂，不仅具有保湿和营养作用，而且能有效地软化角质层，促进皮肤大量吸收营养，起到渗透剂的作用。

（4）灵芝提取液　灵芝提取液是以野生灵芝为原料，经萃取、提纯和无菌处理后制成，它除了具有良好的保湿性能外，还具有其他一系列功能，是理想的化妆品营养添加剂，符合化妆品多功能发展方向的要求。

（5）雪莲花提取物　雪莲花提取物为多功能化妆品原料。新疆雪莲花含有黄酮类芦丁、内酯类雪莲内酯、生物碱、挥发油、多糖、皂苷、糖苷、维生素和氨基酸等多种对人体有益成分。雪莲护肤品除具有很好的保湿特性外，还能营养皮肤细胞，改善皮肤的弹性和渗透性，并具有抗菌作用。

（6）黏多糖　黏多糖为水溶性高分子化合物，与水有较强的亲和力，从而使细胞基质间保持大量水分，其优良的保湿性能近年来受到化妆品行业重视，广泛使用于膏霜、奶液、化妆水、护发液、发蜡和疗效性化妆品等。含黏多糖的化妆品，可显著增加皮肤的保湿性，并且无刺激作用，不阻碍皮肤正常的生理功能，起到美化肌肤的作用。

（7）丝蛋白类保湿剂　丝肽是由丝素蛋白在一定条件下水解而成，由氨基酸、二肽、三肽组成的混合物，可以是透明澄清液体，也可以是水溶性的白色固体，具有卓越的保湿性能，其保湿性比相同浓度的甘油高 20 倍，且安全性高，是化妆品理想的保湿剂。

（四）水溶性高分子化合物

水溶性高分子化合物是化妆品中常用的添加剂之一，分子结构中大都含有—OH、—COOH或—NH_2 等亲水性基团，溶于水后呈溶液或凝胶状态的黏性液体。

1. 水溶性高分子化合物在化妆品中的作用

水溶性高分子化合物在化妆品中可起到如下作用：①对乳液或悬浮体等分散体系起稳定作用（或称胶体保护）；②对乳液、蜜类半流体起增黏作用；③对膏霜类半固体起增黏或凝胶化作用；④成膜作用；⑤黏合作用；⑥泡沫稳定作用；⑦保湿作用；⑧其他作用（抗再沉积作用、防腐作用、抗氧作用）。

2. 水溶性高分子化合物的分类

化妆品中常用的水溶性高分子可分为天然高分子、半合成高分子和合成高分子 3 大类。表 5-5 列出了常见的水溶性高分子化合物的分类情况。

表 5-5　水溶性高分子化合物的分类

类别	范围
天然高分子	植物系(多糖类)：阿拉伯树胶、黄耆胶、果胶、木瓜胶 微生物胶(多糖类)：咕吨胶、透明质酸、葡聚糖、环糊精 动物系(蛋白质)：酪蛋白、胶原蛋白
半合成高分子	纤维素类：羧甲基纤维素(CMC)、羟乙基纤维素(HEC)、羟丙基纤维素(HPC) 淀粉类：氧化淀粉、羧甲基淀粉、醚化淀粉、酯化淀粉 海藻酸类：海藻酸钠、爱尔兰苔(鹿角菜)
合成高分子	乙烯类：聚乙烯醇、聚乙烯甲基醚及其共聚物、聚乙烯吡咯烷酮 聚丙烯酸及其衍生物：丙烯酸和马来酸酐的共聚物 其他：水溶性尼龙、无机化合物等

化妆品中常用的水溶性高分子有聚乙烯吡咯烷酮、聚乙烯醇、硝基纤维素、羟甲基纤维素钠、海藻酸钠、环糊精等。

（1）聚乙烯吡咯烷酮　聚乙烯吡咯烷酮（polyvinyl pyrrolidone，PVP），其结构式为

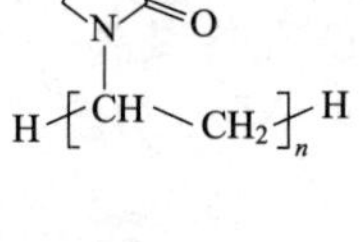

$$H\!\left[CH(N\text{-pyrrolidone, C=O})-CH_2\right]_nH$$

聚乙烯吡咯烷酮能溶于水，也能溶解于乙醇、甘油和乙酸乙酯等，在水中溶解后可形成黏稠的液体，由于具有形成薄膜和与头发密切黏着的能力，其常用于发用化妆品中（如洗发香波、摩丝等制品），可以提高泡沫的稳定性并赋予头发光泽。

（2）聚乙烯醇　聚乙烯醇由聚乙酸乙烯酯经碱性水解制得，其全部水解和部分水解产物为

$$\left[\begin{array}{c}-\mathrm{HC}-\mathrm{CH_2}-\\ |\\ \mathrm{OH}\end{array}\right]_n \qquad \left[\begin{array}{c}-\mathrm{HC}-\mathrm{CH_2}-\\ |\\ \mathrm{OH}\end{array}\right]_m \left[\begin{array}{c}-\mathrm{HC}-\mathrm{CH_2}-\\ |\\ \mathrm{O}\\ |\\ \mathrm{C{=}O}\\ |\\ \mathrm{CH_3}\end{array}\right]_n$$

完全水解　　　　部分水解

其黏度和形成薄膜的强度随水解的程度不同而变化。在化妆品中常使用水解度为90%左右的部分水解物。常利用它能形成薄膜的能力用于制造面膜制品，也可用于乳化体的制品中以保护胶体。

（3）羧甲基纤维素钠　如前所述，羧甲基纤维素钠（CMC-Na）为白色或淡黄色粉末，无臭无味，可溶于水，对化学药品、光、热的稳定性好。CMC-Na在肥皂及合成洗涤剂中主要作为抗再沉积剂，在化妆品中用做增稠剂、乳液稳定剂。应该注意，CMC-Na在中性或微碱性时其水溶液为高黏液体，增稠效果好，但在酸性条件下增稠效果差。

（4）海藻酸钠　海藻酸钠又称藻元酸钠，其结构式如下

它是一种白色或淡黄色粉末，极易溶于水形成黏稠液体。海藻酸钠主要是从海藻中提取碘和甘露醇的副产品，具有很强的胶体保护作用和对油脂的乳化功能。广泛用于透明胶体状产品中，由于具有一定的成膜性，也被用于整发剂中。它的溶解性比CMC-Na好，有使膏体均匀细腻且有光泽的良好效果，在牙膏中是很理想的增稠剂。使用时应注意的是，在热的强碱中或剧烈的机械剪切搅拌下，海藻酸钠分子链将断裂而降低增稠效果。

（5）环糊精　环糊精（CD）是淀粉、直链糊精或其他葡萄糖聚合物在环状糊精糖基转移酶的作用下生成的，有 α、β 和 γ 3种。化妆品中常用 β-CD，其结构如图5-4所示。

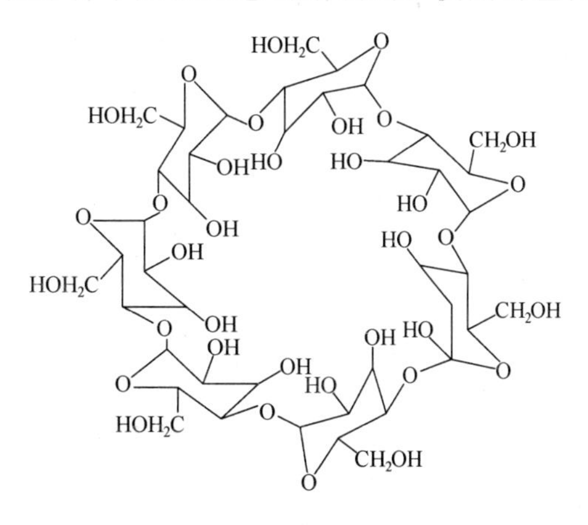

图5-4　β-环糊精分子的空间结构

在 β-CD分子环状结构的中央有桶状的空穴，葡萄糖基本单元的疏水基集中在空穴内部，因而其内部是疏水的，它可以把体积合适的有机分子包敷在空穴内形成稳定的包合物。另外，羟基等亲水基则分布在环状结构的外侧，使环

糊精具有一定的亲水性，易于分散在水中。β-CD在低温时溶解度低，随温度升高而增大，如20℃时，其溶解度为1.8g·$100ml^{-1}$；80℃时，其溶解度增为18.3g·$100ml^{-1}$。

β-环糊精在化妆品中具有如下的作用。

① 延长产品的贮存期。例如，维生素C在化妆品中常被用做增白剂，但维生素C溶于水而不溶于油，所以常将维生素C与高碳脂肪酸酯化生成油溶性的抗坏血酸-2,6-脂肪酸二酯，兼具亲水和亲油的性质，便于化妆品使用。但这种酯与维生素C一样，因3位的羟基（维生素C的结构式如图5-5所示）容易烯醇化或酮化而易受光、热和氧的作用变成褐色。用β-CD包覆后，这些缺点即完全被克服，使制得的化妆品有良好的增白效果。实验结果表明，用此复合物与原单酯制成的化妆品比较，加有复合物的奶液在25℃保存1年、45℃保存3个月均无变化；而加单酯制成的奶液在上述贮存条件下则变黄。

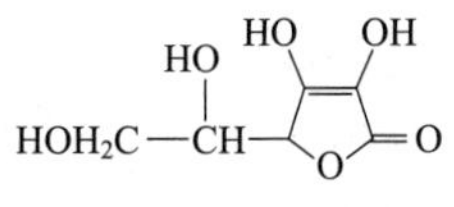

图5-5 维生素C的结构式

② 减少刺激。用抗坏血酸-6-单硬脂酸酯及其复合物分别制成化妆品，实验结果表明，复合制品无刺激，润滑及增白效果优于原单酯，此外，还可抑制某些香料对皮肤的刺激作用。

③ 代替表面活性剂作乳化剂。适于任何油性原料，乳化时不形成凝胶状态，流动性良好，产品的铺展性能好，此外，与使用表面活性剂时相比较，制造时对温度、搅拌等条件要求不很严格。

④ 贮存时留香持久，使用时香气浓郁。加有β-CD香精的复合物的香皂或其他盥洗用品可保持香精在贮存时不受损失。使用时，复合物中的香精被表面活性剂分子置换出来，温度越高越易置换。

⑤ 消泡。利用β-CD配制的消泡剂可迅速消泡，节约清洗时间和用水量等。

⑥ 脱臭、杀菌。配加CD的化妆品可用于消除体臭，也可用于环境除臭，可用作口臭去除剂以及餐具和烹调用具的杀菌剂，还可用于厕所的消毒剂和除臭剂。

⑦ 消除影响蔗糖酯起泡的因素。蔗糖脂肪酸酯用于牙膏制造时，不刺激口腔黏膜，不影响牙膏的药物效果和酶活性，但由于香精的影响，不易起泡。经研究发现，这种香精抑制蔗糖酯起泡的作用可以被CD所削弱。因此，只要在牙膏中加入2.0%的β-CD就可制成泡沫丰富的牙膏。

（6）呫吨胶（xanthan gum） 呫吨胶是由葡萄糖经黄单胞菌发酵而得到的天然胶，是由D-葡萄糖、D-甘露糖和D-葡糖醛酸等组成的酸性多糖。该产品为淡黄色粉末或粒状，易溶于水，水溶液为透明胶体。其特点是形成的水溶液对温度的依赖性小，在温度变化、碱性及含盐量高的情况下粒度稳定，在膏霜类产品中可作增溶剂，在乳液类产品中用做乳化稳定剂和增稠剂。

（7）壳聚糖及其衍生物 壳聚糖是一种生物活性物质，由甲壳素经碱处理脱去乙酰基而制得，甲壳素是由食品工业的废弃物虾蟹壳脱去附着的蛋白质和除去无机盐后所得，资源非常丰富。壳聚糖衍生物在护肤化妆品中的特点是能形成洁净的保护膜，该膜与肌肤的亲和性很好，不会引起任何过敏反应，同时又为其他活性成分提供一个适宜的基质，且壳聚糖是亲水胶体，自身具有保水能力，适宜作皮肤水分增强剂。壳聚糖羧甲基化可制得羧甲基甲壳素与羧甲基壳聚糖，它们除了有良好的水溶性、成膜性外，还具有与其高分子链有关的独特的保湿性能，且对皮肤无刺激性、无触变反应、无毒性，广泛用于膏、乳、霜和露等各种化妆品中，与配方中其他原料的相溶性好，有着广阔的应用前景。

二、化妆品用其他类辅助原料

除了主要原料外，化妆品中还需要添加其他类添加剂，如防腐剂、杀菌剂、抗氧剂、色料等。

（一）防腐剂与杀菌剂

由于化妆品中常添加蛋白质、维生素、油、蜡等，此外还含有一定量的水分，细菌、霉菌和酵母容易在这样的环境中滋生繁殖。其结果是使化妆品变质，具体表现为乳液破坏、透明液体产品变浑浊、产品有异味、产品的 pH 值降低、变色或产生气泡等现象。为了防止化妆品变质，往往需要加防腐剂。对化妆品用防腐剂的要求是：含量极少就有抑菌效果、颜色浅、味轻、无毒、无刺激、贮存期长、配伍性能好、溶解度大。虽然防腐剂的品种不少，但能满足上述要求而适用于化妆品的防腐剂并不多，特别是面部和眼部的防腐剂更要慎重选用。

化妆品用防腐剂和杀菌剂按其化学结构可分成酸类，酚、酯、醚类，酰胺类，季铵盐类等（如表 5-6 所列）。

表 5-6　化妆品用防腐剂和杀菌剂的分类

类别	举例
酸类	安息香酸、水杨酸、脱氢乙酸、山梨酸
酚、酯、醚类	对氯苯酚、对氯间二甲苯酚、对氯间甲酚、对异丙基间甲酚、邻苯基苯酚、对羟基苯甲酸酯类（甲酯、乙酯、丙酯、丁酯）、2,4,4,-三氯-2-羟基二苯醚
酰胺类	3,4,4-三氯-*N*-碳酰苯胺、3-三氟甲基-4,4-二氯-*N*-碳酰苯胺
季铵盐类	烷基三甲基氯化铵、烷基溴化喹啉、十六烷基氯化吡啶
醇类	乙醇、异丙醇
香料	丁香酚、香兰素、柠檬醛、橙叶醇、香叶醇、玫瑰醇
其他	双（2-巯基吡啶氧化物）锌（Z. P. T）、*N*-三氯甲硫基四氢邻苯二甲酰胺、月桂基二（氨乙基）甘氨酸

（二）抗氧剂

化妆品中的动植物油脂、矿物油，在空气中会产生自动氧化作用，其反应如下。

链引发

$$RH + O_2 \longrightarrow R\cdot + HO_2\cdot$$

链增长

$$R\cdot + O_2 \longrightarrow ROO\cdot$$

$$ROO\cdot + RH \longrightarrow ROOH + R\cdot$$

$$ROOH \longrightarrow RO\cdot + HO\cdot$$

$$2ROOH \longrightarrow RO\cdot + ROO\cdot + H_2O$$

$$RO\cdot + RH \longrightarrow ROH + R\cdot$$

$$ROO\cdot \longrightarrow R'O\cdot + R''CHO$$

链终止

$$R\cdot + R\cdot \longrightarrow R{-}R$$
$$R\cdot + ROO\cdot \longrightarrow ROOR$$
$$ROO\cdot + ROO\cdot \longrightarrow ROOR + O_2$$

这样，在反应过程中生成了醇、醛和酮等，进而生成酸，使油脂发生酸败，影响化妆品的质量。因此，必须添加抗氧剂防止自动氧化作用的发生。抗氧剂大致可分为苯酚系、醌系、胺系、有机酸、酯类以及硫黄、硒等的无机酸及其盐类。主要的抗氧剂有丁基羟基茴香醚（BHA）、丁基羟基甲苯（BHT）、五倍子酸丙酯、维生素E等。

BHA在低浓度时抑制氧化的能力最大，对动物油脂的抗氧化效果好；BHT对矿物油的效果好。五倍子酸丙酯在低浓度时对植物油的效果最好。此外，有时使用上述抗氧剂的混合物比单独使用某种抗氧剂的效果要好。应该注意，BHA、BHT等抗氧剂对人有过敏反应，如有气喘、鼻炎、荨麻疹等症状，已被北欧国家禁止使用。

化妆品用抗氧剂的种类及其用量必须用实验来确定。抗氧剂效果的检验方法有活性氧化法、修尔欧文实验法、氧气吸收法、紫外线照射法和加热实验法等。这些实验都是在加速氧化的条件下进行的，因此，在实际使用时还应进行贮存实验。

此外，为了防止自动氧化，保证化妆品的质量，在选择适当的抗氧剂种类和用量的同时，还应注意选择不含有促进氧化的杂质的优质原料，注意采取正确的处理方法和制造工艺，以及尽量避免混进金属和其他促氧化剂。

除此之外，化妆品中还要加入色素、香精等。

三、化妆品用特殊功效添加剂

为了赋予化妆品特殊功能，常加入特殊功效添加剂，具体包括以下几类：即美白添加剂、抗衰添加剂、维生素类和激素类添加剂、特效天然添加剂等。

（一）美白添加剂

1. 熊果苷

熊果苷，是氢醌（即对苯二酚）的衍生物，因最早在熊果（bearberry）干树叶中发现而得名，依据化学结构的不同，可分为α-熊果苷、β-熊果苷和脱氧熊果苷。其中，脱氧熊果苷的抗黑色素效果最好，其美白效价是氢醌的10倍、α-熊果苷的38.5倍、β-熊果苷的350倍，停止使用后美白效果仍然可维持将近8周左右，同时其安全性是氢醌的4倍以上。在化妆品中的添加量为0.1%～3.0%。

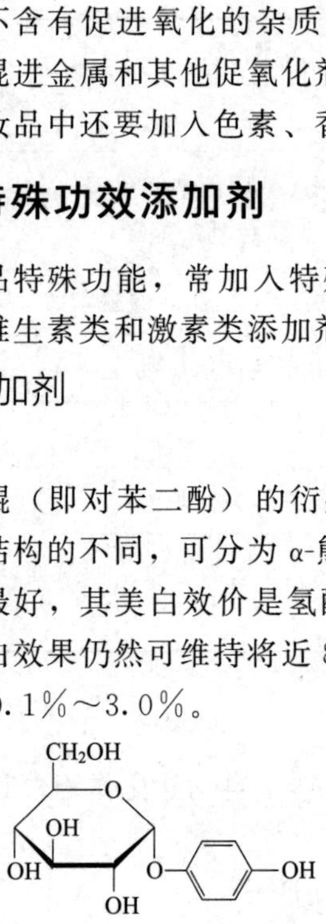

α-熊果苷

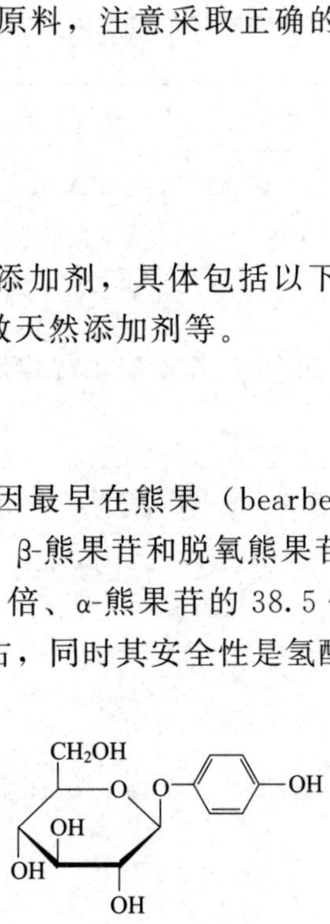

β-熊果苷

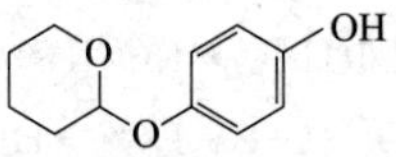

脱氧熊果苷

2. 间苯二酚衍生物

酪氨酸酶是一种含铜元素复合物，属于酚类氧化酶，在微生物、动植物和人体中含量各异。酪氨酸酶抑制剂一般为间苯二酚衍生物，既可以明显抑制酪氨酸酶的活性，减少黑色素生成；又具有较强的抗氧化性，以应对外源性活性氧自由基（reactive oxygen species，ROS）蓄积而破坏皮肤的正常结构效应，弥补内源黑色素自身消除ROS机制的缺失。

常用的间苯二酚衍生物，如苯乙基间苯二酚（Symwhite，377），它是天然存在于松树中的酪氨酸酶抑制剂，其作用机制同氢醌一样，可以从根源上抑制黑色素的形成，其添加量一般为0.5%，有效性比氢醌、曲酸和熊果苷强。另外，还有4-丁基间苯二酚、4-己基苯二酚、4-(3,5-二甲氧基苯乙基)-1,3-苯二酚等。

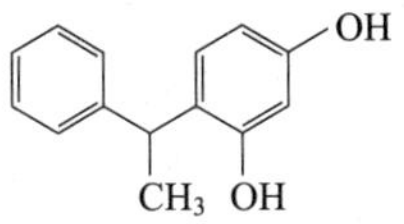

苯乙基间苯二酚

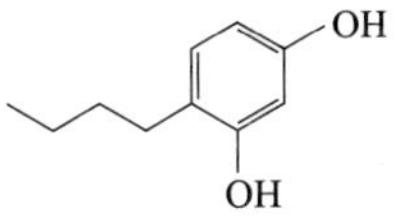

4-丁基间苯二酚

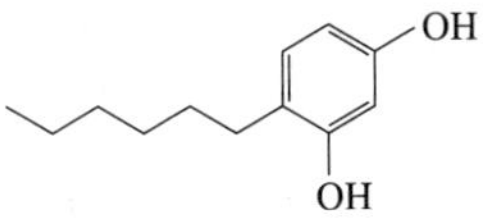

4-己基苯二酚

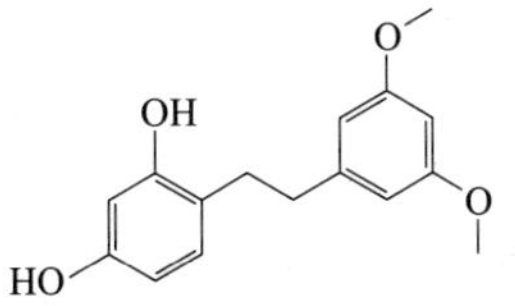

4-(3, 5-二甲氧基苯乙基)-1, 3-苯二酚

3. 白藜芦醇及其衍生物

白藜芦醇及其类似物不仅具有良好的美白效果，还具有抗氧化性能。如白藜芦醇、氧化白藜芦醇以及将其双键还原为单键的类似物[如4-(3,5-二甲氧基苯乙基)-1,3-苯二酚]。研究发现，带甲氧基的白藜芦醇类似物优于白藜芦醇本身。将白藜芦醇苯环上酚羟基甲基化可以增加化合物的脂溶性，有利增强其对细胞的透膜能力；将白藜芦二苯乙烯中的双键还原为单键，可得到较高生物活性的化合物。

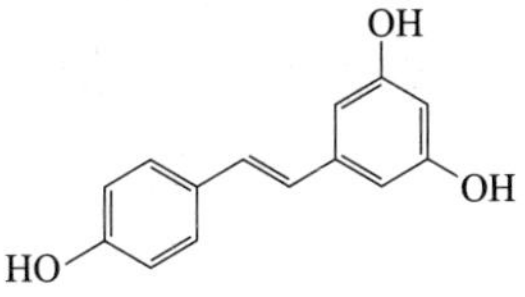

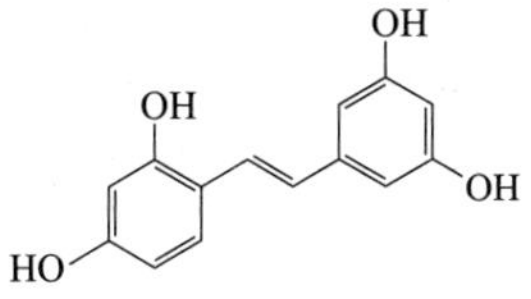

4. 烟酰胺

烟酰胺（nicotinamide）又称尼克酰胺，是烟酸（维生素 B_3）的酰胺化合物。其结构式为

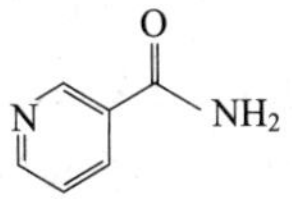

烟酰胺的分子量小，可以直接被表皮细胞吸收，激发细胞的活力，促进胶原蛋白的合成；能够减少黑色素向皮肤角质层转运，抑制黑色素在角质层沉积；还具有抗糖化的作用，能够淡化蛋白质糖化后的黄色，防止皮肤暗黄，达到美白的效果。另外，当产品中烟酰胺的含量达到2%时，可以减少皮肤分泌的皮脂中脂肪酸和甘油三酯的产生，达到控制和收缩毛孔的效果。

（二）抗衰添加剂

1. 虾青素

虾青素（astaxanthin），又名虾黄质、龙虾壳色素，是一种类胡萝卜素，也是类胡萝卜

素合成的最高级别产物，呈深粉红色，化学名 3,3′-二羟基-4,4′-二酮基-β,β′-胡萝卜素，其结构式为

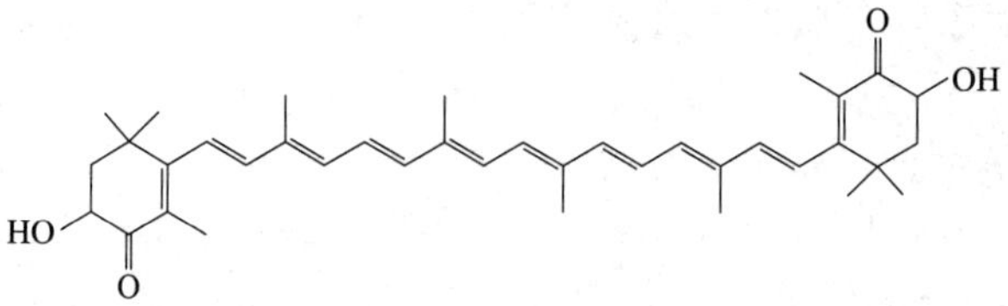

在其分子中，两端呈极性和分子中间非极性区域使其能跨置于细胞膜两侧，极性部分的酮结构具有很强的消除自由基和造成氧化物质的能力，是迄今人类发现的最强抗氧化物质，其抗氧化活性是维生素 E 的 1000 倍，能显著减弱活性氧 ROS 和基质金属蛋白酶对真皮层胶原蛋白、弹力蛋白的破坏，有效清除细胞内的氧自由基，由内而外保护细胞，增强细胞再生能力，具有促进毛发生长和抗衰老的功能。此外，结构中间疏水部分是一个共轭不饱和双键碳链，可将自由基的高能电子传递到细胞外以减少对细胞伤害。另外，这种独特的分子结构，还能吸收 UVA 470nm 光，也是最完美的天然防晒剂。

2. 四氢甲基嘧啶羧酸

四氢甲基嘧啶羧酸俗称依克多因（Ectoine），其结构式为

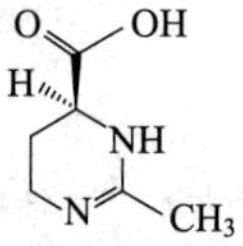

依克多因作为一种渗透压补偿性溶质存在于耐盐菌中，在细胞内起到化学递质样作用，能够作为稳定剂保护酶、DNA、细胞等抵抗高盐分、干燥、冷冻、高温等逆环境，起到抗逆协助作用。在化妆品中，因其独特分子结构具有很强的水分子络合能力，能使细胞内的游离水结构化，是非常优秀的天然保湿剂。另外，依克多因能对抗紫外线对皮肤的伤害，修复因紫外线照射导致的细胞 DNA 损伤，增加细胞的修复能力；还可使皮肤能有效对抗微生物及过敏原入侵，具有抗过敏、抗炎效果。

3. 玻色因

玻色因（Pro-xylane）的化学名称羟丙基四氢吡喃三醇，其结构式为

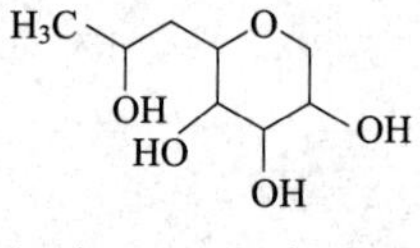

玻色因是从山毛榉树皮中提取的木糖经二次合成而得，可以到达肌肤的基底层，促进胶原蛋白的合成，紧致肌肤，增加皮肤的弹性；还可以刺激真皮分泌氨基葡聚糖（GAGs）的生成，防止皮肤中的水分流失，起到保湿、修复和抗衰的作用。

4. 富勒烯

富勒烯是一种完全由碳组成的中空分子，最常见的富勒烯是由 60 个碳原子通过 20 个六元环和 12 个五元环连接而成的类似足球状结构，具有高的电子亲和势，可以在分子层面吸收并去除自由基，也可以通过牺牲双键使几十个活跃的自由基钝化，还可以重新结合自由基，使其转化为不活泼的分子产物，具有长效抗氧化的能力，防护皮肤角质细胞免于紫外线所诱发的细胞衰亡。在化妆品种，为了解决富勒烯不溶于水的问题，通过结构修饰，可合成不同结构的水溶性富勒烯，表现出了多样的生物活性。

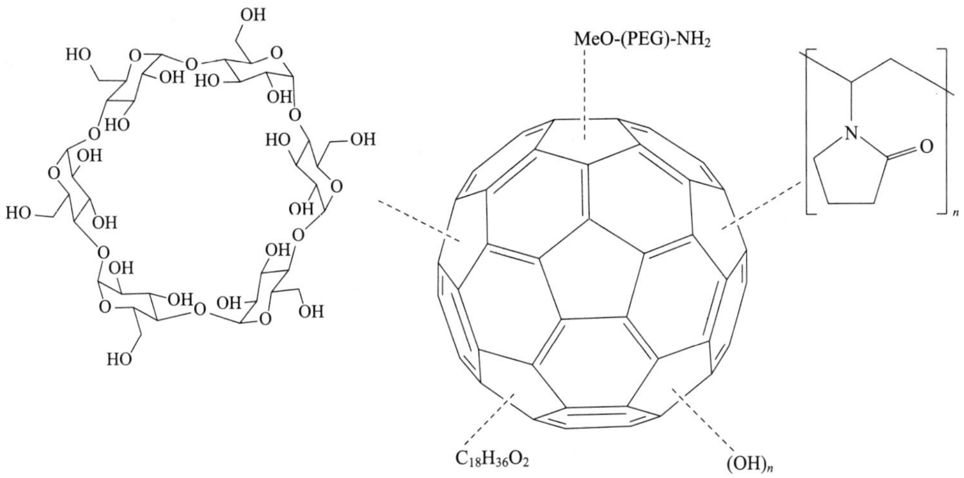

5. 多肽

多肽也叫胜肽，是由不同个数的氨基酸组成的很短的蛋白质，通常按照氨基酸的数量来命名为二肽、三肽、四肽等。种类较多，主要用于抗衰，但不同结构的多肽其功效不同。例如，蓝铜胜肽负责运输体内的铜离子，能促进伤口愈合，起到舒缓抗炎、修复皮肤屏障的作用；三胜肽和棕榈酰五肽-4，可以促进皮肤胶原蛋白的合成，减少细纹；乙酰基六肽-8 可以抑制乙酰胆碱和儿茶酚胺的过度释放，进而阻止肌细胞收缩，使脸部肌肉放松，减少皱纹。

另外，肉毒杆菌毒素也是一种多肽，含双硫链，通过麻痹松弛的皮下神经，在一段时间内消除皱纹或者避免皱纹的生成，达到美容的效果，但副作用较大。

6. 超氧化物歧化酶

超氧化物歧化酶（superoxide dismutase）于 1969 年由 Fridovich 等从牛红细胞中发现并正式命名。它广泛存在于生物体内，能够催化超氧阴离子发生歧化反应，专一地清除生物体内的超氧阴离子平衡机体的氧自由基。SOD 按照其结合的金属离子，主要分为 Fe-SOD、Mn-SOD、Cu/Zn-SOD、Ni-SOD 和 Fe/Zn-SOD。如果将动物血液中含的 SOD 用酶工程方法在其分子水平上进行改进，可提高其稳定性及抗蛋白酶水解能力。在化妆品中使用改性的 SOD 不仅可以增强其祛斑、抗皱、抗衰老的功能，而且消除了抗原性，确保在化妆品中应用的安全性。改性 SOD 的稳定性强，在膏、霜、乳液中常温下经过一年，其活性可保留 80%以上。

7. 二裂酵母

二裂酵母，学名双歧杆菌，也称为比菲德氏菌（*Bifidobacteria*），是一种厌氧的革兰氏阳性杆菌，能增加血液中过氧化物歧化酶的含量和生物活性，有效促进机体内自由基的清除，抑制血浆脂质过氧化反应，延缓机体衰老。二裂酵母发酵产物溶胞物具有很强的抗免疫抑制活性，并能促进 DNA 修复，可有效保护皮肤，不受紫外线引起的损伤；化妆品中常用的是经双歧杆菌培养、灭活及分解得到的代谢产物、细胞质片段、细胞壁组分及多糖复合体，用于乳化、水基及水醇体系的护肤、防晒及晒后护理产品。

（三）维生素和激素添加剂

1. 维生素类

（1）维生素 C　又名抗坏血酸，白色晶体，熔点为 190～192℃，易溶于水，稍溶于乙醇，不溶于乙醚、氯仿、苯等有机溶剂。

其水溶液显酸性，有柠檬酸的气味。分子中两个相邻的烯醇式羟基极易释出 H^+ 而生成脱氢维生素 C。此反应是可逆的，可形成氧化还原系统，起着传递氢的作用，是较强的还原剂，所以在酪氨酸生成黑色素时，可以抑制中间体多巴醌生成黑色素。

维生素 C 虽然安全性好，但稳定性很差，为了提高其水溶液产品稳定性，在化妆品中常使用其衍生物，如维生素 C-2-硫酸钠、维生素 C-6-硬脂酸酯以及维生素 C-2,6-棕榈酸酯等，其结构式分别为

$3/2Mg^{2+}$ ^-O OPO_3^{2-} $HOH_2C—HC$ O =O OH

抗坏血酸磷酸酯镁

HO $OCO(CH_2)_{14}CH_3$ $H_3C(H_2C)_{14}OCOH_2C—HC$ O =O OH

维生素-2,6-二棕榈酸酯

HO OH $H_3C(H_2C)_{16}OCOH_2C—HC$ O =O OH

维生素 C-6-硬脂酸

NaO OSO_3Na $HOH_2C—HC$ O =O OH

维生素 C-2-硫酸钠

维生素 C 在体内参与胶原蛋白的生成。若缺乏维生素 C，则细胞间质中的胶原质消失，伤口不易愈合。维生素 C 具有中和毒素、促进抗体的生成、增强机体的解毒功能。维生素 C 在医药上主要用于坏血病的预防和治疗，以及因维生素 C 不足而引起的龋齿、牙龈脓肿、贫血等疾病。在食品加工方面，维生素 C 用做浓缩橘子汁、果汁品、果冻等的维生素强化剂，以及做啤酒、火腿、香肠等的抗氧化剂。在化妆品中，维生素 C 主要用做增白剂。

维生素 C 存在于多种新鲜蔬菜和水果中，但人体不能合成。药用维生素 C 一般是由葡萄糖制成 D-山梨醇，再用黑乙酸菌（*Acetobacter suboxydans*）氧化发酵，生成 L-山梨糖，经缩合生成二丙酮-L-山梨糖，再氧化生成二丙酮-2-酮-L-葡萄糖酸，然后酯化生成二丙酮-2-酮-L-葡萄糖酸甲酯，与甲醇钠作用生成抗坏血酸钠，与盐酸加热制成抗坏血酸。

（2）维生素 A　又称视黄醇或维 A 醇，其结构式为

CH_2OH

维生素 A 是白色至淡黄色的棱柱形晶体，熔点为 62～64℃，沸点 120～125℃（0.67Pa）。能溶于乙醇、甲醇、氯仿、醚和油类，几乎不溶于水和甘油；在空气中不稳定，极易氧化。在化妆品中可以使用其棕榈酸酯、乙酸酯或丙酸酯等酯类衍生物。维 A 醇添加在护肤品中，经皮肤吸收后进入皮肤组织细胞，转换为维 A 酸。维 A 酸是抗痘最有效的成分之一，对闭口粉刺、黑头都有很好的治疗效果，除了治疗痘痘外，维 A 酸其实也是一种抗衰老（抗皱）/抗光老化的成分。维 A 醇的效能虽然只有维 A 酸的 1/20，但其刺激性较低。维 A 醇也能够促进皮肤表皮的更新，促进胶原蛋白的生产，减少皮肤细纹；阻止阳光对胶原的破坏，有效逆转光老化；增加表皮层中的糖胺聚糖的含量，使皮肤更加有弹性。添加量一般为 0.3%～0.5%。

（3）维生素 B　维生素 B 是系列群，常见的有 B_2、B_6、B_{12} 等。

维生素 B_2 又称核黄素，其结构式为

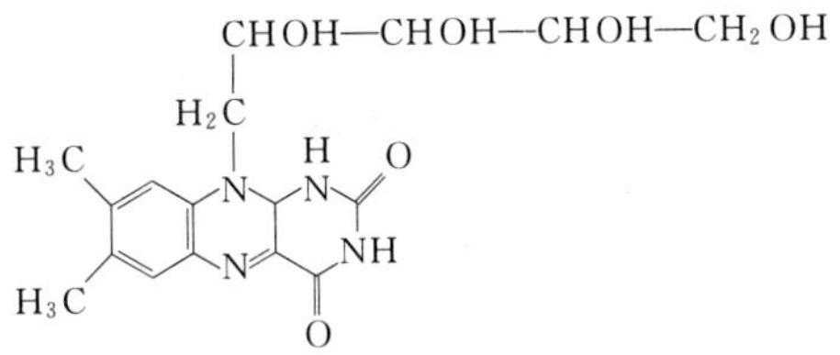

人体内缺乏维生素 B_2 会发生代谢障碍，引起皮肤病变，如口角炎、唇炎、眼结膜炎、阴囊炎等。

维生素 B_5 又称泛酸，在化妆品中常用维生素原 B_5，即泛醇，*N*-(*α*,*γ*-二羟基-*β*,*β*-二甲基丁酰)-*β*-氨基丙醇，在生物体中，它会迅速氧化为泛酸。其结构为

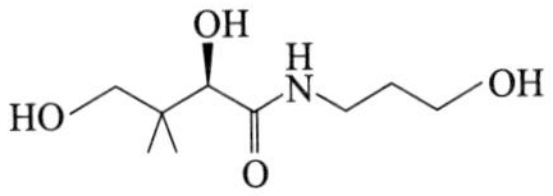

泛醇分子量较小，且易溶于水，容易渗透角质层，有较强的保湿作用，有助于舒缓皮肤不适、瘙痒，刺激表皮细胞生长，可加速表皮伤口愈合时间，修复组织创伤，对湿疹、日光晒伤、婴儿尿布疹都有疗效，还可渗入头发内部，持久保湿头发，改善毛发光泽，减少头发分叉，防止干脆及断裂，修复受损头发，目前在药妆产品中广泛使用。

化妆品中常用维生素 B_6（即吡哆醇盐酸盐）及其衍生物，维生素 B_6 的结构式为

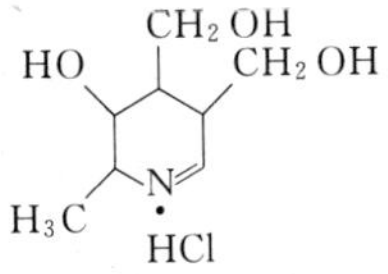

它有活化皮肤细胞的作用，对脂溢性皮炎和湿疹有效，还可作为紫外线吸收剂，可用于膏霜类化妆品中。

（4）维生素 D_2　其结构式如下

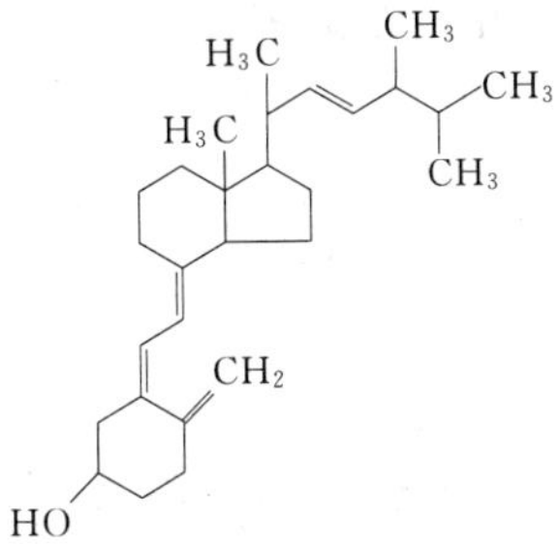

维生素 D_2 又称丁二素或骨化醇，白色结晶，熔点 121℃，溶于醚，不溶于水，对光敏感，在湿空气中数月就氧化。

维生素 D_2 是类甾醇的衍生物，是抗佝偻病常用的药物，在化妆品中，对湿疹和皮肤干燥有效。

（5）维生素 E　其结构式为

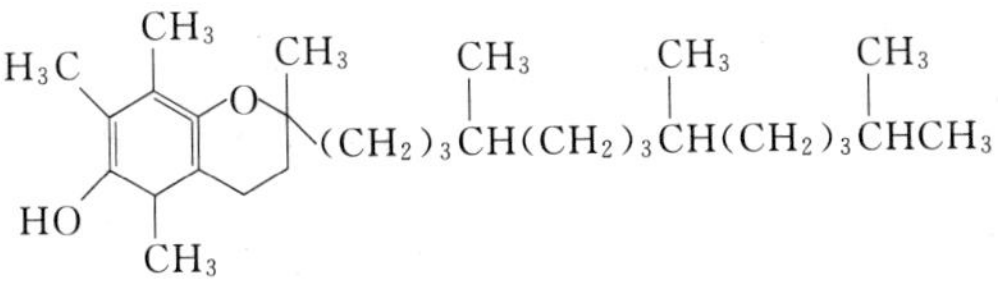

维生素 E 又称 α-生育酚（α-tocopHerol），淡黄色油状液体，熔点 2.5～3.5℃，沸点 200～220℃（13Pa），易溶于醇、醚、丙酮、氯仿等溶剂，几乎不溶于水。天然维生素 E 存在于小麦胚芽油、大豆油中。维生素 E 是以 2,3,5-三甲基对苯二酚与植物醇在浓硫酸存在下缩合而成，反应方程式为

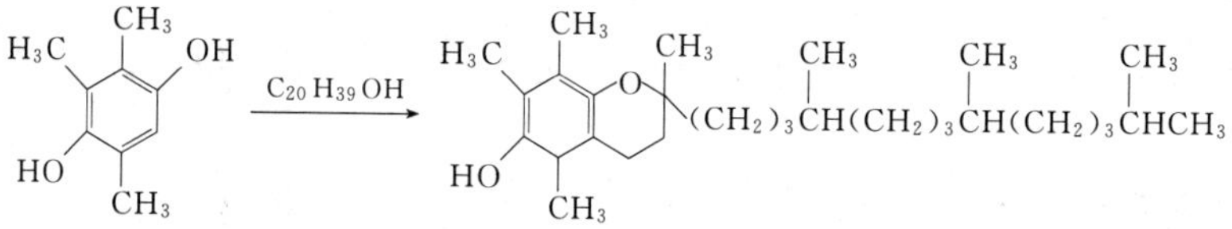

维生素 E 对糖、脂类及蛋白质的代谢都有影响对肝硬化、贫血、脑软化、肝病、癌症等有一定的医用价值；在化妆品中常用做抗氧化剂，还可减少脂质过氧化反应，增强皮肤的光滑性；另外，对刀伤、灼伤、粉刺、老年斑及紫外线灼伤有较好疗效。

（6）维生素 H　其结构式为

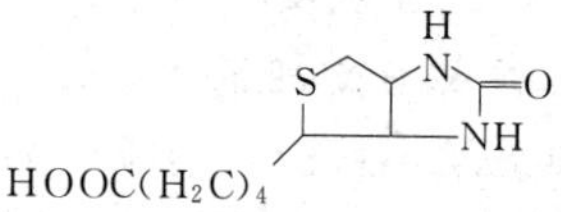

维生素 H 又称生物素或辅酶 R，无色针状结晶粉末，熔点 232～233℃。较易溶于热水和稀碱中，不溶于常用的有机溶剂，遇强碱或氧化剂则分解。维生素 H 由微生物发酵法制得，常用做营养增补剂，在化妆品中有保护皮肤、预防皮肤发炎、促进脂类代谢等功能。

2. 激素类

激素类（hormone）对维持皮肤正常的功能起着重要作用。在药用化妆品中可以配合使用的激素有卵泡激素和肾上腺皮质激素。

（1）卵泡激素　又称雌性激素，是动物卵巢分泌的一类甾体激素，可以使用的有雌（甾）二醇及其酯、雌酮、乙炔雌（甾）二醇等。其中，雌（甾）二醇的结构式如下

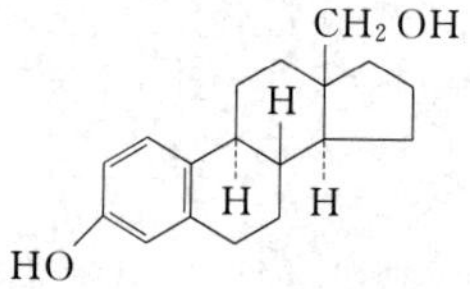

雌（甾）二醇用于化妆品中，可使化妆品具有促进表皮发育、抑制毛囊和皮脂腺生长、促进头发发育等作用。

（2）肾上腺皮质激素　又称可的松，是肾上腺分泌物，为白色结晶性粉末，溶于乙醇、丙酮，难溶于醚、苯和氯仿。在化妆品中，可使用的有可的松及其酯类、氢化可的松及其酯类。氢化可的松的结构式如下

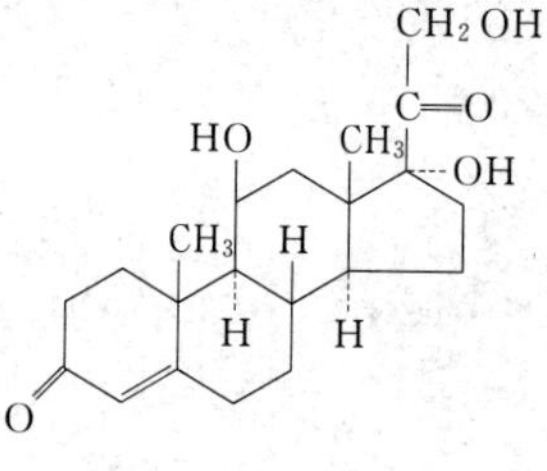

该类化合物常用于化妆水、乳膏和生发水中，有调节体内电解质和水的平衡、促进糖和蛋白质的代谢等功能。

（四）特效天然添加剂

1. 人参

人参含多种营养元素，除含人参皂苷外，还含有氨基酸、脂肪酸、挥发油和多糖类、黄酮、维生素、核苷、黏液质等成分，易于皮肤吸收，可增强细胞活力，延缓衰老，还可抑制黑色素的产生。经常使用可使皮肤红嫩、洁白、细腻、光滑、白嫩、丰满。化妆品中常使用人参浸出液，典型的产品如“丁家宜”系列化妆品。

2. 沙棘油

沙棘油为棕红色透明状液体，有特殊臭味。其主要成分为生育酚、胡萝卜素和大量的不饱和脂肪酸、植物甾醇和游离氨基酸等，同时还含有多种有益的微量元素。

沙棘油中含有的生育酚对人体皮肤有保护作用，防止细胞膜中的不饱和脂肪酸在光、热及辐射线条件下被氧化，从而防止皮肤变态、发皱及脂褐质的堆积，并能改善微循环；β-胡萝卜素可以通过皮肤直接进入表皮细胞，并转化为维生素 E 而营养皮肤，以避免皮肤组织细胞角质化或粗糙；不饱和脂肪酸可以保持水分代谢平衡，保护皮肤不受 X 射线的损伤；氨基酸对皮肤和头发有良好的营养作用。沙棘油还具有降低动物体内过氧化脂质作用，其效果较维生素 E 更显著，常用于抗皱霜、祛斑霜、唇膏、剃须膏等。

3. 丝肽

丝肽是天然丝在适当条件下水解而制得的，属于蛋白的分解产物，是具有微香的淡黄色透明液体。其功能如下：①保湿作用和营养皮肤。由于丝肽的侧链上有许多亲水性基团，因此保湿性良好，且保湿作用不受温度、湿度变化的影响。丝肽中含有十多种人体所需的氨基酸。相对分子质量为 300～800 的小分子丝肽，有较强的渗透力，能为皮肤细胞所吸收，从而加速细胞的新陈代谢，增加头发和皮肤的光泽和弹性。②抑制黑色素的生成。丝肽可以抑制酪氨酸酶的活性，从而抑制酪氨酸合成黑色素。③有促进皮肤组织再生及防止皲裂的作用。④护发功能。丝肽蛋白质与头发中的胶质蛋白结构很相似，所以，丝肽对头发有较高的亲和性。相对分子质量在 500 以下的小分子丝肽能很快渗进头发的皮质层，起到营养和修复损伤的作用。相对分子质量在 500～2000 的丝肽可在头发表面形成一层薄而透明的保护膜，增加头发的弹性、柔软性和保湿性，使头发光亮、易于梳理。

4. 洋甘菊提取物

洋甘菊提取物中富含环醚类、黄酮类、没药醇及多糖等，对真菌、芽孢杆菌、红色发癣菌、须发癣菌、白假丝酵母等有抑制作用，具有消炎作用和安抚特性，对治疗面疱、疱疹、湿疹、癣、微血管破裂有不错的功效，还可以健全修复角质、抗过敏、加强微循环、收敛排水、加强新陈代谢，对修复红血丝、改善黑眼圈和眼袋浮肿有特效。常用于爽肤水、喷雾等水基及水醇体系的护肤，也可用于面霜、洁面乳、护发素等乳化体系中。

5. 虾、蟹壳提取液

虾、蟹壳提取液（亦称壳质、甲壳素）是虾、蟹壳经过“三脱”，即在常温下用稀盐酸脱钙，在稀碱存在下脱蛋白质，再在一定温度下用浓碱液脱乙酰基，便可制得脱乙酰壳多糖。

用虾、蟹壳提取液可配制固发剂、头发调理剂和洗发香波等发用化妆品。用虾、蟹壳提取的脱乙酰壳多糖的盐制成的固发剂，可在头发表面形成薄膜，其硬度适中，且不发黏，尤其是在温度较大和头部出汗的情况下仍能保持头发松散和良好的梳理性。另外，它与酸性或碱性染料的相容性好，可直接用于染发剂，起固发作用。

6. 芦荟

芦荟含芦荟大黄素树脂、氨基酸、生物酶、少量维生素和微量元素，具有杀菌、解毒、保湿和防晒作用。擦用芦荟提取液后，能在皮肤表面留下一层有光泽、无油腻感的柔软薄膜，该薄膜具有抗紫外线损伤的作用。在润发、护发方面，芦荟提取液能止痒、祛屑，令头发光亮柔软、有弹性、易梳理。常用的有芦荟液和芦荟凝胶。

芦荟液是芦荟叶经过溶剂萃取制得的液体，为半透明、灰白色至淡黄色液体，有特殊气味，能与甘油、丙二醇和低分子量聚乙烯醇相溶。芦荟凝胶是由芦荟叶内中心区薄壁管状细胞生成的透明黏胶。二者用于化妆品中，制成的护肤和护发用品具有防晒、润肤、祛斑和防治痤疮的功效，也可用做色料的载体，容纳较多的色料制成美容化妆品。

7. 胎盘提取液

在动物胎盘萃取液中，水溶性维生素类约 10 种，氨基酸类的有 16 种，微量的矿物营养素十几种。配入胎盘萃取液的化妆品，具有增强皮肤组织的呼吸作用，抑制黑色素的形成，防止雀斑、老年斑的生成，并能促进末梢血液的流通，使皮肤柔软等功效，胎盘提取液的用量一般为 0.1%～5%。

8. 甘草提取物——甘草酸

甘草属豆科植物。根含甘草酸、甘草黄苷、甘露醇、蔗糖、苹果酸、天冬酰胺、烟酸等成分，具有软化皮肤、抗皱、防治色素沉淀、消炎止痒和促进头发生长的功效。

化妆品中常用甘草酸，甘草酸又名甘草皂苷，是从干草的根基中提取出来的一种三萜皂苷，为白色晶体，有特殊的甜味，易溶于热水，能溶于稀乙醇，不溶于无水乙醇、乙醚。其结构式如下

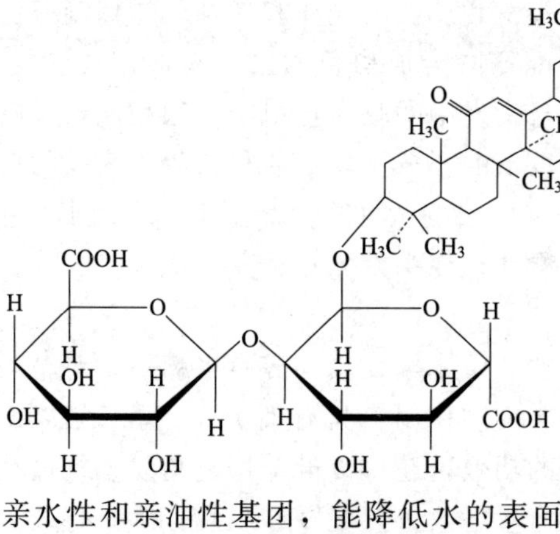

甘草酸分子中含有亲水性和亲油性基团，能降低水的表面张力，有很强的发泡力，并具有乳化、分散、保湿、润发、软化皮肤、消除皱纹、减少皮屑、防止色素沉积、消炎止痒及去污的作用。例如以 0.1%的甘草酸钠、1%的桂酸蛋白以及表面活性剂等配成的护肤油，具有促进全身表皮血液循环、营养肌肤和延缓皮肤衰老等功效。

9. 螺旋藻

螺旋藻（*Spirulina*）因体形呈丝状螺旋形而得名，又名蓝藻，因其组成与细菌一样，细胞内没有真正的细胞核，又叫蓝细菌。螺旋藻含有丰富均衡的营养成分和多种生物活性物质，几乎包括了人体皮肤和毛发代谢所需要的全部营养成分，是纯天然的“绿色”功能性食

品。应用于化妆品中，成为高档化妆品新的组成原料，主要是由于本身具有的神奇绝妙的生化组成，全面而显著的护肤效果，它能通过皮肤黏膜直接被吸收，生物利用度高，副作用较小。其主要成分和功能如下。

螺旋藻中的蛋白质含量高达60%～70%，可保护皮肤的自我调节功能，防止水分流失，滋润营养皮肤；螺旋藻含有脱氧核糖核酸DNA，可有效防止紫外线的伤害，有一定的防晒功能，还可促进皮肤的再生并有修护功能，能消除皮肤上的皱纹；螺旋藻含有γ-亚麻酸GLA及其他不饱和脂肪酸，含量达18%，可调节皮肤水分，促进血液循环，降血脂软化血管，对防止皮肤老化起较大的作用；螺旋藻含有强烈刺激人体细胞增长、其分子量接近于胰岛素的多肽生长因子，对皮肤细胞有强烈的刺激增长作用，使皮肤美白细嫩；螺旋藻能大量增加人体皮肤SOD的合成，显著消除皮肤表面氧自由基，防止皮肤衰老，祛除色斑和皮炎等；螺旋藻含丰富的维生素，可增加皮肤胶原蛋白的合成、软化角质层、愈合受伤皮肤、防止皮肤干燥、延缓皮肤衰老等；螺旋藻含有大量的小分子多糖、蛋白糖和黏多糖，具有防辐射损伤、抗肿瘤、抗衰老、抗凝血、抗细菌和病毒感染等功效，可迅速滋润皮肤，形成保湿性保护膜，柔软皮肤增强弹性，抑制色素沉积和皮炎等；螺旋藻含有丰富的叶绿素，具有显著的抑菌、除臭作用。

螺旋藻有效成分的提取可采用普通提取天然植物的方法，如煎煮、浸渍、渗漉、水蒸气蒸馏、回流、萃取、盐析和吸附等，也可采用现代高新提取技术如超临界流体萃取技术等。目前，对螺旋藻多糖、螺旋藻有效成分的超临界提取技术均有研究。

现已有利用螺旋藻提取物生产的螺旋藻护肤霜、洗护发液和柔肤水等化妆品。

四、化妆品的生产用水

水在化妆品生产中是使用最广泛、最廉价的原料。水是许多添加剂的溶剂，又具有良好的润肤性。香波、浴液、各种膏霜类和乳液等化妆品都有大量的水。水的质量直接影响到化妆品的质量。

（一）化妆品生产用水的要求

为了满足化妆品高稳定性和良好使用性能的要求，对水中的无机离子的浓度和微生物的污染都有严格的要求。

1. 无机离子浓度

日常生活使用的自来水虽然经过初步纯化，但仍然含有钠、钙、镁和钾离子，还有汞、镉、锌和铬等重金属离子，以及流经水管夹带的铁和其他物质。这些杂质对化妆品生产有很多不良的影响。例如在液洗类化妆品生产中，水中钙、镁离子会与表面活性剂作用生成不溶性的皂，影响制品的透明性和稳定性，并且会降低发泡力。又如，一些酚类化合物，如抗氧化剂、紫外线吸收剂、防腐剂和香料等可能会与微量金属离子反应形成有色化合物，甚至使之失效，祛头屑剂吡啶硫酮锌遇铁会变色；一些具有生物活性的物质遇到微量重金属可能会失活。此外，水中矿物质的存在构成微生物的营养源，使微生物得到生长和繁殖。因此，化妆品用水需去除水中的无机离子，一般，对水的要求是总硬度小于$100mg \cdot kg^{-1}$，氯离子小于$50mg \cdot kg^{-1}$，铁离子小于$0.3mg \cdot kg^{-1}$，pH值在6.5～7.5之间。

2. 微生物的污染

化妆品生产用水的另一要求是不含或含有少量的微生物。化妆品卫生标准规定：一般化妆品细菌总数不得大于1000个$\cdot ml^{-1}$或1000个$\cdot g^{-1}$；眼部、嘴唇、口腔用化妆品及婴儿和儿童用化妆品细菌总数不得大于500个$\cdot ml^{-1}$或500个$\cdot g^{-1}$，而粪大肠菌群、绿脓杆菌和金黄色葡萄球菌不得检出。微生物在化妆品中会繁殖，结果使产品腐败，产生不愉快气味，甚至对消费者造成伤害。任何含水的化妆品都可能滋生细菌，而且最常见的细菌来源可能是水本身。因此，化妆品生产原料用水需要杀菌处理，并且现处理现使用。

（二）水质的预处理

水中的机械杂质、胶体、微生物、有机物和活性氯等对水进一步纯化的设备的处理效率和操作安全性有较大影响。因此，水在纯化前需进行预处理。

1. 机械杂质的去除

机械杂质的去除方法主要有电凝聚、砂过滤和微孔过滤，其中砂过滤和微孔过滤较适合于化妆品用水的预处理。

2. 水中有机物的去除

由于水中有机物的性质不同，去除的手段也不同。悬浮状和胶体状的有机物在过滤时可除去60%～80%腐殖酸类物质。对所剩的20%～40%有机物，需采用吸附剂，如活性炭、吸附树脂等方法予以除去，其中活性炭吸附应用较普遍。最后残留的极少量胶体有机物和部分可溶性有机物可在除盐系统中采用超滤、反渗透或用大孔树脂予以除去。

活性炭吸附法是利用多孔性固体物质，使水中一种或多种有害物质被吸附在固体表面而去除的方法，如除去水中有机物、胶体粒子、微生物和臭味等。常用粒状活性炭的粒径为20～40目，比表面积为500～1000$m^2 \cdot g^{-1}$。

3. 水中铁、锰的去除

进入脱盐系统的水中有少量铁或经管网输送的铁锈产生的铁，应在预处理中除去。砂过滤、微孔过滤和活性炭吸附都可除去部分铁和锰。二价的铁和锰化合物溶解度较大，常将其氧化成3价铁和4价锰，成为溶解度较小的氢氧化物或氧化物沉淀，可进行分离将其除去。常用的氧化方法有曝气法、氯氧化法和锰砂接触过滤法。以自来水为进水的除铁和锰的方法选用锰砂接触过滤法较为方便。

锰砂是绿砂或人造沸石用硫酸锰、氯化锰与高锰酸钾溶液反复处理后所得到的锰沸石等，其分子式大致为$K_2Z \cdot MnO \cdot Mn_2O_7$，其中$K_2Z$为沸石基体。水中铁与锰沸石可发生如下反应

$$K_2Z \cdot MnO \cdot Mn_2O_7 + 4Fe(HCO_3)_2 \longrightarrow K_2Z + 3MnO_2 + 2Fe_2O_3 + 8CO_2 + 4H_2O$$

锰沸石可用高锰酸钾进行再生，其反应如下

$$MnZ + 2KMnO_4 \longrightarrow K_2Z \cdot MnO \cdot Mn_2O_7$$

锰也被氧化成不溶于水的$MnO_2 \cdot MnO$或MnO_2而被除去。一般来说，当水中含铁量为2～3$mg \cdot kg^{-1}$时，用锰沸石除铁效果最好，可将水中的铁量降为0.2～0.3$mg \cdot kg^{-1}$左右。但应注意，采用这种方法除铁时，进水的pH值不能太低，而且不能含H_2S。

对水进一步纯化的有效方法有离子交换、电渗析、反渗透和蒸馏。目前，化妆品工业最常用的方法是离子交换法和反渗透法。

（三）离子交换法除盐

采用离子交换法除盐时，水中各种无机盐电离生成的阳、阴离子，经过H型阳离子交换树脂层时，水中的阳离子被氢离子所取代，经过OH型阴离子交换树脂层时，水中的阴

离子被氢氧根离子所取代，进入水中的氢离子与氢氧根离子组成水分子；或者在经过混合交换树脂层时，阳、阴离子几乎同时被氢离子和氢氧根离子所取代，生成水分子，从而获得去除水中无机盐的效果。以除去氯化钠（NaCl）为例，其基本反应可以用下列方程式表示。

$$RH + NaCl \longrightarrow RNa + HCl \qquad \text{阳离子交换树脂层}$$

$$ROH + HCl \longrightarrow RCl + H_2O \qquad \text{阴离子交换树脂层}$$

或

$$RH + ROH + NaCl \longrightarrow RNa + RCl + H_2O \qquad \text{混合交换树脂层}$$

式中，RH 代表 H 型阳离子交换树脂，ROH 代表 OH 型阴离子交换树脂。这两种树脂可分别用酸和碱进行再生，其反应如下

$$RNa + HCl \longrightarrow RH + NaCl$$

$$RCl + NaOH \longrightarrow ROH + NaCl$$

由于离子交换树脂的交换量是有限的，因而，对进水的水质有一定的要求。一般要求进水总盐量不超过 $500mg \cdot L^{-1}$。超过这个范围的水可采用药剂软化、电渗析、反渗透等处理方法与离子交换法配合使用。

（四）膜分离法制备纯水

常用的膜分离方法有电渗析、反渗透、超过滤和微孔膜过滤等。

1. 电渗析（ED）

电渗析是利用离子交换膜对阴、阳离子的选择透过性，以直流电场为推动力的膜分离方法。如图 5-6 所示，当含盐水通过电渗透器时，在通入直流电的情况下，水中阳离子和阴离子各自会作定向迁移，阳离子向负极迁移，阴离子向正极迁移。由于离子交换膜具有选择透过性，在淡水室的阴离子向正极迁移，通过阴离子交换膜（简称为阴膜）进入浓水室，浓水室内的阴离子，虽可向正极迁移，但由于不能透过阳离子交换膜（简称为阳膜）而留在浓水室内。同样，在淡水室内的阳离子向负极迁移，并通过阳膜进入浓水室，浓水室内阳离子不能透过阴膜而留在浓水室。在含盐水分别并流通过电透析器的淡水和浓水室时，浓水室内因阳、阴离子不断进入而浓度增高；淡水室因阳、阴离子不断移出使浓度降低而获得淡水。这样，通过隔板边缘特设孔道分别汇集起来形成浓、淡水系统，从而达到脱盐的目的。

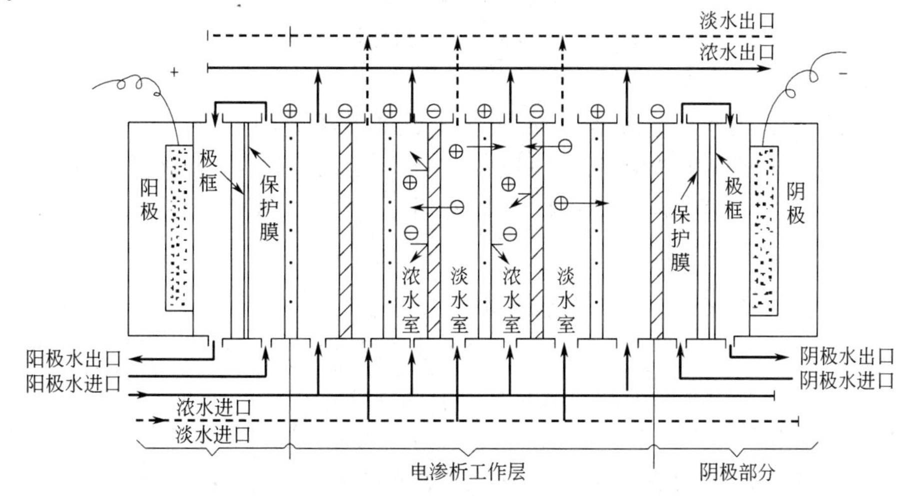

图 5-6　电渗析器除盐过程示意

2. 反渗透、超过滤和微孔膜过滤

反渗透、超过滤和微孔膜过滤都是以压力为推动力的膜分离方法，其作用机理是相近的。

(1) 反渗透 (RO) 只能透过溶剂而不能透过溶质的膜一般称为理想的半透膜。当把溶剂和溶液分别置于半透膜的两侧时，纯溶剂将自然穿过半透膜而自发地向溶液一侧流动，这种现象叫做渗透。当达到平衡时，两侧的液面便产生一压差，以抵消溶剂和溶液进一步流动的趋势，这时的压差称为渗透压［图 5-7(a)］。渗透压的大小取决于溶液的种类、浓度和温度。

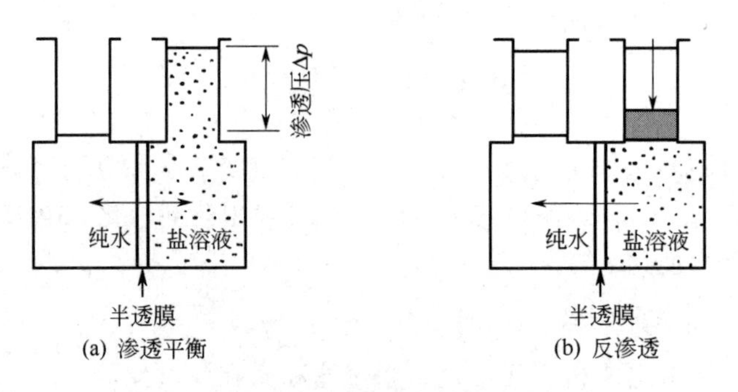

图 5-7 渗透与反渗透示意

反渗透是用足够的压力使溶液中的溶剂（一般常用水）通过反渗透膜（或称半透膜），开始从溶液一侧向溶剂一侧流动，将溶剂分离出来，因为这个过程和自然渗透过程的方向相反，故称反渗透。根据各种物料的不同渗透压，就可以使用大于渗透压的反渗透方法达到分离的目的［图 5-7(b)］。

反渗透主要用于分离溶液中的离子，也可用于分离有机物、细菌和病毒等。分离过程不需加热，没有相的变化，具有耗能少、设备体积小、操作简单、适应性强、应用范围广等优点。其主要缺点是设备费用较高，有时膜会因预处理水质不良而发生堵塞，清洗也较麻烦。

(2) 超过滤 (UF) 超过滤简称超滤，一般用来分离分子量在 500～500000 范围内的溶质，这一范围内的物质主要为胶体、大分子化合物和悬浮物。超滤膜具有不对称多孔结构，孔径为 3～50nm，常用的超滤膜商品品种分为能截留分子量 10000、50000、100000、200000 和 1000000 等几种规格。

(3) 微孔膜过滤 (MF) 微孔膜是用高分子材料制成的多孔薄膜，孔径为 0.01～10μm，孔隙率很高，膜的厚度为 75～180μm。微孔膜能有效地去除比膜孔大的粒子和微生物，不能去除无机溶质和胶体。膜不能再生，常用于液体和气体的精密过滤、细菌分离、高纯水和高纯气体的过滤等。

(五) 化妆品生产用水的灭菌和除菌

化妆品生产用水的水源多数是来自城市供水系统的自来水，其水质标准规定细菌总数小于 100 个 · ml^{-1}，但经过水塔或贮水池后，短期内细菌可繁殖至 105～106 个 · ml^{-1}。这类细菌大多数为革兰阴性细菌，很容易在水基化妆品中繁殖。另一类细菌是自来水氯气消毒时残存的细菌，即各种芽孢细菌，这种细菌在获得合适培养介质时才继续繁殖。

用离子交换树脂法得到纯水，由于其中起消毒作用的氯元素完全被除去，很容易繁殖细菌，并且供水系统的泵、计量仪表、连接管、水管、压力表和阀门都存在一些水不流动的、容易滋长微生物的死角，因此化妆品用水还需进行灭菌处理。

常用的灭菌法有化学处理、热处理、过滤、紫外线消毒和反渗透，它们可单独使用或多种方法结合使用。

1. 化学处理

沾污的树脂床和供水管线系统可使用甲醛或次氯酸钠的稀溶液进行消毒。在消毒前必须完全使盐水排空，以防止甲醛可能转变为聚甲醛和次氯酸盐产生游离氯气。一般处理方法是用质量分数为 1%的消毒剂水溶液与树脂接触过夜，然后清洗干净。

确保去离子水不在贮水池和供水系统内繁殖微生物的一种常用方法是添加一定剂量的灭菌剂。即在去离子后的水贮罐中添加 $1\sim4mg\cdot kg^{-1}$的氯水或次氯酸钠溶液，可使其中微生物降至 100 个 $\cdot ml^{-1}$。另外，可用加入防腐剂的方法进行加热处理。例如，用 0.1%～0.5%的对羟基苯甲酸甲酯，加热到 70℃时，几乎完全消毒。

2. 热处理

在反应容器中加热灭菌是化妆品工业最常使用的灭菌方法。水相在容器中加热到 85～90℃并保持 20～30min，这个方法足以消灭所有水生细菌，但不能消灭细菌芽孢（一般细菌芽孢很少存在于自来水中）。如果有细菌芽孢，加热处理可能会引起芽孢发育，但如果加热后间歇 2h 再重新加热，这样反复加热 3 次就可以消灭细菌芽孢。

3. 紫外线消毒

波长低于 300nm 的紫外辐射可杀灭大多数微生物，包括细菌、病毒和大多数霉菌。紫外线灭菌机理是通过紫外辐射来破坏细菌膜的 DNA 和 RNA 来达到灭菌效果。由于紫外线较难透过水层，只有当水流与紫外线紧密接触时才有效，这就意味着水流必须呈薄膜状或雾状，因而，它对供水系统有限制，水流很慢时才有效。

4. 微孔膜过滤

微孔膜过滤是除去水中微生物污染最有效的方法。从理论上讲，所有细菌可以通过孔径小于或等于 $0.2\mu m$ 的过滤膜除去。这种类型的设备安装在供水管线上，一般应用 $0.45\mu m$ 孔径的滤膜。但这些滤膜对水流产生较大的阻力，更换膜费用大，运转成本比其他方法高。更根本的问题是微生物在过滤膜中积聚，使膜对水流的阻力增加，甚至会使水流终止，或水流变得很小，在严重的情况下，膜会被压破，导致微生物透过滤膜，污染出水；还有一些微生物，特别是霉菌可在膜进水一边繁殖，并可大量地向膜另一边生长，污染出水。

（六）化妆品生产用水处理系统

不同的化妆品对用水的要求也有差别。洗涤类制品要求软化水，不含钙、镁、铁等重金属，无菌或含菌量很低。而乳液和膏霜、收敛水、古龙水、含水的气溶胶制品、凝胶类制品要求用去离子水且无菌。气溶胶制品为了防止罐的腐蚀，对氯离子和某些金属离子还有一些要求。随着对配方稳定性要求的提高，化妆品生产用水要求使用无菌纯水。纯水中溶解电解质含量与电阻率的关系大致如表 5-7 所列。化妆品生产用水应为一般纯水，电阻率约为 $0.1M\Omega\cdot cm$，含电解质为 $2\sim5mg\cdot kg^{-1}$，细菌总数小于或等于 10CFU[1] $\cdot ml^{-1}$。

---

[1] CFU 为每皿菌落数单位。

表 5-7 水的电阻率与总含盐量的关系

水纯度	电阻率 /MΩ·cm	电解质浓度 /mg·kg^{-1}	水纯度	电阻率 /MΩ·cm	电解质浓度 /mg·kg^{-1}
纯水	约 0.1	2～5	超纯水	约 10	0.01～0.02
优质纯水	约 0.1	0.2～0.5	理论纯水	18.3	0.00

1. 化妆品生产用水工艺流程

要获得质量稳定、优质的纯水，必须有合理的纯化工艺、设备和严格的操作。在设计纯水的生产工艺中，首先应根据用水的质量要求、用水量、投资成本和运转费用等考虑去离子或脱盐的方法。然后，要考虑控制水中微生物含量的方法。例如，如何保证在处理水和贮存水的过程中水质的稳定，是否需要循环系统和加药系统等。

去离子或脱盐系统中，电渗析出水含盐量一般为 10～20mg·kg^{-1}。进水总含盐量为 200mg·kg^{-1}时，经过一次反渗透处理，出水总含盐量为 2～20mg·kg^{-1}。二次反渗透处理后总含盐量降至 0.02～2mg·kg^{-1}，电阻率不大于 0.1MΩ·cm。钠型阳离子交换树脂只能软化水（除去钙、镁和铁等阳离子），可作为反渗透的前期处理。复床式离子交换法出水含盐量在 1mg·kg^{-1}以下，电阻率为 0.1～1MΩ·cm。混合床离子交换树脂除离子效果最好，出水总含盐量为 0.01mg·kg^{-1}，电阻率可达 17～18MΩ·cm。一般情况下，要达到纯水的标准，离子交换法是不可缺少的。

除去水中微生物的方法一般可用微孔膜过滤、超过滤和反渗透，而紫外线消毒的效率欠佳。在贮罐内添加消毒剂（如氯、臭氧）或防腐剂也是可行的办法，防腐剂必须对水质没有影响。

图 5-8 和图 5-9 是两种生产高纯水工艺流程图，以供参考。

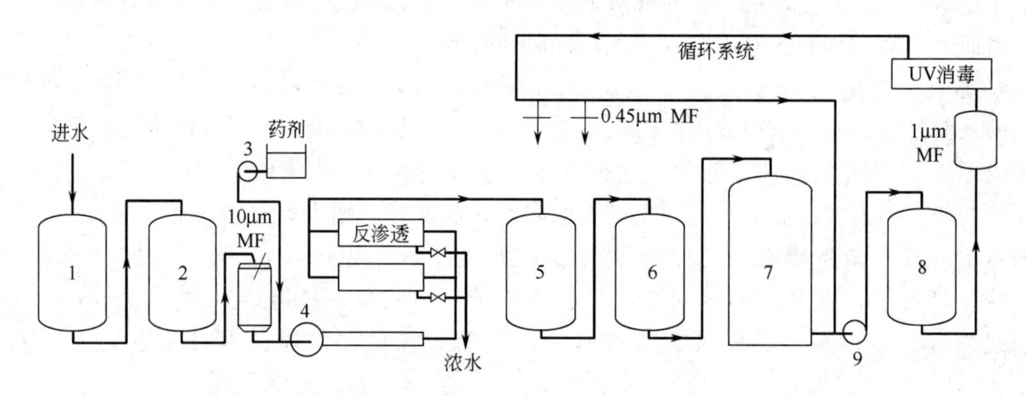

图 5-8 反渗透-复合床式离子交换-混合床式离子交换-微滤纯水系统

1—锰砂过滤器；2—活性炭过滤器；3—计量泵；4—多级高压泵；5—阳离子交换树脂；6—阴离子交换树脂；7—水贮罐；8—混合床离子交换树脂；9—泵

2. 容器和输送管道材料的选择

容器和输送管道材料的选择是确保水纯化系统质量稳定的重要因素。最理想的容器和输送管道材料是不锈钢，近年来，医药制造业开始使用含铝的不锈钢 316 和 316L（美国国家标准协会型号），现已被化妆品工业采用。不锈钢加工较困难，价格也较贵，一般用于制造耐高温、高压的容器。

一般水贮罐使用浇注聚乙烯；输送管道可用无增塑剂聚乙烯、聚丙烯和 ABS；预处理容器可用钢涂环氧树脂和钢衬橡胶等。

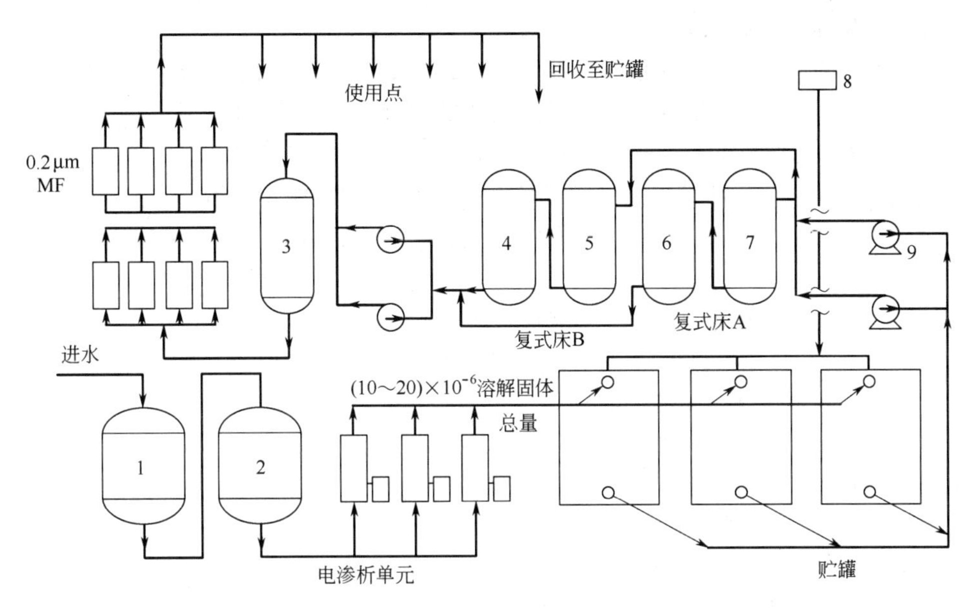

图 5-9 电渗析-复合床式离子交换-混合床式离子交换-微滤纯水系统

1—锰砂过滤器；2—活性炭过滤器；3—混合床离子交换树脂；4,6—阴离子交换树脂；5,7—阳离子交换树脂；8—臭氧发生器；9—泵

第三节 乳化体化妆品

乳化体是化妆品中最主要的剂型，主要由油、脂、蜡和水、乳化剂所组成，主要有 W/O 型和 O/W 型两种。从乳化体的外观来看，化妆品有稠厚的半固体和流动的液体两种。呈半固体状态的乳化体化妆品有雪花膏、营养润肤霜、祛斑霜、粉刺霜、柠檬霜、冷霜、清洁霜等；呈流动液体状态的乳化体化妆品有奶液、清洁奶液、营养润肤奶液、防晒奶液等。

一、乳化理论

乳化体（emulsion）是由两种完全不相溶的液体所组成的体系，其中一种液体以非常小的微粒形式分散在另一种液体中，通常有 O/W 型和 W/O 型两种剂型。O/W 型的乳化体是油相分散成微小的油珠被水所包围着，油脂是分散相，水是连续相。反之，W/O 型的乳化体是水分散成微小的水珠被油所包围着，水是分散相，油则是连续相。

必须指出：①油、水两相不一定是单一的组分，而且一般都是每一相都可包含有许多成分。②乳化体的外观和分散相的粒子大小有关。一般分散相颗粒直径在 1～5μm 之间，外观是乳白的；当分散相颗粒直径为 0.1～1μm 时，乳化体的颜色为蓝白色；当分散相颗粒直径为 0.05～0.1μm，外观为灰色半透明液状；当分散相的颗粒直径小于 0.05μm 时，乳化体则呈透明状（俗称微乳液）。③当油和水直接混合时，形成的乳化体不稳定，必须借助乳化剂来稳定这种体系。这是因为乳化过程是通过外力使一种液体高度地分散于另一种液体中，增加了体系的总能量，这种能量以界面能的形式保存于体系中，在热力学上是不稳定的。加入乳化剂可以降低油-水的界面张力，形成稳定的乳化体。④虽然乳化体一般只考虑水相和油相组成的体系，但新推出的无水化妆品的乳化体是由甘油和动植物油作为内相和外相的。

1. 影响乳化体类型的因素

形成的乳化体是O/W型还是W/O型，这与内相、外相以及乳化剂的性质有关，也与容器的极性有关。另外，在乳化体的制备过程和贮存过程中，均有可能发生乳化体类型的转变。以下因素都有可能影响乳化体的类型。

（1）内外相体积比　有人认为，内外相体积比大于0.74即发生相转变。但例外也很多，有内外相体积比为0.45就发生相转变的情况，也有内外相体积比达到0.99而乳化体并未发生相转变的情形。

（2）乳化剂两亲基团的体积　一般有较大极性的一价（钠、钾）金属皂有利于形成O/W型乳化体，而有较大碳氢链的二价（钙、镁）金属皂有利于形成W/O型乳化体。

（3）乳化剂的HLB值　HLB值是衡量表面活性剂类乳化剂亲水性强弱的数据。HLB值高的乳化剂亲水性强，易制得O/W型乳化体，而HLB值低的乳化剂易生成W/O型的乳化体。因为从动力学上来考虑，在油-水界面膜中，乳化剂分子的亲水基是油滴凝聚的障碍，而亲油基为水滴聚集的障碍。在界面膜上乳化剂的亲水性强，易形成O/W型乳化体，若疏水性强，则易形成W/O型乳化体。另外，对于不同的油相，被乳化时都有一个所需的HLB值。只有所添加的乳化剂和油相所需HLB值一致时，才可获得最好的乳化效果。对于乳化剂来说，当乳化剂的亲油基和油相亲和力很强，亲水基和水相的亲和力很强，并且这两个亲和力达到某种程度的平衡时，才能保证界面张力最低，乳化效果最好。一般来说，W/O型乳化剂的HLB值范围为3～6，而O/W型乳化剂的HLB值范围为8～18。

（4）乳化器壁材料的亲水性　一般来说，亲水性强的器壁（比如玻璃）易得到O/W型乳化体，而疏水性强的（如塑料）器壁易得到W/O型乳化体。但也与乳化剂性质相关。如煤油或石油在2%环烷酸钠的水中，无论是玻璃或是塑料器皿，均形成O/W乳化体，但当含量为0.1%时，在塑料容器中易形成W/O乳化体。

2. 乳化体的鉴别

一般可以根据乳化体的性质鉴定出乳化体的类型，是O/W型还是W/O型。

（1）染色法　依据染料对乳化体连续相染色的性质区分乳化体类型。在乳化体中加入少量油溶性染料苏丹，如乳化体整体呈红色，则为W/O型乳化体；如染料保持原状，经搅拌后仅液珠带色，则为O/W型乳化体。若在乳化体中加入少量的水溶性染料甲基橙，乳化体整体呈红色，则为O/W型乳化体；染料保持原状，经搅拌后仅液珠带色，则为W/O型乳化体。为提高鉴别的可靠性，往往同时以油溶性染料和水溶性染料先后进行试验。

（2）稀释法　用“水”或“油”对乳化体进行稀释试验，O/W型乳化体能与水混溶，W/O型乳化体能与油混溶，利用这种性质可判断乳化体类型。例如，将乳化体滴于水中，如液滴在水中扩散开来，则为O/W型的乳化体；如浮于水面，则为W/O型乳化体。另外，还可以沿盛有乳化体的容器壁滴入油或水，如液滴扩散开来则连续相与所滴的液体极性相似，如液滴不扩散则连续相与所滴的液体不相同。

（3）电导法　乳化体的电导主要取决于连续相。O/W型乳化体较W/O型乳化体电导率大数百倍，所以在乳化体中插入两电极，在回路中串联氖灯。当乳化体为O/W型时灯亮，为W/O型时灯不亮。

（4）滤纸润湿法　滤纸由纤维素构成，纤维素的羟基使其表现出亲水性。若乳化体滴于滤纸上后能快速展开，则为O/W型的乳化体；若乳化体不展开，则为W/O型的。此法对于在纸上能铺展的油、苯、环己烷、甲苯等所形成的乳化体不适用。

（5）光折射法　利用水和油对光的折射率的不同可鉴别乳化体的类型。令光从左侧射入乳化体，乳化体粒子起透镜作用，若乳化体为 O/W 型的，粒子起集光作用，用显微镜观察仅能看见粒子左侧轮廓；若乳化体为 W/O 型的，与此相反，只能看到粒子右侧轮廓。

3. 影响乳化体稳定的因素

使一种液体以微粒分散在另一液体中所需的功（W）等于液体表面积增大值 ΔA 乘以表面张力 γ。

$$W=\Delta A\gamma \tag{5-1}$$

从式(5-1) 可看到，液体表面积增大值 ΔA 减小，表面张力 γ 减小，可使机械功明显减小，ΔA 的增大不利于乳化体的稳定。所以乳化体的稳定从两方面着手，一是通过乳化剂减小表面张力，二是加强机械力度。但是，乳化体毕竟存在着相当大的界面和相应的界面自由能，这个不稳定体系总是力图减小界面面积使能量降低，最终发生破乳、分层。

乳化体的稳定性与下列因素有关。

（1）内相分散程度　对于一个乳化体体系，内相分散程度越高，体系越稳定。所以，目前的乳化专用设备采用诸多方法，尽可能将液体粒子撕碎或撞碎。例如微射流乳化技术就是通过高压使液体对搅，在瞬间形成微米大小的粒子，使体系在不加乳化剂的条件下能形成稳定的乳化体。

（2）界面膜的强度　混合乳化剂（即表面活性剂与极性有机物）的混合物在界面上吸附量显著增多，定向排列紧密，使得界面膜强度高，不易破裂，液滴不易集结，乳化体稳定性加强。

（3）界面电荷的影响　当使用离子型乳化剂时，吸附在界面上的乳化剂的亲油基插入油相，亲水基处于水相，从而使液体粒子带电。由于乳化体的液体粒子带同种电荷，它们之间相互排斥，不易聚结，使稳定性增高。因此，液体粒子上吸附的乳化剂离子越多，电荷电量越大，防止液体粒子聚结能力也越大，乳化体体系就越稳定。

（4）连续相黏度的影响　连续相的黏度越大，乳化体的稳定性越高。这是因为连续相的黏度大，对液体粒子的布朗运动阻碍作用强，减缓了液体粒子之间的碰撞，使体系保持稳定。通常用水溶性高分子物质来增高乳化体的黏度，提高乳化体的稳定性。此外高分子还能形成坚固的界面膜，使乳化体更加稳定。

4. 破乳的条件

在化妆品的制备工艺中，破乳是乳化的逆过程，是由乳化体不稳定引起的。乳化体破乳后，油相和水相完全分离。破乳的过程一般分为两步：第一步是絮凝，分散相的液珠聚集成团，但各个液珠仍然独立存在，可以分散，所以是可逆的。第二步是聚结，絮凝团中的液滴相互合并成一个大液珠，最后聚沉或上浮而分离，是不可逆的。聚结作用是乳化体液膜破裂造成界面上的乳化剂分子定向位移的结果，所以液膜的界面黏度及弹性对乳化体的稳定性起着重要作用。

（1）离心法　离心法是最常用的机械破乳法。由于水和油的密度不同，在离心力作用下，可促进乳化体破坏。对于稳定性差的乳化体经过长途运输颠簸后有可能引起乳化体的分层甚至破乳。在制备乳化体时，利用此原理可以强化测试条件，以检查乳化体的稳定性。

（2）加热法　在离心破乳过程中对乳化体加热，使外相的黏度降低可加速排液过程，加快破乳。

（3）超声波法　超声波法本是制备乳化体的有效方法，但是如果强度不恰当，则可引起不同密度的内相和外相的混乱，引起分散相聚集成大液滴而破乳。

（4）过滤法　过滤破乳是使乳化体通过多孔材料（如碳酸钙层）。这种多孔材料只能让水通过，而使油保留在过滤层上，以达到破乳目的。通常，将黏土、砂粒用亲油性大的表面活性剂处理后，用做过滤层。

（5）化学法　化学法主要是改变乳化体的类型或界面性质，使它变得不稳定而发生破乳。在 O/W 型乳化体中加入制备 W/O 型乳化体的乳化剂，即可达到破乳目的，反之亦然。如用钠皂或钾皂为乳化剂的乳化体，加入强酸或适量的含多价离子盐的水溶液，即可实现破乳。这是由于皂被强酸破坏形成游离的脂肪酸，失去乳化活性而导致破乳的。

5. 乳化剂的选择

乳化剂是制备乳化体最重要的化合物，它的种类对于化妆品的黏稠度和稳定性起决定性作用，因此选择合适的乳化剂非常重要。

一般对乳化剂的要求是：①乳化剂必须能吸附或富集在两相的界面上，使界面张力降低；②乳化剂可能赋予粒子以电荷，使粒子间产生静电排斥力，或可能在粒子周围形成一层稳定的、黏度特别高的保护膜。所以，用做乳化剂的物质必须具有两亲基团才能起乳化作用，表面活性剂就能满足这种要求。

通常，根据乳化剂的结构来选择乳化剂，首先应考虑乳化剂与产品中的其他成分的相容性和体系的稳定性，如是否能与体系的 pH 值和电解质相容；其次，依据 HLB 值理论进行乳化剂的选择，如果要配制 O/W 体系，则应在 O/W 型乳化剂中进行筛选，反之，要配制 W/O 型体系，则应该选择 W/O 型乳化剂；最后，应进行乳化剂试验以检验所选择的乳化剂是否能使膏体稳定和细腻等，以获得最佳的乳化效果。

在根据 HLB 值确定乳化剂时，有以下几点经验规律：①多组优选。乳化剂宜兼具乳化和防破乳作用，按 HLB 值的计算，总能找到合适的组合。一般来说，组分间的 HLB 值有一些差别，但不要大于 5 为好，宜多选择一些乳化剂组合进行实验优选。②确定为主组分，保证乳化体类型。对于 O/W 型乳化体，应选择亲水性强的乳化剂，而对于 W/O 型乳化体，因选择亲油性强的乳化剂，只有这样，才能保证乳化体的稳定。③计算为辅，实验为主。所计算的 HLB 值只是给出了大致范围，提供一定的指导，要保证乳化体的稳定性，还必须以实验为准。如拘泥于按计算的值来配制，有可能被乳化物疏水性过强，而乳化剂疏水性过小，则油水两相亲和性过小，使乳化体不稳定。

6. 乳化剂的加入方式

生产过程中，水相、油相和乳化剂等的加入顺序对乳化体的类型和稳定性有很大影响。通常乳化剂的加入方式有下列几种。

（1）乳化剂在水中法　将乳化剂直接溶于水相中，在剧烈搅拌下将油相加入，即可制得 O/W 型乳化体。若要获得 W/O 型乳化体，则应继续加入油相，直到发生相转变。

（2）乳化剂在油中法　将乳化剂溶于油相后，一种是将此混合物直接加入水相，即自发形成 O/W 乳化体；另一种是将水相加入混合物中，制得 W/O 乳化体。但若继续加入水相，会发生相转变，即制得 O/W 乳化体。

（3）初生皂法　将脂肪酸溶于油相中，将碱溶于水相中，二相接触后，在油水的界面即有皂生成，可得到稳定的乳化体。一般来说，用皂使之稳定的 O/W 或 W/O 型的乳液皆可用此法制备。

（4）轮流加液法　将水相和油相轮流加入到乳化剂中，每次只加少量。

用剂在水中法所得到的乳化体比较粗，颗粒大小不均匀，稳定性差，需经均化器或胶体磨进一步乳化。相反，用剂在油中法所得到的产品一般都相当均匀，其平均粒径约 0.5μm。

7. 常用的乳化设备

对于制备膏霜类化妆品，选择合适的设备是不可忽视的。乳化设备基本可分为混合器、胶体磨和均化器 3 大类型。

(1) 混合器 混合器包括 3 种搅拌器，即桨式搅拌器、旋转式搅拌器以及涡轮式搅拌器（参见第四章），适于制备低黏度的乳化体。

(2) 胶体磨 胶体磨适用于制备液状或膏状的乳化体。如图 5-10 所示，它由转子和定子组成。转子的转速高达 1000～2000$r \cdot min^{-1}$。操作时，流体物料从转子和定子之间很小的缝隙通过。由高速旋转的转子对物料进行充分研磨、剪切和混合。

(3) 均化器 均化器适用于制造乳化体颗粒微小的乳液。常见的均化器有以下 3 种。

① 均浆机可施加给原料以高压，浆从其小孔中喷出（如图 5-11 所示），是非常强有力的连续式乳化机。

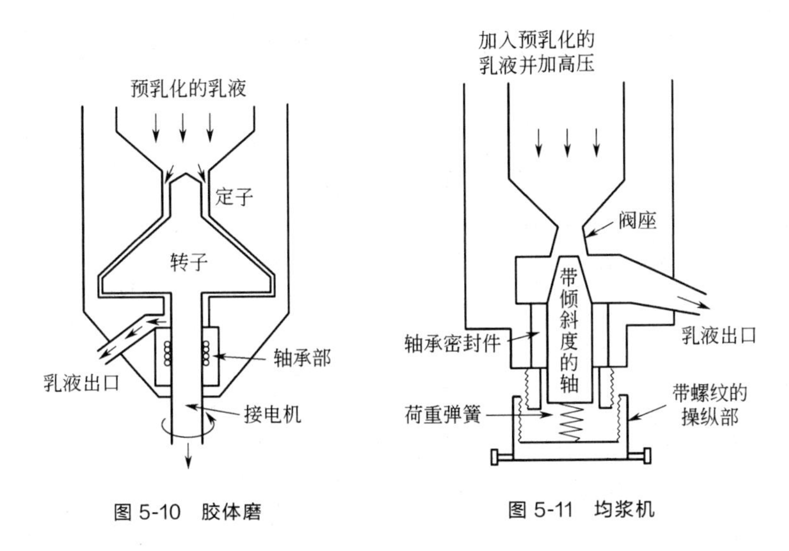

图 5-10 胶体磨　　图 5-11 均浆机

② 均质搅拌机由涡轮型的旋转叶片被圆筒围绕而构成（如图 5-12 所示）。旋转叶片的

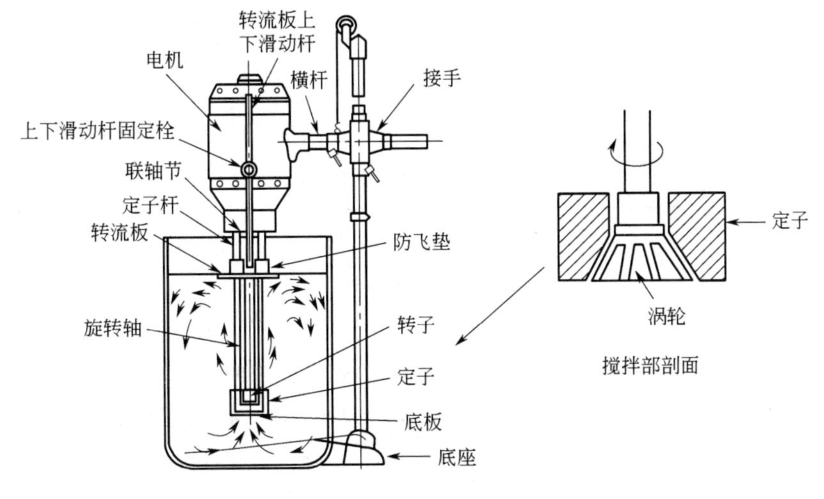

图 5-12 均质搅拌机

转速可高达 10000～30000r·min^{-1}，可引起筒中液体的对流，得到均一的很细的乳化粒子。

③ 真空乳化机在密闭的容器中装有搅拌叶片，在真空状态下进行搅拌和乳化（如图5-13所示）。它配有两个带有加热和保温夹套的原料溶解罐，一个溶解油相，另一个溶解水相，这种设备适于制造乳液，特别适于制备高级化妆品时的无菌配料操作。

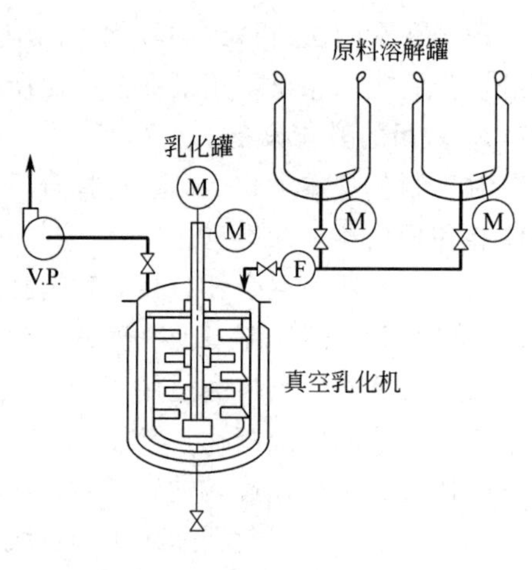

图 5-13 真空乳化机

二、乳化体的配方设计和生产工艺

（一）乳化体配方设计

1. 设计步骤

（1）选定乳化体类型　若为O/W型，油相乳化所需的HLB值和乳化剂所提供的HLB值应在8～18；若为W/O型，油相乳化所需的HLB值和乳化剂所提供的HLB值应在3～6；否则难以获得稳定的乳化体系。

（2）选定油相成分　目的是计算油相乳化所需的HLB值。

（3）选定乳化剂对　根据油相乳化所需的HLB值，选定乳化剂对。选择原则：制作O/W型乳化体，应选HLB>6的乳化剂为主，HLB<6的乳化剂为辅；制作W/O型乳化体，应选HLB<6的乳化剂为主，HLB>6的乳化剂为辅。

通常乳化剂用量为1%～10%，并且乳化剂在膏霜类中的用量一般需满足以下经验式：

$$乳化剂质量/(乳化剂质量+油相质量)=10\%\sim20\%$$

乳化剂和被乳化物的亲油基应有良好的亲和力，二者亲和力越强，其乳化效果越好。因此，应选择亲油基和被乳化物的亲油基结构相似、易于溶解的乳化剂。

因温度对HLB值、乳化效果和乳液形态有较大影响，选择乳化剂还应考虑乳化剂的离子性和相转变温度。

（4）选定水相组分　目的是计算精制水加入量。

（5）确定乳化体配方　通过乳化试验，制作出乳化体。观察、检验乳化体的稠度、稳定性，适当调整乳化体配方。

如制作的膏霜乳化体不够理想，可更换乳化剂对。常用乳化剂对如表5-8所示。

表 5-8 膏霜乳化体常用的乳化剂对

O/W 型乳化体	W/O 型乳化体
斯盘系列与吐温系列	斯盘系列与吐温系列
斯盘系列与蔗糖脂肪酸酯	蜂蜡硼砂皂与双硬脂酸铝
十六醇硫酸钠与十六醇	蜂蜡钙皂与羊毛醇
十六醇硫酸钠与胆甾醇	蜂蜡硼砂皂与三聚甘油异硬脂酸酯
硬脂酸钾与单硬脂酸甘油酯	硬脂酸钙皂与双硬脂酸铝
硬脂酸三乙醇胺与单硬脂酸甘油酯	硬脂酸钙皂与丙二醇硬脂酸酯

2. 设计实例

O/W 型雪花膏的设计步骤如下。

① 选定乳化体类型。因雪花膏为 O/W 型，故油相乳化所需的 HLB 值和乳化剂所提供的 HLB 值应住 8～18 之间。

② 选定油相成分。初选油相组分如表 5-9 所示。

表 5-9 初选油相组分及其 HLB 值

油相组分	含量(质量分数)/%	HLB 值
重质白油	35	11
十六醇	1	13
无水羊毛脂	1	12

计算油相乳化所需的 HLB 值。

$$油相乳化所需的\ HLB\ 值=\frac{\sum HLB_i x_i}{\sum x_i}=11.08$$

式中，x_i 为组分 i 的质量分数,%；HLB_i 为组分 i 的 HLB 值。

③ 选定乳化剂对。根据选择原则，选 HLB>6 的乳化剂为主乳化剂（如 Tween-80，HLB=15)，以 HLB<6 的乳化剂为辅助乳化剂（如 Span-80，HLB=4.3)。

通常，乳化剂用量为 1%～10%。令：所选乳化剂对总含量为 7%，且乳化剂质量与油相质量之间需满足以下经验式：

乳化剂质量/(乳化剂质量+油相质量)=10%～20%

计算可知，若该乳化剂总含量为 7%，可符合上式要求。

各乳化剂的添加量（质量分数,%）为：

设 Tween-80 为 X，则 Span-80 为（$7-X$），可获得乳化剂对的 HLB 值（只含一个未知数)；再根据乳化剂所提供的 HLB 值应与油相乳化所需的 HLB 值相吻合的原则，可得：$X=4.44$，即 Tween-80 为 4.44%；Span-80 为 2.56%。

④ 选定水相组分。令水相由保湿剂甘油和精制水组成。甘油为 7%，其余为精制水，则精制水加入量为 49%。再添加适量香精和防腐剂。

⑤ 确定乳化体配方。通过乳化实验，制作出乳化体。经测定感官指标和理化指标合格。因此该雪花膏配方最后确定如表 5-10 所示。

表 5-10 O/W 型雪花膏配方

原料	质量分数/%	原料	质量分数/%
油相：		水相：	
重质白油	35	甘油	7
十六醇	1	香精	适量
无水羊毛脂	1	防腐剂	适量
Tween-80	4.4	精制水	余量
Span-80	2.6		

(二)乳化剂生产工序

在实际生产过程中，有时虽然采用同样的配方，但是由于操作时温度、乳化时间、加料方法和搅拌条件等不同，制得的产品的稳定性及其物理性能也会不同，有时相差悬殊。因此，只有采用合适的配制方法，才能得到较高质量的产品。

乳化体的制备过程包括水相和油相的调制、乳化、冷却、灌装等工序，以 O/W 型的乳化体为例，其生产工艺流程如图 5-14 所示。以下对各工序进行详细论述。

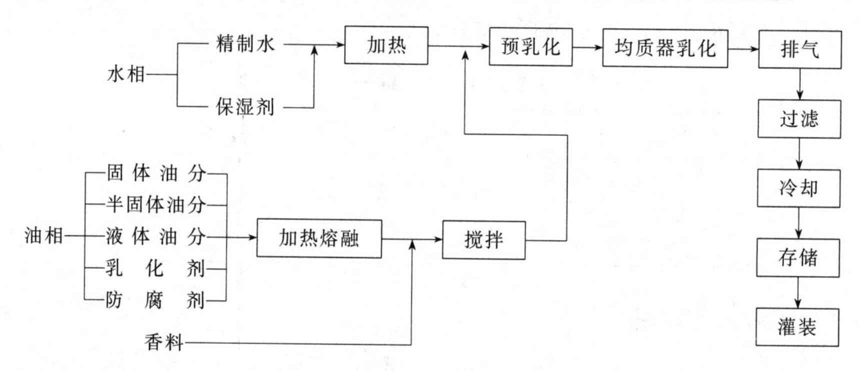

图 5-14 O/W 型乳化体化妆品的生产工艺示意

1. 水相的调制

先将去离子水加入带有夹套的溶解锅中，将水溶性成分如甘油、丙二醇、山梨醇、碱类、水溶性乳化剂等加入其中，搅拌下加热至 90～100℃，维持 20～30min 灭菌，然后冷却至 70～80℃待用。如配方中含有水溶性聚合物，应单独配制，将其溶解在水中，在室温下充分搅拌使其均匀溶胀，防止结团，如有必要可进行均质，在乳化前加入水相。要避免长时间加热，以免引起黏度变化。为补充加热和乳化时挥发掉的水分，可按配方多加 3%～5% 的水，精确数量可在第一批产品制成后，分析成品水分而求得。

2. 油相的调制

将固体油分（如蜂蜡、纯地蜡、微晶蜡、鲸蜡、高碳脂肪醇以及高碳脂肪酸等）、半固体油分（如凡士林、羊毛脂、甘油三酸酯等）、液体油分（如液体石蜡、合成油脂）、乳化剂和防腐剂等其他油溶性组分加入带有夹套的溶解锅内，开启蒸汽加热，在不断搅拌条件下加热至 80℃，使其充分熔化或溶解均匀。应该注意，要避免长时间加热以防止原料成分氧化变质。容易氧化的油分、防腐剂和乳化剂等可在乳化之前加入油相，溶解均匀后，即可进行乳化。

3. 乳化

上述油相和水相原料通过过滤器，按照一定的顺序加入乳化锅内，在一定的温度条件下，进行一定时间的搅拌和乳化。乳化过程中，油相和水相的添加方法、添加的速度、搅拌条件、乳化温度和时间、乳化器的结构和种类等对乳化体粒子的形状及其分布状态都有很大影响。为使乳液粒子均匀一致，应在均质器中进行乳化。均质乳化的速度和时间因不同的乳化体而异。含有水溶性聚合物的体系，均质的速度和时间应加以严格控制，以免过度剪切，破坏聚合物的结构，造成不可逆的变化，改变体系的流变性质。

4. 冷却

对于易挥发性的香精，需将乳化体冷却到在 50℃以下加入，以防止其挥发或变色。另外，配方中含有维生素或热敏的添加剂，也在乳化冷却后加入，以确保其活性，但也应注意其溶解性能。

混合均匀后，乳化体要冷却到接近室温。卸料温度取决于乳化体系的软化温度，一般应使其借助自身的重力，能从乳化锅内流出为宜，当然，也可用泵抽出或用加压空气压出。

冷却方式一般是将冷却水通入乳化锅的夹套内，边搅拌，边冷却。冷却速度、冷却时的剪切应力、终点温度等对乳化体系的粒子大小和分布都有影响，必须根据不同乳化体系，选择最优条件。

5. 陈化和灌装

一般是贮存陈化一天或几天后再用灌装机灌装。灌装前需对产品进行质量评定，质量合格后方可进行灌装。

（三）乳化方法

乳化体的物料状态、稳定性、硬度等受许多因素影响，其中影响最大的有表面活性剂的加入量、两相的混合方式、添加速度、均质器的处理条件以及热交换器的处理条件等。因此，要想获得高质量的产品，应精心选择最好的制备工艺。目前，可供选择的工艺有间歇式乳化、半连续式乳化和连续式乳化 3 种方法。

1. 间歇式乳化法

这是最简单的一种乳化方式，将油相和水相原料分别加热到一定温度后，按一定的次序投入到搅拌釜中，搅拌一段时间后在夹套中通入冷却水，冷却到 50℃以下时加入香精，混匀以后冷却到 45℃左右时停止搅拌，然后放料送去包装。国内外大多数厂家均采用此法，其优点是适应性强，缺点是辅助时间长、操作烦琐、设备效率低等。

2. 半连续式乳化法

如图 5-15 所示，油相和水相原料分别计量，在原料溶解锅内加热到所需温度之后，先加入到预乳化锅内进行预乳化搅拌，再经搅拌冷却筒进行冷却。

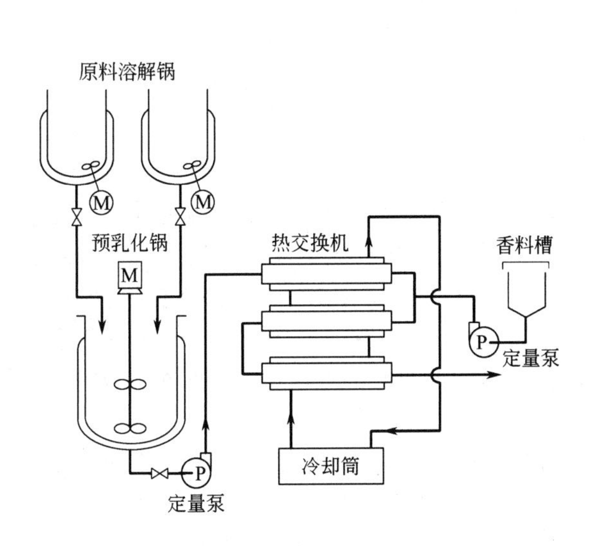

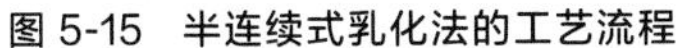
图 5-15 半连续式乳化法的工艺流程

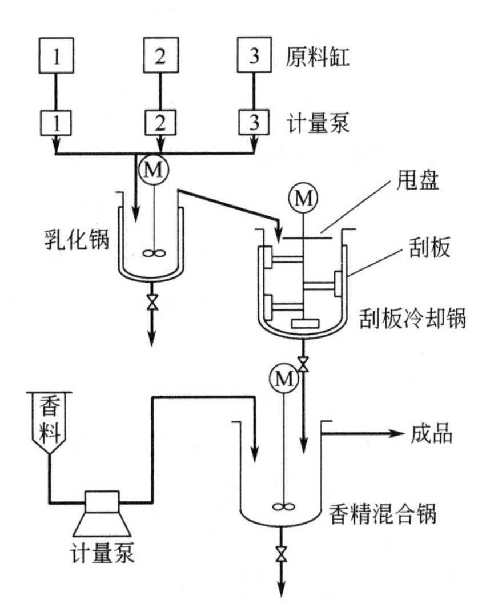

图 5-16 连续式乳化法的工艺流程

预乳化锅的有效容积为 1000～5000L，夹套有热水保温，搅拌器可安装均质器或桨叶搅拌器，转速为 500～2880r・min^{-1}，可无级调速。

定量泵将膏霜送至搅拌冷却筒，香精由定量泵输入冷却筒和串联的管道里，由搅拌筒搅拌均匀，其外套有冷却水冷却搅拌筒。搅拌冷却筒的转速为 60～100r・min^{-1}，按产品的黏度不同，中间的转轴及刮板有各种形式。乳化体经快速冷却推进输送至冷却筒的出口，即可送去包装。

半连续式乳化搅拌机有较高的产量，适用于大批量生产，目前在日本采用此法较多。

3. 连续式乳化法

连续式乳化法的工艺流程如图 5-16 所示，首先将预热好的各种原料分别由计量泵打到乳化锅中，经过一段时间的乳化之后溢流到刮板冷却锅中，快速冷却到 60℃以下，然后再加入香精混合锅中，与此同时，香精由计量泵加入，最终产品由混合锅上部溢出。这种连续式乳化适用于大规模连续化的生产，其优点是节约动力，提高了设备的利用率，产量高且质量稳定，但目前国内还没有采用这种方式进行生产的厂家。

（四）生产中应注意的问题

1. 加料速度和搅拌速度的控制

分散相加入的速度和机械搅拌的快慢对乳化体的稠度、黏度和稳定性均有影响。一般来说，在制备 O/W 型乳化体时，最好的方法是在剧烈的持续搅拌下将水相加入油相中，且高温混合较低温混合好。在制备 W/O 型乳化体时，在不断搅拌下，将水相慢慢地加到油相中去，可制得内相粒子均匀、稳定性和光泽性好的乳化体。对内相浓度较高的乳化体，内相加入的流速应该比内相浓度较低的乳化体系为慢。采用高效的乳化设备比搅拌差的设备在乳化时流速可以快一些。

乳化时搅拌速度快，有利于形成颗粒较细的乳化体，但过分的强烈搅拌对降低颗粒大小并不一定有效，且容易将空气混入。一般来说，在开始乳化时采用较高速搅拌对乳化有利，在乳化结束而进入冷却阶段后，则以中等速度或慢速搅拌有利，这样可减少混入气泡。如果是膏状产品，则搅拌到固化温度为止；如果是液状产品，则一直搅拌冷却至室温。

应该指出，由于化妆品组成的复杂性，配方与配方之间有时差异很大，对于任何一个配方，都应进行加料速度试验，以求最佳的混合速度，制得稳定的乳化体。

2. 乳化温度和冷却速度的控制

制备乳化体时，温度的控制非常重要。温度太低，乳化剂溶解度低，且固态油脂、蜡未熔化，乳化效果差；温度太高，加热时间长，冷却时间也长，浪费能源，加长生产周期。一般常使油相温度控制高于其熔点 10～15℃，而水相温度则稍高于油相温度，最好水相加热至 90～100℃，维持 20min 灭菌，然后再冷却到 70～90℃进行乳化。尤其是在制备 W/O 型乳化体时，水相温度稍高一些，形成乳化体后，随着温度的降低，水珠体积变小，有利于形成均匀、细小的颗粒。如果水相温度低于油相温度，当油相熔点较高时，两相混合后可能使油相固化，影响乳化效果。

冷却速度的影响也很大，通常较快的冷却能够获得较细的颗粒。当温度较高时，由于布朗运动比较强烈，小的颗粒会发生相互碰撞而合并成较大的颗粒；反之，当乳化操作结束后，对膏体立刻进行快速冷却，从而使小的颗粒“冻结”住，这样小颗粒的碰撞合并作用可减少到最低的程度。但冷却速度太快，高熔点的蜡就会产生结晶，导致乳化体破坏，因此，冷却的速度最好通过试验来决定。

3. 香精和防腐剂的加入

香精是易挥发性物质，且组成十分复杂，在温度较高时，不但容易挥发，而且会发生一些化学反应，使香味变化，也可能引起颜色变深。因此，香精的加入一般都是在后期进行，即将乳化体冷却到在 50℃以下时加入香精。有时，对于油溶性的香精，在预乳化前，加入到熔融的油相中。

微生物的生存是离不开水的，因此水相中防腐剂的浓度是影响微生物生长的关键。乳液类化妆品含有水相、油相和表面活性剂，而常用的防腐剂往往是油溶性的，在水中溶解度较低。有的化妆品制造者常把防腐剂先加入油相中，然后再乳化，这样防腐剂在油相中的浓度较大，而水相中的浓度较小。更重要的是，非离子表面活性剂往往也加在油相中，使得有更大的机会增溶防腐剂，而溶解在油相中和被表面活性剂胶束增溶的防腐剂对微生物是没有作用的，因此防腐剂最好是待油、水相乳化完毕后再加入。这样，可加大水中防腐剂的浓度。当然防腐剂的加入温度不能过低，否则会使其分布不均匀。对于有些固体状的防腐剂如尼泊金酯类，可先用温热的乙醇溶解后再加入，可保证防腐剂在乳化体中分布均匀。

三、乳化体化妆品的质量控制

1. 膏霜的质量控制

膏霜在制造、贮存和使用过程中，常见的质量问题如下。

（1）失水干缩　膏霜一般为 O/W 型乳化体，包装时容器或包装瓶密封不好，长时间的放置过程中水分蒸发是造成膏体失水干缩的主要原因，失水干缩是膏霜常见的变质现象。另外，膏霜中缺少保湿剂时，也会出现失水干缩。因此，控制的方法是调节配方中保湿剂的加入量，并密封保存。

（2）起面条　乳化体被破坏是造成膏霜类化妆品在皮肤上涂敷后起面条的主要原因。对于雪花膏来说，若单独选用硬脂酸与碱类中和成皂做乳化剂，或硬脂酸用量过多，或保湿剂用量较少，或产品在高温、水冷条件下，都会出现这种现象。

要避免这种现象的发生，可采取如下措施：①加入 1%～2%的单硬脂酸甘油酯作为“助乳化剂”；②加入 1%～2%的白油，增加膏体的润滑性；③控制配方中硬脂酸的中和量，使其中的 15%～25%被碱中和。

（3）膏体粗糙　在制造以硬脂酸皂作乳化剂的雪花膏或粉底类化妆品时易出现膏体粗糙的现象。其形成的原因有：①搅拌桨的效率不高，油水乳化后，乳化体流动缓慢，使部分硬脂酸和硬脂酸皂在雪花膏的膏体形成后上浮到液面，分散不良而呈粗颗粒；②碱液过量，中和成皂的硬脂酸比例大于 25%，形成的硬脂酸钾呈半透明颗粒，且雪花膏也稍有透明；③油水乳化后，搅拌冷却速度太快，整个搅拌时间太短，聚集的分散相没有很好地分散；④甘油含量偏少；⑤所选择的乳化剂不合适，造成粉类原料与其他物质不相容。

要避免这种现象的发生，可采取如下措施：①提高搅拌效率，使搅拌桨的叶片与水平基准成 45°角，并加大转速，以不使液面产生气泡为宜；②控制碱的用量，以中和 15%～25%的硬脂酸为宜；③延长搅拌时间，一般搅拌时间控制在 1.5～2.5h；④适量增加保湿剂的用量，甘油的用量可达 10%～15%；⑤加入适量的非离子乳化剂。

（4）分层　是乳化体严重破坏的现象，产生这种现象的原因有：①配方中乳化剂选择不适当。如有的乳化剂不耐离子，当膏霜中含有电解质时，乳化剂会被盐析，造成乳化体破坏。②加料方法和顺序、乳化温度、搅拌时间、冷却速度等不适宜引起膏霜不稳定。

要避免这种现象的发生，可采取如下措施：在进行配方设计时，选择合适的乳化剂，并在每批产品的生产中严格按照操作工艺进行。

（5）霉变及发胀　主要原因有：①水质差，煮沸时间短，未能达到灭菌的效果；②反应容器及盛料、装瓶容器不清洁，原料被污染；③包装敞开或放置于环境潮湿、尘多的地方；④产品未经紫外线灯的消毒杀菌，致使微生物较多地聚集在产品中，在室温（30～35℃）条件下长期贮放，微生物大量繁殖，产生 CO_2 气体，使膏体发胀，溢出瓶外，擦用后对人体皮肤造成危害。

控制这种现象的方法比较简单。只要严格控制环境卫生、原料规格，注意消毒杀菌，就可避免。

（6）变色及变味　膏霜变色及变味的主要原因有：①香精中醛类、酚类等不稳定成分用量过多，日久或日光照射后色泽变黄；②有些营养物质，如维生素 C 和蜂蜜等是容易氧化变色的原料，用其制作的膏霜经长期放置也会变色；③油脂加热温度过高使颜色泛黄；④硬脂酸碘值过高，不饱和脂肪酸被氧化使色泽变深，产生酸败臭味。

控制这种现象的方法也比较简单，只要在配方中加入适量抗氧化剂就可缓解此问题。

（7）刺激皮肤　膏霜刺激皮肤的原因有：①选用原料不纯，其中含有对皮肤有害的物质或铅、砷、汞等重金属或所用香精刺激性大，会刺激皮肤，产生不良影响。②乳化体中，由于皂化不完全，内含游离碱，对皮肤也会产生刺激，造成红、痛、发痒等现象。③酸败变质、微生物污染也会增加刺激性。④有的乳化剂，如 K_{12} 等的刺激性较大，用量大时也会引起皮肤过敏。因此，在膏霜生产时，控制原料的纯度及其加入量可避免此类现象的发生。

（8）膏霜中混有小气泡　在剧烈均质时会产生气泡，如果均质后冷却速度过快或搅拌速度过快，气泡尚未来得及浮到上面破裂，膏霜就凝结了，因而残留在膏霜中。因此，在均质后适当降低搅拌速度，并保持温度一定时间，使混合体气泡消失后再搅拌冷却，可避免这种现象的发生。

2. 乳液的质量控制

乳液类化妆品常见的质量问题如下。

（1）乳液稳定性差　乳化体的内相颗粒过大或分散不均匀，或者两相的界面膜的强度不高，是造成乳液稳定性差的主要原因。另外，产品的黏度过低，或两相密度相差较大，也可导致乳液的稳定性差。其解决办法是适当增加乳化剂用量或加入聚乙二醇 600、硬脂酸酯、聚氧乙烯胆固醇醚等，以提高界面膜的强度，改进颗粒的分散程度；或者加入水溶性高分子，增加连续相的黏度；或者调整油水两相的密度，使之接近。

（2）在贮存过程中黏度逐渐增加　其主要原因是大量采用硬脂酸和它的衍生物作为乳化剂，如单硬脂酸甘油酯等容易在贮存过程中增加黏度，经过低温贮存，黏度增加更为显著。其解决办法是避免采用过多硬脂酸、多元醇脂肪酸酯类和高碳脂肪醇以及高熔点的蜡、脂肪酸酯类等，适量增加低黏度白油或低熔点的异构脂肪酸酯类等。

（3）颜色泛黄　主要是香精内有变色成分，如醛类、酚类等，这些成分与乳化剂硬脂酸三乙醇胺皂共存时更易变色，日久或日光照射后色泽泛黄，应选用不受上述因素影响的香精或选用合适的乳化剂，如采用十六醇硫酸二乙醇胺、吐温等。

其次是选用的原料化学性能不稳定，如含有不饱和脂肪酸或其衍生物，或含有铜、铁等金属离子等。在实际生产中，应采用去离子水和不锈钢设备，避免选用不饱和度过高的原料。

四、常用的乳化体化妆品

常用的乳化体化妆品可分为两类：固体膏霜和液体乳液。一般将呈半固体状态不能流动的膏霜类称做固体膏霜，这类膏霜有雪花膏、营养润肤霜、祛斑霜、粉刺霜、柠檬霜、冷霜、清洁霜等；呈液体状态能流动的膏霜称为液体乳液，这类膏霜有奶液、清洁奶液、营养润肤奶液、防晒奶液等。

以下介绍一些常见的化妆品的生产工艺和质量控制。

（一）雪花膏

雪花膏颜色洁白，遇热容易消失。它属于以阴离子型乳化剂为基础的 O/W 型乳化体，是一种非油腻性的护肤用品，敷用后，经水分蒸发，会在皮肤上留下一层硬脂酸、硬脂酸皂和保湿剂所组成的薄膜，将皮肤与外界干燥空气隔离，防止皮肤表皮水分的过量挥发，特别是在秋冬季节空气相对湿度较低的情况下，不仅能保护皮肤不干燥、不开裂或不粗糙，也可防治皮肤因干燥而引起的瘙痒。

1. 组成

雪花膏的主要原料是硬脂酸、碱类、多元醇、水、白油、羊毛脂、防腐剂和香精等。在雪花膏的制备中，以硬脂酸与碱类发生中和作用生成硬脂酸皂为乳化剂，将油、水两相混合乳化而得雪花膏。

所用碱类有 KOH、NaOH、氢氧化铵、硼砂、三乙醇胺和三异丙醇胺等。氢氧化铵、三乙醇胺有特殊气味，而且和某些香料混合使用容易变色，较少采用。三乙醇胺和三异丙醇胺制成的雪花膏柔软而细腻，但制成的雪花膏如果使用香料不当也容易变色。NaOH 制成的乳化体稠度较大，易导致膏体有水分离析，致使乳化体质量不稳定。一般采用 KOH，为提高乳化体稠度，可辅加少量 NaOH，其质量比为 9∶1。

被中和的硬脂酸占硬脂酸总加入量的 15%～25%，剩下的 75%～85%的硬脂酸仍是游离状态。KOH 的加入量依据下式计算

$$\text{KOH 用量}=\frac{\text{硬脂酸量}\times\text{硬脂酸中和成皂率}(\%)\times\text{酸值}}{\text{KOH 纯度}\times 1000} \quad (5\text{-}2)$$

式中，酸值为中和 1g 硬脂酸所需 KOH 的质量，mg。

2. 配方实例

配方 1

原料	质量分数/%
硬脂酸	14
单硬脂酸甘油酯	1.0
十六醇	1
白油	2
甘油	8

原料	质量分数/%
KOH	0.5
香精	适量
防腐剂	适量
去离子水	余量

配方 2

原料	质量分数/%
硬脂酸	8
羊毛脂	2.0
白油	1
甘油	2.5

原料	质量分数/%
三乙醇胺	0.95
香精	适量
防腐剂	适量
去离子水	余量

（二）含天然药物的雪花膏

药物性雪花膏除了具有雪花膏的作用外，还具有营养、调理或药理功效。对于有营养与

疗效型的雪花膏，除了要考虑膏体稳定性或药理有效性外，还必须考虑安全性，即经长时间使用，对皮肤无刺激、不致敏、不致毒等。

配方 1

原料	质量分数/%	原料	质量分数/%
硬脂酸	6.0	三乙醇胺	0.6
单甘酯	2.0	升麻、槐花、桔梗提取物	6.0
白油（液体石蜡）	1.0	精制水	70.5
凡士林	2.0	香精	0.6
羊毛脂	2.0	尼泊金酯	0.3
漂白蜂蜡	9.0		

配方中升麻、槐花、桔梗提取物的制法：将 3 种药物粉末各取 50g，用 1500ml 80%乙醇浸泡 12h，在一定温度下，加热回流 6h，冷却，过滤，回收乙醇，得淡褐色提取物。该提取物加入雪花膏基质中，具有润泽皮肤、保持皮肤光滑细腻、消除皮肤粗糙的功用，且具有治疗过敏性皮炎和消炎的作用。

配方 2

原料	质量分数/%	原料	质量分数/%
硬脂酸	15.0	十二烷基硫酸钠	0.6
白油	11.0	紫草根浸出液	2.0
丙二醇	6.0	尼泊金乙酯	0.2
胆甾醇	0.2	香精	0.4
鲸蜡醇	2.0	精制水	62.6

配方中紫草根浸出液的制法：将 10 份紫草根粉末加入 100 份肉豆蔻酸异丙酯中，于 25℃下搅拌浸渍 24h，过滤，滤液即得紫草根浸出液。含有紫草根有效成分的雪花膏，对保护皮肤弹性和防皱有显著效果，同时对治疗粉刺、毛囊炎有一定疗效。

（三）粉刺霜

1. 粉刺形成的原因

粉刺一般发生在青春期的男性面部、背部及胸部。发生的原因多种多样，但主要有以下 3 种：①皮脂腺肥大（皮脂分泌过剩）；②毛囊孔的角质化亢进；③细菌的影响。这 3 大要素之间互相影响，十分复杂。由上述单独一种原因引起粉刺的情况比较少见。

一般认为，粉刺是由于雄性激素和雌性激素的分泌不平衡所致。青春期时，在雄性激素的作用下皮脂分泌过剩，并且毛囊孔角质化亢进，二者交互作用，使毛囊孔狭窄，阻止了皮脂的排出。毛囊孔堆满皮脂时，会出现粉刺的初期症状——发痒。以后，粉刺的壁组织被破坏，作用于周围的组织，引起皮脂腺开口部周围的炎症，出现红色丘疹。如果这种状态持续下去，充满毛囊的角质化物和皮脂从毛囊壁浸透到真皮内，就会形成脓包。进一步细菌进入真皮，白细胞聚集，这些细胞死骸成为脓汁在真皮内停留，由脓胀状态扩大到脓肿。如不及时处理，会形成肉芽肿块，留下斑痕。

粉刺的发生原因还包括许多重要因素，如饮食、肠胃病、肝病、年龄、季节、遗传及精神方面的因素等，至今尚无确定的治疗方法。

2. 抗粉刺用药物

从外用化妆品的作用来考虑，对粉刺采用预防和减缓的方法，常用的抗粉刺药物主要有以下几种。

(1) 皮脂抑制剂 皮脂分泌过剩是由雄性激素支配的，故可以配合对雄性激素有对抗作用的卵包激素，如雌甾二醇、雌酮等。另外，还可以使用抗脂溢作用的维生素 B_6。

(2) 角质溶解剥离剂 在发生粉刺时表皮角质化亢进，可以引起面疱，为使面疱的头部能开口，将内容物排除，可以配合硫黄、水杨酸、间苯二酚等角质溶解或剥离剂。

(3) 杀菌剂 粉刺杆菌是粉刺发生的最主要原因，因此，减少此种细菌对治疗粉刺有一定作用。常用的杀菌剂有氯苄烷胺、氯化苄甲乙氧胺、2,4,4-三氯-2-羟基苯酚等。

(4) 其他 以抑制炎症为目的，也可配合使用甘草酸、维生素 A 及其衍生物和过氧化苯甲酰等。

3. 抗粉刺霜的配方

一般而言，对于不同剂型的粉刺用品，上述添加剂都有良好的效果。但油分多的雪花膏或软膏会引起毛孔闭塞，应避免使用。一般可使用油分少的雪花膏和香乳作为产品的基料。下面介绍几种粉刺用膏霜的配方。

配方 1

原料	质量份	原料	质量份
硬脂酸	15	去离子水	49
单硬脂酸甘油酯	3	沉淀硫黄	3
鲸蜡醇	2	丙二醇	10
苛性钾	2	尼泊金甲酯	适量
苛性钠	1	尼泊金丁酯	适量
甘油	15		

配方 2

原料	质量分数/%	原料	质量分数/%
沉淀硫黄	2.0	甘油	5.0
乙醇	15.4	尼泊金甲酯	0.1
羧甲基纤维素水溶液	5.0	去离子水	72.5

配方 3

原料	质量分数/%	原料	质量分数/%
脱氢雌甾酮	1	乙醇	87
水杨酸	1	去离子水	余量
丙二醇	5		

(四) 润肤霜

皮肤干燥的主要原因是由于角质层水分含量的减少，因此保持皮肤适宜的水分含量是保持皮肤滋润、柔软和弹性，防止皮肤老化的关键。

润肤霜除了对皮肤具有保护作用外，还可以恢复和维持皮肤的滋润性和弹性，保持皮肤的健康和美观，并对皮肤开裂有一定的愈合作用。润肤霜的外观、结构、色泽和香气都是重要的感官指标。在使用时，应该涂敷容易，既不阻曳又不过分滑溜，似乎有逐渐被皮肤吸收的感觉，有滋润感但并不油腻。当涂敷于干裂疼痛的皮肤时，有立即润滑和解除干燥的感觉。这类化妆品成本低，颇受消费者喜欢。

1. 润肤霜的组成

润肤霜一般不含或少含特殊功能的添加剂。其主要原料仍然是传统的油脂、蜡和保湿剂。所用的乳化剂有阴离子型表面活性剂和非离子型表面活性剂。常用的阴离子型乳化剂有蜂蜡-硼砂体系硬脂酸皂、十二烷基硫酸钠和脂肪醇磷酸酯盐；常用的非离子型乳化剂有羊毛脂衍生物、羊毛醇衍生物、胆甾醇、缩水山梨醇酯及其聚氧乙烯衍生物。适当地将各种阴离子型乳化剂和非离子型乳化剂配合在一起使用，可以制成流动特性和触感良好的 O/W 型或 W/O 型的乳化体。

2. 润肤霜的配方实例

配方 1（阴离子型乳化剂体系）

原料	质量分数/%		
	配方（1）	配方（2）	配方（3）
硅油 DC-200	4	8	5
白油	15	8	15
凡士林	7	—	—
蜂蜡	10	—	—
硬脂酸	—	4	5
十六醇	—	2	2
羊毛脂	3	5	5
单硬脂酸甘油酯	2	2	1
棕榈酸异丙酯	6	7	5
叔丁基羟基苯甲醚	0.05	—	0.05
硼砂	0.7	—	—
十二烷基硫酸钠	—	2	—
三乙醇胺	—	—	1.5
丙二醇	5	—	—
甘油	—	5	5
防腐剂	适量	适量	适量
去离子水	余量	余量	余量

配方 2（非离子型乳化剂体系）

原料	质量分数/%		
	配方（1）	配方（2）	配方（3）
白油	15	13	15
硅油 DC-200	5	6	4
棕榈酸异丙酯	6	7	—
肉豆蔻酸异丙酯	—	—	7
羊毛脂	4	3	4
地蜡	—	—	6
蜂蜡	7	5	—
凡士林	5	6	8
十六醇	1	1	—
单硬脂酸甘油酯	1	1	1

原料	质量分数/%		
	配方（1）	配方（2）	配方（3）
甲基葡萄糖苷倍半硬脂酸酯	—	—	2
甲基葡萄糖苷聚氧乙烯醚倍半硬脂酸酯	—	—	2.5
斯盘-60	2	—	—
吐温-60	3	—	—
聚氧乙烯（2）硬脂醇醚	—	2	—
聚氧乙烯（21）硬脂醇醚	—	2	—
甘油	4	—	—
山梨醇	—	4	3.5
香精、防腐剂、抗氧剂	适量	适量	适量
水	余量	余量	余量

（五）护手霜

人们比较重视面部皮肤的护理，其实在劳动中，手要和自然界中各种物质接触，最易受到损伤，特别是在严寒的天气，手上的皮肤往往会变得粗糙、干燥和开裂。护手霜的主要功能是保持皮肤水分和舒缓干燥皮肤的症状，降低水分透过皮肤的速度，使皮肤柔软润滑。其机理是通过形成吸留性保护膜（如硅油、油脂、蜡类、聚合物等），起护肤作用。

护手霜一般是白色或粉红色，略有香味，具有适宜的稠度，在使用时不产生白沫，无湿黏感。涂敷后使手感到柔软、润滑而不油腻，且不影响正常手汗的挥发，具有一定的消毒作用，且气味舒适。

1. 护手霜的组成

护手霜的油性成分与润肤霜基本一致，只是为了使皲裂的皮肤快速愈合，常加入愈合剂，如尿囊素、尿素等。另外，防皲裂护手霜中含有多种中草药。例如，白及中含淀粉、葡萄糖、葡配甘露聚糖和黏液质，体质滑润、性能黏腻，能生肌、消肿、止血、敛疮；杏仁中富含脂肪油（杏仁油）、蛋白质和各种氨基酸，能润泽肌肤；天花粉中含大量淀粉和苷以及一种名为“天花粉蛋白”的蛋白质，还含有使细胞再生、修复所必需的多种氨基酸，如瓜氨酸、精氨酸、酪氨酸、天冬氨酸等；紫草中含有紫草酚、紫草醌等成分，具有凉血杀菌、生肌祛腐的功效。这样多种中药的有效成分配合使用，能起到生肌、消肿、止血、敛疮、润肤、修复皮肤表层损伤的功效。

2. 护手霜的配方实例

组分 A

原料	质量分数/%	原料	质量分数/%
杏仁、紫草提取液	5.0	聚硅氧烷	3.0
高级脂肪醇	4.0	GSM（乳化剂）	2.5
蜂蜡	3.5	角鲨烷	10.0

组分 B

原料	质量分数/%	原料	质量分数/%
白及、天花粉提取液	5.0	烷醇酰胺	2.0
丙二醇	10.0	卡波树脂	0.4
十二烷基硫酸钠	0.3	去离子水	余量

组分 C

原料	质量分数/%
香精	0.02
防腐剂	0.02

制法：将组分 A、B 分别在搅拌下加热至 75～80℃呈均相后，将组分 A 先加入乳化锅内，保温在 75℃，抽真空、均质搅拌，均质搅拌的速率为 $3000r \cdot min^{-1}$。再将组分 B 快速加入乳化锅内，继续搅拌 5min。开动刮板搅拌机，控制搅拌速率为 $50r \cdot min^{-1}$，搅拌 15min 后，通入冷却水，缓慢降温至 50℃时，加入组分 C，继续降温至 40℃，出料即得微带红色的细腻膏体。

（六）粉底霜

粉底霜是供化妆时敷粉前打底用的化妆品，其作用是使香粉能更好地附着在皮肤上。

粉底霜除应具有一般膏霜所具有的性能外，还具有如下特征：①触变的流动特性，以帮助香粉均匀和容易分布；②留下的膜应略具黏性，使香粉容易黏附、稍有光泽并对皮脂略有吸附性而不流动，有较好的透气性以防止汗液突破覆盖层的可能；③香粉不能引起皮肤过分地干燥，如同在清洁、干燥的皮肤敷上香粉时的感觉一样；④香粉涂敷以后应保持原始的色彩且无光泽，可以再次敷粉。这些都是理想的特性要求，一种产品当然不可能适应各种肤质的要求。

1. 粉底霜的组成

粉底霜一般都是 O/W 型乳化体系。为了适应干性皮肤的需要，也可制成 W/O 型制品。以水为连续相的粉底霜，油相的质量分数为 20%～35%。另外，加入钛白粉及二氧化锌等粉质原料，使其具有较好的遮盖力，能掩盖面部皮肤表面的某些缺陷。粉料的加入量为 5%～20%。在粉底霜中还可以适当地加入一些色素或颜料，使其色泽更接近于皮肤的自然色彩。由于颜料和粉料不会溶于水中，而是分散在水相中，有沉降的趋势，属于不稳定体系。因此，选择合适的乳化剂和设计科学配方以稳定配方体系是粉底霜制造的关键。常用的乳化剂有阴离子型和非离子型。非离子型乳化剂特别适宜于含有颜料的配方。

2. 粉底霜的配方举例

配方 1（阴离子型乳化剂体系）

原料	质量分数/%	
	配方(1)	配方(2)
白油	7	6
硬脂酸	3	2
十六醇	2	1
肉豆蔻酸异丙酯	4	7
羊毛脂	3	2
单硬脂酸甘油酯	2	1
甘油	7	7
十二烷基硫酸钠	1.1	—
三乙醇胺	—	1.2
钛白粉	2	8
铁红、铁黄	适量	适量
香料	适量	适量
防腐剂	适量	适量
去离子水	余量	余量

配方 2（非离子型乳化剂体系）

原料	质量分数/%
白油	10
硅油 DC-200	4
肉豆蔻酸异丙酯	3
十六醇	2
单硬脂酸甘油酯	1
羊毛脂	5
聚氧乙烯（2）硬脂醇醚	3
聚氧乙烯（21）硬脂醇醚	3
甘油	6
铁红、铁黄	适量
香料、色素	适量
防腐剂	适量
水	余量

（七）BB霜和CC霜

BB霜的全名为：blemish balm cream。其最初是由德国皮肤科医生于20世纪60年代发明的药膏，主要用于经过镭射治疗的人群，具有保养受损皮肤的功效。目前BB霜主要运用在美容化妆上，可以明显遮盖、改善和弥补皮肤的各种缺陷，包括肤色暗沉，脸色发黄、发黑，红血丝，斑点，毛孔粗大，轻度痤疮和皱纹，使得皮肤看起来完美无瑕。

CC霜的全名为：color correcting cream。大多数的CC霜会利用光反射的原理提亮暗沉的肤色，其遮盖力较隔离霜要强。CC霜是针对问题肌研发而成，将带有护肤成分的精华加入到了CC霜中，帮助修复面部瑕疵、提亮肤色的同时还能够高效地保护肌肤，比BB霜要轻薄。

目前，BB霜和CC霜的剂型较多，各有千秋，其特点如表5-11所示。从配方看，BB霜和CC霜中均包含增白剂、润滑剂、柔润剂、保湿剂、乳化剂、渗透剂、填充剂、遮瑕剂、着色剂、防腐剂、香精等。从妆效特点看，BB霜更遮瑕、修饰、裸妆、帖服，而CC霜调整肤色、自然光泽、水润、轻薄。

表5-11　BB霜和CC霜常见剂型及其特点

产品剂型	产品优点	产品缺点
水包油型(O/W)	清爽，易卸妆	持妆度差，防水、抗汗性差，易脱妆
油包水型(W/O)	滋润，防水、抗汗性佳，不易脱妆	相对较油腻，但较易出现溶妆现象
硅油包水型(W/Si)	较清爽，防水、抗汗性佳，不易脱妆	相对偏干，易出现浮粉现象
W/(Si+O)	肤感介于W/O和W/Si之间，不易脱妆	配方体系复杂，稳定性影响因素多

配方1（水包油型的BB霜）

组分A

原料	质量分数/%	原料	质量分数/%
聚二甲基硅氧烷	2.00	PEG-100硬脂酸酯	2.00
月桂酸己酯	2.00	十六/十八醇	2.50
阿伏苯宗	2.00	2，6-二叔丁基-4-甲基苯酚	0.02
二苯酮-3	2.00	甲基葡萄糖苷倍半硬脂酸酯	1.00
甲氧基肉桂酸辛酯	3.00	甲基葡萄糖苷倍半硬脂酸酯（20）醚	3.00
C_{12}～C_{15}醇苯甲酸酯	2.00	二氧化钛、氢氧化铝、硬脂酸	6.00

组分B

原料	质量分数/%	原料	质量分数/%
水	35.00	EDTA	0.05
甘油	4.00	甜菜碱	0.60
卡波姆-2020	0.15		

组分C

原料	质量分数/%
三乙醇胺	0.15

组分 D

原料	质量分数/%
1,2-辛二醇与 2-苯氧基乙醇混合物	1.00
水	余量

制法：①按配方称取各相原料，将组分 A 和组分 B 分别置于 70～75℃水浴锅中搅拌 25～30min，使固状物溶解；②将组分 C 加入组分 B 后，搅拌下将其缓慢加入到组分 A 中，快速搅拌 30min 后降温，45℃时加入组分 D 并搅拌至均匀，至 35℃时停止搅拌，出料。

配方 2（水包油型的 CC 霜）

组分 A

原料	质量分数/%	原料	质量分数/%
乳化剂	3.5	稳定剂	3.4
油脂	15.2	钛白粉	9.1

组分 B

原料	质量分数/%
去离子水	50.5
保湿剂	15.2
硫酸镁	0.5

组分 C

原料	质量分数/%	原料	质量分数/%
胭脂红	1.0	亮蓝	0.3
柠檬黄	1.0	香精	0.2
2-甲基-4-异噻唑啉-3-酮	0.1		

其中，乳化剂为鲸蜡基聚乙二醇、聚丙二醇、硬脂胺聚氧乙烯醚和脱水山梨醇倍半油酸酯；油脂为乳木果油、小麦胚芽油、椰子油、甜杏仁油；稳定剂为硬脂酸镁和 C_{12}～C_{15} 醇苯甲酸酯；保湿剂为 1%透明质酸、甘油、丙二醇。

制法：①将组分 A 加入油锅并加热到 80～85℃至溶解完全，均质 1min。同时将组分 B 加入水锅中并升温至 85～90℃，使其溶解均匀；②将乳化锅预热到 55℃，先加入均质后的组分 A，搅拌，并缓慢加入上述组分 B。在加入组分 B 的过程中，不断增加搅拌速度，确保油包水包裹均匀，最后高速搅拌，10min 后降温；③降温到 45℃以下，加入组分 C，高速搅拌分散均匀 10～15min，在 30℃出料。

CC 霜的另一包装形式是气垫，它是一种海绵气垫式 CC 粉凝霜，是会“呼吸”的全新概念 CC 霜，克服了普通 CC 霜抹在脸上不均匀、易造成整体的妆容不均的缺陷。气垫 CC 霜模拟蜂巢储蜜原理，将 CC 霜紧锁于具有万千细孔的海绵气垫粉芯内，作用主要是遮瑕、调整肤色、隐藏毛孔，产品设计便于携带，可以随时随地快速上妆、补妆。气垫 CC 霜的外观是一个粉盒，里面有一块海绵，海绵的空隙里装有 CC 霜。因为要把 CC 霜充入海绵气孔中，粗糙的霜体是无法充进去的，所以气垫 CC 霜的霜体特别细腻，打造的妆容也为韩式裸妆，超级轻、薄、透。如果把海绵里的 CC 霜挤出来观察质地，会发现气垫 CC 霜比普通 CC 霜流动性更强一些，质地更加轻薄。另外，气垫 CC 霜的优点是上妆快速、妆效自然、光泽感强，可自然遮盖脸部细小毛孔及皱纹。

配方 1（亮肤色气垫 CC 霜）

原料	质量分数/%	原料	质量分数/%
丙二醇	9	聚甘油-3-二异硬脂酸酯	2
棕榈酸乙基己酯	14	辛酸/癸酸甘油三酯	4
环聚二甲基硅氧烷	15	十三烷醇偏苯三酸酯	1
玻尿酸原液	7	植物提取物	3
二氧化钛	9	硅石粉	9
白茶提取液	5	甜菜碱	1
甘油	2	硬脂酸镁	1
聚甲基丙烯酸甲酯	1	羟乙基尿素	1
鲸蜡基 PEG/PPG-10/1 聚二甲基硅氧烷	1.8	防腐剂	1.4
香精	0.4	去离子水	余量

配方 2（美白气垫 CC 霜）

原料	质量分数/%	原料	质量分数/%
丙二醇	9	辛酸/癸酸甘油三酯	4
棕榈酸乙基己酯	14	十三烷醇偏苯三酸酯	1
环聚二甲基硅氧烷	15	植物提取物	3
玻尿酸原液	7	硅石粉	9
二氧化钛	9	甜菜碱	1
白茶提取液	5	硬脂酸镁	1
甘油	2	羟乙基尿素	1
聚甲基丙烯酸甲酯	1	防腐剂	1.4
鲸蜡基 PEG/PPG-10/1 聚二甲基硅氧烷	1.8	香精	0.4
聚甘油-3-二异硬脂酸酯	2	去离子水	余量

制法：①对所用生产设备进行清洗消毒，按配方准确称量各组分；②将硅石粉、二氧化钛、聚甘油-3-二异硬脂酸酯和十三烷醇偏苯三酸酯置于胶体磨中研磨 2～4 遍，研磨至无粉颗粒，得到组分 A；③将去离子水、丙二醇、甘油、甜菜碱和羟乙基尿素加入水锅中，搅拌下加热至 80～85℃，搅拌至完全溶解后，在 81℃保温 10min，得到组分 B；④在真空状态下，缓慢将组分 B 加入到装有组分 A 的真空锅中，待组分 B 加入完毕后均匀搅拌 5～10min，待料体无气泡后降温，40℃时，将植物提取物、防腐剂（所用防腐剂可选择羟苯甲酯、羟苯丙酯和苯氧乙醇中的一种或多种）和香精加入，搅拌至均匀，降至常温，出料制得气垫 CC 霜。

采用本法制得的气垫 CC 霜轻薄透气，亲肤、贴肤，且控油，不易脱妆，持妆性好；同时能够有效提亮肤色，让皮肤呈现很好的水润光亮感，并且还具有保湿和美白效果。

（八）隔离霜

隔离霜对紫外线有隔离作用，具有隔离、防晒双重功效，不仅能够阻挡紫外线、辐射对肌肤的伤害，预防肌肤晒伤和晒黑，同时隔离和减轻大气中的粉尘及其空气中的有毒有害物质对肌肤的伤害。配方中包含皮肤调理剂、增白剂、润滑剂、柔润剂、保湿剂、乳化剂、成膜剂、渗透剂、填充剂、遮瑕剂、着色剂、抗氧化剂、防腐剂、香精等。

配方

原料	质量分数/%	原料	质量分数/%
油莎草根油	9	生育酚乙酸酯	0.2
二氧化钛	4	棕榈酸乙基己酯	1.5
聚二甲基硅氧烷	12	硫酸镁	1.2
C_{12}～C_{15}醇苯甲酸酯	12	硅石	0.6
甘油	10	云母	0.2
甘油聚醚-26	6	硬脂酸镁	3.5
聚甘油-2-二聚羟基硬脂酸酯	2	苯氧乙醇	1.5
聚甘油-3-二异硬脂酸酯	2	乙基己基甘油	0.3
异十二烷	7	香精	0.2
甲基丙烯酸异丁酯/双羟丙基聚二甲基硅氧烷丙烯酸酯共聚物	3.5	去离子水	余量

制法：①将乳化剂与柔润剂混合，加热至55℃，搅拌均匀，使乳化剂完全溶解于柔润剂中，制成乳状液组分A；②将聚二甲基硅氧烷、棕榈酸乙基己酯、甲基丙烯酸异丁酯/双羟丙基聚二甲基硅氧烷丙烯酸酯共聚物、硫酸镁、生育酚乙酸酯、硬脂酸镁、硅石与经三乙氧基辛基硅烷处理的二氧化钛加入到乳状液组分A中，搅拌至均质，得到乳状液组分B；③将保湿剂与去离子水边搅拌边加入组分B中，搅拌至均质，得到乳状液组分C；④将油莎草根油、苯氧乙醇、乙基己基甘油、云母及香精边搅拌边加入组分C中，搅拌均匀后均质，经真空脱泡即可。

（九）面膜

1. 面膜的分类

面膜可分为粉状面膜、剥离型面膜、膏状面膜等。粉状面膜主要由粉体、油和分散体组成，通过粉末的吸附作用，能使面部皮肤光滑白嫩，减轻面部色斑。剥离型面膜为透明或半透明胶体，由成膜剂、增溶剂和保湿剂组成，涂敷于面部，10～20min后形成一层皮膜，面膜中所含的油分、保湿剂和营养成分可使面部洁白柔嫩，同时消除细小皱纹。膏状面膜膏体细腻，使用时均匀涂在脸上，有形成薄膜和不能形成薄膜两种，但其作用都与可剥离面膜相同，主要用于面部美容，使皮肤洁白柔嫩。

2. 面膜的配方实例

配方1（粉状面膜）

原料	质量分数/%	原料	质量分数/%
滑石粉	20.0	分散剂	1.0
氧化锌	19.0	香料	0.5
橄榄油	2.0	防腐剂	适量
甘油	8.0	高岭土	余量

配方2（剥离型面膜）

原料	质量分数/%
组分A	
聚乙烯醇	10.0
丙二醇	5.0

原料	质量分数/%
去离子水	约 45
组分 B	
聚丙烯酸树脂	0.4
组分 C	
乙醇	30.0
水溶性防腐剂	适量
香料	5.0
三异丙醇胺	0.5
色料	适量
组分 D	
水解蛋白	5.0

制法：①将水和丙二醇加热到 70～75℃，在不断搅拌下加入聚乙烯醇，加完后继续搅拌直至全部溶解，再加入组分 B，继续搅拌至全部溶解后，冷却至 40℃；②在另一容器内将组分 C 混合，搅拌至全部溶解；③将组分 C 加到上述 40℃的溶解液中，再加入组分 D，搅拌均匀后，冷却至 38℃，即得产品，产品的 pH=7.2。

配方 3（膏状面膜）

原料	质量分数/%	原料	质量分数/%
精制硬脂酸	6.0	去离子水	71.1
三乙醇胺	0.3	精细高岭土	15.0
胶态硅酸铝镁	5.0	二氧化钛	2.6

制法：将胶态硅酸铝镁溶胀于 30 份水中，再将硬脂酸在 75℃溶于含有三乙醇胺的 40 份水中，在 80℃时将二者混合均匀，冷却至 35℃时，加入高岭土和二氧化钛，搅拌均匀即可。

（十）防晒用化妆品

紫外线中的 UVA 波（320～400nm）能促使皮肤生成黑色素，即引起皮肤晒黑；UVB 波（280～320nm）在波长范围内会引起皮肤生成红斑；UVC(280nm 以下）波长范围内的紫外线，在到达地球表面之前已被大气层的臭氧层所吸收，因此不用考虑它对人体的影响。

在防晒化妆品中，多数配方常将有效吸收 UVB 波的吸收剂和含对 UVA 紫外线起散射作用的白色无机颜料并用。在配方中要求吸收剂和颜料有很好的协同性，在皮肤上容易涂均匀，不受汗液的影响而脱落，有耐水性，而且要求所加的颜料在涂敷时没有不适的感觉。

1. 常用的防晒剂

(1) 紫外线散射剂　氧化锌、二氧化钛、高岭土、硫酸钙等物质的微粒都有散射紫外线的作用，具有防紫外线照射的效果。表 5-12 给出了几种颜料对紫外线的透射率。

由表 5-11 可以看出，氯化锌和二氧化钛对紫外线的透射率较低，是很好的紫外线散射剂，在化妆品中常用做防晒剂，特别是近年来超细氧化锌和二氧化钛，当其颗粒直径在20～50nm 时，对紫外线有最强的散射作用，但可见光仍可透过。利用这种超细粉制得的防晒霜，可防 UVA 和 UVB，光稳定性好，无刺激作用，面部感觉自然。

表 5-12 常见散射剂对紫外线的透射率 单位：%

散射剂	波长/nm					
	303.3	313.1	334.2	365.3	404.7	435.8
氧化锌	0	0	0	0	40	46
二氧化钛	0	0.5	6	18	32	35
高岭土	54	55	57	59	61	63
硫酸钙	79	80	82	84	86	87
滑石粉	87	88	89	90	90	90

（2）紫外线吸收剂 紫外线吸收剂使用量大多数是通过实际日晒实验确定的，一般在0.1%～10%之间。加入量过多，可能导致皮肤有过敏反应。中国化妆品卫生法规定，允许使用的紫外线吸收剂有36种（如表5-13所列）。

表 5-13 允许使用的紫外线吸收剂

紫外线吸收剂名称	最大允许含量/%	紫外线吸收剂名称	最大允许含量/%
对双(羟丙基)氨基甲基乙酯	5	对甲氧基肉桂酸丙酯	3
乙氧基化对氨基苯甲酸	10	水杨酸-4-异丙基苄酯	4
对二甲氨基苯甲酸-2-乙基己酯	8	肉桂酸钾	2
邻(4-苯基苯甲酰基)苯甲酸-2-乙基己酯	10	3-亚甲基莰烷-2-酮	6
对甲氧基肉桂酸-2-乙基己酯	10	4-氨基苯甲酸	5
对二甲氨基苯甲酸戊酯	5	对氨基苯甲酸单甘油酯	5
3,4-二羟基-5-(3,4,5-三羟基苯甲酰氧基)苯甲酸	4	4-甲氧基肉桂酸环己酯	1
		1-(4-叔丁基)丙烷-3-二酮	5
3,4-二甲氧基苯基乙醛酸钠	5	2-苯基苯咪唑-5-磺酸(盐)	8
5-(3,3-二甲基-8,9,10-三降冰片-2-亚基)戊-3-烯-2-酮	3	2-咪唑-4-丙烯酸(及其乙基酯)	2
		1-*p*-枯烯基-3-苯基丙烷-1,3-二酮	5
邻乙酰胺基苯甲酸-3,3,5-三甲基环己酯	2	*α*-(2-氧代冰片-3-亚基)-*p*-二甲基-2-磺酸	6
水杨酸高盖酯	10		
水杨酸(盐)	2	*α*-(2-氧代冰片-3-亚基)甲苯-4磺酸(盐)	6
水杨酸苯酯	1	羟苯甲酮	10
对甲氧基肉桂酸(盐)	3	2-羟基-4-甲氧基二苯甲酮-5-磺酸(及其钠盐)	5
美可西酮	4		
5-甲基-2-苯基苯并噻唑	4	*α*-氰基-4-甲氧基肉桂酸(及其己基酯)	5
3-(4-甲基亚甲基)莰烷-2-酮	6	4-甲氧基肉桂酸-2-乙氧基乙酯	5
对甲氧基肉桂酸戊酯的混合异构体	10	水杨酸-2-乙基己酯	5

2. 防晒霜的配方实例

配方 1

原料	质量分数/%	原料	质量分数/%
对甲氧基肉桂酸酯	4	抗氧化剂	适量
液体石蜡	51	香料	适量
肉豆蔻酸豆蔻酯	25	芝麻油	余量

制法：先将对甲氧基肉桂酸酯和香料溶于肉豆蔻酸豆蔻酯中，再加入液体石蜡和芝麻油、香料，混合均匀。产品为透明液体，呈浅黄色。

配方 2

原料	质量分数/%
组分 A	
硬脂酸	4.0
二甲基对氨基苯甲酸辛酯	4.0
椰子油	3.0
肉豆蔻酸异丙酯	2.0
单硬脂酸甘油酯	0.5
月桂醇聚氧乙烯醚	0.5
组分 B	
丙烯酸酯多官能团交联的聚合物（2%）	10.0
去离子水	75.5
三乙醇胺	0.5

制法： 将组分 A 及组分 B 分别混合，加热到 70℃，在适当搅拌下将组分 A 加入到组分 B 中，搅匀，冷却到室温，调节 pH＝7.5，黏度为 0.35Pa・s。

（十一）刮须霜

刮须霜一般含有保湿剂、乳化剂、润滑剂、收敛剂和杀菌剂，可使胡须膨润软化，易于刮剃。另外，刮须霜可防止皮肤粗糙，缓和刺激，具有一定的收敛性，用后肤感爽快。以下是典型的刮须霜产品的配方和制法。

配方

原料	质量分数/%
单硬脂酸甘油酯	8.0
硬脂酸	9.0
月桂酸	3.0
十二烷基硫酸钠	0.4
甘油	16.0
山梨醇	4.0
三乙醇胺	6.0
香精、防腐剂	适量
去离子水	余量

制法： 油相和水相分别加热至 70℃，然后混合乳化，于 40℃加入香精、防腐剂，均质后，灌入耐压罐，装上阀门后，再充入喷射剂二氟二氯甲烷（F_{12}）。喷射剂和液体物料的体积比为 3∶7。

第四节 粉类化妆品

粉类化妆品主要是指以粉类原料为主要原料配制而成的外观呈粉状或粉质块状的一类美容化妆品，主要包括香粉、爽身粉、粉饼、胭脂以及粉质眼影块等。

一、粉类化妆品的配方设计

1. 粉类化妆品的特性

常用的粉类化妆品有香粉、粉饼和爽身粉等，根据使用要求，应具有下列特性。

（1）遮盖力　粉类化妆品涂敷在皮肤上，必须能遮盖住皮肤的本色，能弥补皮肤的缺陷，而赋予香粉的颜色，增加皮肤的光泽。这一作用主要通过采用具有良好遮盖力的钛白粉和氧化锌来达到。

（2）吸收性　吸收性主要是指对香精的吸收，同样也包括对油脂和水分的吸收。粉类化妆品中常用的吸收剂有沉淀碳酸钙、碳酸镁、胶态高岭土、淀粉或硅藻土等。其中，碳酸镁的吸收性能比沉淀碳酸钙强 3～4 倍。一般吸收剂用量不能超过 15%，否则会使皮肤干燥。

（3）黏附性　粉类化妆品必须具有很好的黏附性，以防止在涂敷后脱落。常用的黏附剂有硬脂酸的镁盐、锌盐和铝盐。这些物质包在其他物质的外边，使粉类化妆品不易被水润湿，能增加粉类化妆品在皮肤上的黏着力。黏附剂的用量一般在5%～15%之间。

（4）滑爽性　粉类化妆品具有滑爽易流动的性能，才能保证易涂敷均匀，所以粉类化妆品的滑爽性能极为重要。这主要是依靠层状滑石粉、氮化硼来实现的，其用量往往高达50%以上。

2. 粉类化妆品的原料

与上述特性相对应，粉类化妆品中常用的原料有以下4类。

（1）遮盖剂　常用的遮盖剂有钛白粉、氧化锌等。钛白粉的遮盖力最强，比氧化锌高2～3倍，但不易与其他物料混匀，另外还会使一些香料变色。因此，一般常与氧化锌混合使用，用量不超过10%。使用时，可先将钛白粉和氧化锌混合好后，再加入其他粉料可克服以上缺点。氧化锌除了具有遮盖作用外，还有缓和皮肤干燥和杀菌的作用，氧化锌的用量一般在15%～25%左右。

（2）吸收剂　高岭土有很好的吸收性能，是粉类化妆品的基本原料之一，其主要成分是天然的硅酸铝（$Al_2O_3 \cdot 2SiO_2 \cdot H_2O$），色泽洁白、细致均匀。高岭土除了具有很好的吸收性能外，还能去除滑石粉的闪光。

碳酸钙，尤其是沉淀碳酸钙也是粉类化妆品中应用很广的一种原料。沉淀碳酸钙具有很好的吸收性，色白、无光泽，也能去除滑石粉的闪光，其缺点是遇酸会分解，滑爽性差，吸收汗液后会在面部形成条纹，因此用量不宜过多。

碳酸镁主要用做吸收剂，其吸收性比碳酸钙约强3～4倍，生产时通常先用碳酸镁与香精混合均匀，等吸收香精后，再和其他原料混合，纯度、色泽、细度等要求也和其他原料相同，因其吸收性强，用量过多会引皮肤干燥，一般不宜超过15%。

（3）黏附剂　常用的黏附剂有硬脂酸的镁盐和锌盐，要求色泽洁白，质地细腻，具有脂蜡的质感，能均匀涂敷在皮肤上形成薄膜，用量一般在5%～15%左右。

（4）滑爽剂　滑石粉的化学成分主要是硅酸镁（$3MgO \cdot 4SiO_2 \cdot H_2O$）。优质的滑石粉具有薄层结构，并有和云母相似的定向分裂的性质。这种结构使滑石粉有滑爽和具有光泽的特性。适合于粉类化妆品的滑石粉必须洁白、无臭，有柔软光滑的感觉。除此之外，氮化硼也被用作爽滑剂，氮化硼为六方晶体，六方晶体的平行平面具有很好的滑移性能，可赋予化妆品柔软、光滑、良好的滑移特性，使最终的彩妆产品紧致、易涂抹并易于清洁去除。

除上述4类原料外，为了进一步提高粉类化妆品的美容效果，还要加入颜料和香精。适用于粉类化妆品的颜料必须具有优良的质感，能耐光、耐热、日久不变色，使用时还要求遇水或油以及pH值略有变化时不会溶解或变色。因此一般选无机颜料如褐土、赭石、铁红、铁黄、群青等。有时为了改善色泽，可加入红色或橘黄色有机色淀，使色泽显得鲜艳和谐。

粉类用香精应满足在粉的贮存以及使用过程中保持稳定，不酸败变味，不使香粉变色，不刺激皮肤等要求。所选香精的香韵以花香或百花香型比较理想，可使香粉具有甜润、高雅而持久的香气。

3. 常见的粉类化妆品配方实例

（1）香粉　香粉可掩盖面部皮肤表面的缺陷，改变面部皮肤的色泽，形成光滑柔软的自然感，且可防止紫外线的辐射。香粉质量的好坏完全决定于原料的质量。香粉中用量最多的基本原料是滑石粉，其细度要求为至少98%以上能通过200目的筛孔，且越细越好。滑石粉的用量可达50%以上。其次是高岭土，高岭土除了具有很好的吸收性能外，还能去除滑石粉的闪光。香粉用的高岭土要求色泽洁白、细致均匀，不含水溶性的酸性或碱性物质。沉淀碳酸钙也具有很好的吸收性，也能去除滑石粉的闪光，但遇酸会分解，滑爽性差，吸收汗液后会在面部形成条纹，因此用量不宜过多。碳酸镁的吸收性比碳酸钙约强3～4倍，用量过多会引皮肤干燥，一般不宜超过15%。

硬脂酸锌和硬脂酸镁用于香粉中能增进黏附性，要求色泽洁白，质地细腻，具有脂蜡的质感，能均匀涂敷在皮肤上形成薄膜，用量一般在5%～15%左右。

氧化锌和钛白粉在香粉中主要起遮盖的作用。氧化锌有缓和干燥和杀菌的作用，用量一般在15%～25%左右。钛白粉虽遮盖力强，但不易与其他物料混匀，另外还会使一些香料变色，因此，一般常与氧化锌混合使用，用量不超过10%。

香粉的配方

原料	质量份		
	配方(1)	配方(2)	配方(3)
滑石粉	40	50	45
高岭土	16	16	10
轻质碳酸钙	14	5	5
碳酸镁	5	10	10
钛白粉	—	5	10
氧化锌	15	10	15
硬脂酸锌	6	—	3
硬脂酸镁	4	4	2
着色剂	适量	适量	适量
香精	适量	适量	适量

配方(1) 属于轻度遮盖力、很好黏附性和适宜吸收性的产品；配方(2) 属于中等遮盖力和强吸收性的产品；配方(3) 属于重度遮盖力和强吸收性的产品。

(2) 粉饼　粉饼和香粉的使用目的相同，将香粉压制成粉饼的形式，主要是便于携带，使用时不易飞扬，其使用的效果应和香粉相同。

粉饼的配方与香粉主要组成接近，但由于形态不同，在产品使用性能、配方组成和制造工艺上略有差别。粉饼除要求具有良好遮盖力、吸收性、滑爽性、附着性和组成均匀外，还要求具有适度的机械强度，使用时不会破碎或崩溃，并且用粉扑从粉饼蘸取粉体时，应较容易附着在粉扑上，涂抹在脸上，不会结团，不感到油腻。

粉饼中都添加较大量的胶态高岭土、氧化锌和硬脂酸金属盐，以改善其压制性能。另外，还必须加入足够的胶黏剂。常用的胶黏剂有水溶性聚合物（如黄蓍树胶粉、阿拉伯树胶、羧甲基纤维素等）和油溶性胶黏剂（如单硬脂酸甘油酯、十六醇、羊毛脂及其衍生物、石蜡、地蜡、白矿油等）。甘油、山梨醇、葡萄糖等以及其他滋润剂的加入能使粉饼保持一定水分不致干裂。除此之外，为防止氧化酸败现象的发生，最好加些防腐剂和抗氧剂。

粉饼的典型配方

原料	质量分数/%	
	配方(1)	配方(2)
滑石粉	70	50
高岭土	10	13
碳酸镁	—	7
钛白粉	5	—
氧化锌	—	10
淀粉	—	10
黄蓍树胶	0.1	0.1
羊毛脂	2	—
液体石蜡	4	0.2
单硬脂酸甘油酯	—	0.3
山梨醇	4	0.25
丙二醇	2	—
香精、防腐剂、颜料	适量	适量
去离子水	余量	余量

（3）爽身粉　爽身粉主要用于浴后在全身敷施，能滑爽肌肤、吸收汗液、减少痱子的滋生，给人以舒适芳香之感，因此，爽身粉是男女老幼都适用的夏令卫生用品。

爽身粉的原料和生产方法与香粉基本相同，对滑爽性要求更为突出，对遮盖力并无要求。它的主要成分是滑石粉，还有碳酸钙、碳酸镁、高岭土、氧化锌、硬脂酸镁、硬脂酸锌等。除此之外，爽身粉还有一些香粉所没有的成分，如硼酸，它有轻微的杀菌消毒作用，用后使皮肤有舒适的感觉，同时又是一种缓冲剂，使爽身粉在水中的 pH 值不致太高而刺激皮肤。

爽身粉所用香精偏重于清凉，常选用一些薄荷脑等有清洁感觉的香料。婴儿的皮肤对外来刺激敏感，所以婴儿用的爽身粉，最好不要香精，若要加入一些香精的话，其最高限量为 0.4%，一般在 0.15%～0.25%之间。

爽身粉的配方

原料	质量分数/%	
	配方(1)	配方(2)
滑石粉	73	72
碳酸镁	8.5	10
氧化锌	—	3
硬脂酸镁	4	—
硬脂酸锌	—	3
硼酸	4.5	2
着色剂	适量	适量
香精	适量	适量
钛白粉	余量	余量

二、粉类化妆品的生产工艺及质量控制

粉类化妆品由于主要采用粉类原料，要制得颗粒细小、滑腻、易于涂敷的制品，必须采取有效的制作方法，所以在生产工艺及设备上，与其他类化妆品有很大区别。就粉类制品而言，在工艺和设备上，又有很多共同点，如混合、粉碎、过筛等。但由于制品形式的不同，在操作上又有各自不同的要求，下面按照粉类制品的形式和生产特点分别予以介绍。

（一）香粉的生产

1. 香粉的生产工艺

香粉（包括爽身粉和痱子粉）的生产工艺主要有粉料消菌、混合、磨细、过筛、加香、加脂、灌装等。在实际生产中，可以混合、磨细后过筛，也可磨细、过筛后混合。

（1）粉料消菌　粉类化妆品所用滑石粉、高岭土、钛白粉等粉末原料不可避免地会附有细菌，为了保证制品的安全性，通常要求香粉、爽身粉、粉饼等制品的细菌总数小于 1000 个·g^{-1}，而眼部化妆品如眼影粉要求细菌数为零，所以必须对粉料进行灭菌。粉料灭菌的方法有环氧乙烷气体灭菌法、钴 60 放射性源灭菌法等。放射性射线穿透性强，对粉类灭菌有效，但投资费用高。

（2）混合　混合是将各种粉料用机械的方法拌和均匀，是香粉生产的主要工序。混合设备的种类很多，如带式混合机、立式螺旋混合机、V 形混合机以及高速混合机等，常用的是带式混合机，一般是将粉末原料计量后放入混合机中进行混合，但是颜料之类的添加物由于量少，在混合机中难以完全分散，所以初混合的物料尚需在粉碎机内进一步分散和粉碎，然后再返回混合机，为了使色调分布均匀，有时需要反复混合数次才能达到要求。目前较先进的是高速混合机。高速混合机的搅拌速度高达 1000～1500r·min^{-1}，混合只需 5min 就可

以完成。

（3）磨细　磨细是将颗粒较粗的原料进行粉碎，并使加入的颜料分布均匀，显出应有的色泽。磨细程度不同，香粉的色泽也略有不同，常用的设备有球磨机、气流磨和超细粉碎机3种。后两种设备的生产周期、粉碎磨细程度都比球磨机好，但球磨机结构简单，操作可靠，产品质量稳定，因此仍广泛使用。经磨细后的粉料色泽应均匀一致，颗粒应均匀细小。颗粒度用120目标准检验筛网进行检测，不同产品的通过率分别为：香粉大于95%，爽身粉大于98%，痱子粉大于98%。否则应反复研磨，直至符合要求。

（4）过筛　通过球磨机混合、磨细的粉料或多或少会存在部分较大的颗粒，为保证产品质量，要进行过筛处理。常用的过筛设备为卧式筛粉机。由于筛粉机内的筛孔较细，一般附装有不同形式的刷子，过筛时不断在筛孔上刷动，使粉料易于筛过。过筛后的粉料颗粒度要求99.9%通过120目的标准检验筛网。

（5）加香　一般是将香精预先加入部分碳酸钙和碳酸镁中，搅拌均匀后加入球磨机中进行混合、分散。如果采用气流磨或超微粉碎机，为了避免油脂物质的黏附，提高磨细效率，同时避免粉料升温后对香精的影响，应将碳酸钙（或碳酸镁）和香精的混合物加入经过旋风分离器除尘的磨细的粉料中，进行混合。

（6）加脂　一般香粉的pH值是8～9，而且粉质比较干燥，为了克服此种缺点，在香粉内加入少量脂肪物，这种香粉称为加脂香粉。加脂香粉不会影响皮肤的pH值，且粉在皮肤表面的黏附性能好，容易敷施，粉质柔软。

操作方法：在经过混合、磨细的粉料中加入乳剂（乳剂内含有硬脂酸、羊毛脂、白油、水和乳化剂），充分混合均匀。再在100份粉料中加入80份乙醇拌和均匀，过滤除去乙醇，在60～80℃烘箱内烘干，使粉料颗粒表面均匀地涂布着脂肪物，经过干燥后的粉料含脂肪物6%～15%，再进行过筛即成加脂香粉。如果含脂肪物过多，会导致粉料结团。

（7）灌装　灌装是香粉生产的最后一道工序，一般采用的计量方法有容积法和称量法。对定量灌装机的要求是，应有较高的定量精度和速度，结构简单，并能根据定量要求进行手动调节或自动调节。

2. 香粉的质量问题及其控制

（1）香粉黏附性差　香粉的黏附性差主要是硬脂酸镁或硬脂酸锌用量不够或含有其他杂质。另外，粉料颗粒大也会使黏附性差。常采用的改进措施有：调整硬脂酸镁或硬脂酸锌的用量；选用色泽洁白、质量较纯的硬脂酸镁或硬脂酸锌，如果采用微黄色的硬脂酸镁或硬脂酸锌，容易酸败，而且有油脂气味；将香粉尽可能磨细一些，以改善香粉的黏附性能。

（2）香粉吸收性差　香粉吸收性差的主要原因是碳酸镁或碳酸钙等具有吸收性能的原料用量不足所致，应适当增加其用量。但用量过多，会使香粉pH值上升，可采用陶土粉或天然丝粉部分代替碳酸镁或碳酸钙，降低香粉的pH值。

（3）加脂香粉成团结块　加脂香粉成团结块主要是由于香粉中加入的乳剂油脂量过多或烘干程度不够，使香粉内残留少量水分所致，应适当降低乳剂中油脂量，并将粉中水分尽量烘干。

（4）有色香粉色泽不均匀　有色香粉色泽不均匀主要是由于在混合、磨细过程中，采用的设备效能不好，或混合、研磨时间不够。应采用较先进的设备（如高速混合机、超微粉碎机）或延长研磨时间。

（5）杂菌数超过规定范围　原料含菌多，灭菌不彻底，生产过程中不注意清洁卫生和环境卫生等，都会导致杂菌数超过规定范围。

（二）粉饼的生产

1. 粉饼的生产工艺

粉饼与香粉的生产工艺基本相同，即都要经过灭菌、混合、磨细与过筛，其不同点主要是粉饼要压制成型。为了便于压制成型，除粉料外，还需加入一定的胶合剂，也可用加脂香粉直接压制成粉饼，因为加脂香粉中的脂肪物有很好的黏合性能。

粉饼的生产工艺过程包括胶合剂的制备、粉料灭菌、混合、磨细和压制粉饼等。

（1）胶合剂的制备　在不锈钢容器内称入胶粉和保湿剂，再加入去离子水，搅拌均匀，加热至 90℃，加入防腐剂，在 90℃下维持 20min 灭菌，用沸水补充蒸发掉的水分后即制成胶合剂。

如果配方中含有脂肪类物质，可与胶合剂混合在一起同时加入粉料中。如单独加入粉料中，则应事先将脂肪物熔化，加入少量抗氧化剂，过滤后备用。

（2）混合、磨细　按配方将粉料称入球磨机中，混合、磨细，粉料与石球的质量比是 1∶1，球磨机转速 $50\sim55r\cdot min^{-1}$。加脂肪物混合 2h，再加香精混合 2h，最后加入胶合剂混合 15min。在球磨机混合过程中，要经常取样检验颜料是否混合均匀，色泽是否与标准样相同等。

在球磨机中混合好的粉料，筛去石球后，粉料加入超微粉碎机中磨细，然后在灭菌器内用环氧乙烷灭菌，将粉料装入清洁的桶内，用桶盖盖好，防止水分挥发，并检查粉料是否有未粉碎的颜料色点、二氧化钛白色点或灰尘杂质的黑色点。也可将胶合剂先与适量的粉料混合均匀，经过 10～20 目的粗筛过筛后，再和其他粉料混合，经磨细处理后，将粉料装入清洁的桶内，在低温处放置数天使水分保持平衡。粉料不能太干，否则会失去胶合作用。

（3）压制粉饼　在压制粉饼前，粉料要先经过 60 目的筛子。按规定质量将粉料加入模具内压制，压制时要做到平稳，不要过快，防止漏粉、压碎，应根据配方适当调整压力。压制粉饼通常采用冲压机，冲压压力大小与冲压机的形式、产品外形、配方组成等有关。压力过大，制成的粉饼太硬，使用时不易涂擦开；压力太小，制成的粉饼就会疏松易碎。一般要求压力为 $2\times10^6\sim7\times10^6$Pa。另外，冲压时不能碰着包装盒子的边缘，以免盒子的底板弯曲变形，造成粉饼破裂。

2. 粉饼的质量问题控制

（1）粉饼过于坚实、涂抹不开　胶合剂品种选择不当、胶合剂用量过多或压制粉饼时压力过高，都会造成粉饼过于坚实而难以涂抹开，所以应在选用适宜胶合剂的前提下，适当调整胶合剂用量，并降低压制粉饼的压力。

（2）粉饼过于疏松、易碎裂　胶合剂用量过少，滑石粉用量过多以及压制粉饼时压力过低等，都会使粉饼过于疏松、易碎，所以应调整粉饼配方，减少滑石粉用量，增加胶合剂用量，并适当增加压制粉饼时的压力。

（3）压制加脂香粉时粘模和涂擦时起油块　其主要原因是乳剂中油脂成分过多所致。因此，应减少乳剂中的油脂含量，并尽量烘干。

第五节 美容化妆品

美容化妆品是用以修饰面部颜色，掩盖皮肤缺陷，以及在眼睛周围、面颊、嘴唇、指甲等部位描绘阴影，显现立体感或突出某一部分色彩的化妆品。因此，美容化妆品除了整个脸部使用的底粉、香粉外，还包括局部使用的胭脂、眼袋、眼影、唇膏和指甲油等。产品的剂型有粉状、膏状、块状、铅笔状和棒状等。

美容化妆品的原料有油脂、蜡、烃、高碳脂肪醇、合成酯等油性原料，多元醇、水溶性高分子等水相原料及表面活性剂等，以及其他辅助原料如防腐剂、抗氧剂和香料。由于美容化妆品更注重色泽感，因此颜料是美容化妆品不可缺少的组分。常用的颜料有有机颜料、无机颜料、无机白色原料、体质颜料、珠光颜料等。有机颜料、无机颜料用于调节产品的色调，白色颜料用于调节遮盖力，体质颜料和其他粉末用做颜料稀释剂来控制其色调，同时还能调整产品的铺展性、附着性、光泽性及吸湿性。常用的粉状原料如表 5-14 所列。

表 5-14 美容化妆品的常用的粉状原料

种类		原料
着色颜料	有机	合成的煤焦油类；天然的 β-胡萝卜素、红花素、胭脂红、叶绿素等
	无机	氧化铁(红、黄、黑)、群青、氧化铬、炭黑等
白色无机颜料		钛白粉、氧化锌
珠光颜料		云母钛、鱼鳞片、氧氯化铋
体质颜料		滑石粉、高岭土、云母、碳酸镁、碳酸钙、硅酸镁、二氧化硅、碳酸钡等
其他		金属皂(硬脂酸镁、硬脂酸钙、硬脂酸铝、月桂酸锌)、合成树脂(尼龙、聚酯、聚乙烯等)、天然物质(蚕丝、淀粉等)

一般，粉末原料的粒径在 0.2～0.3μm 时，遮盖力最大，粒径超过这个范围遮盖力变小。

美容化妆品要满足以下各项性能：①外观色泽均匀，与涂抹物颜色近似；②涂抹颜色不因光源而有显著差异；③能达到预期的化妆效果，涂抹的附着性和光泽性好；④涂抹后在一定时间内光泽无变化；⑤涂后有润滑感，无不适感；⑥卸妆容易；⑦具有功能合适的容器，以保持产品的质量；⑧对皮肤、黏膜无刺激；⑨不含有害物质等。

各种美容化妆品的生产工艺相差较大，粉类美容化妆品的生产工艺见第四节，以下重点讨论有关唇膏和指甲油的生产工艺及其质量控制。

一、唇膏

唇膏涂抹在嘴唇上，勾画唇形，赋予美的色彩和光亮，同时还可以保护嘴唇不干裂，使之红润美丽。其产品形式有棒状、自由活动的铅笔状和膏状等。其中棒状较为普遍；铅笔状的主要用于描画唇轮廓，称为唇笔。

对唇膏的质量要求如下：①对嘴唇无刺激，无害；②没有不快的味道和气味；③涂抹时平滑流畅，感觉舒适，色泽均匀；④能保持相当的时间（几小时），不脱落；⑤保存和使用时不会折断、变形和软化，能够维持原有产品的形状；⑥在定温贮存时或 38℃ 恒温箱中保存 3 个月，不会出现发汗、变硬、出粉等现象。

（一）唇膏的主要原料

唇膏主要由油性基料和着色剂构成，要满足上述质量要求，合理地选择原料非常重要。

1. 油性原料

为使产品保持圆柱状，常使用固体状的蜡类，包括蜂蜡、地蜡、羊毛脂、蓖麻油、氢化蓖麻油、巴西棕榈蜡、小烛树蜡、棕榈酸异丙酯、乳酸十六烷基酯等。

(1) 蓖麻油　蓖麻油是黏附性好的高黏度油分，除使唇膏有一定的固有黏度外，还对染料的溶解起重要作用。但蓖麻油与白油、地蜡的相溶性不好，易酸败，所以多用氢化蓖麻油。另外，用量过多会使唇膏失去光泽，而且使成型困难，易断裂。

(2) 脂肪酸酯　带支链的脂肪酸酯（如棕榈酸异丙酯、甘油三异硬脂酸酯）等低黏度的合成油与高黏性油并用，使唇膏具有良好的铺展性。另外，在皮肤上能形成透气性薄膜，保持皮肤正常的透气功能。

(3) 蜡　巴西棕榈蜡和小烛树蜡能提高唇膏的熔点和增加硬度，尤其是小烛树蜡，还可以赋予唇膏一定的光泽。地蜡吸收矿物油的性能较好，其缺点是用量高时影响唇膏表面光泽。

(4) 高碳脂肪醇　油醇非常润滑而无油脂感，对染料曙红的溶解性好，在唇膏的用量高达 20%；十六醇能溶解部分曙红，但易使唇膏失去光泽。

(5) 聚乙二醇　聚乙二醇（1000）对曙红的溶解性很好，也能溶解各种脂肪，并可增强唇膏在嘴唇上的持久性。

对嘴唇有保护性的辅助原料有乙酰化羊毛脂、泛醇、磷脂、维生素 A、维生素 D_2、维生素 E 等。

透明唇膏的主要原料是聚酰胺树脂。

2. 色料

唇膏用的色料分两类，一类是可溶性的曙红染料，另一类是不溶性的颜料。二者可以合用或单独使用。

(1) 可溶性的曙红　可溶性的曙红是溴化荧光红一类染料的总称，有橘红色的二溴荧光红、朱红色的四溴荧光红和紫色的四溴四氯荧光红等。以下以四溴荧光红为例，说明这类染料的合成、性质及应用。

四溴荧光红又称四溴荧光素或曙红 Y，为红色带蓝光结晶或红棕色粉末。它易溶于水，稍溶于醇，不溶于醚，浓的水溶液为深棕红色，其稀溶液（1∶500）为黄红色带绿色荧光，醇溶液有很强的绿色荧光。

四溴荧光红由荧光素与溴在乙醇中反应而得，其反应如下

苯酐 + 间苯二酚 $\xrightarrow[\text{缩合}]{ZnCl_2}$ 荧光素 $\xrightarrow[C_2H_5OH]{Br_2}$ 四溴荧光素 $\xrightarrow{NaOH}$ 四溴荧光素钠

制备时，将 16.6g 荧光素加入 100ml 乙醇中，在搅拌下滴加 36g 溴，冷却带出反应热，使反应温度不超过 40℃。开始时生成的二溴荧光素易溶于乙醇，因此乙醇中的荧光素沉淀减少而生成红色溶液；当加入一半量溴时，荧光素沉淀完全消失；继续加溴时又逐渐析出砖红色的四溴荧光素结晶。当溴加完后再继续搅拌 15min，然后放置过夜，过滤，用乙醇洗涤，在 110℃干燥，得四溴荧光素。四溴荧光素溶于 0.5%的 NaOH 水溶液可得四溴荧光素钠。

四溴荧光素钠除作为化妆品的色料外，主要用于制作红墨水和红铅笔，也可用于毛、蚕丝、锦纶织物的染色。

除四溴荧光素钠外，这类色料还有酸性红。以酸性红制成的淡橘红色唇膏，涂在嘴唇上，由于 pH 值变化而呈玫瑰红色，称为“变色”唇膏，色调牢固持久。

（2）不溶性的色料　不溶性的色料是唇膏的主要色料，一般用量为 8%～12%，这些色料包括颜料以及将水溶性和难溶性的染料转化为不溶于水的色淀，常用的有红色 201 号、红色 202 号。其结构式如下：

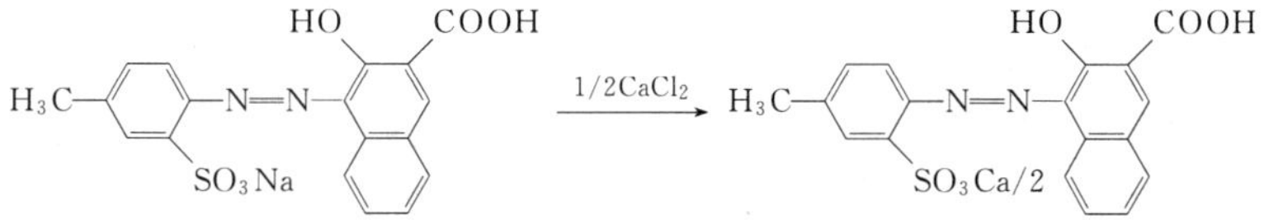

HO　COOH　H_3C—⟨苯环⟩—N═N—⟨萘环⟩　SO_3Na　—$\xrightarrow{1/2CaCl_2}$—　HO　COOH　H_3C—⟨苯环⟩—N═N—⟨萘环⟩　$SO_3Ca/2$

红色 201 号　　红色 202 号

（二）唇膏的生产工艺

唇膏的生产工艺可分为 4 个工序：颜料研磨、颜料相与基质的混合、唇膏铸模成型和火焰表面上光等。

1. 颜料研磨

颜料研磨的作用是破坏颜料粉体结块。首先将部分油分与颜料粉体在反应锅内搅拌均匀，其中颜料粉体与油的质量比约为 2∶1，由于物料黏度高，需要使用高剪切力的搅拌器。制得的浆料通过研磨机（三辊研磨机、球磨机、砂磨机、胶体磨等）研磨，使颜料粉体分散。用研磨细度规测量，颗粒直径约为 20μm 时可认为分散均匀。然后将浆料注入另一个反应锅中，温度保持 70℃，以备与基质混合。

2. 颜料相与基质的混合

将油分和蜡类及其他组分在蒸汽夹套锅内熔化后，将其中内容物通过 250 目不锈钢筛网滤入上述含有颜料的反应锅中，边滤入边搅拌。数小时后，取样观察浆料的色调是否均匀。均匀后，通过 200 目不锈钢筛网滤入真空脱气锅中进行脱气。

在混合过程中，应尽可能减少空气混入料浆。这是由于料浆和粉体表面吸附的气体很难除去。如果脱气不良会造成唇膏“针孔”，增加废品率。

3. 唇膏铸模成型

唇膏铸模成型的工艺如图 5-17 所示。常采用对开式直模，其开口经过每支唇膏的中心。大多数唇膏配方的熔点范围 75～80℃，模具需预热到 35℃，避免冷却太快，造成“冷痕”。在充填时，常将模具稍稍倾斜，避免或减少混合空气。浆液注入后，急速冷却以获得较细、均匀的结晶，提高产品的光亮度。冷却后，立刻将模具打开，取出，放入专用托盘上，准备火焰表面上光。

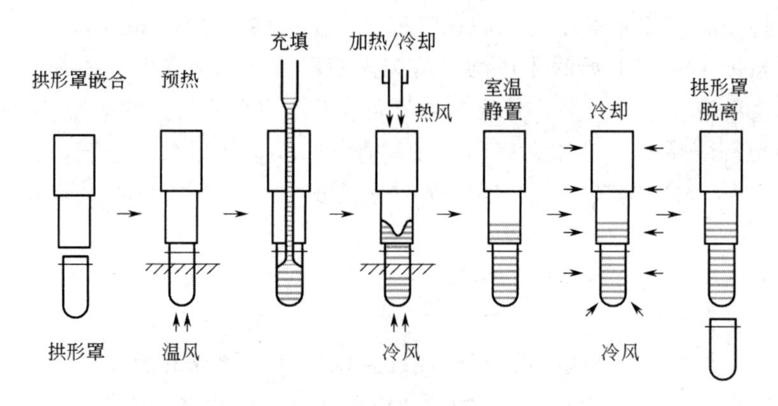

图 5-17 唇膏铸模成型工艺

4. 火焰表面上光

脱模后的唇膏表面平整度和光亮度不够，一般将已插入唇膏包装底座的产品通过火焰加热，使唇膏表面熔化，形成光亮平滑的表面。

（三）唇膏的配方和生产

以下结合具体的配方说明唇膏的生产方法。

配方

原料	质量分数/%	原料	质量分数/%
二氧化钛	4.5	异硬脂酸二甘油酯	39.95
红色 201 号	0.5	聚氧乙烯聚氧丙烯十四烷醚	1.0
红色 202 号	2.0	甘油	2.0
红色 223 号	0.05	丙二醇	1.0
纯地蜡	4.0	防紫外线剂	适量
小烛树蜡	8.0	抗氧剂、香料	适量
巴西棕榈蜡	2.0	去离子水	余量
蓖麻油	30.0		

制法：①将二氧化钛、红色 201 号、红色 202 号加入到一部分蓖麻油中，用辊筒处理（颜料部）。②将红色 223 号加入到另一部分蓖麻油中（染料部）。③将去离子水、甘油、丙二醇在 80℃均匀溶解（水相）。④将其他成分混合、溶解后，将颜料部、染料部加入到其中，用均质搅拌机分散均匀，再加入水相，继续用均质搅拌机乳化分散。⑤注入模具中，急速冷却，做成细圆条状。

二、指甲用化妆品

指甲和头发一样，都是由表皮细胞变化而形成的，由角质蛋白组成，对手指起保护作用。在健康情况下，指甲平均每个月增长 3mm。指甲的形状因人而异，有薄厚、大小、长短、扁平和卷曲之分。指甲的硬度随指甲内水分量及角质蛋白的组成而有所变化。一般来说，随年龄增长，人的指甲会变硬变脆。因此，使用指甲化妆品对指甲进行保护和美化是非常必要的。

指甲用化妆品是起保护指甲、使指甲美丽作用的化妆品，按使用目的不同可以分为以下几类，如表 5-15 所示。

表 5-15　指甲用化妆品的分类

类别	作用
指甲油	使指甲着色，美观
指甲油去除剂	除去涂膜
指甲营养剂	因溶剂引起的脱水、脱脂，可以补充油分，起保护效果
指甲抛光剂	使指甲表面平滑，富有光泽，也可增加指甲油的附着力
指甲增白剂	使指甲变白
指甲膜去除剂	除去指甲表面上的枯死皮膜，保护指甲的自然美

(一) 指甲油

指甲油是涂在指甲上的，能保护指甲又能赋予指甲以鲜艳色泽，形成美丽指甲的化妆品。指甲油的组成和原料主要有两类：一类是透明的非水溶液型，是将以硝化纤维素和增塑剂为成膜剂和色料溶解在挥发性的溶剂中而成的产品；另一类是非水凝胶型，是将色料和有机改性膨润土等凝胶剂分散在溶剂中而形成的产品。其中，非水溶液型的产品较为普遍。

对指甲油的性质要求：①黏度适当，易于涂上指甲；②形成的涂膜均匀，干燥快（3～5min）；③干燥后的涂膜清晰，无气孔；④色料均匀分散，能保护所选色调和光泽；⑤涂膜附着牢固，不易剥落；⑥涂膜易被指甲油去除剂去除；⑦不损伤指甲。

1. 指甲油的主要成分

为满足上述要求，指甲油一般由成膜剂、溶剂和着色剂等成分组成，如表 5-16 所示。

表 5-16　指甲油的主要成分

成分	组成
薄膜形成成分	成膜剂：硝化纤维素等 树脂：醇酸树脂、丙烯酸树脂、磺酸树脂 增塑剂：柠檬酸酯、樟脑等
溶剂成分	真溶剂：乙酸乙酯、乙酸丁酯 助溶剂：丁醇、异丙醇 稀释剂：甲苯
着色成分	色料：有机颜料、无机颜料、染料等 珠光剂：合成珠光剂、天然鱼鳞、铝粉等
凝胶化剂	有机变性黏土矿物

（1）成膜剂　能涂在指甲上形成薄膜的物质很多，有硝化纤维素、乙酸纤维素、乙酸丁酸纤维素、乙基纤维素、聚乙烯以及丙烯酸甲酯聚合物等，其中最常用的是硝化纤维素，它在硬度、附着力和耐磨性等方面均很优良。不同规格的硝化纤维素对指甲油的性能会产生不同的影响。硝化纤维素的黏度直接关系到指甲油的黏度。若指甲油黏度太大，流动性差，不易涂匀，涂抹表面因不平而光泽性差；若黏度太低，则易造成沉淀，色泽不匀，涂抹后成膜较薄，光泽也差。硝化纤维素的含氮量与黏度有关，含氮量越高，黏度越大。常用的适合指甲油的硝化纤维素的含氮量为 11.5%～12.5%。它易溶于酯类、酮类溶剂。当然，指甲油

黏度除受硝化纤维素黏度影响外，也与溶剂选择有很大关系。

采用硝化纤维素的缺点是容易收缩变脆，光泽较差，附着力还不够强，另外，硝化纤维素属于易燃易爆危险品，所以贮存时常用乙醇润湿。

（2）树脂类　树脂类是指甲油不可缺少的组分。它可以增加硝化纤维素薄膜的黏度和附着力。指甲油中常用的树脂有醇酸树脂、丙烯酸树脂、聚乙酸乙烯酯和对甲苯磺酰胺甲醛树脂等。选择时要注意与硝化纤维素的相容性和与溶剂的溶解性等。

（3）增塑剂　增塑剂可以使指甲油的涂膜柔软、持久，减少涂膜的收缩和开裂。增塑剂应具有以下性质：①与溶剂、硝化纤维素和其他树脂的相容性好；②挥发性小，赋予涂膜可塑性；③稳定，无臭味；④与所用色料易混溶；⑤无毒。

常用的增塑剂有磷酸三甲苯酯、苯甲酸苄酯、邻苯二甲酸二辛酯、磷酸三丁酯、乙酰柠檬酸三丁酯、蓖麻油和樟脑等。

（4）溶剂　指甲油中使用的溶剂必须能溶解硝化纤维素、树脂及增塑剂等，可以调节黏度以获得合适的使用感，并具有适度的挥发速度。挥发太快，成膜速度快，易产生针孔，残留痕迹，有损涂膜的外观；挥发太慢，易产生模糊感。要使指甲油获得合适的涂膜性能、干燥速度、流动性和硬化速度，单一溶剂是难以满足要求的，一般都使用混合溶剂。这些溶剂按其使用性能还可分为真溶剂、助溶剂和稀释剂。

① 真溶剂。真溶剂能单独溶解硝化纤维素，依沸点的高低可归为 4 种，如表 5-17 所列。

表 5-17　指甲油常用的真溶剂

沸点	常用真溶剂	作用
低沸点（100℃以下）	丙酮、乙酸乙酯、丁酮	可降低指甲油黏度，干得快
中沸点（100～140℃）	乙酸丁酯、甲基异丁基酮	赋予指甲油良好的流动性，能抑制模糊感
高沸点（140～170℃）	乳酸乙酯、双丙酮	提高流动性和附着力
超高沸点（170℃以上）	丁基溶纤剂、二乙醇	对抑制模糊感特别有效

② 助溶剂。助溶剂单独使用时对硝化纤维素无溶解能力，但对其有亲和性，与真溶剂混合使用可使硝化纤维素的溶解性增强，如乙醇、丁醇等醇类，可起到改善使用感觉的效果。

③ 稀释剂。稀释剂单独使用对硝化纤维素完全没有溶解能力，与真溶剂配合使用可增加对树脂的溶解能力，并可调整使用感觉，如甲苯、二甲苯等。

综上所述，可以看出，一般真溶剂为酯类和酮类，助溶剂为醇类，稀释剂为芳烃类。

（5）着色剂　着色剂能赋予指甲油以艳丽的色彩。通常，透明指甲油多用碱性染料，不透明指甲油多采用不溶性颜料和色淀。有时为了增加遮盖力，可适当增加一些无机颜料（如钛白粉）。另外，为了起到美丽的装饰感，也使用天然鱼鳞粉和珠光剂。珠光剂必须经过研磨和粉碎，才能进一步提高在指甲油中的分散性，并获得较好的光泽效果。

（6）悬浮剂　为了防止颜料沉淀，需要添加悬浮剂以增加指甲油的稳定性和调节其触变性。最常用的悬浮剂是季铵化的黏土类，如苄基双甲基氢化牛油脂基季铵化蒙脱土、双甲基双十八烷基季铵化膨润土和双甲基双十八烷基季铵化水辉石等。悬浮剂的用量为0.5％～2％。

另外，根据需要可添加防晒剂、抗氧剂和油脂等。

2. 指甲油的配方及制法

配方 1

原料	质量分数/%	原料	质量分数/%
硝化纤维素	10.0	乙酸丁酯	15.0
醇酸树脂	10.0	乙醇	5.0
乙酰柠檬酸三丁酯	5.0	色料	适量
乙酸乙酯	20.0	甲苯	余量

制法：在足够的溶剂内加入部分醇酸树脂和部分乙酰柠檬酸三丁酯和着色剂，充分混合得到颜料浆，然后，将其余部分物料混合溶解，再将分散好的颜料浆加入其中，充分混合均匀。制备时应注意控制黏度在0.3～0.4Pa·s范围内，并在封闭容器中进行，需远离火源。

配方 2

原料	质量分数/%	原料	质量分数/%
硝化纤维素	15.0	乙醇	7.0
乙醇	12.0	甲苯	25.0
樟脑	6.0	有机酸性膨润土	0.5
乙酸丁酯	23.0	色料	1.5
乙酸乙酯	9.0	珠光剂	1.0

（二）指甲油去除剂

指甲油去除剂是用来去除涂在指甲上的指甲油薄膜的产品。其主要成分是能溶解硝化纤维素和树脂的溶剂类混合物。此外，为填补溶剂的脱水和脱脂作用，可在去除剂中加入润湿剂。

配方

原料	质量分数/%	原料	质量分数/%
丙酮	66	羊毛脂衍生物	1
乙酸乙酯	20	香精	适量
乙酸丁酯	5	去离子水	余量

（三）指甲营养剂

指甲营养剂是与指甲油和指甲油去除剂配套使用的化妆品。在持续使用指甲油和指甲油去除剂时，由于溶剂的作用而脱脂脱水，指甲营养剂可补充指甲内的养分，使指甲光亮健康。使用时，先将指甲油除去，再将手用肥皂水浸泡后擦干，涂上指甲营养剂。指甲营养剂按制品的形状有乳液状、膏状、铅笔状等。以下介绍指甲营养剂的配方与制法。

配方

原料	质量分数/%	原料	质量分数/%
硬脂酸	2.0	三乙醇胺	1.0
凡士林	7.0	黏土矿物	0.3
氢化羊毛脂	2.0	防腐剂	适量
液体石蜡	22.0	香料	适量
聚氧乙烯醚油酸酯	2.0	去离子水	余量
丙二醇	5.0		

制法：①将丙二醇、三乙醇胺加入到去离子水中，再加入黏土矿物，均匀分散后加热至70℃保温（水相）。②将其余成分混合，加热使其溶解（油相），并在70℃下保温。③将油相加入水相中进行预乳化，用均质搅拌机均质乳化。④乳化后边搅拌边冷却到30℃。

(四)指甲皮膜去除剂

指甲皮膜去除剂用于除去指甲表面上枯死的皮膜，以保持指甲的自然美。配方一般采用磷酸铵和胺类的弱碱成分。

配方

原料	质量分数/%	原料	质量分数/%
三乙醇胺	10	香精	适量
甘油	10	去离子水	余量

应当注意，该产品易沾污指甲以外的部分和衣服，应该慎用，尤其不可接触眼睛。

(五)指甲抛光剂

指甲抛光剂是磨光指甲表面，填平指甲上的凹痕并赋予光泽，保持指甲健康外表的化妆品。配合指甲油使用，这种产品能使指甲油涂层薄膜坚牢，获得光亮的效果，主要成分是用于磨光填平指甲表面的矿物粉末。为赋予指甲健康的色彩，还使用若干色料。该类产品有粉状、膏状和棒状等类型。

配方

原料	质量分数/%	原料	质量分数/%
氧化锡	90	香精	适量
硅粉	8	硬脂酸丁酯	余量
色料	适量		

制法：将除香精以外的其余成分在球磨机上混合均匀后，将香精均匀喷入。配方中的硬脂酸丁酯可用橄榄油代替。另外，为了使用方便，可制成悬浮于甘油和丙二醇中的液体和膏状的抛光剂。

第六节 美发用化妆品

美发用化妆品有气溶胶类发用制品，如发胶、摩丝和发用凝胶等，以及其他类化妆品如染发剂、生发剂等。本节先介绍一些关于头发的相关知识，然后讨论染发剂、生发剂和摩丝的生产工艺和质量控制。

一、头发的结构与组成

1. 头发的结构

头发从里到外由毛表皮、毛皮质和毛髓质组成，如图5-18所示。

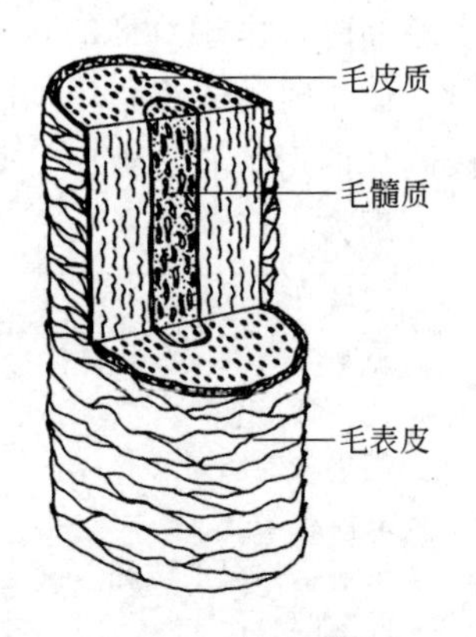

图5-18 头发的结构

(1) 毛表皮 毛表皮为毛发的外层，又称护膜，是角化的扁平透明状的无核细胞，如瓦状相互重叠，其游离缘向上，交叠鳞节包裹着整个毛发。此膜虽然很薄，只占整个毛发的很小比例，但它却具有独特的结构和性能，可以保护毛发不受外界影响，保持毛发乌黑、光泽和柔韧。

（2）毛皮质　毛皮质也称发质，完全被毛表皮所包围，是毛发的主要组成部分，几乎占毛发总重量的90%以上，毛发的粗细主要由皮质决定。皮质是几层梭形已角化了的表皮细胞，无细胞核，胞浆中有黑色素颗粒和含二硫键较多的角质蛋白纤维，使毛发有一定的抗拉力。皮质具有吸湿性，对化学药品有较强的耐受力，但不耐碱和巯基化物。皮质内所含黑色素颗粒的大小、多少使毛发具有各种颜色。

（3）毛髓质　毛髓质位于皮质的中心，是部分角化的多角形细胞，含有黑色素颗粒。其作用是在几乎不增加毛发自身质量的情况下，提高毛发的强度和刚性。髓质较多的毛发较硬，但并不是所有的毛发都有髓质，一般细小的绒毛不含髓质，毛发末端亦无髓质。

2. 头发的化学组成

人的头发主要由角蛋白构成，占整个头发的90%左右，其中含有C、H、O、N和少量的S元素。硫元素的含量大约为4%，但少量的硫对头发的许多化学性质起着重要的作用。角蛋白是一种具有阻抗性的不溶性蛋白，这种蛋白质所具有的独特性能来自于它有较高含量的胱氨酸，其含量一般高达14%以上。除此之外，还有谷氨酸、亮氨酸、精氨酸、赖氨酸和天冬氨酸等十几种氨基酸。将头发用6mol·L^{-1}的盐酸溶液进行水解，可得到表5-18所列的产物组成。

表5-18　头发水解产物

名称	化学式	含量/g·$100g^{-1}$(干头发)
甘氨酸	NH_2CH_2COOH	4.1～4.2
丙氨酸	$CH_3CH(NH_2)COOH$	2.8
亮氨酸	$(CH_3)_2CHCH_2CH(NH_2)COOH$	11.1～13.1
苯基丙氨酸	$C_6H_5-CH_2CH(NH_2)COOH$	2.4～2.6
脯氨酸	H_2C—CH_2，H_2C，CHCOOH，N，H（吡咯烷环）	4.3～9.6
丝氨酸	$HOCH_2CH(NH_2)COOH$	7.4～10.6
苏氨酸	$CH_3CH(OH)CH(NH_2)COOH$	7.0～8.5
酪氨酸	$HO-C_6H_4-CH_2CH(NH_2)COOH$	2.2～3.0
天冬氨酸	$HOOCCH_2CH(NH_2)COOH$	3.9～7.7
谷氨酸	$HOOCCH_2CH_2CH(NH_2)COOH$	13.6～14.2
精氨酸	$H_2NC(:NH)NH(CH_2)_3CH(NH_2)COOH$	8.9～10.8
赖氨酸	$H_2N(CH_2)_4CH(NH_2)COOH$	1.9～3.1
组氨酸	N，N，H（咪唑环）—$CH_2CH(NH_2)COOH$	0.6～1.2
色氨酸	N，H（吲哚环）—$CH_2CH(NH_2)COOH$	0.4～1.3
胱氨酸	$HOOCCH(NH_2)CH_2SSCH_2CH(NH_2)COOH$	16.6～18.0
蛋氨酸	$CH_3SCH_2CH_2CH(NH_2)COOH$	0.7～1.0
半胱氨酸	$HOOCCH(NH_2)CH_3SH$	0.5～0.8

3. 头发的化学结构

头发中含有胱氨酸等十多种氨基酸，每个氨基酸分子内至少带有一个—NH_2 和一个—COOH，两个氨基酸分子之间通过脱水缩合形成酰胺键（即肽键）而联合在一起。多个氨基酸之间通过肽键这种重复结构彼此联结组成多肽链的主干，如下所示

$$H_2N-\underset{}{\overset{R}{\overset{|}{C}H}}-\overset{O}{\overset{\|}{C}}-(NH\overset{R}{\overset{|}{C}}HCO)_n-\overset{H}{\overset{|}{N}}-\overset{R}{\overset{|}{C}H}-\overset{O}{\overset{\|}{C}}-OH$$

形成的众多肽链通过二硫键、盐键、氢键、酰胺键、酯键等结合方式形成了具有网状结构的天然高分子纤维，即头发。其化学结构式如图 5-19 所示。

（1）二硫键　亦称胱氨酸结合或二硫结合，是由两个半胱氨酸残基之间形成的一个化学键。

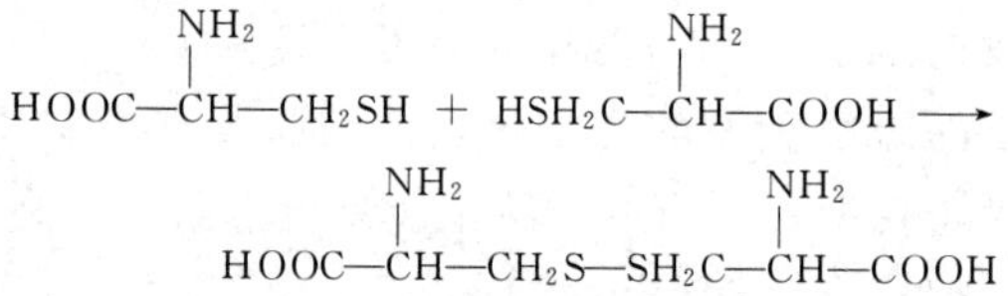

$$HOOC-\overset{NH_2}{\overset{|}{C}H}-CH_2SH + HSH_2C-\overset{NH_2}{\overset{|}{C}H}-COOH \longrightarrow HOOC-\overset{NH_2}{\overset{|}{C}H}-CH_2S-SH_2C-\overset{NH_2}{\overset{|}{C}H}-COOH$$

二硫键使多肽链之间能够紧密地靠拢起来，能维持分子折叠结构的稳定性。在构成二硫键的两个半胱氨酸残基之间，还存在其他氨基酸的残基，使多肽链的结构上形成一些大小不等的肽环结构。这种结构对头发的变形起着最重要的作用。

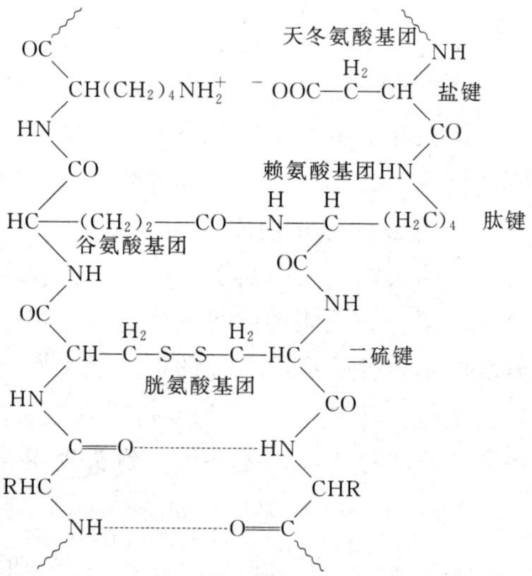

天冬氨酸基团　盐键　赖氨酸基团　谷氨酸基团　肽键　二硫键　胱氨酸基团

图 5-19　头发的化学结构式

（2）盐键　亦称离子键。在多肽链的两侧存在着许多氨基（带正电）和羧基（带负电），相互之间因静电吸引而成键，即离子键，使肽链之间连接起来。

（3）氢键　由于肽键带有极性，所以一个肽键上的羧基和另一个肽键上的酰胺基之间发生相互作用而形成氢键。头发角蛋白分子之间形成的氢键有两种情况，一种是主链的肽键之间形成的，一种是侧链与侧链或侧链与主链间形成的。虽然氢键是一种微弱的相互作用，但由于在一个多肽链上可以存在多个氢键，它也是多肽结构一个重要的稳定因素。

（4）酰胺键　酰胺键不仅存在于多肽链内，而且多肽链之间也可以通过横向连接形成酰胺键，如谷氨酸和精氨酸之间即可形成酰胺键。

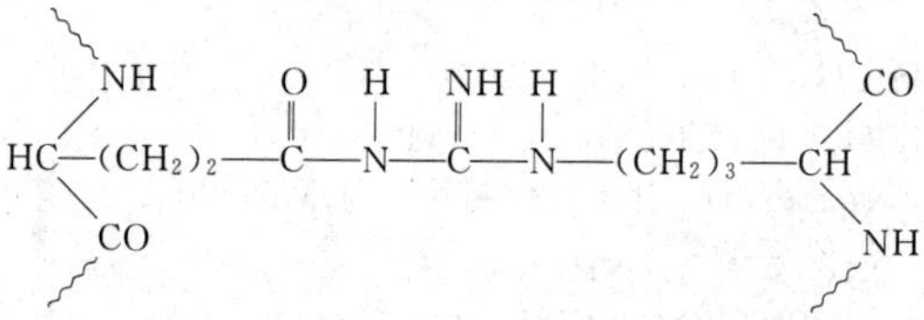

$$HC(NH)(CO)-(CH_2)_2-\overset{O}{\overset{\|}{C}}-\overset{H}{\overset{|}{N}}-\overset{NH}{\overset{\|}{C}}-\overset{H}{\overset{|}{N}}-(CH_2)_3-CH(CO)(NH)$$

（5）酯键　含有羟基的氨基酸的羟基和另一个氨基酸的羧基在横向以酯键的形式连接起来，如苏氨酸和谷氨酸之间即可以形成酯键。

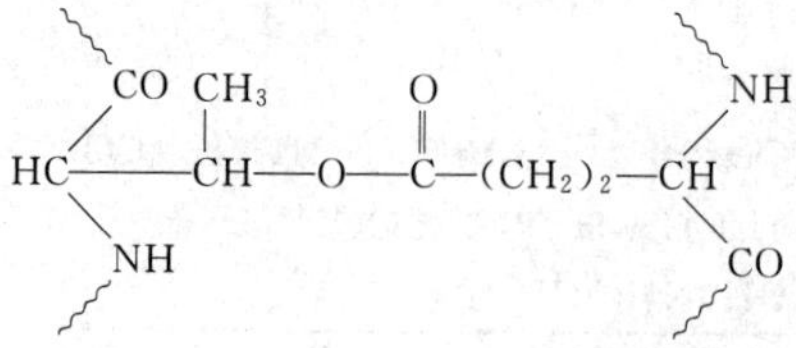

$$HC(CO)(NH)-\overset{CH_3}{\overset{|}{C}H}-O-\overset{O}{\overset{\|}{C}}-(CH_2)_2-CH(NH)(CO)$$

除了以上几种键合之外，多肽链间还有范德瓦尔斯力的连接，即分子间引力的作用，由于引力相当弱，通常可以忽略不计。

实际上，头发多缩氨酸主链以螺旋形式存在，分子中亲水基团大部分分布在螺旋周围，带正电的氨基与带负电的羧基之间形成盐式结合；而胱氨酸则可使螺旋之间形成二硫键；由于这种特殊的结构，每一个肽链上的羰基氧原子都可以与螺旋上的氨基酸残基氢原子之间形成氢键。由于这些键合的存在，头发角质的大分子形成稳定的网状结构，使头发具有伸长性和弹性。

头发是一种蛋白质，在沸水中，酸、碱、氧化剂和还原剂等作用下可发生化学反应，通常利用这些反应来改变头发的外观和性质，达到美发和护发的目的。

二、染发剂

染发剂作为化妆品已有几百年的历史，早在中国的宋朝时期就开始用植物进行染发。随着时代的进步，人们对美发类化妆品的要求越来越高，植物染发的色泽和效果远不能满足人们的要求，因而近代相继出现了代替植物进行染发的各种染发化妆品。

染发化妆品是用来改变头发的颜色，达到美化头发的一类化妆品，按染发的功能不同可分为：以增加色素来改变头发色彩的染发剂，如把白色或红色的头发染成黑色；以减少色素来改变头发色彩的漂白剂，如将黑色的头发漂白脱色；将染成的头发变成另一种染色的脱染剂。但常用的是黑色染发剂。按染发色泽的持续时间长短，染发剂可分为暂时性、半持续性和持久性 3 类。暂时性、半持久性染发剂色泽牢固性差，不耐洗，多为临时性的头发表面装饰之用。持久性染发用品染料能有效地渗入头发的毛髓内部，发生化学反应使其着色，染发后耐洗涤，耐日晒，色泽持久，是普遍使用的一类染发剂。

（一）持久性染发剂

持久性染发剂染发后能保持 40～50 天，所采用的染料不仅能遮盖头发表面，而且能渗入到头发内部，一般是低分子量的染料中间体（如对苯二胺、间苯二酚）。染料中间体不单独使用，而是与显色剂混合涂于头发上，氧化成醌亚胺，再与偶联剂进一步氧化，生成所需要的色泽，整个过程需要 30min，然后把过量染发剂洗去。染发过程中借助于氧化剂而显色，因此也称为氧化型染发剂。

1. 持久性染发剂的染发机理

人的头发是由角蛋白组成，其中含有十几种氨基酸。这些氨基酸分子中存在有羧基（—COOH）和氨基（$—NH_2$），因此能与含有极性基团的碱性或酸性染料形成离子键、氢键等，增加了染色的稳定性。但是单靠这种离子键和氢键是不够的，经过多次洗涤，这些色素会溶出而使头发褪色。总的来说，含有疏水性基团的染料较含有亲水性基团的染料耐洗涤，大分子染料较小分子染料为佳。但是由于染发时温度不能太高，大分子染料就很难渗入，而小分子化合物能渗透到头发内部，则可形成更为持久的染色。因此染发用的染料必须是小分子化合物。

氧化型染发剂的染发机理目前还不很清楚，但其过程可简单概括为：小分子的染料中间体先渗入头发，然后经氧化剂氧化生成锁闭在头发内部的大分子不溶色素而达到染发目的。

对苯二胺是目前使用最广泛的染料中间体，能将头发染成黑色，其氧化过程如下

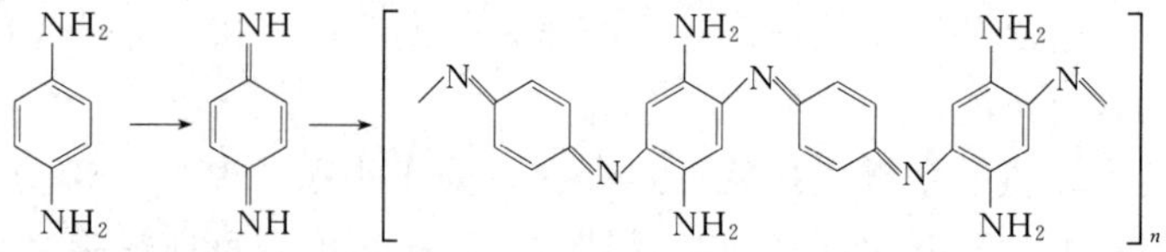

染发时，首先保证有足够时间使部分小分子染料中间体渗透到头发内部，然后再将其氧化成锁闭在头发上的黑色大分子。以过氧化氢为氧化剂时，此反应过程进行得较慢，室温时需10～15min。采用对苯二胺作为染发用染料中间体时，能使染后的头发具有自然的光泽。为了提高对苯二胺类的染色效果，可在染发剂配方中添加少量间苯二酚、邻苯二酚、连苯二酚等多元酚类物质，可使着色牢固，染色光亮。

染料中间体是影响染发色调和染色力的主要因素。例如，对氨基酚能将头发染成淡茶褐色；对甲苯二胺和2,4-二氨基甲氧基苯以不同比例并用，能将头发染成金色或暗红色。通常几种染料中间体混合使用，再加入修正剂，使之显现出所喜爱的颜色。如在对苯二胺中加入修正剂，其色调变化如下：加入间苯二酚显绿褐色；加入邻苯二酚显灰褐色；加入对苯二酚显淡灰褐色。因此染料中间体的选择至关重要。常见的染发用染料中间体的显色情况如表5-19所列。

表5-19 染发用染料中间体

染料中间体	染后颜色	染料中间体	染后颜色
对苯二胺	棕至黑色	对氨基酚	淡茶褐色
对苯二胺盐酸盐	棕至黑色	4-氨基-2-甲酚	金带棕色
对苯二胺硫酸盐	棕至黑色	4-氨基-3-甲酚	淡灰棕色
2-氯对苯二胺	红棕色	对甲氨基酚	灰黄色
2-氯对苯二胺硫酸盐	红棕色	间氨基苯酚	深灰色
甲苯-2,5-二胺	金色带棕	间氨基苯酚盐酸盐	深灰色
甲苯-2,5-二胺硫酸盐	金色带棕	间氨基苯酚硫酸盐	深灰色

2. 持久性染发剂的组成

市售的氧化型染发剂有多种形式，如粉状、液状、膏状及染发香波等。最常见的是两瓶分装的染发剂，一瓶装有染料的基质，另一瓶装含氧化剂的基质。使用时，将两剂等量混合使用，然后均匀地涂覆在头发上。

(1) 染料基质的组成　氧化染发剂的染料基质由染料中间体、表面活性剂、增稠剂、溶剂与保湿剂、抗氧化剂、氧化减缓剂、螯合剂、调理剂、碱类和香精等组成。

① 表面活性剂。表面活性剂在染发剂中具有多种功能，既可作为渗透剂、分散剂和发泡剂，也可作为染发香波中的清洁剂。常用的表面活性剂有高级脂肪醇硫酸酯、壬基酚聚氧乙烯醚、脂肪酸聚氧乙烯酯等，其中最适宜的表面活性剂为壬基酚聚氧乙烯醚。另外，由油酸、棕榈酸、硬脂酸、月桂酸等脂肪酸制成的铵皂，是染料中间体较好的溶剂和分散剂。

② 增稠剂。为了使染发剂有一定的稠度，易于黏附在头发表面，可加入增稠剂。增稠剂在染发剂中起增稠、增溶、稳定泡沫等作用。常用的增稠剂有油醇、十六醇、脂肪醇聚氧乙烯醚、烷醇酰胺及羧甲基纤维素等。

③ 溶剂与保湿剂。低碳醇可作为染料中间体和水不溶性物质的溶剂，如乙二醇、异丙醇、甘油、丙二醇等。但如用量过多，会减弱对头发的染色效果。另外，甘油、乙二醇、丙二醇也可兼作保湿剂，可避免染发时，因水分蒸发过快而使染料干燥，影响染色

的效果。

④ 抗氧化剂。氧化染发剂所用的染料中间体在空气中易发生氧化反应，影响染发剂的染发效果。为了防止氧化反应发生，除在制造及贮存过程中尽量减少与空气接触的机会（如制造和灌装时填充惰性气体，灌装制品时应尽量装满容器等）外，通常是在染发基质中加入一些抗氧化剂。常使用的抗氧化剂有亚硫酸钠和没食子酸丙酯、抗坏血酸和2，3-二羟基苯酚等。

⑤ 氧化减缓剂。如果氧化作用太快，染料中间体还未充分渗入到髓质内，就被氧化成大分子色素，会造成染色不均匀。为了保证有足够的时间使小分子染料中间体渗透到头发内部，然后再发生氧化反应，形成锁闭在头发上的大分子化合物而显色，在染发剂的配方中，通常加入氧化减缓剂，以减慢氧化速度。常用的氧化减缓剂有1-苯基-3-甲基-5-吡唑啉酮和二叔丁基对甲酚等。另外，上述的抗氧化剂也有一定的减缓氧化的作用。

⑥ 螯合剂。染发剂中微量重金属离子的存在，会促使过氧化氢分解，从而加速染料中间体的自动氧化，影响染发的效果。因此，需加入金属离子螯合剂，常用的螯合剂为乙二胺四乙酸钠（EDTA），其用量为0.2%～0.5%。

⑦ 碱类。碱性条件能使头发柔软和膨胀，有利于吸收染料中间体，并提高氧化剂的氧化能力。一般添加碱类物质，使pH值达9～10.5，因此，也叫pH值调节剂。常用的碱类物质是氨水，也可用乙醇胺、烷基酚胺等部分代替氨水。

⑧ 头发调理剂。染发会使头发干枯、分叉，需加入头发调理剂。前述很多原料如脂肪酸、某些表面活性剂、多元醇等对头发有一定的调理作用，其他还有羊毛脂及其衍生物、蛋白质、氨基酸、聚乙烯吡咯烷酮等也可用做头发调理剂。

(2) 显示剂　显示剂是持久性染发剂的重要组成部分，它可将染料中间体氧化成大分子染料，因此，也叫氧化剂。通常要求氧化剂的氧化反应完全、无毒副作用。常用的氧化剂有过硼酸钠、过氧化氢和过硫酸钠等。目前，最常用的是过氧化氢，由于过氧化氢易分解，因此，还需加入一定量的稳定剂。常用的稳定剂有非那西汀、磷酸氢钠等，一般加入量为0.05%。

3. 持久性染发剂的配方及制法

配方1

组分A

原料	质量分数/%	原料	质量分数/%
对苯二胺和对氨基酚	6.0	乙二醇单硬脂肪酸酯	10.0
间苯二酚	1.5	维生素C	1.4
2,4-二氨基茴香醚硫酸盐	2.0	氨水（25%）	12.0
椰油脂肪酸烷醇酰胺	4.0	薰衣草油	0.2
壬基酚聚氧乙烯醚	14.0	单硬脂酸甘油酯	3.0
油酰基甲基牛磺酸盐	16.0	去离子水	余量

组分B

原料	质量分数/%	原料	质量分数/%
羊毛脂	0.6	双氧水（35%）	20.0
十六醇	0.3	磷酸氢钠	0.6
液蜡	0.5	冰醋酸	0.15
油醇硬脂酸酯	2.2	去离子水	余量

组分A为染色乳液，组分B为氧化乳液，A、B两组分分别配制，分别包装，使用时以1∶1混合，即得到染发剂。产品要求：组分A的外观为棕黑色液体，pH为8.0～10.0；组分B的外观为微黄色透明液体，pH为2.0～3.0。

配方2

组分A

原料	质量分数/%	原料	质量分数/%
1，4-苯二胺	0.8	丙二醇	12
间苯二酚	1.6	异丙醇	10
邻氨基苯酚	1	EDTA	0.5
对氨基苯酚	0.2	氨水（28%）	适量
油酸	20	亚硫酸钠	0.5
油醇	15	精制水	余量
聚氧乙烯（5）羊毛醇醚	3		

制法：将油酸、油醇、表面活性剂等一起混合均匀；另将EDTA、亚硫酸钠溶解于丙二醇、水和氨水的混合液中。分别加热到65～70℃，混合，搅拌均匀，冷却至50℃时，加入染料中间体，搅拌至室温时，用适量的氨水调节pH值至9～10.5，即为染料基质。

组分B

原料	质量分数/%	原料	质量分数/%
壬基酚聚氧乙烯（7）醚	5	过氧化氢（35%）	17
8-羟基喹啉硫酸钠	0.1	去离子水	余量

制法：将配方中一半的去离子水加热至89～90℃，在不断搅拌下加入壬基酚聚氧乙烯（7）醚，保温10～15min，然后冷却至40℃。在另一个容器中，将余下的去离子水加热至40℃，将8-羟基喹啉硫酸钠加入，搅拌至完全溶解，加入到上述具有表面活性剂的水溶液中继续搅拌，冷却至30～35℃，慢慢加入过氧化氢，继续搅拌20min，用磷酸盐将pH值调节至3.6±0.1，即可灌装。

组分A和组分B分别配制和包装，用前等量混合得pH=6.3的栗色染发剂。

应该指出，染发剂所用的染料中间体有一定的毒性，对某些过敏性的皮肤不安全，初次使用氧化染发剂的人，使用之前应做皮肤接触试验。其方法是：按照调配染发剂的方法调配好少量染发剂溶液，在耳后的皮肤上涂上少量染发剂，经过24h后仔细观察，如发现被涂部分有红肿、水泡、疹块等症状，表明此人对这种染发剂有过敏反应，不能使用。另外，头皮有破损或有皮炎者，不可使用此类氧化染发剂。

（二）半持久性染发剂

半持久性染发剂染发后能耐洗5～6次，保持色泽3～4周。这种染发剂的染料能渗入到头发的皮质中而直接染发，并不需要用氧化剂。常用的染料有硝基苯二胺、硝基氨基苯酚、氨基蒽醌等。这类染料分子量低，对头发角质有亲和性。配制时，将染料加入含有表面活性剂的香波中，配成洗染香波。

1. 半持久性染发剂的染发原理

半持久性染发剂所用染料分子小，能渗入发髓而产生所需的色调，所以能保持较长时间（3～4周）的染色。由于此类染发剂不用氧化剂，对于不适宜使用氧化染发剂染发的人是最合适的染发制品。

半持久性染发剂的剂型有染发香波、染发固发液、染发摩丝、染发凝胶、护发素、染发膏和焗油膏等。不同剂型，其基质配方组成有区别。

半持久性染发剂一般使用对头发角质亲和性好的小分子染料（如硝基对苯二胺、硝基氨基苯酚、氨基蒽醌及其衍生物、偶氮染料、萘醌染料等）。这类染料在染发香波中应用较为普遍，使用时将染发香波涂于发上并揉搓，让泡沫在头发上停留一段时间，使染料分子有足够的时间渗入头发，染发结束后用水冲洗干净即可。

为了促进染料分子渗入发髓，提高染发效果，通常其配方中加入巯基乙酸或溶剂（如丁醇、苯氧基乙醇和烷基乙二醇醚等），改善头发的状态，以增加染料的吸收量；或在配方中使用偶氮型或酸性染料，与阴离子表面活性剂之间形成配合物以增加染料的附着力。

2. 半持久性染发剂的配方

典型的半持久性染发剂的组成如表 5-20 所列。

表 5-20 半持久性染发剂的典型组成

组分	功能	质量分数/%	组分	功能	质量分数/%
分散染料、硝基苯二胺	着色剂	0.1～3	油酸、柠檬酸	缓冲剂	适量
椰油基酰胺、月桂基酰胺	表面活性剂	0.5～5	二乙醇胺、氨基甲基丙醇	碱化剂	使 pH 为 8.5～10
乙醇、二甘醇-乙醚、丁氧基乙醚	溶剂	1～6	非离子表面活性剂	匀染剂	适量
羟乙基纤维素	增稠剂	0.2～2			

以下给出不同剂型的半持久性染发剂的配方。

（1）染发液的配方

原料	质量分数/%	原料	质量分数/%
异丙醇	35	染料	0.3
甲酸	0.7	去离子水	余量
柠檬酸	1		

（2）染发凝胶的配方

原料	质量分数/%	原料	质量分数/%
阿拉伯树胶	27.5	染料	16
硬脂酸钠	15	去离子水	余量
甘油	15		

（三）暂时性染发剂

暂时性染发剂一般作为暂时性化妆用（如演出、化装舞会等），经一次洗涤就能完全除去。这种染发剂常采用能有效地沉淀在头发表面而不会渗入到头发内部的染料，如偶氮类、蒽醌类、三苯甲烷类、吩嗪类等染料。它的制法是将染料溶于含有透明聚合物的液体介质中，加入喷射剂，灌装入压力容器内，像摩丝一样使用。

1. 暂时性染发剂的染发原理

暂时性染发剂是一种使头发暂时着色，染色的牢固度很差，一次洗涤即脱色的染发剂。此类染发剂采用的是大分子染料，通常情况下染料不能渗入发髓，只黏附或沉淀在头发表面，不耐洗，适用于染发后新生头发的修饰或供演员化妆用等。

暂时性染发剂的染料可用碱性染料、酸性染料、分散性染料等，如偶氮类、蒽醌类、三苯甲烷等。产品的剂型很多，如将染料与水或水-乙醇溶液混合在一起可制成液状产品，为了提高染发效果，可配入有机酸如酒石酸、柠檬酸等。也可将染料和油、脂、蜡混合制成棒状、条状或膏状等，可直接涂敷于发上，或者用湿的刷子涂敷于发上；还可将染料溶于含高聚物的液体介质中，制成喷雾状产品等。

2. 暂时性染发剂的配方

以下给出不同剂型的暂时性染发剂的配方。

（1）暂时性染发液的配方

原料	质量分数/%
对氮蒽蓝	1.8
辛基十二烷基吡啶溴化物	1.2
乙氧基化环烷烃表面活性剂	4.3
乳酸	2.5
去离子水	余量

（2）暂时性染发霜的配方

原料	质量分数/%
硬脂酸	15
三乙醇胺	7.5
单硬脂酸甘油酯	4
蜂蜡	46
微晶蜡	10
椰油基二乙醇酰胺	7.5
颜料	适量
白蜡	余量

（3）暂时性染发凝胶的配方

原料	质量分数/%
蜂蜡	22
硬脂酸	13
单硬脂酸甘油酯	5
阿拉伯树胶	3
甘油	10
三乙醇胺	7
染料	15
去离子水	余量

（四）头发漂白剂

头发漂白剂是一种使头发颜色漂白或变浅的制品。它有两方面的作用：一方面使头发的颜色比天然色浅；另一方面改变头发的色调。其过程为先用头发漂白剂使头发颜色变浅，然后再染上所需的色调。

1. 头发漂白机理

黑色素是难溶的高分子物质，头发的漂白过程就是利用氧化剂对头发黑色素进行氧化分解的过程。黑色素在氧化剂作用下发生不可逆的物理化学变化，形成浅色化合物。氧化剂的浓度、头发和氧化剂接触的时间、漂染的次数等不同，可将头发漂成各种不同的色调。黑色或棕色头发经漂白后，通常头发颜色按下列变化

黑色(棕黑色)→红棕色→茶褐色→淡茶褐色→灰红色→金灰色→浅灰色

在脱色过程中，黑色素被氧化分解的同时，头发角蛋白内的胱氨酸也会受到损伤，使头发强度下降，缺少光泽等。

头发漂白剂有水剂、乳液、膏剂和粉剂 4 种剂型。水剂配方主要含有过氧化氢、稳定剂和酸度调节剂；乳液配方主要含有过氧化氢、稳定剂和赋形剂（如脂肪醇和乳化剂）；粉剂

配方主要含有过硫酸盐、过硼酸钠、填充剂、增稠剂和表面活性剂。另外，为了防止过氧化氢的分解，还含有稳定剂非那西汀及 EDTA 螯合剂。

目前，应用最多的头发漂白剂是过氧化氢，因为当它放出有效氧以后，只留下水，对人体无潜伏毒性。一般采用3%～4%的过氧化氢溶液，使用时在100ml溶液中加15～20滴氨水以增加漂白的活性。最简单的漂染方法是将头发用香波洗净、干燥后，将头发全部浸入过氧化氢溶液中不断浸洗。根据不同比例的过氧化氢和氨水，以及头发和溶液接触的时间，可以漂成各种色度深浅不同的头发。最后，用大量热水冲洗，终止漂白作用。

2. 头发漂白剂的配方

（1）乳液状配方

原料	质量分数/%
过氧化氢	17.1
十六醇	2.5
单硬脂酸甘油酯	2.5
聚氧乙烯（15）单硬脂酸甘油酯	2
10%的磷酸	适量
去离子水	余量

（2）膏状配方

原料	质量分数/%
过氧化氢	14.1
十六醇	10
单硬脂酸甘油酯	2.5
聚氧乙烯（15）单硬脂酸甘油酯	2
10%的磷酸	适量
去离子水	余量

（3）液状配方

原料	质量分数/%
过氧化氢	9
季铵盐类阳离子表面活性剂	1.5
焦磷酸钠	0.5
10%的磷酸	适量
去离子水	余量

三、烫发剂

烫发是应用机械能、热能、化学能使头发的结构发生变化而达到相对持久的卷曲或直挺，以获得美感。

（一）烫发原理

烫发就是打开键桥，重新排列，固定发型，再构成新的键桥，使头发保持固定的波纹卷曲的发型。利用加热并辅以碱液打开二硫键的方法，称为热烫；利用化学药物在常温下打开二硫键的方法称为冷烫，所使用的化学药物称为冷烫剂。热烫对头发的损伤较大，现已不太使用。目前市场上冷烫法比较流行，其作用过程如下。

1. 软化过程

对头发形状起决定作用的是多肽链间的氢键、离子键和二硫键，当这三种键力发生改变后，头发就能软化、拉伸、弯曲，并可被整成各种形状。通常是通过水、碱以及还原剂三者相互作用来加速对头发软化的作用。

水可以切断头发中的氢键，这是因为头发的长链分子上有众多的亲水基团如—NH_2、—COOH、—OH、—CONH—等，能和水分子形成氢键，且头发纤维素-水之间的键能大于水-水之间的键能。水进入头发纤维内部，使纤维发生膨化而变得柔软。

碱对头发的作用比较剧烈，主要是切断头发中的离子键，使头发变得柔软，易于弯曲或拉直。

还原剂的作用是主要破坏头发中的二硫键。二硫键在常温下不受水和碱的影响，可用还原剂亚硫酸钠或巯基化合物[如 $HSCH_2COOH$、$HSCH_2CH(NH_2)COOH$ 等]将其切断。其反应分别如下

$$R—S—S—R' + Na_2SO_3 \longrightarrow R—S—SO_3Na + R'SNa$$

$$R—S—S—R' + 2HS—R'' \longrightarrow HS—R + R''—S—S—R'' + HS—R'$$

这样，头发中的二硫键被切断，形成赋予头发可塑性的巯基化合物，使头发易于弯曲或拉直。若作用太强，二硫键被完全破坏，则头发将发生断裂。

2. 卷曲或拉直过程

由于上述作用使头发中的氢键、离子键、二硫键均发生断裂，使头发变得柔软，易于弯曲或拉直成型。此时可用卷发器将头发卷曲成各种需要的形状或用直发器将头发拉直。

3. 定型过程

当头发卷曲或拉直成型后，这些键如不修复，发型就难以固定下来。同时由于键的断裂，头发的强度降低，易断。因此，在卷曲或拉直成型后，还必须修复被破坏的键，使卷曲或拉直后的发型固定下来，形成持久的卷发或直发。在卷发或直发的全过程中，干燥可使氢键复原，调整 pH 为 4～7 可使离子键复原，二硫键的修复（在卷棒上）是通过氧化反应来完成的。其反应式如下

$$HS—R + HS—R' \xrightarrow{[O]} R—S—S—R'$$

所用的氧化剂有过氧化氢、溴酸钾等。在氧化过程巯基有可能被氧化成磺酸基 RSO_3H，这种产物不能再还原成巯基，而会相应地减弱头发的强度。因此，不宜选用过强的氧化剂，同时氧化剂的浓度也不宜过高，以利于二硫键的形成。

综上所述，烫发的基本过程可概述为：首先用烫发剂将头发中的二硫键切断，此时头发即变得柔软易弯曲，当头发弯曲或拉直成型后，再涂上氧化剂，将已打开的二硫键在新的位置上重新接上，使已经弯曲或拉直的发型固定下来，形成持久的卷发或直发，这就是化学烫发的基本原理。

（二）烫发剂的组成

烫发剂一般为两剂型，包括头发软化剂和中和剂。有的是三剂型，除了卷发剂和中和剂外，还配备护发素。

1. 软化剂

头发软化剂的作用是使头发软化，以切断头发中胱氨酸交联的还原剂为主成分，通常为使其效果更好，还含有碱剂、稳定剂、表面活性剂、润湿剂和油分等。

（1）还原剂　巯基乙酸及其盐类（如铵盐、钠盐、钾盐或有机胺盐）曾是一类应用广泛的还原剂。巯基乙酸还原作用比较强，烫发时，在烫发剂浓度（以巯基乙酸铵计，其用量为 5%～14%）下，10min 内约有 25%的二硫键被还原。但巯基乙酸及其盐不稳定，易氧化，用它制成的冷烫液，在贮存过程中，常常会产生分离、变色、pH 值下降和巯基乙酸浓度降

低等情况，影响其使用效果。

硫代硫酸钠是近年来使用比较多的还原剂，它的还原作用与巯基乙酸及其盐类相当，但比巯基乙酸及其盐类稳定得多。

（2）碱类　碱的存在使头发角蛋白膨胀，有利于烫发剂有效成分的渗入，缩短烫发的操作时间。一般来说，pH 值和游离氨含量越高，卷发效果越好。以巯基乙酸为还原剂的冷烫液，其 pH 值一般控制在 8.5～9.5 之间。pH 值过高时，巯基乙酸会引起脱发的危险。

用于冷烫液的碱类有氨水、单乙醇胺、碳酸氢铵、磷酸氢二铵等。其中，氨水的作用温和，易于渗透，卷发效果好，而且更重要的是在于氨水的挥发性。在烫发时，由于氨的挥发可以降低溶液的 pH 值，相对减少了碱性对头发的过度损伤，因而在冷烫液中得以广泛应用。其最大的缺点是具有刺激性臭味。

单乙醇胺没有氨水那样的刺激性臭味，而且卷发能力较强，对头发、皮肤的渗透性良好，且不挥发，有时洗后也不能从头发上完全除去，与氨水相比，制品的 pH 值较高(9.0～9.4)，对皮肤的刺激性较大。

碳酸氢铵、磷酸氢二铵等与前两者相比，无臭味且对皮肤的刺激性较小，pH 值为 7.0～7.5，呈中性。而且对头发的膨润度较低，不必担忧其在头发上残留物的处理问题，但是由于 pH 值低，不易做出强度大的波纹。

实际中，可采用两种或两种以上的碱混合，以克服各自的缺点，产生更好的卷发效果。

（3）渗透剂　表面活性剂的加入有助于冷烫液在头发表面的铺展，促进头发软化膨胀，有利于冷烫液有效成分渗透到发质，强化卷发效果。同时加入表面活性剂，可起到乳化和分散作用，有助于水不溶性物质在水中分散或将制品制成乳化体。此外，加入表面活性剂还能改善卷发持久性和梳理性，赋予烫后头发柔软、光泽。可采用的表面活性剂有阴离子型、阳离子型和非离子型，它们可单独使用，也可复配使用。

（4）增稠剂　为了增加冷烫液的稠度，避免在卷发操作时流失，污染皮肤和衣服，可加入羧甲基纤维素、聚乙二醇等增稠剂。

（5）调理剂　为防止或减轻头发由于化学处理所引起的损伤，可添加油性成分、润湿剂等，如甘油、脂肪醇、羊毛脂、矿物油等。现代产品多使用能修复损伤头发的氨基酸类，如半胱氨酸盐酸盐、水解胶原等。

（6）螯合剂　含巯基化合物，特别是巯基乙酸的还原能力强，易被氧化。另外，铁、铜等金属离子和碱的存在可促进氧化反应的发生，因此，可加入螯合剂（如 EDTA、柠檬酸）和抗氧化剂等。

另外，在冷烫液中加入尿素，可加速头发的膨胀，从而减少溶液中巯基乙酸的含量。合成树脂类也可加入配方中，以提高其卷发的效果。

2. 中和剂

经过卷发剂处理以后，需要用中和剂使头发的化学结构在卷曲成型后回复到原有状态，从而使头发形状能够固定下来，另外还具有去除残留烫发剂的作用。在卷发过程中，烫发液起的是还原作用，而中和剂则起的是氧化作用，所以又称为氧化剂。

中和剂常用的组成如表 5-21 所列。

表 5-21 冷烫液用中和剂组成

成分	主要功能	代表物质	质量分数/%
氧化剂	使被破坏的二硫键重新形成	过氧化氢(按100%计)	<2.5
		过硼酸钠、溴酸钠	6~8
pH调节剂	保持pH值	柠檬酸、乙酸、乳酸、酒石酸、磷酸	pH 2.5~4.5
稳定剂	使过氧化氢分解	六偏磷酸钠、锡酸钠	适量
润湿剂	使中和剂充分润湿头发	脂肪醇醚、吐温、月桂醇硫酸铵	1~4
调理剂	调理作用	水解蛋白、脂肪醇、季铵盐、保湿剂	适量
螯合剂	螯合重金属离子,提高稳定性	EDTA	0.1~0.5
珠光剂	赋予珠光效果	聚丙烯酸酯、聚苯乙烯乳液	适量

常用的氧化剂有溴酸钾（或钠）、过氧化氢、过硼酸钠、过碳酸钠、过硫酸钾（或过硫酸钠）等。其中，过氧化氢是最早被用来作为卷发后的中和氧化剂。为了防止过氧化氢的分解，还加入有机酸如醋酸、酒石酸和柠檬酸等来调节pH值；也可加入少量的*N*-乙酰苯胺作为稳定剂。一般过氧化氢的体积分数约为3%，使用时可冲淡一倍。

另外，碱金属的溴酸盐也被用来作为卷发后的中和氧化剂，一般使用2%～3%的水溶液。为了防止分解，加入少量的磷酸二氢钠使溶液呈微酸性。虽然溴酸盐有很好的稳定性和使用性能，但逐渐地被更经济和更安全的过硼酸钠所代替。为了改善过硼酸钠在硬水中的溶解性，可加入六偏磷酸和四偏磷酸的钠盐或钾盐。但过硼酸盐遇微量的重金属会分解，在选择包装时应予注意。

配方中加入表面活性剂，可改善氧化剂在头发上的铺展性能，改进中和剂的氧化性能。另外，为了使烫后头发光亮和柔软，可加入阳离子表面活性剂等。

（三）烫发剂的配方

1. 软化剂配方

(1) 含巯基乙酸的头发软化剂配方

原料	质量份		
	配方(1)	配方(2)	配方(3)
巯基乙酸(75%)	—	7.5	—
巯基乙酸铵	5.5	—	5.5
氨水(28%)	3	9	2
碳酸氢铵	6.5	—	—
碳酸铵	—	1	—
尿素	—	1.5	1.5
甘油	—	—	3
油醇醚-30	—	0.1	0.5
壬基酚聚氧乙烯醚	—	3	—
十六烷基三甲基氯化铵	—	3	—
EDTA	0.1	0.1	0.1
去离子水	余量	余量	余量

(2) 含硫代硫酸钠的头发软化剂配方

原料	质量份		
	配方(1)	配方(2)	配方(3)
十六醇	6.5	—	—
肉豆蔻酸异丙酯	3	—	—
单硬脂酸甘油酯	2	—	—
水溶性羊毛脂	—	—	1.5
脂肪醇聚氧乙烯(6)醚	2	—	—
脂肪醇聚氧乙烯(25)醚	2	—	—
吐温-60	—	1	—
硫代硫酸钠	7.5	6.5	7
单乙醇胺	8.9	9.2	8
甘油	—	8	2
羟乙基纤维素	—	—	1.8
香精、防腐剂	适量	适量	适量
去离子水	余量	余量	余量

2. 中和剂的配方

原料	质量份		
	配方(1)	配方(2)	配方(3)
过氧化氢	6	—	—
锡酸钠	0.005	—	—
溴酸钠	—	8.5	8.5
瓜儿胶	0.2	0.1	—
柠檬酸	0.05	0.025	—
甘油	6	5	—
丙二醇	—	3	—
吐温-60	1	1	—

原料	质量份		
	配方(1)	配方(2)	配方(3)
CAB-35	—	—	1
纤维素	—	—	0.8
M550	—	1.5	2
硅油 DC-193	—	—	1
水溶性羊毛脂	—	—	1
香精、防腐剂	适量	适量	适量
去离子水	余量	余量	余量

四、摩丝

摩丝（mousse）又称泡沫定型剂，是气溶胶型美发用化妆品，使用时可喷射出乳白色易消散的泡沫，可调整发型并使头发光亮柔软。本节以摩丝为例说明气溶胶类化妆品的基本原料、生产工艺及质量控制。

气溶胶是指液体或固体呈胶体状态悬浮于气体中，其颗粒大小应小于 50μm，一般小于 10μm。目前，气溶胶类化妆品可以分为 5 大类，如表 5-22 所列。气溶胶类化妆品的包装与普通制品不同，需要压力喷雾罐和喷射剂。

表 5-22 气溶胶类化妆品的分类

分类	特征	举例
空间喷雾制品	能喷出细雾，颗粒小于 50μm	香水、古龙水、空气清新剂
表面成膜制品	喷射出的物质颗粒较大，能附着在物体的表面上形成连续薄膜	亮发油、祛臭剂、喷发胶
泡沫制品	压出后立即膨胀，产生大量的泡沫	剃须膏、摩丝、防晒膏
气雾溢流制品	单利用压缩气体的压力使产品自动压出，而形状不变	气雾式冷霜、气雾牙膏
粉末制品	粉末悬浮在喷射剂中，和喷射剂一起喷出后，喷射剂立即挥发，留下粉末	气雾爽身粉

（一）压力喷雾罐

压力喷雾罐由耐压容器和喷嘴组成（如图 5-20 所示）。它的工作程序是先将摩丝（或其他液态化妆品）灌入容器内，然后再灌入喷射剂。在喷射剂的作用下，容器内产生压力，按动喷嘴，摩丝在罐内压力的作用下喷出像雾状的液滴。

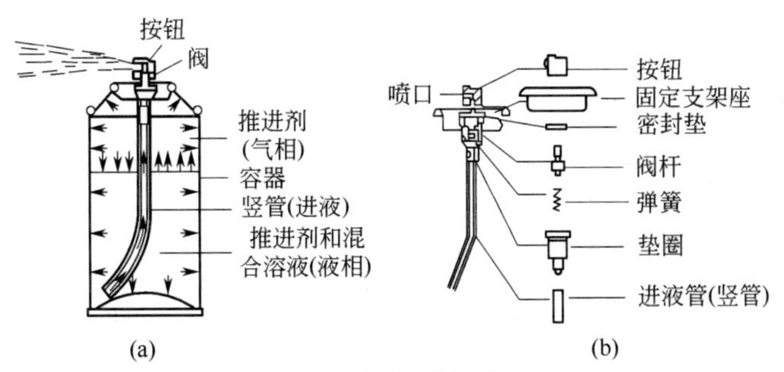

图 5-20 压力喷雾罐工作原理

（a）耐压容器；（b）喷嘴

(1) 耐压容器　耐压容器是耐压的金属罐，由马口铁或铝制成。壁厚要求为0.215mm以上，且有防止内容物腐蚀的措施。容器需经过1.3MPa以上的耐压实验。由于封入的内容物随温度的上升体积膨胀，所以内容物的灌入量必须使容器内留一定的空间。一般耐压容器的容积为10cm^3。

(2) 喷嘴　喷嘴是压力喷雾罐的重要部件，由喷口、按钮、固定支架座、密封垫、阀杆、弹簧、垫圈、进液管等组成。喷射量由喷口、阀杆、垫圈孔的大小进行调节，喷射状态由喷口的形状调整。

(二) 喷射剂

气雾制品依靠压缩或液化的气体压力将内容物从容器内推出来，这种供给动力的气体即喷射剂，它是内容物压出的力源，又称气雾推进剂。喷射剂是气体以液态形式存在于压力罐内的液化气，从喷口向空气中射出时，液化气因汽化而膨胀，使内容物形成细微的雾状。在工作状态下，罐内的液化气随喷射的进行不断汽化，罐内压力保持恒定。

喷射剂的种类很多，大体可分两大类：一类是压缩液化的气体，能在室温下迅速汽化。这类推进剂除了供给动力以外，往往与有效成分混合在一起，成为溶剂和稀释剂，和有效成分一起喷射出来后，由于迅速汽化膨胀而使产品具有各种不同的性质和形状。另一类是一种单纯的压缩气体，只提供动力。表5-23列出喷射剂的种类和特性。

表5-23　喷射剂的种类和特性

类别	名称		分子式	沸点/℃	凝固点/℃	蒸气压(20℃)/kPa	液体密度(20℃)/g·cm^{-3}	爆炸极限/%
液化气	氟代烃类	氟里昂-11	CCl_3F	23.8	−111	88.2	1.49	不燃
		氟里昂-12	CCl_2F_2	−29.8	−158	480.2	1.33	不燃
		氟里昂-21	$CHCl_2F$	8.9	−135	58.8	1.32	不燃
		氟里昂-22	$CHClF_2$	−40.8	−160	833.0	1.21	不燃
	氯代烃类	氯甲烷	CH_3Cl	−23.8	−98	392.0	0.92	8.1～17.2
		二氯甲烷	CH_2Cl_2	40.6	−97	49.0	1.33	不燃
		氯乙烷	CH_3CH_2Cl	12.5	−143	19.6	0.89	3.6～14.8
		三氯乙烷	CH_3CCl_3	74.1	−33	9.8	1.40	不燃
	烃类	丙烷	$CH_3CH_2CH_3$	−42.1	−187	725.2	0.50	2.0～9.5
		异丁烷	$(CH_3)_2CH_2CH_3$	−10.1	−145	215.6	0.56	1.8～8.4
		正丁烷	$CH_3CH_2CH_2CH_3$	−40.5	−135	107.8	0.58	1.5～8.5
压缩气	氮气		N_2	−196.5	−210	3292.8	0.80	不燃
	一氧化氮		N_2O	−89.5	−102.4	5086.2	0.78	不燃
	二氧化碳		CO_2	−78.5	−56.7	5791.8	0.77	不燃

适于化妆品使用的喷射剂应具有不燃性。不燃性的喷射剂除压缩空气外，还有氟里昂类。它是一个或多个氟氯原子取代的烷烃，在化学稳定性、燃性和毒性等方面是比较理想的喷射剂。但是，由于氟里昂涉及臭氧层的消耗、地球表面烟雾量的增加以及温室效应等环境问题，现已逐步被禁用，取而代之的是对于臭氧层的消耗值和地球升温值都为零、对环境没有破坏作用的烃类推进剂。

烃类推进剂主要包括丙烷、异丁烷等饱和烃，它具有以下特点。

（1）无毒　烃类推进剂属于无毒物质，其毒性甚至小于氟里昂-11、氟里昂-22和CO_2，可用于制备食品。

（2）低溶解性、无反应性及无腐蚀性　轻质烃推进剂在配制干燥型气雾剂产品（如止汗剂）时就显示出比二甲醚更好的优点。在这些饱和物分子结构中，既没有官能团，也没有不饱和键存在，因此与气雾剂产品中的活性组分或共溶剂不起反应，从而使气雾剂产品性质比较稳定。另外，烃类推进剂对制备气雾罐的所有金属没有腐蚀性，对塑料制品或阀的垫圈材料也无任何影响，不会有慢性泄漏现象，阀轴使用寿命长。

（3）可调和性　烃类物质可以任何比率配制所需蒸气压的烃类混合推进剂。例如：推进剂A-46，20%丙烷和80%异丁烷调和而成，21℃蒸气压达317kPa；推进剂A-70，57%丙烷和43%异丁烷调和而成，21℃蒸气压达483kPa；推进剂A-31，21℃蒸气压达214kPa；推进剂A-40，21℃蒸气压达276kPa；推进剂P-152，烃类混合物与二氟乙烷混合。

（4）对环境影响小　丙烷和丁烷是有机物中光化学活性最小的物质，其光化学活性要小于乙醇和二甲醚。与汽车排放的烃类相比，气雾剂排放的烃类的总量和光化学物质都比较低。可以说，这类喷射剂对环境的影响小。

（5）低液体密度　轻质烃推进剂在20℃时液体密度范围是0.53～0.58$g \cdot mL^{-1}$，而氟里昂的液体密度范围是1.33～1.58$g \cdot mL^{-1}$。这样，在相同的体积范围内，低密度烃类推进剂的使用质量比氟里昂推进剂少一半。

（6）低表面张力　轻质烃推进剂的表面张力非常低，有利于使液体微粒破碎成雾状，可产生很细的喷雾。

（三）摩丝的配方及制法

摩丝的成分主要有薄膜形成剂、整发剂、溶剂、香料和喷射剂等。

薄膜形成剂主要是合成的可溶于水或乙醇的树脂，如聚乙烯吡咯烷酮、乙烯吡咯烷酮和乙烯乙酸酯的共聚物、乙烯甲基醚和马来酸酐的共聚体、丙烯酸的衍生物等。常用薄膜形成剂的性能如表5-24所列。

表5-24　常用的薄膜形成剂的性能

名称	性能
聚乙烯吡咯烷酮(PVP)	在头发上形成光滑和有光泽的透明薄膜，但有吸湿性，当相对湿度较高时，能吸收空气中的水分而使薄膜强度降低，以至发黏，发型变化
N-乙烯吡咯烷酮与醋酸乙烯酯共聚物(PVP/VA)	对湿度的敏感性比PVP低，可获得更好的定发效果，即使在高湿环境下，也能保持发型不变和减小黏性，形成的透明薄膜柔软而富有弹性
乙烯基己内酰胺/PVP/二甲基胺乙基甲基丙烯酸酯共聚物	对水的敏感性比PVP低得多，成膜性能也比PVP好，具有定发和调理的双重功效、良好的水溶性及在高湿下的强定发能力
N-叔丁基丙烯酰胺/丙烯酸乙酯/丙烯酸共聚物	丙烯酸部分需要碱中和，中和度为70%～90%时成膜性最佳，膜硬度适中，易于洗掉，在潮湿空气中能保持发型，可用做推进剂
丙烯酸酯/丙烯酰胺共聚物	与丙烷/丁烷相容性好，有很好的头发定型作用，即使在潮湿空气中也能保持良好的发型，但该聚合物薄膜较硬，稍脆，应加增塑剂改善膜弹性
乙烯基吡咯烷酮/丙烯酸叔丁酯/甲基丙烯酸共聚物	需氨基甲基丙醇中和，中和度以80%～100%为宜，不会发黏，成膜弹性很强，不需增塑剂，与丙烷/丁烷相容性好，在潮湿空气中也能保持发型

续表

名称	性能
季铵盐型的阳离子纤维素树脂	能迅速分解并溶解于水和水-醇体系中，形成澄清透明溶液，对头发有牢固的附着力，能形成透明的无黏性的薄膜，可改善受损伤的头发，使其保持柔软并有光泽

整发剂是指使头发光亮和柔软的成分，一般使用羊毛脂衍生物和乙二醇类。要求所用整发剂必须能溶解于溶剂和喷射剂中；成膜后的硬度和弹性适宜，薄膜不脱落但又容易清洗，对头发有滋润性和光泽，不发黏，易梳理。

溶剂主要用来溶解聚合物和整发剂。常用的溶剂为乙醇。乙醇有较合适的蒸发速度，其气味也可被香精掩盖，对树脂溶解能力较好，价格也适合。此外，也有用乙醇/水混合体系的。在溶剂体系中，水的作用是：①改善一些不溶于乙醇中的树脂的溶解度；②减慢蒸发速度；③降低成本；④环保。

由于摩丝中含有乙醇，香精易于溶解，加香不会有困难，但要避免聚合物、整发剂、气雾推进剂和乙醇气味对香精气味的干扰。乙醇的气味较难遮盖，必须通过使用试验进行筛选。

配方 1

原料	质量分数/%	原料	质量分数/%
聚乙烯吡咯烷酮季铵盐	5.0	香精	适量
乙酸乙烯酯/乙烯基吡咯烷酮共聚物	4.0	喷射剂	15.0
油醇聚氧乙烯醚	0.5	去离子水	余量

配方 2

原料	质量分数/%	原料	质量分数/%
鲸蜡醇	2.0	乙醇	40
吐温-20	0.8	EDTA	0.4
聚乙烯吡咯烷酮	18.0	香精	1.2
月桂醇硫酸钠	4.0	尼泊金乙酯	0.8
硅油	6.0	去离子水	余量

此配方中喷射剂（F12）与上述物料比＝36∶65（体积比）。

制法：先将聚乙烯吡咯烷酮溶于乙醇中，加入鲸蜡醇，搅拌均匀。另将月桂醇硫酸钠、吐温-20、硅油、EDTA以及尼泊金乙酯加入60℃热水中，然后将二者混合，加入香精。灌装时，先将液体装入气溶胶罐内，再加入喷射剂。

配方 3

原料	质量分数/%	原料	质量分数/%
季铵盐聚合物	2.0	甘油	5.0
聚氧乙烯羊毛脂	0.6	防腐剂	适量
油酸癸酯	5.0	香精	0.4
二甲基硅氧烷/聚氧乙烯共聚物	7.0	去离子水	29.65
油醇聚氧乙烯（20）醚	0.25	喷射剂（丙烷∶异丁烷＝25∶75）	18
乳酸单乙醇胺	0.10		

制法：将水溶性物料（含水溶性表面活性剂）溶解于水中，油性物料熔化后，在70～80℃下与水相混合均匀，冷却至40℃时加入香精、防腐剂，室温下装入耐压容器中，再加入喷射剂压盖后得成品。

（四）气雾型化妆品的生产工艺

气雾型化妆品的生产工艺包括：主成分的配制和灌装、喷射剂的灌装、器盖的接轧、漏气检查、质量和压力的检查以及包装等。这里主要介绍气雾型化妆品的灌装以及质量控制。

1. 气雾型化妆品的灌装

气雾型化妆品的灌装方法基本上可分为冷却灌装和压力灌装两种。

（1）冷却灌装　冷却灌装是将主成分和喷射剂经冷却后，灌于容器内的方法。采用冷却灌装法时，主成分的配制方法和其他化妆品一样，所不同的是它的配方必须适应气雾型化妆品的要求，即在冷却灌装过程中保持流体状和不产生沉淀。一般将主成分冷却至较加入喷射剂时的温度高10～20℃，冷却后应该测定它的黏度，保证在灌装过程中呈流体，且各种成分不沉淀出来。如果主成分由于黏度和沉淀的问题致使温度不能太低，可将喷射剂的温度控制得较一般情况低一些，以免影响灌装。

冷却后，主成分可以和喷射剂同时灌入容器内，也可先灌入主成分然后灌入喷射剂。如果产品是无水的，灌装系统应该有除水的装置，以防止冷凝的水分进入产品中，影响产品质量，引起腐蚀等不良影响。

将主成分及喷射剂装入容器后，由于喷射剂产生的蒸气可将容器内的大部分空气逐出，因此应立即加上带有气阀系统的盖，并且接轧好。此操作必须极为快速，以免喷射剂吸收热量，挥发而受到损失。接轧好的容器在55 ℃的水浴内检漏，然后再经过抛射试验以检查压力与气阀是否正常，最后在按钮上盖好防护帽盖。

冷却灌装具有操作快速、易于排除空气等优点，但对无水的产品容易进入冷凝水，需要较大的设备投资和熟练的操作工人，且必须是主成分经冷却后不受影响的制品，因此其应用受到很大限制。

（2）压力灌装　压力灌装是在室温下先灌入主成分，将带有气阀系统的盖加上并接轧好，然后用抽气机将容器内的空气抽去，再从阀门灌入定量的喷射剂。接轧灌装好，经压力测定后，再进行55 ℃水浴的漏气检查和抛射试验。

压力灌装的优点：对配方和生产提供较大的伸缩性，在调换品种时设备的清洁工作极为简单，产品中不会有冷凝水混入，灌装设备投资少。许多以水为溶剂的产品必须采用压力灌装，以避免将原液冷却至水的冰点以下，特别是乳化型的配方经过冷冻会使乳化体受到破坏。该法的主要缺点：容器内的空气不易排净，有产生过大的内压和发生爆炸的危险，或者促进腐蚀作用。

2. 气雾型化妆品的质量控制

气雾型化妆品不同于一般的化妆品，这不仅反映在配方上，而且在包装容器和生产工艺上也有所不同。气雾型化妆品在生产和使用过程中应注意以下问题。

（1）喷雾状态　喷雾状态受喷射剂的性质和比例、气阀的结构及其他成分（特别是乙醇）的制约。低沸点的喷射剂形成干燥的喷雾，因此如要产品形成干燥的喷雾，可以在配方中增加喷射剂的比例，减少乙醇的比例。当然，这样会使压力改变，应该与气雾容器的耐压情况相适应。

（2）泡沫形态　泡沫形态由喷射剂、有效成分和气阀系统所决定，可以产生干燥坚韧的泡沫，也可以产生潮湿柔软的泡沫。当其他的成分相同时，高压的喷射剂较低压的喷射剂所产生的泡沫坚韧而有弹性。应根据产品的用途来选择喷射剂，如剃须膏需要稳定的泡沫，而亮发油和摩丝需要易消散的泡沫和喷沫。

(3) 溶解度　各种化妆品成分对各种不同的喷射剂的溶解度是不同的，配方时应尽量避免溶解度不好的物质，以免在溶液中析出，阻塞气阀，影响使用性能。

(4) 腐蚀作用　化妆品的成分和喷射剂都有可能对包装容器产生腐蚀，在设计配方时应注意各组分与包装容器和喷射剂之间不起化学反应。对金属容器进行内壁涂覆和注意选择合适的喷射剂可以减少腐蚀的产生。

(5) 香味变化　香味变化的影响因素较多。制品变质、香精中香料的氧化以及和其他原料发生化学反应、喷射剂本身气味较大等都会导致制品香味变化。

(6) 安全生产　由于氟氯烃对大气臭氧层有破坏作用，应尽量避免使用，可采用对环境无害的低级烷烃和醚类作为推进剂。但低级烷烃和醚类是易燃易爆物质，在生产过程中应注意安全。

五、生发剂

按药效成分和配合量，生发剂可分别属于化妆品、准药品和医疗用药品等几类。作为化妆品类的生发剂，主要用于防止头屑和瘙痒、预防脱发，因此这类生发剂实际上可称为头发营养保护剂或头发生长促进剂。其作用是刺激发根、营养发根，并通过杀菌和促使头皮的血液循环、新陈代谢，增强皮肤的机能，促使头发生长、强壮和牢固头发，使其不易脱落（头发的生长结构参见图 5-1）。

（一）脱发的原因

(1) 毛囊机能低下　随着年龄的增长，男性头顶部或前头部的头发开始变稀，但是头部的体表面积所含的头发数量与变稀薄前没有变化，仅仅是头发向又细又短的“胎毛”化退化，这种现象称为男性激素型脱发。这种脱发与男性激素有关。男性激素的睾丸酮，在毛囊处经 5α-还原酶催化变成活性更高的 5α-二氢睾丸酮（DHT）。DHT 是引起脱发的主要原因，DHT 能与细胞内的受体蛋白质结合，转移到细胞核内，将特定的基因活化，诱导生成特定的蛋白质，这种蛋白质阻碍了头发的生长。

(2) 毛囊、毛球部新陈代谢低下　头发因毛根部的毛母细胞分裂增殖分化而不断增长。在成长期，毛囊下部 1/3 的地方分布有篮子状的血管网，供给毛囊血液，促进头发的生长。所以，包围着毛乳头和毛囊的毛细血管的发达程度对头发的成长是非常重要的。如果毛囊、毛乳头的末梢毛细血管的血流量减少，毛乳头和毛母细胞的营养物质供应不足，会使其新陈代谢低下，使头发的生长出现异常。

(3) 头皮生理机能低下　由于头屑的过剩会堵塞头发的毛孔口，这样会对生发的毛根机能产生不良影响。而且头屑大量堆积会被细菌等分解，分解产物刺激头皮，引起伴有瘙痒和炎症的头皮秕糠疹，如果对这些症状置之不理，就会引起秕糠性脱发症。

另外，如果毛囊上部的皮质腺引起皮质分泌过剩后，多余的皮质也会被头皮上的细菌分解，分解物如对头皮的刺激过度，有时也会引起脂溢性脱发症。

(4) 头皮紧张造成的局部血流障碍　头皮的柔软性下降，会引起头皮皮下组织末梢血管血流量减少，也会使头发的生长出现异常。

此外，脱发还与营养不良、应激反应、药物的副作用以及遗传等因素有关。

能解除上述原因的各种药物组合成生发剂的有效成分，其中常用的是含有激活毛囊细胞和促进血液循环成分的制品。

（二）生发用药物

（1）扩张血管的药物 当归浸膏、维生素E及其衍生物，谷维素等药物能扩张血管，促使血液循环。另外，辣椒酊、生姜酊和烟酸苄酯等药物可刺激毛根，促进头发生长。

（2）营养剂 毛乳头及毛囊周围的毛细血管出现循环障碍时可引起毛母细胞的营养障碍，这时可配合使用维生素类和氨基酸类。维生素类有维生素A、B_1、B_2、B_6、E及其衍生物，泛酸及其衍生物；氨基酸类有胱氨酸、半胱氨酸、蛋氨酸、丝氨酸、亮氨酸、色氨酸等。

（3）雌性激素 由于雄性激素过剩可引起脱发，所以可配合与雄性激素有对抗作用的雌性激素，如雌（甾）二醇、乙炔雌（甾）二醇等。

（4）毛根赋活药物 为了改善由于与头发生长有关的各种酶活性异常而引起的毛母细胞功能低下的现象，可以使用毛根赋活药物，如泛酸及其衍生物、胎盘提取液和尿囊素等。

（5）保湿药物 保湿药物可防止头皮干燥，常用的有甘油和吡咯酮羧酸等。

（6）其他 可配合祛头屑止痒药物，有水杨酸、硫黄、间苯二酚、硫化锡、吡啶硫酮锌等。

（三）生发剂的组成和配方

1. 生发剂的组成

（1）稀释剂 稀释剂有乙醇、异丙醇和水等。通常，生发剂含水30%～40%，含油极少，使用感觉舒爽。含油分较多的生发剂，一般使用乙醇作稀释剂，60%～70%的乙醇杀菌力最强，并能给予头发适度的刺激，此外还有清凉、收敛的效果。

（2）保湿剂 硅油、橄榄油、高碳醇、羊毛脂、石蜡等，除具有保湿作用外，还有促使头发柔软、缓和头皮炎症、保护头发的作用。

（3）清凉剂 清凉剂主要是薄荷醇，薄荷醇具有强烈的薄荷香气，并能赋予清凉感，同时还具有止痒作用。

（4）药物成分 药物成分有杀菌剂、营养剂等。

2. 生发剂的配方及制法

配方1

原料	质量份		
	配方(1)	配方(2)	配方(3)
乙醇	80.0	80.0	70.1
蓖麻油	—	0.3	—
水杨酸	5.0	19.7	—
间苯二酚	0.8	—	—
间苯二酚单乙酸酯	—	—	2.5
辣椒酊	0.5	—	—
甘油	—	—	—
香料、色料	适量	适量	适量
去离子水	余量	余量	余量

配方（1）及配方（2）是油性的，适用于干性头发。配方（3）是非油性的，适用于多脂性头发。间苯二酚、间苯二酚单乙酸酯具有溶解角质和杀菌作用，可抑制头皮屑和瘙痒。辣椒酊有刺激头皮作用，可促进血液循环，防止头皮瘙痒。

制法：在常温下，边搅拌边将香料加入到乙醇中，然后按配方顺序依次加入各成分，溶解，搅匀后过滤。

配方 2

原料	质量分数/%
乙醇	45.0
甘油	5.0
维生素 B_6	1.0
盐酸奎宁	0.2
龙脑	0.5
香精	适量
去离子水	余量

制法：将除香料外的其他成分放入容器中混合搅拌，使其完全溶解后过滤，再向其中加入香料。

第七节　功能性化妆品

功能性化妆品是指不仅能修饰外表、增加容颜魅力，还具有实实在在的护肤、美容、美发效能，如去除面部皱纹、去除色斑、去除粉刺、防晒、增白、减肥、健美、防脱发、生发、抗菌等作用的化妆品。使用功能性化妆品，能真正达到美化、健康肌肤和头发、保持青春活力的目的，从而体现化妆品的内在本质。

一、功能性化妆品配方设计

功能性化妆品的一个最大特点就是广泛地使用了能够清除氧自由基的活性原料或组分。换言之，要研制具有功效性的化妆品，就必须用到抗氧化活性物质。在设计功能性产品时，应遵循以下配制原则。

（1）设法获得温和基质配方　化妆品外观形态很多，有膏、乳液、凝露、液晶态冻干粉等，但不管哪种剂型或外观，都存在一个基质或载体问题。基质在配方中的作用虽不是主要的，但却起着赋形、搭载、稳定、传递、促进功效的重要作用。因此，对于功能性化妆品来说，要设计温和基质配方，即它不应该有刺激性，不破坏皮肤自身的天然保护层，不形成阻碍有效物作用的屏障。目前，有许多获得温和基质配方的原则，如少用或避免使用刺激性组分，不用有配伍禁忌的组分，少用防腐剂，少用香精等。合理选择每种组分，使每种组分都能有效发挥其作用，这样的基质配方才是最好的。

（2）正确选用功能原料　功能原料是使化妆品获得功能的一个重要因素。面对愈来愈多的同用途功能原料或活性成分，应科学选用，即重视科学的依据和试验结果，并避免重叠使用相同功效的活性成分，尽量使配方简明化和低成本。

（3）确定正确的制备工艺和设备　现代功能性化妆品的配方一般比较复杂，除组分多、物化性质不同外，每一组分都有很明确的作用和配制要求，尤其是活性组分，一般物化性质在配方中都存在不稳定问题，如受光、热、pH、溶解度等影响失活，因此，必须根据配方的基本特性，通过试验，确定最佳的制造工艺路线和控制参数，选择合适的生产设备。

近年来，来自医药领域的冻干技术和安瓶包封的化妆品越来越受到人们的关注。冻干即冷冻干燥，冻干粉是采用冷冻干燥机的真空冷冻干燥法预先将药液里面的水分冻结，然后在真空无菌的环境下将药液里面被冻结的水分升华，从而冷冻干燥而成，其工艺流程如图5-21。冻干粉的优势在于可以在无菌的环境下，更好地保存化妆品中的营养物质，减弱外界环境影响，同时减少防腐剂用量，大大降低产品的过敏和刺激作用。

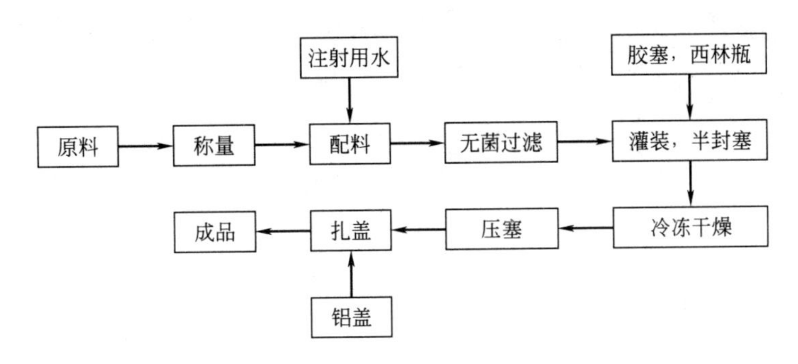

图 5-21 冷干粉的生产工艺流程图

冻干粉的主要成分包括活性物质、稳定剂、填充剂、赋形剂。目前市面上所售的冻干粉活性物质主要包括寡肽-1、蓝铜胜肽、富勒烯、胎盘干细胞提取物等，赋形剂主要包括甘露醇、葡萄糖、乳糖、蔗糖及其复配物等，不同的赋形剂对冻干粉外观、复水性粒径、包封率等都有影响（如表 5-25 所示）。使用时，将冻干粉与溶剂一起混合摇匀。溶剂为无色透明的液体，其中主要包括 pH 缓冲调节剂、活性因子保护剂、透明质酸、海藻糖、维生素 B_5 等。

表 5-25 冻干粉常用赋形剂选择及其表现形式

组分	外观	复水性	粒径/nm	包封率/%
5%葡萄糖	差	易	898.7±9.1	93.37±0.19
5%甘露醇	差	易	2694±25	97.25±0.45
2.5%葡萄糖+2.5%甘露醇	差	易	1591±16	91.17±0.46
5%乳糖+5%蔗糖	优	易	107.0±1.2	99.70±0.50
10%蔗糖	中	易	253.1±0.9	67.10±0.62
3%葡萄糖	良	易	493.8±5.1	70.10±0.35
3%甘露醇	优	易	4390±39	58.61±0.93
1.5%葡萄糖+1.5%甘露醇	良	易	2530±21	64.65±0.21
1%葡萄糖+1%甘露醇+1%蔗糖	良	易	119.6±2.1	65.19±0.38

“安瓶”也叫安瓿，是拉丁文 ampulla 的译音，原是一种药品的包装型式。近年来也用来包封化妆品，是一种完全不含防腐剂的无菌真空包装的浓缩精华。这种包装可以让精华液隔离紫外线和氧气，特别适合于一些高活性成分的稳定，浓度极高，对皮肤的有效因子可高达 90%，能够在短时间内为肌肤补充大量营养。具有全密封、小容量、神奇功效、一次或短时间内用完的特性。目前，有抗老化安瓶、美白安瓶、紧肤安瓶、保湿安瓶或多功能安瓶。以下给出美白祛斑抗衰老安瓶精华液和六胜肽安瓶精华液的配方及其制备方法。

美白祛斑抗衰老安瓶精华液配方：

原料	质量分数/%		
	配方(1)	配方(2)	配方(3)
果酸	10.7	17.2	19.7
植物提取物	21.4	18.8	14.2

原料	质量分数/%		
	配方(1)	配方(2)	配方(3)
透明质酸	10.7	25.6	19.7
胶原蛋白	12.8	12.8	14.2
鲟鱼子酱提取物	16.0	8.5	5.5
墨角藻提取物	8.6	1.7	9.4
酯化维生素 C	2.1	3.5	2.4
胜肽	10.7	6.8	9.4
1,4-二棕榈酸羟脯氨酸	5.3	5.1	5.5
天然增稠剂	1.7	—	—

制备方法：根据配比将果酸、植物提取物、透明质酸、胶原蛋白、鲟鱼子酱提取物、墨角藻提取物、酯化维生素 C、胜肽、1,4-二棕榈酰羟脯氨酸、天然增稠剂搅拌均匀得到精华液，将该精华液封装于安瓶中。

六胜肽安瓶精华液的配方：

原料	质量分数/%		
	配方(1)	配方(2)	配方(3)
EDTA 二钠	0.05	0.05	0.05
甲基葡糖醇聚醚-20	2	3	4
丁二醇	0.5	0.5	0.5
甘油	3	4	5
生育酚乙酸酯	0.2	0.3	0.5
卵磷脂	0.08	0.08	0.08
小核菌胶	0.07	0.07	0.07
黄原胶	0.03	0.03	0.03
皱波角叉菜提取物	0.1	0.3	0.5
苯氧乙醇/辛甘醇	0.5	0.6	0.8
丙烯酸羟乙酯/丙烯酰二甲基牛磺酸钠共聚物	0.8	0.9	1
聚丙烯酸酯交联聚合物-6	0.2	0.3	0.5
马齿苋提取物	0.05	0.08	0.1
乙酰基六肽-8	20	23	25
胶原蛋白抗皱肽	2	3	4
磷酸氢二钠	0.2	0.3	0.4
磷酸二氢钠	0.1	0.3	0.5
糖类同分异构体	1	1.5	2
香精	适量	适量	适量
去离子水	余量	余量	余量

制备方法：①在搅拌均质一体机主锅加水，加入 EDTA 二钠，溶解均匀后，开启均质，慢慢加入丙烯酸羟乙酯/丙烯酰二甲基牛磺酸钠共聚物，确保没有白色粉末后，继续加入聚丙烯酸酯交联聚合物-6，确保没有白色粉末，溶解均匀后暂时关闭均质；②把甘油和小核菌胶、黄原胶、皱波角叉菜提取物预混分散均匀，接着开启均质，将其加入主锅均匀分散，然

后关掉均质；③加入甲基葡糖醇聚醚-20和丁二醇，搅拌均匀即可，可适当开启均质分散，分散后立即关闭均质；④将卵磷脂和生育酚乙酸酯预混分散均匀，开启均质，将其加入主锅，乳化均匀；⑤不开均质，只开启搅拌，依次加入马齿苋提取物、乙酰基六肽-8、胶原蛋白抗皱肽、糖类同分异构体，搅拌均匀后，继续加入苯氧乙醇/辛甘醇、香精、磷酸氢二钠、磷酸二氢钠，搅拌均匀封装于安瓶中即得成品。

二、功能性化妆品实用配方举例

1. 多效洁面乳

原料	质量分数/%	原料	质量分数/%
汉生	0.8	天然果酸	4.0
脂肪酸羟乙基磺酸钠盐	10	尿囊素	0.2
椰油酰胺丙基甜菜碱	8	EDTA	0.1
丙二醇（或甘油）	8	十二醇硫酸铵	1.5
硬脂酸	6	Germall Plus 防腐剂	0.1
三乙醇胺	1.0	香精	适量
维生素C单磷酸酯钠	1.0	去离子水	余量

主要功能：配方中天然果酸、尿囊素等综合作用，能彻底清除面部污物、残妆、死皮，软化角质，淡化色素，提供深层持久保湿，预防粉刺或青春痘产生，使肌肤清爽、光滑白净。

2. 抗敏爽肤水

原料	质量分数/%	原料	质量分数/%
精制乙醇	15	维生素E醋酸酯	0.5
芦荟精粉	0.05	柠檬酸（调pH=5～6）	适量
PEG-40氢化蓖麻油	1.5	去离子水	余量
α-红没药醇	0.15		

主要功能：配方中芦荟精粉、α-红没药醇和维生素E醋酸酯综合作用，能有效平衡皮脂分泌，收缩毛孔，滋润柔软肌肤，同时赋予肌肤抗过敏和炎症功效，能预防及护理因使用祛斑或防晒化妆品所引起的红肿、发炎和丘疹等过敏现象。

3. 活肤滋养面膜

原料	质量分数/%	原料	质量分数/%
聚乙烯醇	14.0	汉生胶	0.3
聚乙二醇400	2.0	二氧化钛	3.0
甘油	4.0	柠檬酸	适量
透明质酸钠	0.01	香精	适量
金缕梅提取液	2.0	尼泊金甲酯	0.2
D-泛醇（维生素B_5）	0.50	尼泊金丙酯	0.10
乳化剂（吐温-20）	0.50	去离子水	余量

主要功能：配方中透明质酸钠、金缕梅提取液和D-泛醇综合作用，能扩张毛孔，增加细胞氧气吸入量，有效消除氧自由基，促进细胞再生，平滑皱纹，消除黑头、粉刺，美白肌肤。

4. 活力祛斑晚霜

原料	质量分数/%	原料	质量分数/%
硬脂酸	2.0	AAG（天然抗氧化合剂）	0.4
单硬脂酸甘油酯	2.0	丙二醇	7.0
鲸蜡醇	3.0	EDTA	0.1
乳化剂Ⅰ	2.0	尼泊金甲酯	0.15
乳化剂Ⅱ	2.0	尼泊金丙酯	0.10
L-Paraffin（正构烷烃）	15.0	Germall Plus	0.05
Azone（氮酮）促渗剂	1.0	香精	适量
维生素 E	1.0	去离子水	余量
维生素 A 酸酯	1.5		

主要功能：配方中利用维生素 A 酸酯、AAG 和维生素 E 的综合作用，适用于因各种因素如阳光、妊娠、内分泌失调、年龄增大等所引起的黄褐斑、雀斑、蝴蝶斑、肝斑、中老年疣、色素沉着以及皮肤黝黑症，从根本上消斑美白，作用温和，无反弹现象。

5. 速效除粉刺霜

原料	质量分数/%	原料	质量分数/%
硬脂酸甘油酯	2.0	维生素 A	0.025
硬脂酸	2.0	活性抗菌剂	0.3
C_{16}～C_{18}醇	4.0	甘油	5.0
棕榈酸异丙酯	7.0	EDTA	0.1
乳化剂Ⅰ	2.0	NAS（天然抗过敏剂）	0.3
乳化剂Ⅱ	2.0	防腐剂	适量
L-Paraffin	10.0	去离子水	余量
维生素 E	1.0		

主要功能：配方中维生素 A、活性抗菌剂和 NAS 综合作用，能快速祛除暗疮及粉刺，令肌肤光滑柔润。

6. 抗菌沐浴露

原料	质量分数/%	原料	质量分数/%
脂肪醇聚氧乙烯醚硫酸铵盐（28%）	20	活性抗菌剂	0.3
十二醇硫酸铵盐（26%）	15	D-泛醇	0.5
月桂酰胺二乙醇胺	4.0	柠檬酸（调 pH=5.5～6.5）	适量
椰油酰胺基丙基甜菜碱	6.0	适量薄荷醇	0.2
润肤剂 CarBOPOL1342	0.15	去离子水	余量

主要功能：配方中利用多种温和活性剂的表面活性复配，能彻底清洁肌肤，并加入活性抗菌剂和润肤剂，能有效抑制细菌生长，消除不良气味，修复粗糙皮肤，令皮肤光滑细腻。

7. 眼围护理水晶凝露

原料	质量分数/%	原料	质量分数/%
精制乙醇	5～10	EDTA	0.1
芦荟精粉	0.05	三乙醇胺（调 pH 约 6.5）	适量
溶解蛋白酶	2	防腐剂	适量
维生素 A 酸酯	2	去离子水	余量
透明凝胶剂	1.5		

主要功能：配方中利用溶解蛋白酶、维生素 A 酸酯和芦荟精粉的综合作用，能有效消除皱纹、色斑，以及眼袋和黑眼圈，促进眼圈肌肤细胞活力，感觉清爽，无疲劳感。

三、功能性化妆品制备技术及特点

由于功能性化妆品在配方上具有组分多且活性组分怕失效等特点，因此，配制技术与普通的配方有许多不同，要求更加严格。综合而论，其关键制备技术及特点如下：

（1）分步配入技术　在配方设计得当的情况下，也必须注意配制的顺序，以加强配伍的“正协同效应”。

（2）活性物保护技术　功能活性原料的加入有许多配制技术，如脂质体、微囊、空心、微球等包覆技术和缓释技术，以保护活性物的功效。

（3）低温配制技术　一般功能性原料，尤其是生物活性成分容易受高温影响而失效，因此，多采用低温配制法。

（4）毒理安全性　由于功能性化妆品配方和配制的特殊性，对毒理安全性提出了特别的要求，因此在生产环境、生产工艺、设备、包装、质量检测等方面都要有严格的卫生保证措施。

思考题

1. 化妆品生产常用的防腐剂有哪些？其作用原理是什么？

2. 皮肤衰老的原理是什么？ 从皮肤的组成方面说明如何预防皮肤衰老？

3. 制备乳化体的方法有哪些？ 如何判断所制备的乳化体的剂型？ 怎样提高乳化体的稳定性？

4. 常用的乳化剂有哪些？ 用硬脂酸皂作乳化剂制备的膏霜和乳液在放置过程中有不断变稠的趋势，可采取什么措施防止这种现象的发生？

5. 角鲨烷作为一种润肤剂，与白油和硅油变比，有何特点？

6. 常用的保湿剂有哪些？ 保湿剂的用量是否愈多愈好？ 为什么？

7. 膏霜的黏稠度与哪些因素有关？ 常用的增稠剂有哪些？

8. 制备雪花膏时怎样确定碱的加入量？ 所用的碱的种类不同对膏体的黏稠度有何影响？

9. 膏霜类化妆品常见的质量问题有哪些？ 应如何解决？

10. 化妆品中常用的成膜剂有哪些？ 各有什么特点？ 哪些化妆品可能用到成膜剂？

11. 简述气雾型化妆品的生产工艺过程。 并说明此类化妆品在生产和使用过程中应注意哪些问题？

12. 分析香粉、粉饼、CC 霜、BB 霜和气垫在配方上有什么不同？ 要增加此类产品的遮盖力，应加大哪些物质的用量？

13. 简述持久性染发化妆品的作用原理及其组成。

14. 设计一个烫发剂配方，并说明其烫发原理及各组分的作用。

15. 化妆品的防晒机理是什么？ 要达到良好的防晒效果，在配方设计时应该注意哪些问题？

16. 将冻干技术用于化妆品生产，其生产的冻干粉与普通的化妆品相比有何特点？

第六章

口腔卫生用品

洁白、健康和美观的牙齿不仅能美化人的仪表，而且对维护全身健康也很重要。由于口腔中存在着各种细菌、齿垢、齿石等沉积物以及食物残渣、脱落的上皮细胞等各种物质，它们腐败、发酵后影响牙齿的健康，因此保持口腔内组织的卫生是非常重要的。常用的口腔卫生用品有牙膏、牙粉、漱口水等。但目前产量最大的是牙膏。牙膏的作用是与牙刷相配合，通过刷牙可达到洁齿的目的，同时又可以祛除口臭，预防和减轻龋齿病、牙周病等病症，并保持牙齿的洁白、美观和健康。

第一节　口腔卫生用品概述

一、牙齿的构造

牙齿主要由牙根和牙冠两部分构成。牙根部分埋在牙床骨肉内，牙冠部分则显露于牙床上。牙根和牙冠的连接部分称为牙颈。牙齿及其周围组织如图 6-1 所示。

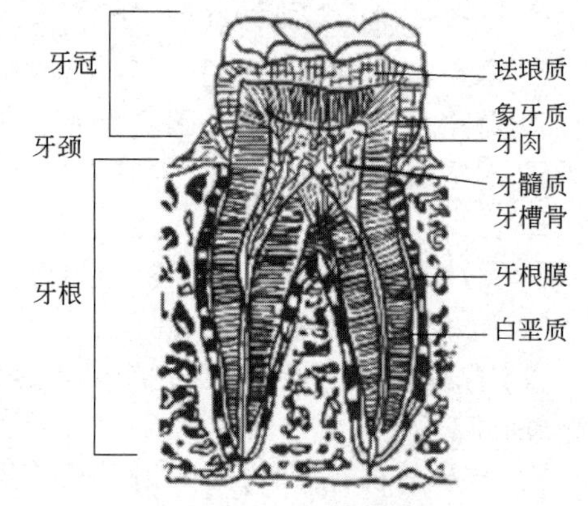

图 6-1　牙齿及其周围组织

牙齿的组织：①珐琅质。也叫牙釉质，覆盖在牙冠表面上的坚硬光亮的物质，是人体中最硬的物质，莫氏硬度为 4，几乎同水晶、石英的硬度相等。它主要由约占 96%羟基磷灰石[$Ca_{10}(PO_4)_6(OH)_2$]、碳酸钙组成的无机盐和占 2%左右的有机质组成。②白垩质。一种骨状物质，覆盖在牙根表面，保护牙根。③牙质。也叫象牙质或齿质，特指露出牙床由珐琅质覆盖的那一部分，是牙齿的主体，也很坚硬，莫氏硬度为 2。它主要由约占 72%的无机盐和约占 28%的有机质组成。④牙髓质。这一组织在牙的髓腔内，内有神经、血管和淋巴等。如果珐琅质被损坏，牙齿一旦接触到冷酸等刺激性的物质，牙髓的神经就会有疼痛的感觉。

二、口腔卫生用品的分类

洁牙是保持口腔清洁的有效手段。口腔清洁可以减少龋齿的发病率，减轻口臭。另外，刷牙时由于牙刷的摩擦作用，可以促进血液循环，促使牙龈变得坚韧健康，增加对细菌的抵抗力，减少牙龈炎等疾病。

口腔卫生用品按使用时是否使用牙刷分为刷牙制品和漱口剂两大类。刷牙制品又可分为牙粉、牙膏、液体洁牙剂；漱口剂也可按用法和形状分为原液型、浓缩型和粉末型等（见表6-1）。其中牙膏是洁牙制品中产量最大、品种最多的一类产品。

表 6-1　口腔卫生用品的分类、组成成分和特征

分类	形状	成分	特征
刷牙制品	牙粉	摩擦剂、发泡剂、香精、药物等	摩擦剂 70%～90%
	牙膏	摩擦剂、发泡剂、黏结剂、香精、药物等	摩擦剂<60%
	液体洁牙剂	黏结剂、保湿剂、增溶剂、香味剂、药效成分等	不含摩擦剂
漱口剂	原液型	溶剂、保湿剂、增溶剂、香味剂、药效成分等	直接使用原液，使用方便
	浓缩型	溶剂、保湿剂、增溶剂、香味剂、药效成分等	使用时需用水稀释
	粉末型	保湿剂、增溶剂、香味剂、药效成分等	使用时需用水稀释，携带方便

由表 6-1 可以看出，口腔卫生用品主要由摩擦剂、表面活性剂和药效成分组成。摩擦剂可将黏附在牙表面的食物磨碎、清除。表面活性剂使牙膏在口腔内迅速分散、扩散，同时渗透到牙齿表面的沉淀物中，使沉淀物迅速分解，另外，表面活性剂产生的泡沫具有携带污垢的作用。所加的药效成分根据其功能，可具有预防龋齿、防治牙周炎、防治口臭、预防牙结石以及清洁烟斑的作用。

第二节　牙膏的性能与组成

一、牙膏的定义和性能

1. 牙膏的定义

牙膏是和牙刷配合，通过刷牙达到清洁、健美、保护牙齿之目的的一种口腔卫生用品。每天坚持早晚各刷牙一次，可以使牙齿表面洁白、光亮，保护牙龈，减少龋蛀机会，并能减轻口臭。特别是临睡前刷牙，可以减少口腔细菌以及由于糖类分解产生的酸对牙釉质的侵蚀，起到更有效的保护牙齿的作用。随着物质、文化生活水平的提高，特别是对保护牙齿重要意义认识的提高，人们对牙膏的品质和功能的要求也越来越高。

2. 牙膏的性能

优质的牙膏应具有如下一些性能。

（1）适宜的摩擦力　为了除去牙齿表面的牙菌斑、软垢、牙结石和牙缝内的嵌塞物，预防龋齿和牙周病的发生，美化牙齿，适当的清洁性是十分必要的。清洁性主要是依靠粉末的摩擦力和表面活性剂的起泡去垢力来实现的。因此，一种牙膏必须具有适宜的摩擦力，摩擦力太强会损伤牙齿本身或牙周组织，摩擦力太弱，就起不到清洁牙齿的作用。

（2）优良的起泡性　尽管牙膏的质量不取决于泡沫的多少，但在刷牙过程中应有适度的泡沫。丰富的泡沫不仅感觉舒适，而且能促进牙膏迅速扩散、渗透到牙缝和牙刷够不到的部分，有利于污垢的分散、乳化和去除。

（3）具有抑菌作用　口腔内存在很多细菌，其中不少是有害牙齿健康的致病菌（如变性链球菌、乳菌杆菌和放线菌等）。为了保障牙齿的健康，牙膏中必须含有抑菌的有效成分，以抑制口腔内细菌的繁殖，降低细菌对食物的发酵能力，从而减少酸的产生及对牙齿的腐蚀。

（4）提高牙齿和牙周组织的抗病能力　性能优良的牙膏，不仅不会损伤牙齿，而且能促进再矿化作用，提高牙齿的抗酸能力，减少龋齿的发生，并对某些牙病有一定的治疗效果。

（5）有舒适的香气和口感　牙膏的香气和口感是消费者决定是否购买的重要因素。因此不仅要从口腔卫生的角度考虑，而且必须考虑在使用中和使用后有令人满意的清爽感觉。

（6）良好的外观和使用性能　牙膏应具有一定的稠度，易从软管中挤出，且挤出时膏体呈均匀、光亮、细腻而又柔软的条状物，并在牙刷上保持一定的形状。刷牙时，既能覆盖牙齿，又不致飞溅。吐掉后口中易漱净及使用后牙刷容易清洗等。

（7）稳定性　牙膏膏体在贮存和使用期间必须具有物理和化学稳定性，即不腐败变质、不分离、不发硬、不变稀、pH 值不变。药物牙膏应具有一定的疗效有效期。

（8）安全性　牙膏是要与口腔相接触的日常生活品，因此要求无毒性，对口腔黏膜无刺激性。

二、牙膏的基本原料

牙膏是主要的刷牙制品，它的组成成分有摩擦剂、保湿剂、发泡剂、黏结剂、香味剂、着色剂、防腐剂、药效成分等。

1. 摩擦剂

摩擦剂的主要功能是除去附着于牙齿表面的污垢和有色物质。摩擦剂应当具有合适的硬度、粒度和较好的去污效果，不损伤牙齿组织，化学上稳定以及无味、无臭等性能。

一般来说，牙釉质的莫氏硬度为 5～6，因此要求摩擦剂的莫氏硬度应小于 5。目前普遍认为，摩擦剂的莫氏硬度小于 4 是比较适宜的。在市场上销售的大多数牙膏中，摩擦剂约占膏体的 20%～50%。牙膏中常用的摩擦剂有碳酸钙、磷酸氢钙、沉淀二氧化硅和硅铝酸钠等。

（1）碳酸钙（$CaCO_3$）　碳酸钙有轻质、重质及天然碳酸钙（即方解石）3 种，这 3 种均为无味、无臭的白色粉末，粒度大部分在 15μm 以下，摩擦力一般比磷酸氢钙大。碳酸钙价格便宜，来源广泛，常用于中低档牙膏中。但其摩擦力因来源和级别不同而差别很大。

（2）磷酸氢钙（$CaHPO_4$）　磷酸氢钙的莫氏硬度为 3.5，经常使用的是二水合磷酸氢钙（$CaHPO_4 \cdot 2H_2O$），其莫氏硬度为 2.0～2.5。它是一种比较温和的优良摩擦剂，几乎不溶于水，与牙釉质有亲和性，对牙釉质的摩擦适中。加有磷酸氢钙的牙膏，膏体光洁美观。但这种摩擦剂的价格昂贵，在中国仅用于高级牙膏。此外，二水合磷酸氢钙长期保存易失去结晶水，使膏体发硬，所以常添加焦磷酸钠或磷酸镁等稳定剂。由于它与多数氟化物不相容，因此不能用于含氟牙膏。

（3）水不溶性偏磷酸钠［$(NaPO_3)_n$］　它的摩擦力适当，莫氏硬度为 2～2.5，常与碳酸钙和磷酸氢钙合用。三者混合使用时，其摩擦作用比各自单独使用的效果好，特别是与磷酸氢钙混合使用时，与氟化物配伍性好，对清洁性有增效作用，但价格较贵。

（4）焦磷酸钙（$Ca_2P_2O_7$）　它的结晶形式有 α、β、γ 之分，其中 β 和 γ 相结晶属于软性磨料。由于焦磷酸钙的溶解度极小，不会降低氧化物的活性，因此与氟化物有良好的相容性。

（5）水合氧化铝（$Al_2O_3 \cdot 2H_2O$）　它是理想的摩擦剂之一，特别是与氟化物的相容性好，莫氏硬度为3.0～3.5。以其制得的膏体与二水合磷酸氢钙相似，但价格较后者便宜。“芳草”牙膏就是以水合氧化铝为摩擦剂。

（6）硅铝酸钠　它是国外新开发的水不溶性摩擦剂，其中 SiO_2 和 Al_2O_3 的摩尔比例至少为45∶1，它与氟化物和抑菌剂的相容性均好。以它为摩擦剂的配方中，可加入单氟磷酸钠，也可加入洗比泰。

（7）沉淀二氧化硅（$SiO_2 \cdot xH_2O$）　沉淀二氧化硅是硅酸盐经缓慢脱水生成的干凝胶，其摩擦力适中，与氟化物和其他药物的相容性好，并具有吸收口腔黏液质的功能。几乎所有的牙膏配方都使用二氧化硅作摩擦剂。二氧化硅还是透明牙膏的独特原料。

2. 保湿剂

保湿剂的作用在于防止膏体水分蒸发，甚至能吸收空气中的水分，以防止膏体干燥变硬，不易挤出，并能降低牙膏的冻点，使牙膏在寒冷地区也能使用，此外，还可赋予膏体以光泽。因此，保湿剂也称赋形剂，普通牙膏中保湿剂的用量为20%～30%，透明牙膏中高达75%。常用的保湿剂有甘油、山梨糖醇、丙二醇、木糖醇、赤藓醇等。山梨糖醇具有适当的甜度，并能赋予牙膏清凉感，与甘油配合使用效果很好；丙二醇的吸湿性很大，但略带苦味，在美国主要用做防腐剂；赤藓醇和木糖醇既有蔗糖甜味，又具有保湿性和防龋效果。

3. 发泡剂

发泡剂使牙膏产生泡沫，在口腔中迅速扩散，并使香气易于诱发，用量一般约2%～3%。发泡剂一般都从表面活性剂中选用，要求无毒、无刺激、无味，常用的有月桂醇硫酸钠、*N*-月桂酰基肌氨酸钠、*N*-月桂酰基谷氨酸钠、月桂酰基磺基乙酸钠、二辛基磺基琥珀酸钠等。

（1）月桂醇硫酸钠（K_{12}）　泡沫丰富且稳定，去污力强，且碱性较低，对口腔黏膜刺激小，是普遍采用的牙膏发泡剂。

（2）*N*-月桂酰基肌氨酸钠（S_{12}）　其化学式为 $C_{12}H_{25}CONHCH_2COONa$。$S_{12}$ 除具有发泡作用外，还能防止口腔内糖类的发酵，减少酸的产生，有一定的防龋齿作用。另外，S_{12} 水溶好，用它制成的膏体稳定细腻，泡沫比较丰富，且容易漱洗，在酸、碱介质中都很稳定，因此 S_{12} 是一种较为理想的发泡剂。

4. 黏结剂

黏结剂也称胶黏剂，可防止牙膏的粉末成分与液体成分分离，赋予牙膏以适当的黏弹性和形状，一般用量为1%～2%。常用的黏结剂有羧甲基纤维素、羟乙基纤维素、聚乙烯醇、聚丙烯酰胺、角叉胶、黄蓍胶、膨润土、海藻酸钠、胶性二氧化硅等。

（1）羧甲基纤维素（CMC）　CMC在水中不是溶解而是解聚，其黏度与取代度有关。低取代度的或取代基团分布不均的CMC，因不能完全解聚，所以产品黏度虽高，但黏液粗糙，制成的膏体不够细腻、光亮，因此用于牙膏的CMC的取代度在0.8～1.2之间。另外，使用CMC作黏结剂还应注意：①无机盐会阻止CMC的解聚而使黏度减小，使用时应使CMC先解聚再加无机盐；②CMC易被纤维素酶降解，因此加酶牙膏中不能用CMC作黏结剂；③含有CMC的牙膏应加入防腐剂，以阻止细菌或真菌产生的酶对CMC的降解作用。

（2）羟乙基纤维素（HEC）　HEC与CMC不同，其结构中的羟乙基为非离子型，其水溶液具有增稠、黏合、成膜等性能，通常用含量为1%～2%的水溶液作为胶黏剂。HEC的溶解速度与溶液的 pH 值有关。同一规格的 HEC 在 pH=8 时较 pH=7 时溶解至最高黏度快一倍。HEC 与 CMC 一样，与细菌或真菌产生的酶作用生成水溶性糖类而失去黏性，所以在使用时也应加入防腐剂。

HEC 可与其他胶黏剂配合使用而产生增稠效应。HEC 对盐有较大的相溶性，可在高浓度的盐中溶解（但在磷酸二氢钠、硫酸钠、硫酸铝溶液中，HEC 会产生沉淀），因此，HEC 用于牙膏，除膏体细腻、黏度稳定外，还特别适用于配制药物牙膏和添加盐类添加剂的牙膏。

（3）海藻酸钠　白色或淡黄色粉末，有吸湿性，溶于水呈黏状胶态溶液，黏度在 pH=6～9时较为稳定。以海藻酸钠制成的膏体具有适宜的黏度，口感好，是理想的胶合剂。但海藻酸钠的水溶液与钙等多价离子接触时会形成海藻酸钙而沉淀，需添加草酸盐、氟化物、磷酸盐等来抑制其凝固。另外，它易于生长细菌或霉菌，使溶液黏度降低，应煮沸后立即加入防腐剂（如对羟苯甲酸的酯类、山梨酸等）。

（4）胶性二氧化硅　胶性二氧化硅是由硅酸快速脱水生成的，具有极细的粒度、极大的比表面积和良好的黏结性等特点。用胶性二氧化硅制成的膏体具有良好的触变性、抗酶能力以及药物相容性，并且能防止膏体腐蚀铝管。通常二氧化硅也与其他有机增稠剂配合使用，以获得较好的黏度和膏体成型性。

5. 香料

牙膏中的香料具有多种功能，一方面可以遮蔽发泡剂等原料带来的异味，赋予膏体以清新、爽口的感觉，另一方面可以利用香料的抗菌活性来强化牙膏的生理活性功能，其用量约为 1%～2%。牙膏所用的香精以清新文雅、清凉爽口为主，常用的有留兰香油、薄荷油、冬青油、丁香油、橙油、黄木油、茴香油、肉桂油等。

6. 甜味剂

由于牙膏中的香料大多味苦，摩擦剂又有粉尘味，因此需要加入甜味剂加以矫正。目前多用糖精钠为甜味剂，糖精钠的甜味是蔗糖的 500 倍，性质稳定，无发酸弊病，其用量为 0.05%～0.25%。以赤藓醇、木糖醇或山梨醇为保湿剂的可少加糖精钠。

7. 防腐剂

牙膏配方中加入甘油、山梨醇、胶合剂等，这些成分的水溶液长时间贮存容易发霉，故需添加适当的防腐剂。常以苯甲酸钠、对羟基苯甲酸甲酯和对羟基苯甲酸丙酯作为牙膏的防腐剂，用量为 0.05%～0.5%。

8. 缓蚀剂

通常以硅酸钠和胶体二氧化硅为缓蚀剂，以抑制碱性膏体对铝管的腐蚀作用。

三、牙膏的药效成分

牙膏作为口腔用品，不仅为了清洁牙齿，更重要的是预防或治疗口腔和牙齿疾病，为了达到这一目的，常加入一些特殊的化学药品或制剂。

1. 防龋齿的药物

对于龋齿的发病原因，目前人们普遍接受 Keyes 学说，即龋齿是与食物（特别是糖分）、龋齿原型病菌以及牙齿的感受性等三大因素有关。也就是说，附着在牙垢内的龋齿菌（即变形链球菌）的体表层局部存在葡萄糖转移酶，可以将蔗糖转为不溶于水而黏着性很强的葡聚糖。这样，葡聚糖一方面使其更加牢固地附着在牙齿间，另一方面，由能量代谢产生乳酸。而乳酸可以溶解牙齿的无机质部分，引起牙釉质脱落（即脱灰现象），形成龋齿。当然，龋齿的形成在一定程度上也受牙齿的抵抗力强弱的影响。针对以上 3 个原因，在牙膏中配合使用的防龋齿药物也有以下 3 类。

（1）增强牙齿耐酸性的药物　在洁牙制品中添加氟化物。常用的氟化物有氟化钠、氟化亚锡、单氟磷酸钠（Na_2PO_3F）等。这些氟化物可与牙釉质的主要成分羟基磷灰石相互作用，羟基被氟离子取代，形成氟基磷灰石，其反应方程式为

$$Ca_{10}(PO_4)_6(OH)_2+2F^- \longrightarrow Ca_{10}(PO_4)_6F_2+2OH^-$$

这样，牙釉质的主要成分羟基磷灰石中的一部分羟基置换上了氟离子，形成氟基磷灰石。氟基磷灰石化的羟基磷灰石难溶于酸，这样可以增强牙齿对酸的抵抗力，促进再石灰化（即脱灰的部分再次结晶形成牙质）。

（2）杀灭龋齿病原体的药物　在牙膏制品中广泛使用具有广谱抗菌力的是洗必泰乙酸盐，又称氯己定或乙酸双氯苯双胍己烷。它是一种白色结晶性粉末，无臭、味苦，溶于乙酸，微溶于水，熔点为 150～154℃，常用做杀菌消毒剂，对革兰阳性菌和阴性菌及真菌均有较强的杀菌作用，对绿脓杆菌也有效，无刺激性，但对热不稳定，遇碱或肥皂等会使其杀菌能力降低。洗必泰牙膏除具有较强的杀菌作用外，也能抑制牙斑，防治龋齿。

其他的杀灭龋齿病原体的药物还有异丙基甲基苯酚、双联胍类等。

（3）分解或阻止葡聚糖合成的药物　由链球菌突变体产生的不溶性黏着物葡聚糖，主要有葡萄糖 α-1,6 及 α-1,3 两种结合式。一般将分解 α-1,6 结合式的酶称为葡聚糖酶；分解 α-1,3 结合式的酶称为歧化酶。因此，可将葡聚糖酶用于牙膏中，以抑制葡聚糖的分解。另外，研究表明，若将葡聚糖酶与单氟磷酸钠配合使用后，其抑制龋齿的效果可提高 40%左右。当然，由于阴离子表面活性剂会影响酶的活性，因此，如果牙膏用酶来防龋齿，考虑到酶的活性问题，需对牙膏的配方进行调整。

2. 预防牙周炎的药物

牙周炎是发生于牙周组织周围的炎症，其症状一般为牙内红肿、出血，严重时也会化脓。牙周炎是由牙垢引起的，因此，只要在牙膏配方中加入可以抑制牙垢的杀菌剂和广义的消炎剂就可以预防牙周炎。杀菌剂如前所述的洗必泰乙酸盐，广义的消炎剂包括收敛剂、抗菌剂、血液循环促进剂等。

（1）收敛剂　收敛剂能使组织表面的蛋白质稳定地收缩，从而隔绝来自外部的刺激，起到消炎作用。常用的收敛剂包括尿囊素铝、乳酸铝等铝化物，鞣酸及其衍生物，以及氯化镁等。尿囊素铝应用于牙膏中还具有止血作用。

（2）抗菌剂　用于牙膏中的抗菌剂主要是玉洁纯（Triclosan），其化学名称为 2,4,4-三氯-2-羟基二苯醚，俗称三氯新。

玉洁纯是一种新型的高效广谱抗微生物剂，毒性极低，并无异味、无刺激感，对多种革兰阳性菌和阴性菌、真菌及病毒均具有抑制和杀灭作用，具有良好的皮肤相容性，对人类及环境高度安全。将玉洁纯用于牙膏和漱口水中，能有效地控制菌斑和缓解牙龈炎症状。从玉洁纯的药理作用分析，玉洁纯抗微生物的主要作用部位是细菌的胞浆膜。抑菌浓度时能阻止细菌对必需氨基酸的摄取，杀菌浓度时则可使细菌胞浆膜破坏，细胞内容物外溢。研究表明，玉洁纯对于引起口腔疾病的革兰阳性菌及阴性菌，包括导致牙龈炎及牙周炎的嗜二氧化碳及专性厌氧菌，如变形链球菌、口腔类杆菌、白链球菌、乳杆菌、白色念珠菌等都具有高效杀灭及抑制作用，且作用时间长。玉洁纯能溶于多种溶剂及表面活性剂中，且化学性质稳

定，耐高温及酸、碱水解，贮存期长。使用时，建议抑制细菌生长的质量浓度为 10～30g·L^{-1}，杀灭细菌的质量浓度为 50～100g·L^{-1}。

Triclosan 虽然是一种有效的杀菌剂，但它也有不足之处，不易在口腔内保持黏附。为了改善这一点，可在牙膏配方中加入一种聚合物（如 GantrezAN 139）。这样，共聚物附着在牙齿表面形成连续的薄膜，以遮盖牙齿表面，而抗菌剂直接抑制细菌活动以控制其生长，因而防止细菌附在牙齿表面，并且，共聚物可使 Triclosan 在很低浓度下亦能长时间地被组织吸收，从而对口腔疾病具有高效和长效的作用。

除了玉洁纯 MP 有广谱抗菌从而消炎外，还可选用氨甲环酸、甲硝唑、替硝唑、茶多酚等。这些都是牙膏中行之有效、安全、无副作用的有效的消炎、止血药物。

另外，天然蜂胶具有杀菌、消毒、抑菌、防霉、防腐等多种功效，可解决抗生素只对单一微生物起作用的缺陷，且无副作用。除了可预防牙龈炎，还能滋养牙龈，使口腔感觉十分舒适。在牙膏配制生产过程中，一般以酊剂的形式随同香料一起加入，用量为 1%～10%。

（3）血液循环促进剂　这类药物主要是维生素类。维生素 E 及其衍生物（如维生素 E 与烟酸相结合的烟酸酯）具有促进血液循环的作用，将其用于牙膏，可预防牙床淤血和改善淤血状况。维生素 A 能参与口腔上皮组织的生长和代谢，用于牙膏中，可进入牙周组织，防治牙周炎。维生素 C 有助于恢复口腔上皮组织的功能，促进胶原再生，增强抗炎和吞噬细胞的抗菌力。维生素 B_6 与盐酸化吡哆素配合，可促进口腔的卫生保健。

3. 清除烟斑的药物

经常吸烟者的牙齿表面往往牢固地吸附着一层黑褐色的污垢，这主要是由烟碱的作用而产生的。烟碱又称吡啶氢化吡咯，其分子内含有吡啶和吡咯环，吡咯环极易氧化，甚至在空气中氧化变成褐色，清除极为困难。烟斑不仅影响口腔卫生、牙齿美观，并和口腔疾病关系密切。

研究表明，植酸（肌环己六醇-6-磷酸酯）及其钠盐，作用于牙面上可使烟斑膨松，即坚固的烟斑崩解和漂起，从而达到去烟渍的效果。另外，植酸在极低的浓度下，易被羟基磷灰石迅速吸收而降低牙釉质在酸中的溶解度，从而抑制磷酸钙与牙齿珐琅的溶解，兼具有防龋的作用。另外，在牙膏配方中添加特效的能溶解烟斑的保湿剂，如聚乙二醇 400 和聚乙二醇低聚醚（PDGE），可提高去烟斑的效果。

4. 防治口臭的药物

引起口臭的原因很多，如口腔不洁、口腔炎症、慢性肠胃炎等，从口腔疾病的病因分析主要是厌氧菌感染。口腔中的厌氧菌会使蛋白质和肽分解、代谢，产生硫化氢和甲硫醇、甲硫醚等挥发性硫化物。因此，抑制厌氧菌的生长可防治口臭。常用的抑制厌氧菌生长的药物有甲硝唑、替硝唑等。另外，铜叶绿酸钠、β-环糊精以及中药黄芩、黄连等都具有预防口臭的作用，关于这些药物的作用机理仍有待于进一步研究，但其效果已得到确认。

第三节　牙膏的配方设计

一、普通牙膏的配方设计

普通牙膏是指不加任何药物成分的不透明牙膏，其主要作用是清洁牙齿和口腔，预防牙结石的沉积和龋齿的发生，保持牙齿的清洁和健康，并赋予口腔清爽之感。

牙膏中的摩擦剂是决定牙膏洁齿力大小的直接因素。因此，在设计普通牙膏配方时，关键在于选择摩擦剂。表 6-2 是常用摩擦剂的摩擦值 RDA（牙本质磨损值）和莫氏硬度。牙釉质的莫氏硬度为 4～5，牙本质为 2～2.5。因此，摩擦剂的莫氏硬度应在 2～3 之间，不超过牙釉质的莫氏硬度，以免损伤牙釉质。另外，还要考虑各组分之间的关系，特别是摩擦剂、增稠剂、保湿剂、香精、水分等这几种组分之间的比例对膏体稳定性和流变性的影响。

表 6-2　常用摩擦剂的摩擦值和莫氏硬度

摩擦剂	RDA 值	莫氏硬度	摩擦剂	RDA 值	莫氏硬度
碳酸钙	150	3.0	氢氧化铝	120	3.0～3.5
二水合磷酸氢钙	45	2～2.5	二氧化硅	110	5
无水磷酸氢钙	160	3.5			

普通牙膏的基础配方为（质量分数）：摩擦剂 40%～50%，保湿剂 20%～30%，增稠剂 1%～2%，发泡剂 1.5%～2.5%，甜味剂 0.1%～0.5%，防腐剂 0.1%～0.5%，香精 1%～1.5%，其余为水。

在确定基础配方后，应做小试对配方进行调整，使其各项指标符合牙膏的新标准 GB 8372—2017（见表 6-3）。如果膏体偏稀，则需投入较多的摩擦剂粉料，或者减少脂肪醇硫酸盐等离子型表面活性剂的用量。当然，如果以 CMC 为黏结剂，也可以尝试降低甘油的用量以提高膏体的黏度。总之，牙膏配方中各组分的用量可在一定范围内变动，以求得各种作用相互平衡，最终达到较满意的效果。以下是典型的普通牙膏的配方及其制法，以供参考。

表 6-3　牙膏标准 GB 8372—2017 中的指标要求

技术要求	项　目	指标要求
感官指标	膏体	均匀、无异物
理化指标	pH 值	5.5～10.5
	稳定性	膏体不溢出管口，不分离出液体，香味、色泽正常
	过硬颗粒	玻片无划痕
	可溶氟或游离氟量（下限仅适用于含氟防龋牙膏）/%	0.05～0.15（适用于含氟牙膏） 0.05～0.11（适用于儿童含氟牙膏）
	总氟量（下限仅适用于含氟防龋牙膏）/%	0.05～0.15（适用于含氟牙膏） 0.05～0.11（适用于儿童含氟牙膏）
卫生指标	菌落总数/CFG·g^{-1}　≤	500
	霉菌与酵母菌总数/CFG·g^{-1}　≤	100
	耐热大肠菌群/个·g^{-1}	不得检出
	铜绿假单胞菌/个·g^{-1}	不得检出
	金黄色葡萄球菌/个·g^{-1}	不得检出
	铅(Pb)含量/mg·kg^{-1}　≤	10
	砷(As)含量/mg·kg^{-1}　≤	2

配方 1

原料	质量分数/%	原料	质量分数/%
碳酸钙	39.0	糖精	0.1
山梨糖醇	22.0	香料	1.0
CMC	1.1	尼泊金乙酯	适量
K_{12}	1.3	去离子水	余量

配方 2

原料	质量分数/%	原料	质量分数/%
焦磷酸钙	42.0	糖精	0.09
甘油	18.0	香料	1.1
角叉胶	0.9	尼泊金丙酯	适量
K_{12}	0.2	去离子水	余量

制法：将水、甘油加入真空混合机中，再加入 CMC 或角叉胶，充分混合。然后加入焦磷酸钙或碳酸钙等摩擦剂和十二烷基硫酸钠。最后加入溶解于一部分精制水的糖精、香料、尼泊金酯，均匀混合后，减压脱气。

制作时要注意，如果在混合或脱气不充分时，经过一段时间会产生固液分离现象。

二、透明牙膏的配方设计

透明牙膏因其独特的外观、亮丽的膏体，给人以悦目、清新、安全的感觉，深受广大消费者特别是儿童的青睐。良好的透明牙膏必须具备清新怡人的口感、清澈似水的透明度、体态优美的条形、光亮照人的色泽。在牙膏稳定的前提下，最重要也是最难以达到的是牙膏的透明度，这也是透明牙膏与其他品种牙膏的最主要的区别。因此，在设计透明牙膏的配方时应注意以下几方面。

（一）原料的选择

透明牙膏的原料比较复杂，要使牙膏的膏体透明，必须使构成膏体的液相原料和固相原料的折射率一致。由于各种原料的折射率不同，并受到其浓度的影响，因此在透明牙膏中原料的选择非常重要。常用原料的折射率如表 6-4 所列。

表 6-4 透明牙膏常用原料的折射率

原料	水	山梨醇	甘油	二氧化硅	香精
折射率 n_D^{20}	1.333	1.333～1.457	1.333～1.470	1.450～1.460	1.440～1.490

1. 摩擦剂的选择

透明牙膏常用摩擦剂为二氧化硅，其折射率主要由生产工艺决定，一般在 1.450～1.460 之间，二氧化硅一旦生产后，其折射率就无法改变。在生产透明牙膏时，对所使用的二氧化硅要严格控制，使其折射率在配方规定的范围内。

2. 保湿剂的选择

牙膏透明的前提条件是构成膏体的液相与固相的折射率一致。固相原料主要是二氧化硅，其折射率已经无法改变，因此，液相的折射率应该按二氧化硅的折射率来调节。可用于生产透明牙膏的保湿剂主要有山梨醇、甘油，它们的折射率与浓度有关。甘油的折射率在1.333～1.470之间变化，山梨醇含量在0～70%间变化时，其折射率在1.333～1.457之间变化。它们的折射率变化范围正好落在二氧化硅的折射率（1.450～1.460）范围内，通过选择合适的相对浓度，改变液相的折射率，可以使液相和固相的折射率一致。山梨醇、甘油水溶液的浓度-折射率关系如图6-2所示。

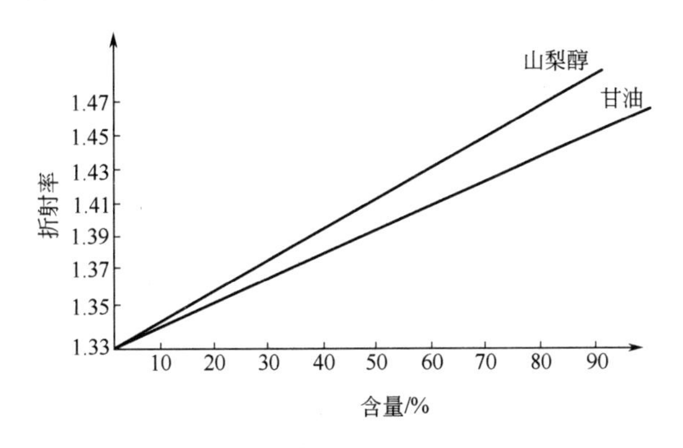

图6-2　保湿剂浓度-折射率关系

3. 增稠剂的选择

可用于透明牙膏的增稠剂有CMC、卡拉胶、黄原胶等，其中CMC由于价格比较低而应用得最为广泛，但用CMC做成的透明牙膏，其黏度偏高，在灌装时容易产生拉丝现象（拖尾），导致密封不牢。如使用卡拉胶、黄原胶，或使用部分卡拉胶、黄原胶，这种拉丝现象就会明显地减少。

4. 总水量的控制

水的折射率为1.333，与二氧化硅的折射率相比要低得多，在要求高透明性时，通常只能使用少量的水。同时，所使用的山梨醇一般为70%的山梨醇水溶液，这部分的水量同样会影响透明性。一般总水量控制在30%以内。

（二）各组分用量的调节

通过以上论述，可以确定透明牙膏的基础配方为（质量分数）：二氧化硅10%～20%，保湿剂50%～75%，增稠剂0.2%～1%，发泡剂1%～2%，甜味剂0.1%～0.5%，防腐剂0.1%～0.5%，香精1%～2%，其他添加剂如中药提取液或氟化物1%～2%，其余为水。但是，要使膏体完全清澈透明，液相体系与固相体系的折射率必须非常接近或一致。因此，在实际生产时，一定要对透明牙膏中各组分之间的用量进行适当的调节，以保证膏体完全透明。在透明牙膏的原料中，二氧化硅为固相，其折射率在1.450～1.460之间，其余各组分为液相。由于山梨醇与二氧化硅的折射率非常接近；甘油的折射率大于二氧化硅的折射率，且用量较

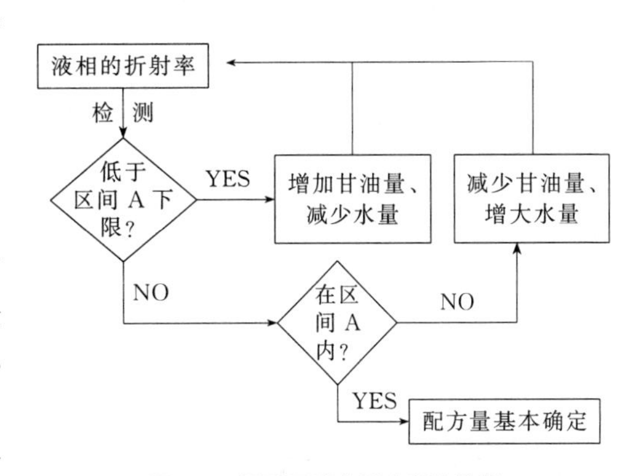

图6-3　透明牙膏的配方设计路线

大，可作为液相折射率高调剂；水的折射率较低，用量也不少，其可作液相折射率低调剂；香精的折射率与甘油接近，但用量较少，对产品的折射率影响不大。故可利用图 6-3 为配方设计路线，图中区间A=[1.450,1.460]，即固相二氧化硅的折射率范围。

以下给出常用的透明牙膏配方及其制法。

配方 1（普通透明牙膏）

原料	质量分数/%	原料	质量分数/%
二氧化硅	20.0	糖精钠	0.05
山梨醇液	50.0	尼泊金乙酯	0.01
甘油	10.0	色素	适量
CMC	1.5	香料	适量
K_{12}	1.8	去离子水	11.64

配方 2（透明含氟牙膏）

原料	质量分数/%	原料	质量分数/%
二氧化硅	20.0	单氟磷酸钠	0.72
山梨醇（70%）	70.0	糖精钠	0.30
黄原胶	0.40	苯甲酸钠	0.30
卡拉胶	0.30	香精	0.70
K_{12}	1.5	去离子水	5.68
氟化钠	0.10		

制法：①将氟化钠、单氟磷酸钠、糖精钠、苯甲酸钠溶于适量水中；②将润湿剂、增稠剂加入制膏机内，高速搅拌 5～10min，在搅拌中将上述水溶液加进润湿剂内，搅拌至胶水中没有颗粒存在；③将余下的水加进制膏机内，在真空下高速搅拌 10～20min；④加入摩擦剂、发泡剂，在真空下高速搅拌 5min；⑤加入香精，在真空下高速搅拌 10～20min，完成制膏前，膏体的真空度要求高于 0.096MPa；⑥膏体用复合管灌装。

配方 3（彩色透明含氟牙膏）

原料	质量分数/%	原料	质量分数/%
甘油	40～50	甜味剂	0.1～0.2
山梨醇	30～40	苯甲酸钠	0.1～0.2
二氧化硅	10～20	色素	适量
发泡剂	2	香精	适量
胶黏剂	1	水	10～20
氟化钠	0.24		

制法：①将氟化钠、甜味剂等添加剂预先溶解于水中；②将胶黏剂在高速搅拌下分散到一部分保湿剂中，时间为 5min；③将胶黏剂分散液倒入混合锅中，用剩下的保湿剂冲洗后，一并倒入混合锅中，高速搅拌 10～15min；④加入二氧化硅、发泡剂，在真空状态下高速搅拌 2min；⑤加入香精，在真空状态下高速搅拌 15～20min，出料前真空度要求达0.096MPa 以上；⑥膏体用复合软管包装。

三、药物牙膏的配方设计

药物牙膏主要包括以下几种类型：含氟牙膏、洗必泰牙膏、加酶牙膏、中草药牙膏、脱敏牙膏等，而其中主要的是加酶牙膏、含氟牙膏和中草药牙膏。在进行这类牙膏的配方设计时，应特别注意原料的配伍性。如氯化锶是脱敏型牙膏的常用药物，它与十二醇硫酸钠极易起反应，生成十二醇硫酸锶和硫酸锶白色沉淀，从而使泡沫完全消失。又如加酶牙膏中不宜用 CMC 作为胶合剂等。下面将分别加以论述。

（一）加酶牙膏

加酶牙膏就是向膏体中加入多种活性酶。酶杀菌力强，去污功效高，具有良好的消炎作用，并能分解粘在牙齿上可形成牙菌斑的葡聚糖，因而可有效地保持口腔清洁，防治牙周炎、牙出血等口腔疾病，抑制龋齿和牙菌斑的产生，所以加酶牙膏是一类优良的保健牙膏。产品除要求符合药物牙膏所规定的标准外，还要求在保质期内酶不失活。

1. 牙膏中常用酶的种类

酶是生物细胞所产生的一种催化剂，其本质是蛋白质，有些是由蛋白质和核酸构成的。根据酶催化反应的性质，把酶分成以下几类：①氧化还原酶类。促进作用物氧化和还原的酶类，如乳酸脱氢酶、细胞色素氧化酶、过氧化氢酶、过氧化物酶等。②转移酶类。促进不同物质分子间某种基团的交换或转移的酶类，如转甲基酶、转氨酶、己糖基酶等。③水解酶类。促进水解反应的酶类，如淀粉酶、胃蛋白酶、脂肪酶等。此外，还有裂解酶、合成酶、异构酶。

加酶牙膏常用的酶有碱性蛋白酶、中性蛋白酶、溶菌酶、葡萄糖氧化酶、葡聚糖酶等，各自的性质如下。

（1）碱性蛋白酶　碱性蛋白酶为粉状，无结块、潮解现象。分解蛋白酶的作用在水溶液中进行，作用范围 pH＝9.0～12，温度 30～35℃，酶活力 40000～80000$\mu \cdot g^{-1}$。

（2）中性蛋白酶　中性蛋白酶也称蛋白酶，粉状，无结块、潮解现象。分解蛋白酶的作用在水溶液中进行，作用范围 pH＝6.8～7.5，温度 35～40℃，酶活力 20000～120000$\mu \cdot g^{-1}$。

（3）溶菌酶　溶菌酶又称球蛋白 G 和胞壁质酶，是由 129 个氨基酸残基构成的单一多钛链，分子量约为 15000；白色呈微黄色结晶型或无定形粉末；无臭、味甜；等电点为 10.5～11.0，易溶于水，不溶于乙醚、丙酮等有机溶剂，水溶液遇碱易破坏，在酸溶液中稳定，为一种碱性蛋白质；常与氯离子结合成为溶菌酶氯化物；酶活力 8000～12000$\mu \cdot g^{-1}$。

（4）葡萄糖氧化酶　葡萄糖氧化酶为淡黄色或灰黄色粉末，溶于水或黄绿色溶剂，不溶于甘油、乙二醇、氯仿、醚、吡啶等有机溶剂，能被 50%丙酮或 66%甲醇所沉淀。来自霉菌的葡萄糖氧化酶的分子量约为 150000；等电点 pH＝4.2～4.3。酸、碱和高温能使其破坏，最适宜范围 pH＝5.5～7.8，温度 30～35℃，酶活力 6000～10000$\mu \cdot g^{-1}$。

葡萄糖氧化酶能作用于葡萄糖底物，形成 δ-葡萄糖酸内酯，进而生成葡萄糖酸，使寄生在口腔中的一些病原菌不能繁殖。

（5）葡聚糖酶　黄褐色冷冻干燥粉末，能溶于水，酶活力 1000$\mu \cdot g^{-1}$。用于防龋齿的葡聚糖酶的分子量为 37000 左右，最适宜范围 pH＝5.0，温度为 40℃。另外，$Ca_3(PO_4)_2$、NaF 等化合物和金属离子是该酶的激活剂，并且牙膏中的保湿剂甘油对该酶具有活化作用。

2. 常用酶的作用机理

口腔中唾液的成分十分复杂，其中 99%以上为水，固体成分不足 0.7%，有机物为 0.5%，主要是各种蛋白质，有淀粉酶、葡聚糖酶、溶菌酶、磷酸酯酶等。但这些酶的含量非常少，在牙膏中加入相应的酶可以增强其相应的生理活性。

如前所述，龋齿主要由细菌感染所致，牙菌斑是致龋的重要因素之一。牙菌斑的表层有许多球菌，致龋齿的变形链球菌能生产葡聚糖，葡聚糖是一种黏性胶体物质，是牙菌斑的主要成分，作为基质使细菌及口腔残留物聚集起来，对牙齿表面进行腐蚀，而葡聚糖酶以及葡萄糖氧化酶则分解葡聚糖，溶解菌斑，清除细菌和影响细菌代谢，抑制菌斑形成，对减少龋齿具有很好的效果。

溶菌酶是一种黏多糖，溶菌酶在某些细菌的细胞壁上起作用，它能水解革兰阳性细菌细胞壁肽聚糖中的胞壁酶与 *N*-乙酰胺基葡萄糖之间的糖苷键。溶菌酶对细胞壁作用后，细菌细胞膜变脆，受渗透冲击后易于破裂。通常，由于在唾液中溶菌酶浓度很低，在对抗微生物方面是无效的。因此，在牙膏中加入溶菌酶，可提高口腔的抗菌能力。

由于酶具有专一性，对口腔清洁不明显，且可能造成口腔菌群失调，因此，通常在牙膏中加入多种生物酶，使其复合在一起，共同作用于口腔，以达到清洁口腔的目的。例如淀粉酶与蛋白酶一起加在牙膏中使用，可减少和消除牙菌斑，溶解牙石。目前含酶牙膏中有 FE 雪豹牙膏、蓝天生物酶牙膏等。

3. 加酶牙膏的配方及制法

加酶牙膏配方

原料	质量分数/%		原料	质量分数/%	
	配方(1)	配方(2)		配方(1)	配方(2)
溶菌酶氯化物	0.5	—	CMC-Na	1.0	2
枯草溶菌素	—	0.1	羟乙基纤维素	0.5	—
山梨醇(70%)	15	15	二氧化硅	1.0	2
二水合磷酸氢钙	40	—	聚氧乙烯硬化蓖麻油	2	—
磷酸钙	—	30	氯化钠	—	15
甘油	10	10	糖精钠	0.1	0.1
蛋白酶	—	0.8	维生素 E 烟酸酯	1	—
十二醇聚氧乙烯醚磷酸钠	0.5	—	香精	0.8	0.8
十二醇硫酸钠	—	1.5	水	余量	余量

制法：加酶牙膏的制备方法与一般牙膏类似，但应注意酶的保活，所使用的原料与酶具有配伍性，以保证加酶牙膏的保健、护齿功能。

按以上配方配制时，先将纤维素分散于甘油中，再加入山梨醇、水及水溶性物料，混匀后加入粉状及其余物料研磨，然后加入溶菌酶，经陈化、脱气后灌装。该加酶牙膏可有效地防治牙周炎，控制脓溢等牙病。

（二）含氟牙膏

自从 1942 年 Dean 等报告了氟素可以降低龋齿的患病水平后，人们对各种利用氟来防龋齿的措施进行了研究，含氟牙膏便是其中之一。1955 年，美国食品药品监督管理局确认氟化亚锡牙膏为第一种具有防龋齿作用的药物牙膏并批准使用。但由于氟化亚锡牙膏存在牙齿的着色和不能长期存放的问题而逐渐被淘汰。1963 年，美国牙科协会认可了单氟磷酸钠牙膏的防龋齿效果。随后，含氟牙膏得到了蓬勃发展。目前，含氟牙膏从组成上分为单氟牙膏和双氟牙膏两种，单氟牙膏只含有单氟磷酸钠，双氟牙膏含有单氟磷酸钠和氟化钠两种氟化物；从外观上分，有透明型膏体和不透明型膏体两种。

1. 含氟牙膏的防龋齿机理

含氟牙膏的防龋齿机理如下。

（1）降低牙釉质在碱中的溶解度　龋病是由于细菌产生的酸使牙齿脱矿所致，牙齿矿物质的溶解可影响龋病的发生。由于氟离子能置换釉质中的羟基磷灰石的羟基，生成难溶于酸的氟基磷灰石，使牙釉质的酸溶解度降低，从而起到防龋的作用。其反应式为

$$Ca_{10}(PO_4)_6(OH)_2 + 2F^- \longrightarrow Ca_{10}(PO_4)_6F_2 + 2OH^-$$

（2）促使再矿化作用　氟化物能增强自然再矿化过程。研究表明，在磷酸钙溶液中加入 $0.05mol \cdot L^{-1}$ 的氟化物，可使脱矿釉质再矿化速度加快 4～8 倍，龋损釉质在氟化物的作用下，可发生再矿化。这是由于氟化钙晶体能吸收磷酸，这一过程可抑制矿物质在 pH 值下降时溶解。氟化钙粒子在 pH 值下降到 6 或 6 以下释放氟，而当菌斑的 pH 值低于中性时，磷酸失质子变成磷酸二氢根离子，后者不能抑制牙釉面氟化钙的溶解，于是氟化钙类似 pH 值的控制器，在龋齿侵袭发动时，参与牙釉质的矿化与再矿化过程。

（3）抑菌作用　龋齿的发生与变形链球菌、乳酸杆菌、放线菌有关，而氟化物有抑菌能力。研究表明，菌斑中氟化物的浓度比唾液高得多。这说明在口腔环境中，氟化物主要集中在菌斑中，其浓度足以抑制细菌的产生。

（4）抗酶作用　龋齿与加速产生致龋物的多种酶有关（如烯醇酶、琥珀酸脱氢酶等）。烯醇酶是糖酵解过程中一种重要的酶，它可以使糖酵解过程中的中间产物 2-磷酸甘油转化为丙酮酸，经还原成乳酸，侵蚀牙齿。氟化物能抑制与糖酵解和细胞氧化有关的上述酶，抑制乳酸的形成，减小对牙齿的腐蚀。

另外，氟化物也能填充到羟基离子丢失的孔隙中，因而稳定了釉质的晶体结构；氟化物还能减小釉质窝沟的深度，提高牙齿的自洁能力。

上述氟化物的防龋机理不是各自独立的，而是相互作用的。氟化物改善磷灰石的结晶度也就降低了它的溶解度和反应性。氟基磷灰石的形成也关系到促进再矿化作用，增强釉质表面硬度。

2. 含氟牙膏的配方设计

含氟牙膏的作用在于预防龋齿，保证其中氟离子的有效浓度的稳定性非常重要。因此，在进行配方设计时，一定要注意所选用的氟化物与摩擦剂之间的配伍性。所用的氟化物有氟化钠、单氟磷酸钠、氟化亚锡、氟化锌等。氟化钠遇到钙盐会产生无活性的氟化钙，故氟化钠不宜用于以钙盐为摩擦剂的配方中。单氟磷酸钠离解时先产生 PO_3F^{2-} 复离子，再缓慢产生游离的 F^-，不易失去活性，有较好的配伍性。氟化亚锡有使牙齿着色的倾向，现已很少使用。另外，研究表明，氟化亚锡/难溶性磷酸盐和氟化钠/二氧化硅可使牙膏含氟量保持稳定，单氟磷酸钠/磷酸钙和氟化钠/碳酸钙可使牙膏中氟离子的有效浓度迅速降低而失去作用。焦磷酸钙因与氟化物配伍效果差而趋于淘汰。表 6-5 给出与常见的氟化物相配伍的摩擦剂。

表 6-5 与常见的氟化物相配伍的摩擦剂

氟化物	摩擦剂
氟化钠(NaF),氟化亚锡(SnF_2)	塑料粉(Acylic),六偏磷酸钠[$(NaPO_3)_6$],焦磷酸钙($Ca_2P_2O_7$),二氧化硅(SiO_2)
单氟磷酸钠	塑料粉(Acylic),六偏磷酸钠[$(NaPO_3)_6$],焦磷酸钙($Ca_2P_2O_7$),二氧化硅(SiO_2),磷酸氢钙($CaHPO_4$),碳酸钙($CaCO_3$),三氧化二铝(Al_2O_3)

含氟牙膏有透明型和不透明型两种膏体。由于二氧化硅与氟化物的配伍性好，以它为含氟牙膏的摩擦剂时，氟化物可选的品种多，不受资源的限制，因此，目前的含氟牙膏多以透明型为主。

其次，要注意氟化物的加入量。在国家标准 GB 8372—2017 中规定了含氟牙膏中总氟量以及可溶氟或游离氟量的要求。对于成人含氟牙膏，其含量不能超过 0.15%；对于儿童含氟牙膏，其含量不能超过 0.11%；如果用于防龋齿牙膏，其含量均不能低于 0.05%。常用单氟磷酸钠和氟化钠，二者在防龋齿方面各有所长，可同时使用。

3. 含氟牙膏的配方和制法

配方 1

原料	质量分数/%	原料	质量分数/%
焦磷酸钙	42.0	焦磷酸亚锡	1.2
氟化亚锡	0.4	硅酸镁铝	0.6
甘油	10.0	糖精	0.2
山梨醇	20.0	香料	1.0
HEC	0.6	去离子水	24.0

配方 2

原料	质量分数/%	原料	质量分数/%
二氧化硅	20	单氟磷酸钠	0.7～0.8
保湿剂	65	氟化钠（试剂级）	0.05～0.1
发泡剂	2.0	甜味剂	适量
胶黏剂	1.2	添加剂（试剂级）	适量
香精	适量	去离子水	余量

配方 3

原料	质量分数/%	原料	质量分数/%
氢氧化铝	45	单氟磷酸钠	0.7～0.8
保湿剂	25	氟化钠（试剂级）	0.05～0.1
发泡剂	2.5	甜味剂	适量
胶黏剂	1.5	添加剂（试剂级）	适量
香精	适量	去离子水	余量

制法：①将单氟磷酸钠、氟化钠、甜味剂等添加剂预先溶解于适量水中。②将胶黏剂在高速搅拌下分散在保湿剂中，时间 5min。③将去离子水加入到制膏机中，加入预先混合好的

添加剂、胶黏剂溶液，高速搅拌 10～15min。④加入摩擦剂、发泡剂，在真空状态下高速搅拌 2min。⑤加入香精，在真空状态下高速搅拌 15～20min，出料前真空度要求达 0.095MPa 以上。⑥膏体用复合软管包装。

制作时应该注意，由于氟化钠在 25℃时的溶解度只有 4g，即使加热至 100℃，也只能溶解 5g。因此，溶解氟化钠时，要加入足量的水，否则，氟化钠不完全溶解，影响有效氟的浓度。

（三）中草药牙膏

牙膏是人们的日常生活用品，它的主要作用是清洁牙齿，保护口腔的卫生健康。多年来，在很多牙膏产品中都添加具有功效特性的中草药，刷牙时，通过口腔黏膜的吸收，把洁齿功能与防治牙病有机地结合起来，这种产品一直深受消费者的欢迎。

1. 金银花特效牙膏

金银花为忍冬科植物，是一种常用的清热祛火中草药，它具有清热解毒、疏散风热的功效，对“上火”引起的口腔炎症有特效。因此通过使用以中草药金银花的提取液为主要成分配制的牙膏，就可起到清热祛火、消炎止痛和祛除口臭的作用。

（1）金银花提取液的制作　将一定量干燥的中草药金银花去除杂质，用水洗干净，放入称量好的水中，用猛火煮沸后，改用慢火煮 1h，停火后再浸泡 2h，最后滤出浸泡液，浓缩到一定程度后即可使用。

（2）配伍性　金银花中草药牙膏配方中的金银花提取液与牙膏中其他各种原料具有良好的配伍性，各原料的配比多少并不影响牙膏的预防和治疗功效。

（3）配方和制法

配方

原料	质量分数/%	原料	质量分数/%
甘油	20	防腐剂	0.25
碳酸钙	45	香精	1.3
羧甲基纤维素钠	1.2	金银花提取液	12
十二醇硫酸钠	2.4	稳定剂	1.0
甜味剂	0.35	去离子水	余量

制法：按配方比例，先将摩擦剂、胶黏剂、发泡剂等粉质原料称量好；再将甜味剂、防腐剂、保湿剂、稳定剂等原料溶于称量好的去离子水中；在真空条件下，首先把水溶液吸入制膏锅中，然后开搅拌机，进粉料；膏体研磨和搅拌 50min 后，再依次加入金银花提取液和香精，然后再搅拌研磨 15min 即完成制膏。

2. 芦荟牙膏

芦荟含有 100 多种成分，除一般植物所含有的糖类、脂类、蛋白质、氨基酸、维生素及矿物质外，芦荟还含有某些特有的生理活性成分，一类是蒽醌类化合物，另一类是多糖类物质。其中，蒽醌类化合物遇空气和阳光极易被氧化成黑褐色。芦荟中的蒽醌类化合物主要化学成分为芦荟大黄素苷，芦荟大黄素苷具有健胃、泻下、消炎和抗过敏的作用，它能抑制组胺的游离，对治疗气喘、过敏性鼻炎、花粉过敏症等有良好的效果。另外，它还有促进大肠蠕动、通便利尿、很好的抗溃疡和中和细菌毒素的作用，对导致口腔炎症的系统疾病有很好的治疗与预防作用。

（1）芦荟原料的选择　用芦荟鲜叶加工的芦荟汁、浓缩液、干燥粉等均称为芦荟制品。通常芦荟制品有两大类，一类是芦荟凝胶系列，另一类是全叶芦荟系列。前者系将芦荟鲜叶经去皮取凝胶后生产的产品，后者系将芦荟鲜叶全部（包括芦荟叶皮）进行加工生产的产品。牙膏工业一般选用全叶芦荟制品为原料。这类芦荟制品有1∶1原汁、2～40倍浓缩液、100～200倍喷雾和冷冻干燥粉等形态，而又以10～20倍全叶芦荟浓缩汁和100∶1的全叶芦荟喷雾干燥粉较为常用。

（2）配方和制法

配方

原料	质量分数/%	原料	质量分数/%
甘油	10～15	二氧化硅	5～10
山梨醇	10～12	发泡剂	2.0
黄原胶	0.5～1	香精	1.2
HEC	0.3～0.6	无机盐	适量
芦荟提取液	8～15	其他	适量
氢氧化铝	40～60	去离子水	余量

制法：按配方比例要求，称量所需的原料，用去离子水溶解无机盐，将无机盐水溶液、芦荟提取液、甘油、山梨醇加入真空制膏机中，开启高速搅拌，立即加入黄原胶、HEC、二氧化硅、氢氧化铝、发泡剂的混合物，搅拌30min，再加入香精，继续搅拌10min，在负压0.1MPa下除去空气，脱气后的膏体灌入牙膏管中，即为成品。

（四）其他药物牙膏

配方1（脱敏牙膏）

原料	质量分数/%	原料	质量分数/%
碳酸钙	50.0	香料	1.20
K_{12}	7.20	尿素	5.00
甘油	20.0	氯化锶	0.30
CMC	1.2	丹皮酚	0.05
糖精	0.30	去离子水	14.75

该配方中的脱敏剂为氯化锶，它在口腔中的作用机理是锶离子能被牙齿的牙本质吸收，然后锶离子渗透到牙组织的内部，使牙齿组织的渗透性显著降低，减少龈缘牙周组织对各种刺激的敏感性，从而有脱敏镇痛作用。

配方2（洗必泰牙膏）

原料	质量分数/%	原料	质量分数/%
磷酸氢钙	50.0	香料	1.20
K_{12}	2.5	焦磷酸钠	1.00
甘油	22.0	乙酸洗必泰	0.45
CMC	1.2	去离子水	21.40
糖精	0.25		

第四节　牙膏的制备

一、牙膏的制备工艺

牙膏的制备工艺包括两种：一种是湿法溶胶制膏工艺，另一种是干法溶胶制胶工艺。湿法溶胶制膏工艺又分为常压法和真空法。由于牙膏是一种复杂的混合物，它是将粉质摩擦剂分散于胶性凝胶中的悬浮体，因此要制造性质稳定的膏体，除了选用合格的原料、设计合格的配方外，制膏工艺和制膏设备也极其重要。以下分别介绍湿法溶胶制膏工艺和干法溶胶制胶工艺。

（一）湿法溶胶制膏工艺

湿法溶胶制膏工艺是目前国内外普遍采用的一种工艺路线，包括常压法和真空法两种。

1. 常压法制膏工艺

常压法制膏的一般生产过程如下：首先将水、润湿剂、胶黏剂、香料、甜味剂及药物成分准确称量，再按照规定的制造条件在混合机中进行混合，但是由于胶黏剂如 CMC 等吸水，膨润性强，所以应该先加入制成预备液，然后再加入摩擦剂和发泡剂制成粗膏体，之后将粗膏体在研磨机中或胶体磨中进行研磨，脱气后灌装入牙膏管中。因此，常压法制膏工艺由制胶、捏合、研磨、真空脱气等工序组成，其生产工艺设备流程如图 6-4 所示。以下对各工序分别论述。

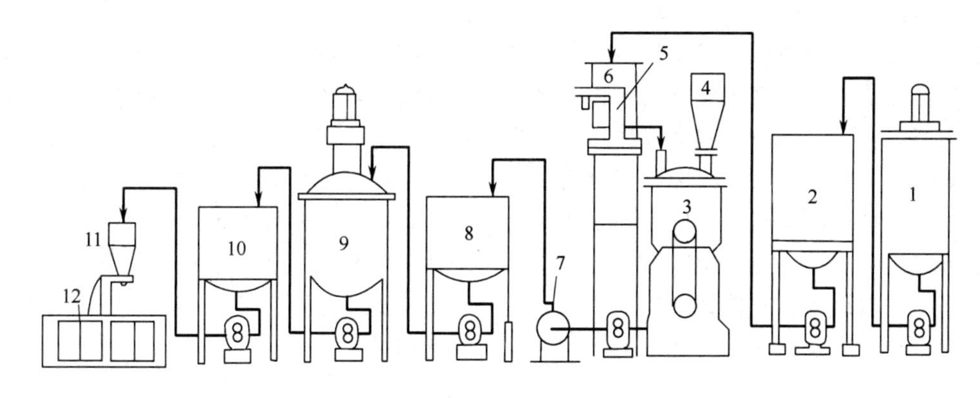

图 6-4　常压法制膏工艺设备流程

1—制胶锅；2—胶水贮罐；3—拌膏机；4—粉料加料斗；5—磅秤；6—胶水计量桶；7—胶体磨；8—暂贮罐；9—真空脱气釜；10—贮膏罐；11—灌装机；12—包装机

（1）制胶　首先将保湿剂吸入制胶锅中，使胶黏剂 CMC 或羟乙基纤维素等粉粒充分润湿，以便溶解均匀，然后在高速搅拌下加入水、糖精和其他水溶性添加剂（如使用液状发泡剂，也在此时加入），胶黏剂遇水后溶胀成胶体，继续搅拌，待胶水均匀透明、无粉粒为止，打入胶水贮罐放置一段时间，使黏液进一步均化。这时 CMC 为高分子化合物，溶液具有高黏度，不易扩散。由于搅拌条件等因素的影响，或多或少有部分软胶粒或包心胶粒团存在，在贮罐内先放置一段时间，可以使胶粒充分膨胀胶溶，在微粒自动位移的作用下使胶水进一步得到均化。

制胶时应注意，若以甘油作为保湿剂，由于甘油吸水性很强，能从空气中吸收水分，因此当CMC在甘油中均匀分散后，应立即溶解于规定的全部水中，以避免放置时间过长而吸潮，且甘油胶一次性加入水中，可避免因分散剂不足或搅拌分散差而造成胶团凝结层。

（2）捏合　捏合是制备牙膏的重要工序。首先将胶水打入捏合机，加入摩擦剂、粉状发泡剂和香精等，捏合均匀。捏合时间的控制非常重要，捏合时间太短，膏体不均匀；捏合时间太长，打入空气太多，膏体发松，难以出料。

粉状发泡剂在此工序加入的原因是：①此时水和胶黏剂胶团的结合已基本稳定，发泡剂加入后仅与部分包覆水相溶，成为胶状存在；②后期的机械作用减少，故产生气泡的可能性也大大减小；③由于发泡剂在溶液中是以分子状态存在的，随着溶胶过程和拌粉过程的进行，会进入膏体的每一部分，显著降低胶体的结构黏性。对于液状发泡剂来说，若在此时加入，其中的水分在溶胶形成凝胶过程中极易破坏胶体的外包结构，影响膏体的稳定性，所以液状发泡剂在制胶时加入。

香精的加入可在粉料之前，也可在粉料之后。若香精在粉料之前加入，由于胶合作用，可完全以O/W型等乳状粒子存在，真空脱气时损耗小，但对膏体的结构网可能有影响。若香精在粉料之后加入，它可以与发泡剂产生的气泡接触，起到消泡作用，并且大部分被胶团结合水层吸附，香气易于扩散，香气浓厚，但易被真空脱气带走，损耗较大。总之，应根据配方设计，选择有利于膏体稳定性的加料方式。

目前国内通用的拌膏设备是由不锈钢制造的卧式拌膏机，内装有Z形搅拌器，在常压下使胶水、摩擦剂、发泡剂和香精等均匀混合。

（3）研磨　经捏合的膏体，由齿轮泵或往复泵送到胶体磨进行研磨，在机械的剪切力下，使胶体或粉料的聚集团进一步均质分散，使膏体中的各种微粒达到均匀分布。

胶体磨是目前较理想的研磨设备，不仅均化效率高，且由于密封操作，不易受外界环境污染，生产出的膏体光亮细腻。其工作的基本原理是通过定子与转子在高速旋转下的相对运动，使物料在自重及离心力的共同作用下，当通过定子与转子之间的微小间隙时，由于受到强大的剪切力、摩擦力、撞击力等复合力的作用，物料被有效地研磨、粉碎、分散。由于胶体磨的锥形结构，因此与普通圆筒剪切的模型不同，在胶体磨间隙的流场中产生了促使颗粒向转子方向运动的升举力。由于升举力的作用，增加了颗粒之间的研磨机会，更加有利于物料的粉碎。一般认为，胶体磨内使物料均化的原因主要有两方面：其一是胶体磨内流体产生的剪切力场；其二是物料颗粒之间产生的相互研磨与碰撞。

经捏合、研磨后的膏体，由于表面张力降低，更易吸附空气或在搅拌中带入空气，这样，膏体中存在较多气泡。另外，由于设备条件的限制，粉料分散后虽经研磨，仍不很均匀。因此，研磨后要放置一段时间，使细微的气泡自动聚合为大气泡，减少了气泡的总表面积，以利于下一步脱气工序的进行，同时也使粉料进一步均化，黏度增大，触变性增强，膏条成型状况得到改善。

（4）真空脱气　真空脱气是为了改善膏体的成型状况。经脱气处理后的膏体光亮细腻，成条性好。脱气用的脱气机有真空脱气釜和离心脱气机两种。

（5）灌装及包装　牙膏的灌装封尾是由自动灌装机完成的，灌装量可根据产品的规格和要求进行调节。灌装封尾后的牙膏，由人工或自动包装机进行包装。

从以上论述可以看出，常压法制膏工艺设备简单，且每一台设备功能单一，制造和维修比较方便，操作易于进行，但也有许多不足之处：①工序多，管线长，膏体输送不易进行，在调换品种时设备清洗困难，占地面积大；②分散均匀化效率低，各个工序独立操作，膏体虽然经过较长的生产流程，却得不到很好的机械分散，要借助于放置贮存来均化，生产周期长，生产效率低；③由于制胶、捏合等在非真空条件下进行，必然混入大量的空气，产生气泡，影响膏体的质量；④膏体在脱气机中进行脱气，香精会被部分抽出，使香气损失较大。

2. 真空法制膏工艺

真空法制膏工艺是将制胶、捏合、研磨、脱气等 4 个工序在同一台设备中完成，因此也叫湿法一步法。这种工艺使用多效制膏釜，釜内既有慢速锚式搅拌器和快速桨式搅拌器，又有竖式胶体磨。整个操作在真空条件下进行，各个部分相互配合、协同操作，具有许多优点：①物料分散性好，生产周期短；②占地面积小，有利于自动化生产；③各步操作都在真空下进行，避免了敞口制膏设备易混入气体和脱气不完全以及易受环境污染等缺点，制得的膏体光亮、均匀、细腻；④在非排气的静真空下加入香料，避免香料损失，降低原材料损耗。因此真空制膏工艺是一种较好的制膏工艺，目前世界上各先进的牙膏生产公司大多数都采用这种工艺。以下以瑞士的 VME 型制膏机为例来说明湿法一步法的工艺流程（如图6-5所示）。

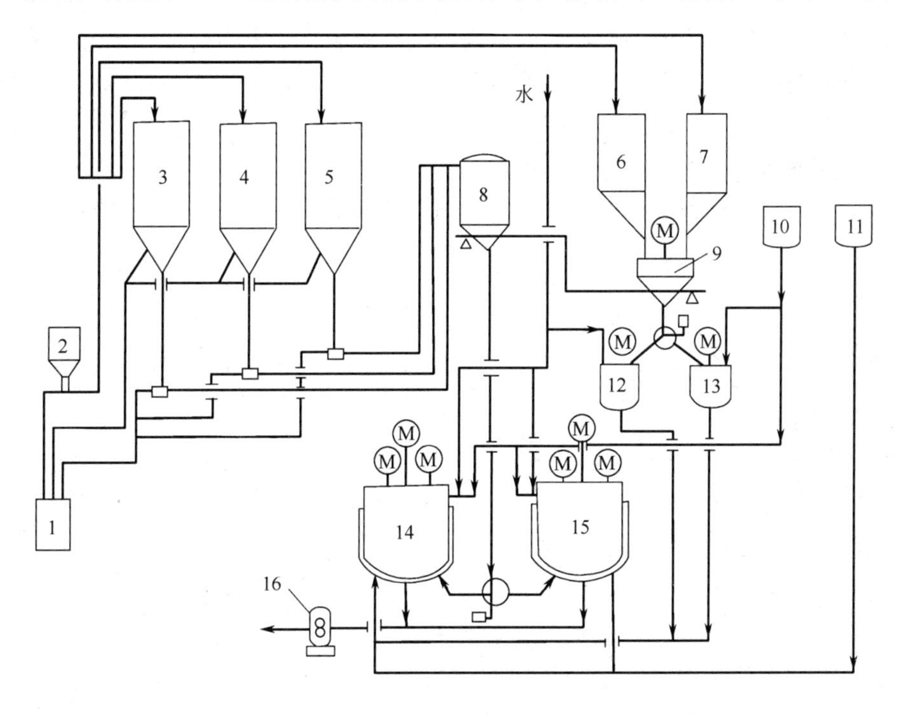

图 6-5　VME 型制膏机制膏设备流程

1—空压机；2—粉料斗；3～5—粉料仓；6，7—小量粉料仓；8—粉料计量罐；9—小量粉料计量罐；10—甘油贮罐；11—液体 K_{12}贮罐；12，13—预混器；14，15—制膏釜；16—出膏泵

（1）粉料计量及输送　数量大的粉料由气力输送至粉料仓，这些数量大的粉料各设一个计量罐，一般用具有活动接头的管道将不同的粉料送至不同的粉仓。粉仓至计量罐的输送由管道连接，粉仓底部星形卸料阀能自动控制卸料速度，并由经除湿处理的压缩空气吹送。计量仓由真空泵形成负压，计量值用计算机加以控制。CMC、糖精等小量粉料则由气力输送至小量粉料仓，小量粉料计量罐附在小量粉料仓下面，并通过换向阀分别送入预混器。

（2）液体物料计量及输送　甘油、山梨醇、去离子水和液体 K_{12} 等由液体流量计直接计量。

（3）两只 VME 制膏釜交替生产，形成半连续状态生产　整个制膏操作由一台 SIMENS 大型 PLC 系统控制，采用集中分布模式，包括送粉控制单元、液料输送及计量控制单元、粉料计量控制单元、真空制膏控制单元、灌装自动加料控制单元，每个单元通过现场总线与主站联系，既可单独操作，也可通过主站操作，工艺参数可事先输入。目前，该控制系统已由上海牙膏厂成套设备公司和上海德川自动控制系统有限公司仿制。

生产时，水及水溶性物料进入预混器 12 中，混合均匀后吸入制膏釜中。甘油和 CMC 在预混器 13 中混合均匀后吸入制膏釜中，同时开启慢速搅拌和快速搅拌，分散在甘油中的 CMC 遇水溶胀制成胶水。然后吸入摩擦剂，开启胶体磨，研磨一定时间后，吸入 K_{12}，再研磨一定时间，关闭真空泵，在静真空下吸入香精，搅拌混合均匀后，首先停止胶体磨和快速搅拌，最后关闭慢速搅拌并开启出膏泵出料，每锅制膏时间约 80min。两只制膏釜交替使用，一只卸料时，另一只开始配料。

（二）干法溶胶制胶工艺

干法溶胶制胶工艺是把胶合剂粉料与摩擦剂粉料先用混合设备混合均匀，在捏合设备中与水、甘油溶液一起捏合成膏，搅拌均匀后再加入香料和洗涤发泡剂。与湿法溶胶制膏工艺相比，省掉了制胶工序，极大缩短了工艺流程，特别是由原来的制膏一条线改革成制膏一台机，有利于生产的自动化、连续化。同时由于用水不溶性粉料作为分散隔离剂，防止了胶粉在溶胶过程中凝聚结块的现象。但干法制胶工艺需要胶合剂粉料的细度在 50μm 以下，并且对粉料混合设备和制膏设备的性能要求严格。另外所制的膏体还会存在一些不均匀块粒，同时也混入一定量的空气，所以必须经过研磨和脱气，才能制得细致光滑的膏体，因而其发展受到一定的限制。

二、牙膏的制膏设备

在牙膏的制膏设备中，具有代表性的主要有瑞士 VME 型制膏机、意大利 TE-3 型制膏机、德国 BECOMIX-RM 型制膏机。三者之间的共同特点是：①制膏在密闭的容器内，在真空状态下操作。②配有桨式搅拌和刮板，使物料不产生堆积和死角。③配有高速均质器或胶体磨，能使物料均匀分散，制得的膏体细腻。④采用一步法工艺，在制膏机内完成所有的制膏操作，显著减少物料损失。⑤配套原料输送系统、自动计量与控制系统，通过计算机操作，实现了制膏自动化。以下分别介绍这 3 种制膏机。

（一）VME 型制膏机

VME 型制膏机以胶体磨研磨物料，在预分散锅内分散增稠剂，在制膏锅内发胶，采用湿法一步法工艺，配套 SIMENS 控制系统。VME 型制膏锅的结构如图 6-6 所示。

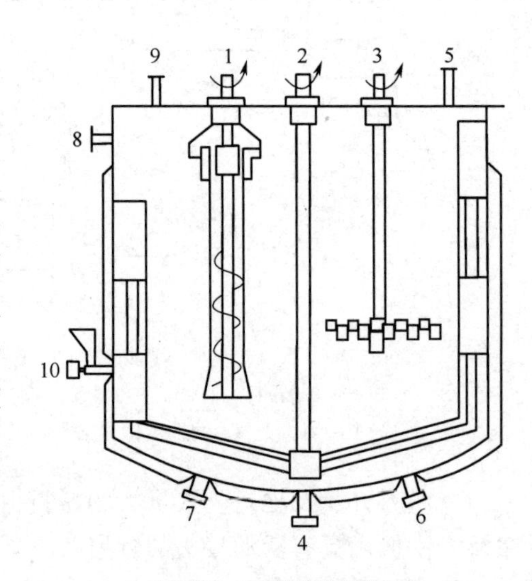

图 6-6　VME 型制膏锅

1—竖式胶体磨；2—锚式刮壁搅拌器；3—旋片式搅拌器；4，6～9—出料口；5—接真空；10—香料进口

1. VME 型制膏机的结构特点

VME 型制膏机的结构特点如下：①筒体内真空耐压部件、内层材料为不锈钢，耐压 2026kPa，带有夹套，以便冷却或加热；②刮板搅拌系统采用活络刮板，在搅拌物料时，刮板能自动贴近内壁，将物料刮下，使温度传递均匀；③快速搅拌采用直径 300mm 或 350mm 的溶解盘，通过高速转动将粉料和液料混合，并在制膏锅内产生翻动；④胶体磨靠一个尼龙螺旋推进器将物料向上送入胶体磨，磨的本体是一对锥形带斜齿的盘，外盘固定不动，内盘高速运转，物料经过此处可以得到研磨分散。

2. VME 型制膏系统

VME 型制膏系统设备的优点在于：①制膏机将制胶过程和研磨、搅拌、抽真空 3 个制膏过程在一个制膏锅内完成，显著减少物料损失，降低膏体污染，提高了生产的效率和清洁性；②控制系统操作简单，性能稳定，计量准确；③胶体磨研磨，特别适合密度较小、触变性较好的二氧化硅型牙膏。

VME 型制膏系统设备的缺点在于：①对密度较大的碳酸钙型牙膏，胶体磨的物料循环量不够，经计算，大约只有 2 次。②两套快速转轴的端面机械密封器不能承受长时间的运转，半小时就要停下来自然冷却。③锚式桨叶太窄，速度较慢，导致轴向搅动少，液面几乎看不到翻滚。

（二）TE-3 型制膏机

TE-3 型制膏机以高速均质器研磨物料，在粉料搅拌计量仓内分散增稠剂，采用干法一步法工艺，配套 OMRON 控制系统。TE-3 型制膏机的结构如图 6-7 所示。

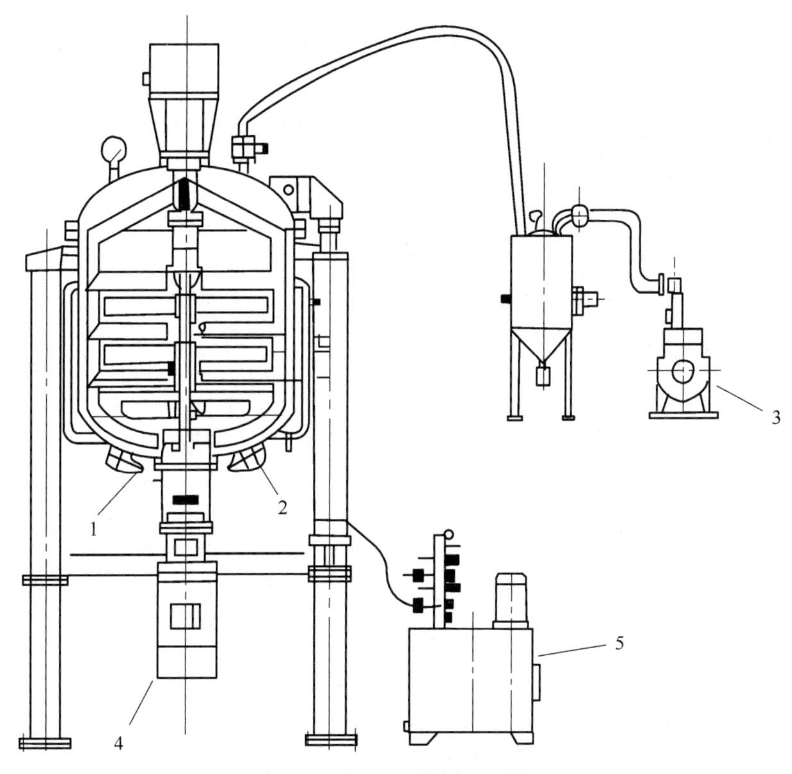

图 6-7　TE-3 型制膏机的结构

1—热电偶；2—气动球阀；3—真空泵；4—电动机；5—液压起升机

1. TE-3 型制膏机的结构特点

TE-3 型制膏机的结构特点如下：①筒体为三层，内、外均用不锈钢材料，耐正压 0.2MPa，耐负压−0.1MPa，夹套用于加热或冷却；②利用大贴壁刮板与中心刮板正反方向旋转，能使物料从筒壁刮下，温度传递均匀充分并形成上下翻动的效果；③高速均质器置于制膏锅底部，转速为 $1450r \cdot min^{-1}$，内外转子间隙为 1～2mm，粉料从底部吸入后，经过均质器向顶部喷出，从而达到使膏体细腻的效果；④真空泵采用水封式双级真空泵，并在其与制膏锅之间配备缓冲罐，将偶然带出的物料隔离；⑤液压起升机机构为双柱双液压差动，方便对制膏锅内配件进行检修和对锅中的膏体进行检查；⑥夹套冷却采用循环水，水压控制在 0.3MPa 以下，温度由控制系统设定；⑦出料口位于制膏锅底部，采用流量大于 $100L \cdot min^{-1}$ 的胶体泵出料。

2. TE-3 型制膏系统

与 TE-3 型制膏机配套的制膏系统中，物料输送包括粉料输送和液体输送。粉料输送采用全封闭的粉料风送装置，粉料振动筛内置于粉料输送器之中，输送过程自动过滤粉料中的杂质，过滤后的粉料经过管道进入密闭的粉料仓，尾气采用布袋除尘器除尘。制膏时，再经过管道进入密闭的计量仓自动计量后，进入制膏机，因此确保生产过程几乎无粉料的泄漏浪费。液料输送直接由快速接头将进厂的液体泵入至液料罐，生产时，再通过流量计自动计量并直接输入制膏锅。由于过程自动化程度提高，液料泄漏几乎没有，同时，由于过程简化，清洗水也显著减少。

主机运行采用干法一步法制膏工艺，由计算机通过 OMRON 控制器实现控制。

TE-3 型制膏系统设备的优点在于：①工艺流程更加简化，设备密封性好，物料泄漏极少，膏体污染极少，生产清洁性更加提高。②干法一步法工艺，使增稠剂在粉料搅拌计量仓内分散，有利于牙膏配方中山梨醇用量加大，减少甘油用量。③底部均质，适用于密度较大的碳酸钙型牙膏，所生产的膏体细腻、紧密，没有增稠剂结粒现象。

TE-3 型制膏系统设备的缺点在于：①水封式双级真空泵工作时间较长，物料抽失率较大，缓冲罐中的循环水需要经常更换。②粉料与增稠剂混合易结块，有时损伤进料阀门，需加强检查。③制膏锅中的粉料结块，易损伤刮板，需加强检查。

（三）BECOMIX-RM 型制膏机

BECOMIX-RM 型制膏机的设备、工艺、控制与 TE-3 型制膏机基本相同，不同点在于其设旁路管道，将通过高速均质器的物料通过旁路管道回到制膏锅内上部的液面作体外循环，进一步提高了均质效率。BECOMIX-RM 型制膏机的结构如图 6-8 所示。

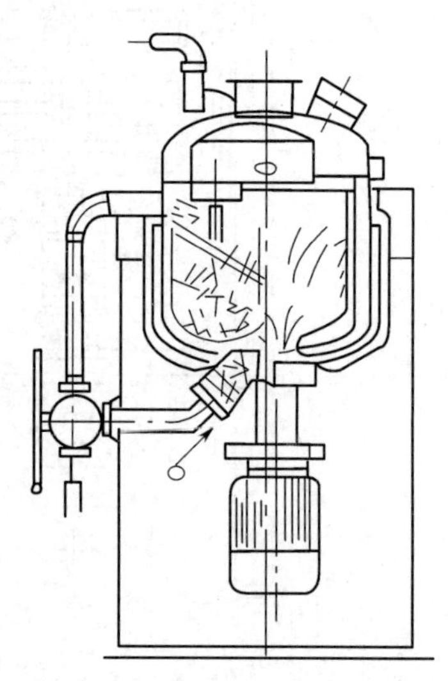

图 6-8 BECOMIX-RM 型制膏机

BECOMIX-RM 型制膏机的特点为：①均质器置于制膏锅底部，转轴很短，不会产生抖动，物料从锅底进入，经过均质器打入锅外管道，再从锅身上部回到液面上作体外循环，可以充分保证全部物料有均等机会流往均质器，使膏体颗粒控制在 2μm 以下，更加细腻，同时，外循环管道可兼作出料泵。②均质器主体是类似离心泵叶轮的结构，利用所产生的离心力，使甩出的物料经过由两个固定齿形圈和一个运动齿形圈组成的均质机构，通过强烈的剪切将物料粉碎。③不必开启锅盖，节省了液压起升机构，并便于法兰清洗。④锅盖下边装有两根固定的挡板，以改善物料的翻动。⑤锅盖上部搅拌轴采用单端面机械密封，下部均质器采用双端面机械密封，并以 50%甘油在一个大气压下循环来冷却端面，防止渗漏。⑥附有不锈钢仪表柜，除电流表、开关外，还记录均质器转速、搅拌转速、物料的温度、冷却水温度、锅内真空度、电导率，由此可了解生产全过程，便于质量控制。⑦有一套完整的清洗工具，利用人孔、外循环管道可以方便地清洗锅内各个部位。⑧所有管道、阀门都使用了电磁阀，方便配备自动控制系统。

BECOMIX-RM 型制膏系统的物料输送系统和自动制膏控制系统可参照上述两种类型进行选配，在此不再介绍。

BECOMIX-RM 型制膏机的缺点有：①清洗时间长，需开盖清洗；②刮板在温度较高时易于变形。

三、牙膏常见的质量问题分析

牙膏是由水，可溶于水和不溶于水的无机酸、碱、盐以及有机化合物组成的复杂的混合物体系，因此，牙膏本身就是一种十分复杂的电解质，但同时又经常采用活泼金属铝作为其包装材料，从而使组成牙膏膏体的各种原材料间，以及牙膏膏体和膏体外包装物之间都存在着复杂的化学反应、电化学反应，使得牙膏在贮存过程中发生如气胀、分水、变稀等现象。

（一）气胀现象

气胀是指因为产生了气体导致管内压力过大从而使包装膨胀甚至膏体冲破包装的现象，这是最直观的问题。发生这种现象的原因主要有原材料、原料投放、制膏工序等几个方面的影响因素。

1. 磷酸氢钙、泡花碱等原料的影响

一般的碳酸钙型牙膏中含有 50%左右的碳酸钙，为了防止铝管被腐蚀，通常加入 0.3%～0.5%的二水合磷酸氢钙和相近量的泡花碱作为缓蚀剂，其用量的多少与膏体是否会气胀有很大的关系。

若同时缺少二水合磷酸氢钙和泡花碱，牙膏在常温下几天之内即发生气胀，打开帽盖，膏体迅速外移，严重者窜出管外很远，甚至可使管尾或盖子爆开。究其原因，主要是由于缺乏缓蚀剂而不能生成铝管表面保护膜，阻滞阴极或阳极反应，导致原料或铝管中的铜、铁等杂质与铝管发生了化学反应，或是形成原电池引起电化学腐蚀产生氢气。

若碳酸钙型牙膏中的二水合磷酸氢钙含量超标，也会导致气胀现象。对这类牙膏进行分析，除了磷酸氢钙超标外，还可以发现主要成分为二氧化碳的气体。二氧化碳的产生可能是发生了以下的化学反应

$$CaHPO_4 \cdot 2H_2O \longrightarrow CaHPO_4 + 2H_2O$$

$$5CaHPO_4 + H_2O \longrightarrow Ca_5(PO_4)_3OH + 2H_3PO_4$$

$$2H^+ + CaCO_3 \longrightarrow Ca^{2+} + H_2O + CO_2$$

2. 防腐剂的影响

产品中的防腐剂含量减少，使得某些菌类能够生存繁殖，经微生物的发酵作用，代谢产生气体。通过微生物的检测，可发现细菌含量严重超标，同时细菌也会使香精变味、发臭，发生酸败，产生难闻的气味。

3. 设备工艺方面

如果制膏过程中设备达不到生产中真空度的要求，会使脱气效果不理想，膏体中残存着较多的气体。另外，若牙膏在灌装时，在管口或管尾处留下少量的空气，也会为微生物的滋长提供良好的生存环境。这方面引起的气胀现象比较明显，也容易被发现，可以通过改善工艺条件以满足生产要求。

总之，引起气胀的原因还有很多，如占牙膏50%的碳酸钙的质量、铝的纯度及其表面粗糙度、环境等因素都会引发一系列的化学反应和电化学反应，而产生气胀现象。气胀可能由单一的原因引起，也有可能是多种原因共同起作用。

（二）分水现象

牙膏的分水现象亦很常见，引起的原因很多，也是最为复杂的。分水的最终结果是使牙膏均相胶体体系受到破坏，而使固相与液相分离，析出水分。其中主要影响因素有以下几个。

1. 胶黏剂

牙膏膏体是以胶黏剂与水组成的网状结构为主体，并结合、吸附和包覆其他溶液、悬浮体、乳状体、气泡等微粒组成，有典型的胶体特征。胶体的网状结构对膏体的稳定起着重要的作用。影响网状结构的主要原料是胶黏剂。由于CMC-Na取代度一般为宏观统计的平均值，具有不均匀性，它很难保证能形成均匀的三维网状结构，从而容易使膏体中的水分不能很好地固定在膏体中而出现分离出水的现象。另外，细菌等微生物可使CMC-Na降解，也会导致分水现象，这也是加酶牙膏中不宜用CMC-Na胶体的原因。另外，CMC-Na是一种高分子钠盐，且耐盐性较差，牙膏中常添加较多量的钠盐，由于同离子效应，膏体黏度降低乃至分离出水，而如果使用耐盐性好的其他胶黏剂复配或单独使用，可避免由于胶黏剂引起的分水现象。

2. 发泡剂

牙膏中常用的发泡剂为十二烷基硫酸钠，其中的十二醇和十四醇的含量存在差异，含量高或低都对膏体稳定性产生很大影响。一般十二醇含量在35%～45%之间，十四醇的含量不大于15%。

3. 润湿剂

常用的润湿剂有山梨醇、甘油和丙二醇等3种，如山梨醇含水量过大，制备山梨醇的原料淀粉已发生霉变等，都可能导致分水现象的发生。

4. 工艺方面

生产上，制膏机对膏体的研磨、剪切力过强过大，会破坏CMC-Na的网状结构和胶体的稳定性，引起分水。所以，制膏时间要严格控制，不能过长。另外，刚输送到贮膏罐中，牙膏温度较高，不应马上盖上盖子，以避免水汽蒸发后冷凝回流，游离出水分，这也会破坏胶体的稳定性。应在盖子上装排气扇，可起到冷却和排出水汽的作用。

（三）离浆现象

离浆现象即牙膏的脱壳现象，即由于胶团之间的相互吸力和结合的增强，逐渐将牙膏胶体网状结构中的包覆水排除膏体外，使膏体微微失水，失去与牙膏管壁或生产设备壁面的黏附现象。如能根据胶合剂的黏度调整其用量，降低胶团在膏体中的浓度，缓和胶团间的凝结能力或适当加大粉料的用量，利用粉料的骨架作用，都可减缓离浆现象的发生。

（四）变稀现象

膏体变稀的原因主要有两个方面：一是膏体中的胶黏剂（羧甲基纤维素钠CMC-Na）被

微生物分解而变稀，严重时可导致解胶现象。二是由操作和设备造成，如在进液料和制膏设备中，突然断电时，真空管倒吸进水。只要通过严格管理，规范投料程序，在真空管道和制膏机之间安装一个止回阀防止水倒吸，这种问题就能得到解决。

（五）解胶现象

解胶现象是由于化学反应或酶的作用，使膏体全部失去胶合剂，固、液相之间严重分离，不仅将包覆水排除至膏体外，就连牢固的结合水也将分离，使胶团解体，胶液变成无黏性的水溶液，粉料因无支垫物而沉淀分离。为了尽量杜绝这种现象的发生，当发现亲水胶体黏度增加时，就要减少粉状摩擦剂的用量；当甘油用量增加时，水分用量应该减少并增添稳定剂，甘油浓度过高会引起亲水胶体的黏性减弱，甚至使有些亲水胶体沉淀，如果加入发泡剂过多，就会使亲水胶体溶液的黏度显著下降。因此在牙膏生产中应根据每批原料的性质及其相互间的关系，适当进行配方和操作的调整，以保证制膏的正常生产。

（六）腐蚀现象

牙膏是多种无机盐混合的胶状悬浮乳化液，若装牙膏的软管为铝制品，膏体与之接触，铝表面与膏体表面会发生化学腐蚀和电化学腐蚀。解决的方法之一是在铝管内壁喷涂防腐层，使管表面与膏体表面隔离；二是在膏体内加入缓蚀剂，如正磷酸盐、硅酸盐、铝酸盐等，常在牙膏配方中加入0.2%～0.5%焦磷酸钠（pH＜9.0）的方法来缓解膏体对铝管的腐蚀问题。现在普遍使用塑料复合材料灌装膏体以避免腐蚀现象。

总之，牙膏质量问题千变万化，在牙膏生产中，必须留意观察膏体受一定外力的影响时，它的弹性、黏度和可塑性等的变化。通常，将膏体从软管中挤出一条，在易于吸水的纸条上检验其黏度、弹性和可塑性等。管内膏料受压时应立即润滑地从管口挤出；挤出的膏条必须细致光滑，按管口的大小成圆柱形，并保持这一性状一段时间，膏条放置一段时间，表面不应很快干燥，水分不应很快渗入纸条，膏条应黏附在纸面上，即使纸条倾斜也不落下，这都是膏体的正常现象。

只要在生产过程中注意每一步工序膏体的变化，判断膏体的质量，采取必要的预防措施，具体问题具体分析，就一定能够解决生产中遇到的一切问题。

第五节　牙膏的花色品种

一、蜂胶牙膏

蜂胶是蜜蜂从胶原植物新生枝芽或花蕾处采集的树脂类物质，掺入其上腭腺分泌物，经蜜蜂反复加工而成的胶状物质。蜂胶具有复杂的化学成分，包括黄酮类化合物、有机酸类化合物、酯类、醇类、酮类、醚类化合物、烯烃、萜类化合物及脂肪酸、甾类化合物、多种氨基酸、酶、多糖和多种维生素等，此外还含有丰富的微量元素。蜂胶复杂独特的成分赋予了蜂胶许多特殊的功能，例如抗菌、消炎、排除毒素、增强人体免疫力、软化血管、净化体内循环、抗氧化、局部麻醉、促进组织细胞再生等。

蜂胶是蜂胶牙膏的有效成分，它在口腔保健方面有许多独特的作用，不仅对致病性的金黄色葡萄球菌、大肠杆菌、白色念珠菌、真菌等病菌具有较强的杀菌能力（杀灭菌率达99.9%），在治疗口腔疾病方面（如口臭、牙疼、口腔溃疡、牙周疾病等），蜂胶也有着标本兼治的功效。原因在于，一方面，蜂胶良好的灭菌能力能把引发上述口腔疾病的致病菌杀死，从根本上消灭了病原体；另一方面，蜂胶又具有局部麻醉、消炎、止血、缓解疼痛的功效。

常见的蜂胶液产品都较稀，难溶于水，易溶于95%乙醇，且pH值较低。若将其直接加入牙膏中，配伍性差，制成牙膏的稳定性差，室温过高就会发现膏体严重分水脱壳而呈窝状。由于蜂胶浓度太低，优势不明显，较好的方法是用酒精将蜂胶液溶解，减压蒸馏浓缩至原液的1/5，即得到5倍蜂胶的浓缩液。应用前用泡花碱中和，使之与牙膏体系的pH值接近，提高该蜂胶牙膏的稳定性和效果。再以α-$Al(OH)_3$和SiO_2为摩擦剂，以卡拉胶、瓜尔胶、黄原胶、HEC等为胶黏剂，制得稳定性较好的牙膏。

1. 蜂胶牙膏的配方

原料	质量分数/%	原料	质量分数/%
甘油	8～18	蜂胶浓缩液	0.8～2
山梨醇	10～20	色素	适量
CMC	0.2～0.6	糖精钠	0.2～0.3
黄原胶	0.5～1.0	K_{12}	8～2.5
PGE	1～2	香精	0.8～1.4
苯甲酸钠	0.05～0.2	SiO_2	3～6
泡花碱	0.2～0.3	$Al(OH)_3$	30～45
色素	适量	去离子水	余量

2. 蜂胶牙膏的制备工艺

蜂胶牙膏的制备工艺如下：①首先将蜂胶浓缩液溶于部分甘油中，用泡花碱水溶液中和蜂胶-甘油液；将糖精钠、苯甲酸钠、色素等添加剂及剩余泡花碱水溶液溶解于水中。②将PGE溶于部分山梨醇中，将胶黏剂CMC、黄原胶在高速搅拌下分散于剩余甘油和部分山梨醇中，最后用剩余山梨醇冲洗。③将所有水溶液、山梨醇溶液倒入胶黏剂-甘油-山梨醇溶液中，高速搅拌10～20min。④加入K_{12}、SiO_2、$Al(OH)_3$等粉料，在真空状态下高速搅拌10～15min，再加入香精，真空搅拌10～20min，出料前5～10min应要求真空度达到0.094MPa以上。⑤膏体采用复合软管灌装。⑥检测该产品理化指标。

二、亮白粒子牙膏

亮白粒子牙膏是一种较为新颖而又实用的新产品，是由不同颜色的膏体配备不同颜色的粒子而制成的。亮白粒子牙膏膏条新颖、美观，并克服了一般牙膏只能清除口腔表面污垢、不能清除牙齿缝隙间的残留物的缺点。亮白粒子牙膏在牙刷的机械作用下，数分钟后即可分裂成小颗粒，小颗粒迅速分解挤出通常难以刷掉的牙缝间残留物，起到彻底清洁牙齿的目的。产品具有摩擦力强、触变性好、扩散快、口感舒适、软性摩擦剂不损伤牙釉质等优点，能彻底而轻柔地刷洗掉牙齿表面上的牙垢、黄菌斑以及因烟酒过多引起的牙渍，并具有美白牙齿、强齿、美齿之功能。亮白粒子牙膏的开发，为牙膏产品增添了花色品种，推动了牙膏工业的发展。

（一）亮白粒子及其牙膏配方

亮白粒子的主要成分为二氧化硅和磷酸氢钙，并复配除色增白剂，经有机聚合而成。根据颜色的要求，添加食用色素后，可制成各种颜色的亮白粒子。亮白粒子的细度一般为60～80目。颗粒过大，牙膏膏条不美观，口感不好；颗粒过小，牙膏的粒子性不明显，起不到彻底清洁牙齿的作用。亮白粒子的性能比较稳定，可以与任何摩擦剂配伍使用。为了能使粒子明显、突出、美观，可以选用以磷酸氢钙为主要摩擦剂复配亮白粒子。亮白粒子在牙膏中的用量要适当，粒子用量过多，牙膏稳定性差，产品成本过高；粒子用量过少，外观不美观，起不到粒子牙膏的作用。一般亮白粒子的用量在5%～8%时效果较好。例如，在丹姿牌的冰爽超亮白牙膏中，其主要活性成分为亮白粒子、珍珠钙、Triclosan、Optacool。其中的亮白粒子可以配合牙刷轻柔地刷洗掉牙齿表面上的牙垢、黄菌斑，令牙齿恢复自然洁白；珍珠钙与矿物质类摩擦剂配合，能有效强化牙齿珐琅质的脆弱部分，全面坚固牙齿，防止蛀牙；Triclosan作为高效抑菌成分，可防止口腔异味及细菌感染；Optacool为天然冰凉成分，能清脑醒神，使口感清爽，活力倍增。

以下是透明型亮白粒子牙膏的配方。

原料	质量分数/%		原料	质量分数/%	
	配方(1)	配方(2)		配方(1)	配方(2)
甘油	20	—	K_{12}	1.8	1.8
丙二醇	—	10	二氧化硅	13～20	13～20
山梨醇	50	60	亮白粒子(红色)	0.2～0.5	0.2～0.5
CMC	0.4	0.4	亮白粒子(蓝色)	0.2～0.5	0.2～0.5
HEC	0.2	0.2	糖精	0.2	0.2
氟化钠	0.1	0.1	香精、稳定剂	适量	适量
单氟磷酸钠	0.4	0.4	去离子水	余量	余量

(二)亮白粒子牙膏的生产工艺

首先应加胶水，加粉料搅拌、研磨后，加亮白粒子，缓慢搅拌同时脱气，待粒子均匀分布在膏体内，达到脱气规定的时间后，即可出料，工艺流程如图6-9所示。

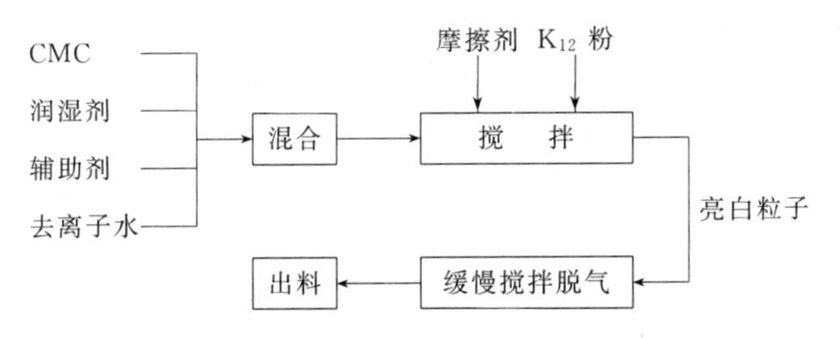

图6-9 亮白粒子牙膏的生产工艺流程

也可选用一步制膏工艺，即先把所有原料投入一个反应罐中搅拌，拌和、均质，使膏体均匀细腻后，再加亮白粒子，缓慢搅拌，同时可以脱气，待粒子均匀地分布在膏体内，达到脱气规定的时间后，即可出料。应注意的一点是，在加入亮白粒子后，不可开动高速搅拌机和均质机，否则亮白粒子将破碎。

三、祛蒜味牙膏

大蒜的细胞质里含有一种名为蒜氨酸的含硫有机化合物，细胞壁里含有一种蒜酶，在大蒜细胞破裂后，蒜氨酸在蒜酶的作用下，产生大蒜辣素、阿霍烯等一系列含硫代谢产物。其中大蒜辣素具有很强的抗菌、抗病毒、提高免疫力、调节血脂、降低胆固醇、抗凝血、抑制肿瘤细胞、降血糖、保肝、防癌的作用。另外，大蒜中含有丰富的硒，可以防癌、抗癌；大蒜中的超氧化物歧化酶能催化超氧阴离子自由基的歧化分解，具有抗衰老的功能；大蒜中还含有多种肽类物质，其是一类抗肿瘤的活性成分。但生食大蒜后的口腔异味令人十分厌恶，且影响口腔卫生，因此出现了专用于祛蒜味的牙膏。

食蒜后，口腔产生异臭味的物质是大蒜所含的大蒜素，其化学式为 $C_6H_{10}OS_2$。大蒜素为无色油状液体，稍溶于水，溶于乙醇和乙醚。在祛蒜味牙膏中，主要活性物质为儿茶酸，即 3,4-二羟基苯甲酸。由于儿茶酸上的酚性羟基具有供氢的活性，对其他物质有极大的亲和性、凝固性，从而表现为收敛性和抑制性，可与大蒜素胆碱物质发生化学反应，形成一种新的化学物质，使大蒜素不能以游离的状态存在。

1. 祛蒜味牙膏的配方

祛蒜味牙膏的主要原料有儿茶酸、植酸钠、轻质碳酸钙、甘油、羧甲基纤维素钠(CMC)、表面活性剂（十二烷基硫酸钠)、山梨醇、草莓香精、糖精钠、果绿颜料等。

配方举例如下。

原料	质量分数/%
碳酸钙	43
甘油	24
十二烷基硫酸钠	3.0
儿茶酸	10

原料	质量分数/%
植酸钠	5
山梨醇	2
CMC	10
草莓香精、糖精钠、蒸馏水	余量

2. 祛蒜味牙膏的生产工艺

先将 CMC 在甘油中充分分散，再将糖精钠、儿茶酸、植酸钠、山梨醇在加热的蒸馏水中溶解后冷却，形成凝胶，然后将 CMC 分散液加入其中再经搅拌成均匀凝胶，加入十二烷基硫酸钠、碳酸钙、色素混合为膏体，添加香精，研磨搅拌为均匀膏体，静置、脱泡，即为成品。

四、其他牙膏

1. 防感冒牙膏

防感冒牙膏是在配方中加入多种防感冒的中草药，如贯仲、紫苏、柴胡、鱼腥草、白芷、细辛等。按一定的配方组成复方，再按煎熬中药的方法提取其有效成分，均匀地加入牙膏中，常用此牙膏对防治感冒有一定效果，能减少感冒次数，同时对鼻炎、头痛也有效果。

2. 减肥牙膏

这种牙膏借助早晚刷牙，将植物减肥精华作用于唾液，再通过口腔黏膜和舌下毛细血管吸收，由血液导入人体，分解血管内壁堆积的多余脂肪、蛋白质、糖分，循序渐进地达到减肥目的，并对缓解高血压、心绞痛有一定作用。

3. 抗肝炎牙膏

抗肝炎牙膏由 30 种名贵中草药、西药和上乘的牙膏基质配制而成，能够立即杀死进入口腔内的肝炎病毒，杜绝肝炎传染，亦能治疗肝炎患者，使患者早日恢复健康，还能防治牙病、洁白牙齿，是新一代多功能、消毒型的保健牙膏，是口腔里的“消毒柜”。

4. 安神牙膏

安神牙膏的特点是在牙膏的基质中添加具有镇静安神等保健作用的中草药提取液，其作用机理是使药物通过口腔黏膜迅速吸收而发挥作用，不仅具有普通牙膏的洁齿作用，还兼具镇静安神等保健功效。安神牙膏不仅有一般牙膏的洁齿、消炎、爽口作用，而且有养心安神的作用，对失眠、多梦、神经衰弱、头晕患者均有功效。其主要成分有色珠、君西、香察、藏红花、酸枣仁、布希等。

5. 抗衰老牙膏

医学上已证实，人体中的超氧自由基的存在和增加，会促使细胞衰老，并可诱发急性炎症、肿瘤细胞生长等不良后果。口腔常见的牙龈炎、牙周溢脓都与此密切相关。为了使SOD与牙龈有充分的接触时间，常将它制成片剂或牙膏作为护齿用品。在治疗牙龈炎特别是牙周溢脓时，可立即见效。SOD则能催化化学反应，使超氧化自由基消除，即SOD与牙龈和口腔黏膜充分接触后，扩散到细胞周围，达到消炎和止血的效果，且能抑制异常的免疫反应，因而对复发性口疮具有促进溃疡愈合的作用。

第六节　其他洁牙制品的配方和制造方法

洁牙制品除牙膏外，还有牙粉、刷牙液、美白牙贴，但产量很低，本节对这两类洁牙制品的配方和制造方法作以简单介绍。

一、牙粉

尽管牙膏已成为口腔卫生用品中的主流产品，仍有许多人习惯于使用牙粉。牙粉的功效与牙膏相类似，只是省去了液体成分，便于携带和贮存。

牙粉一般由摩擦剂、洗涤发泡剂、增稠剂、甜味剂、香精和其他特殊用途的添加剂（如氯化钠、叶绿素、尿素和各种杀菌剂等）组成。上述各成分的作用与在牙膏中相同，只是牙粉中的胶质只是为了稳定泡沫，而没有形成凝胶的必要。

配方

原料	质量分数/%
碳酸钙	70.0
甘油	20.0
K_{12}	1.5

原料	质量分数/%
糖精钠	0.1
香料	适量
精制水	余量

制法： 将碳酸钙、K_{12}加入到混合机中，加入甘油、精制水进行混合，再加入溶解于一部分水中的糖精钠、香料，混合均匀即可。

二、刷牙液

配方

原料	质量分数/%
乙醇	10.0
甘油	5.0
K_{12}	1.0
聚氧乙烯聚丙二醇	0.5
糖精钠	0.15

原料	质量分数/%
苯甲酸钠	0.1
香料	适量
着色剂	适量
去离子水	余量

制法： 将甘油、K_{12}以及聚氧乙烯聚丙二醇加入到水中溶解，再加入溶解于乙醇中的香料，混合均匀后，再加入糖精钠、苯甲酸钠、着色剂，溶解后过滤即可。

三、美白牙贴

美白牙贴是一种用于牙齿增白的弹性凝胶型薄膜贴片，使用简便有效，能迅速增白牙齿。其作用机理是使用低浓度的过氧化氢对牙齿进行漂白。将过氧化氢附着在凝胶薄膜等材料上，贴在牙齿表面紧密保持接触一段时间，过氧化氢从牙齿表面往深层渗透，通过产生的氧原子能够与沉积在牙齿表面及深处的色素产生作用，吸附掉牙齿中的色素沉积，对牙齿染色进行还原，实现牙齿美白。美白牙贴通常由成胶剂、凝胶剂、保湿剂、增溶剂和增白剂组成。

配方

原料	质量分数/%	原料	质量分数/%
聚醚型热塑性聚氨酯	10	聚乙烯吡咯烷酮	5
甘油	5	氢化蓖麻油	1
过氧化氢	3	无水乙醇	余量

制法：①将聚醚型热塑性聚氨酯、氢化蓖麻油和甘油混合均匀，加热到130～150℃至完全溶解，得到A剂，冷却至70～80℃，备用；②将聚乙烯吡咯烷酮溶解于无水乙醇中，得到B剂，将B剂加入A剂中，搅拌均匀，降至室温，再加入过氧化氢混合均匀，得到混合黏性胶体；③将混合黏性胶体涂布于剥离背衬层上，覆盖上塑料薄膜层，再经过分切、压痕、收废、切割即可。

第七节　漱口剂的配方及制造方法

漱口剂是洁齿剂中的一个品种，它与人们常用的口腔卫生用品牙膏一样，有清洁口腔、保护牙齿的功能，更具有使用方便、不伤牙龈等特点，尤其适用于正处在生长发育时期的儿童、孕妇、出差旅行者、野外作业者等不方便刷牙的人群。目前，在许多经济发达国家，人们使用漱口剂清洁口腔已是很普遍的现象。在中国，由于多方面的原因，很少有人使用漱口剂，但是，随着人们对口腔保健意识的增强，漱口剂将得到越来越多人的认可和使用。

漱口剂在形态上与刷牙液类似，但与刷牙液不同的是不使用牙刷，仅向口腔中滴入适量，含漱后吐出。漱口剂有原液型、浓缩型和粉末型，其中原液型较为普及。

漱口剂的功能是将口腔净化，防止口臭，使口腔感到爽快。配合药物成分的制品，有预防龋齿和牙周炎的功效。

一、漱口剂的组成

漱口剂由水、酒精、保湿剂、表面活性剂、香精和其他添加剂等组成。

（1）乙醇　漱口剂中要含有一定量的乙醇。乙醇可降低溶液的表面张力，溶解一些不溶于水的添加剂，增强溶液的渗透性，同时还具有防冻、收敛和杀菌作用。乙醇的量要适宜，如果量过高，会使漱口剂的香味受到影响，而且对口腔的黏膜产生刺激；如果乙醇的用量过低，漱口剂的渗透性又减弱，使用后口腔产生乏味感。一般，乙醇在溶液中的用量为10%～25%。

（2）保湿剂　保湿剂在漱口剂中的作用是，使溶液具有适度的黏度和流动性，并有一定的甜度，使用漱口剂后能保持良好的口感。更主要的是，一定量的保湿剂可降低溶液的冻点，使溶液在低温条件下不结冻，保证漱口剂的质量稳定。保湿剂在漱口剂中的用量一般为10%～15%，用量过多有利于细菌的生长。

（3）香精　香精在漱口剂中很重要，它能掩盖溶液中的一些不良气味，使人们使用漱口剂后有提神醒脑、口腔清爽愉快之感，好的香精可激发人们对产品的兴趣。漱口剂的香精对质量影响至关重要，它能够掩盖其他原料带来的不良气味。一般可以根据不同需要选择香型，但漱口剂常常使用的是具有明显凉爽感的香型，这类香型常用的香精有冬青油、薄荷油、黄樟油和茴香油等，用量一般为0.5%～2.0%。

（4）表面活性剂　用于漱口剂的表面活性剂有非离子型（如吐温类）、阴离子型（如十二醇硫酸钠等）以及两性表面活性剂等，主要起增溶作用。这是因为配方中的乙醇虽然对不溶于水的物质有一定的溶解作用，但由于用量有限，因此漱口剂中必须添加适量的表面活性剂，使不溶于水的物质充分溶解，保证溶液的透明度。另外，表面活性剂可增加溶液的渗透性，去除留在牙缝中的食物残渣、牙垢等，并有起泡作用，通过含漱使口腔有一种清洁爽快的感觉。有时将常用的增溶剂与发泡性较好的表面活性剂复配使用，以保证溶液的透明度和泡沫量，防止由于表面活性剂含量高而影响口感和香味。阳离子表面活性剂如氯化十二烷基三甲基铵、氯化十六烷基三甲基铵等，在漱口剂中起杀菌作用。表面活性剂在漱口剂中的用量较低，一般为0.1%～2%。

此外，含漱剂还需加入适量的甜味剂，如糖精、葡萄糖和果糖等，以及防龋剂、脱敏剂、中草药提取液等药物，用量为0.05%～2%。

各种组分的主要功能如表6-6所列。

表6-6　漱口剂的组成和代表物质

结构组成	主要功能	常用原料
乙醇	起清洁作用和杀菌作用，并对某些香料组分起增溶作用	食用级乙醇
保湿剂	缓和刺激作用；抑制在瓶盖上因水分蒸发析出结晶	甘油、丙二醇、山梨（糖）醇
表面活性剂	增溶香精；有时具有起泡作用，除去口腔的污垢，或起杀菌或抑菌作用	十二烷基硫酸钠盐、吐温类非离子表面活性剂
增稠剂	赋予产品一定黏度	天然或合成水溶性聚合物（食品级）
水	溶剂和介质	去离子水
药物（抗菌剂、氟化物、脱敏剂）	增加抗菌作用，能与唾液蛋白和口腔黏膜作用；防龋齿；脱敏	洗必泰、氟化钠、氯化锶
食用香精	使漱口剂在使用时有愉快感，使口腔用时和用后有清新、凉爽的口感；有些香精有杀菌作用	薄荷、留兰、冬青
着色剂	改善产品外观，赋色	薄荷香用绿色、肉桂香用红色等食用色素

以上各种组分的用量根据不同的漱口水功能，变化幅度较大。如乙醇在不同的配方中可加入质量分数为10%～50%，当香精用量高时，酒精用量应多些，以增加对香精的溶解性。

二、漱口剂的配方及制法

1. 原液型配方

原料	质量分数/%	原料	质量分数/%
乙醇	15.0	磷酸二氢钠	0.1
甘油	10.0	香料	适量
聚氧乙烯氢化蓖麻油	2.0	着色剂	适量
糖精钠	0.15	水	余量
苯甲酸钠	0.05		

制法：将甘油、聚氧乙烯氢化蓖麻油加入到精制水中溶解，再加入溶解于乙醇中的香料，混合均匀后，再加入糖精钠、苯甲酸钠、磷酸二氢钠和着色剂，溶解后过滤即可。

2. 多功能原液型配方

原料	质量分数/%	原料	质量分数/%
乙醇	20	脱敏剂氯化锶	0.1
复配表面活性剂	0.48	香精	0.4
润湿剂	18	防腐剂	适量
两面针提取液	7.6	色素	适量
氟化物	0.02	去离子水	余量

该配方中含有防龋剂氟化物、脱敏剂氯化锶，特别是中草药两面针提取液，具有明显的抗菌作用，有消炎镇痛疗效，因此是一种多功能型的漱口剂。

制法：按配方比例称好水，将水溶性的原料充分溶解于水中；再按配方比例称好乙醇，香精、表面活性剂等组分溶于乙醇中；然后将以上两种溶液混合，再加入色素充分搅拌均匀即可。该产品放置在－8℃和50℃条件下均保持良好的稳定性，常温放置36个月后，色泽均匀，无沉淀、浑浊现象。

3. 浓缩型漱口剂配方

原料	质量分数/%	原料	质量分数/%
异丙醇	30.0	苯甲酸钠	0.15
山梨醇	10.0	香料	适量
K_{12}	4.0	着色剂	适量
糖精钠	0.15	精制水	余量

4. 粉末型漱口剂配方

原料	质量份	原料	质量份
碳酸氢钠	97.8	香料	适量
二氧化硅	2.0	着色剂	适量
糖精钠	0.2		

漱口剂的生产过程包括混合、陈化和过滤。配制漱口剂应有足够的陈化时间，以使不溶物全部沉淀。溶液最好冷却至 5℃以下，然后在这一温度下过滤，以保证产品在使用中不会出现沉淀现象。

思考题

1. 牙膏中的摩擦剂应符合哪些要求?
2. 目前国内生产牙膏的方法有哪两种? 并作简要概述。
3. 采用常压法制牙膏时，发泡剂的物态对加料顺序有何影响? 并说明原因。
4. 含氟牙膏的防龋齿机理是什么? 常用的氟化物有哪些? 使用时应注意哪些问题?
5. 牙膏中常见的质量问题有哪些? 如何克服?
6. 牙膏中常用的消炎杀菌剂有哪些?
7. 设计一种透明牙膏配方，并说明设计原理以及各组分的作用。
8. 漱口水与牙膏相比，有何优缺点?
9. 美白牙贴的美白原理是什么? 在设计配方和使用时应注意哪些问题?

参考文献

[1] 龚盛昭，李忠军. 化妆品与洗涤用品生产技术 [M]. 广州：华南理工大学出版社，2002.

[2] 王培义. 化妆品：原理·配方·生产工艺 [M]. 北京：化学工业出版社，2014.

[3] 刘云. 洗涤剂：原理·原料·工艺·配方 [M]. 北京：化学工业出版社，1998.

[4] 郑富源. 合成洗涤剂生产技术 [M]. 北京：中国轻工业出版社，1996.

[5] 顾良荧. 日用化工产品及原料的制造与应用大全 [M]. 北京：化学工业出版社，1997.

[6] 王福赓，郑林. 日用产品学 [M]. 北京：中国纺织出版社，1998.

[7] 余爱民，张庆. 精细化工制剂成型技术 [M]. 北京：化学工业出版社，2002.

[8] 孙绍曾. 新编实用日用化学品制造技术 [M]. 北京：化学工业出版社，1996.

[9] 赵国玺. 表面活性剂物理化学 [M]. 北京：北京大学出版社，1984.

[10] 郑忠，胡纪华. 表面活性剂的物理化学原理 [M]. 广州：华南理工大学出版社，1995.

[11] 章永年. 液体洗涤剂 [M]. 北京：中国轻工业出版社，1993.

[12] 徐亚林，钱浩. 洗涤剂发展动态 [J]. 日用化学品科学，2001，24 (2)：34.

[13] 石建军，奚平. APG/AES 表面活性剂复配体系热力学函数研究 [J]. 淮南工业学院学报，2001，21 (2)：49.

[14] 周莉，郝放琴，刘波. PEP 与阴离子表面活性剂复配体系泡沫性能的研究 [J]. 功能高分子学报，2001，14 (1)：101.

[15] 杨锦宗，张淑芬. 表面活性剂的复配及其工业应用 [J]. 日用化学工业，1999，29 (2)：26.

[16] Allen Dave R. Hard surface cleaners based on compositions derived from natural oil metathesis [P]：US9249374 B2. 2013.

[17] 方云，夏咏梅. 两性表面活性剂 (四)——两性表面活性剂的一般性质 [J]. 日用化学工业，2000，30 (6)：47.

[18] 袁鹤呤. 脂肪酸烷基醇酰胺的性能与应用 [J]. 日用化学工业，2001，31 (2)：35.

[19] 张雪勤，蔡怡，杨亚江. 两性离子/阴离子表面活性剂复配体系协同作用的研究 [J]. 胶体与聚合物，2002，20 (3)：1.

[20] 姬学亮. 洗涤剂和化妆品生产技术 [M]. 北京：科学出版社，2018.

[21] 吕耀斌，刘雪玲，李秀云. 新型季铵盐型表面活性剂应用研究 [J]. 日用化学工业，1999，29 (3)：27.

[22] 钱国坻，桂玉梅. 表面活性剂复配原理及其在纺织印染工业中的应用 [J]. 日用化学工业，1999，29 (2)：19.

[23] 魏西莲，桑青，尹宝霖. PVP 对 C_{12} NCl/AS 复配体系的表面活性和增溶能力的影响 [J]. 日用化学品科学，2000，23 (增刊)：41.

[24] 夏良树. 复合皂的研制 [J]. 郑州轻工业学院学报 (自然科学版)，2000，15 (2)：71.

[25] 李俊博. 半透明皂的透明度影响因素及其工艺过程控制 [J]. 日用化学工业，2002，32 (6)：69.

[26] 石荣莹，罗鑫龙，周鸣方. 新概念香皂 [J]. 日用化学品科学，2001，24 (5)：9.

[27] 胡佩红，金频，束瑞信. 机制透明皂 [J]. 日用化学工业，2000，30 (1)：40.

[28] 周宇鹏. 二甲基二烯丙基氯化铵系列聚合物应用性能研究 [J]. 日用化学工业，1999，29 (292)：5.

[29] 于秀文. 轻垢型液体洗涤剂的研制 [J]. 辽宁教育学院学报，1999，16 (5)：93.

[30] 萧安民. 液体洗涤剂的历史回顾和最新进展 [J]. 日用化学工业，1999，29 (3)：18.

[31] 李丽芳. 泡花碱在洗涤剂产品中的应用 [J]. 内蒙古石油化工，2001，27 (03)：58.

[32] 俞福良. 洗涤剂的进展 [J]. 日用化学品科学，1999，22 (增刊)：99.

[33] 朱海洋. 结构型重垢液体洗涤剂 [J]. 日用化学品科学，1999，22 (增刊)：68.

[34] 伍文享. 一种马油手工皂及其制备方法 [P]：CN106479762A. 2017.

[35] 刘英，郭宁，屠吉利. 洗衣凝珠技术进展 [J]. 中国洗涤用品工业，2019，(6)：85.

[36] 邓龙辉. 新型生物基漂白剂漆酶在洗衣粉中的应用 [J]. 广州化工，2012，42 (16)：116.

[37] 赵永杰. 2018 年中国表面活性剂原料及产品统计分析 [J]. 日用化学品科学，2019，42 (4)：1.

[38] 陈航宇，王迪. 手工香皂制作工艺及发展前景 [J]. 吉林医药学院学报，2016，37 (3)：222.

[39] 光武井夫，张宝旭. 新化妆品学 [M]. 北京：中国轻工业出版社，1996.

[40] 唐冬雁，董银卯. 化妆品：原料类型·配方组成·制备工艺 [M]. 北京：化学工业出版社，2017.

[41] 龚盛昭，揭育科. 化妆品配方与工艺技术 [M]. 北京：化学工业出版社，2019.

[42] 陈文娟. 化妆品配方与生产技术 [M]. 北京：化学工业出版社，2020.

[43] 唐洁，杨海延. 侧柏叶提取物对 SOD 酶活力修复作用及抗炎功效 [J]. 日用化学工业，2019，49 (9)：585.
[44] 苏振宁，尹志刚. 新型美白剂 4-（3,5-二甲氧基苯乙基)-1,3-苯二酚的合成及其性能 [J]. 桂林理工大学学报，2020，40 (1)：232.
[45] 沈珺莲，张楠. 德国洋甘菊精油促进皮肤创伤愈合作用研究 [J]. 中国农学通报，2020，36 (4)：67.
[46] 徐林祥，冯晓亮. D-泛醇的应用及合成方法 [J]. 化工生产与技术，2020，26 (2)：21.
[47] 冯法晴，刘有停，董银卯. 化妆品美白剂作用机制研究进展 [J]. 香料香精化妆品，2019，48 (6)：71.
[48] Charles Fox. Skin cleanser review [J]. Allured's Cosmetics & Toiletries Magazine，2001，116 (5)：75.
[49] 渌渌. EGF 限令来了！你的冻干粉安全吗？[J] 中国化妆品，2019，(2)：104.
[50] 刘锰钰，赵倩芸. 烟酰胺在化妆品中应用的研究进展 [J]. 中国洗涤用品工业，2017，(6)：68.
[51] 房军，杜顺晶. 熊果苷在化妆品中应用的研究进展 [J]. 卫生研究，2009，38 (1)：111.
[52] 周沫希，严雅丽. 熊果苷作为美白功能因子的研究进展 [J]. 食品与营养科学，2019，8 (1)：35.
[53] 李群慧，匡春香. 富勒烯在化妆品中的应用 [J]. 精细与专用化学品，2008，16 (13)：18.
[54] 邝锦斌 ，陈允卉. 综述虾青素的提取工艺及其在化妆品中的应用 [J]. 广东化工，2019，46 (12)：79.
[55] 王洪滨，孙晓春. 烟酰胺在化妆品中的应用 [J]. 中国化妆品：专业版，2003，(9)：64.
[56] 黄红斌，曾兰兰. BB 霜和 CC 霜的开发浅析 [J]. 日用化学品科学，2019，42 (7)：54.
[57] 王雪梅，叶凤，文国锦. 天然色素 BB 霜的制备及性能研究 [J]. 香料香精化妆品，2018，46 (2)：63.
[58] 刘一静. 一种童颜 CC 霜及其制备方法 [P]：CN108066185A. 2018.
[59] 靳小英. 一种六胜钛安瓶精华液及其制备方法 [P]：CN110882179A. 2020.
[60] 刘科勇. 不含防腐剂的美白祛斑抗衰老安瓶精华液及其制备方法 [P]：CN111419753A. 2020.
[61] 刘燕. 中草药防皲裂护手霜的研制 [J]. 贵州化工，2000，25 (2)：28.
[62] 张秀芳. 几种中草药美白护肤化妆品的研制 [J]. 内蒙古农牧学院学报，1997，18 (4)：57.
[63] 王雨来. 具有防晒作用的中草药物 [J]. 甘肃轻纺科技，1996，9 (2)：25.
[64] 宋超. 一种添加油莎草根油的隔离霜及其制备方法 [P]：CN111317673A. 2020.
[65] Yun J I，Kim H R，Kim S K，et al. Cross-metathesis of allyl halides with olefins bearing amide and ester groups [J]. Tetrahedron，2012，68 (4)：1177.
[66] Bannwart L，Abele S，Tortoioli S. Metal-free amidation of acids with formamides and T3P [J]. Synthesis-Stuttgart，2016，48 (13)：2069.
[67] 江志洁. 黑色素形成机理的新概念及复合美白剂的应用 [J]. 日用化学品科学，1998，21 (4)：3.
[68] 贾爱群. 美白剂的发展现状及其黑色素抑制机理的研究进展 [J]. 日用化学工业，2001，31 (1)：41.
[69] 汪昌国. 皮肤美白剂进展 [J]. 日用化学工业，2002，32 (4)：56.
[70] 周德藻. 常用的去屑止痒剂 [J]. 日用化学工业，1997，27 (4)：35.
[71] 汪敦佳，王国宏. *N*-氧化-2-巯基吡啶锌盐的合成 [J]. 日用化学工业，2003，33 (5)：340.
[72] 彭洪斌. 几种杀菌止痒剂的性能特点及其在发用品中的应用 [J]. 日用化学品科学，1996，19 (6)：35.
[73] 谢尹勋. 硅油在洗发用品中的应用 [J]. 日用化学工业，1998，28 (3)：17.
[74] 魏力. 2-氯甲基苯并咪唑的合成 [J]. 辽宁化工，1999，28 (2)：99.
[75] 季金华，蔡述伟，王伟. 锂皂石-吡啶硫酮锌复合止痒去屑剂的研制及其在洗发香波中的应用 [J]. 江苏地质，1998，22 (4)：249.
[76] 肖子英. 染发化妆品配方设计 [J]. 日用化学品科学，2002，25 (4)：28.
[77] 赵争鸣. 染烫护理香波的研制 [J]. 南昌大学学报（工科版)，1999，21 (2)：66.
[78] 张宏莉. 洗发、护发、美发中的化学 [J]. 丹东纺专学报，2001，8 (1)：10.
[79] 侯雅丽. 洗发香波制造技术及质量控制 [J]. 表面活性剂工业，2000，17 (3)：32.
[80] 杨跃飞. 现代功能性化妆品的配制 [J]. 日用化学品科学，1999，22 (增刊)：72
[81] 庞孝轶. 香波中祛屑剂和防脱剂的应用 [J]. 日用化学工业，2000，30 (5)：41.
[82] 赵争鸣. 新型永久性染发剂——染发摩丝的研制 [J]. 南昌水专学报，2003，22 (1)：36.
[83] 胡茵，廖宗强. 阳离子聚合物在香波中的应用 [J]. 应用化工，2003，32 (4)：56.
[84] 尹国玲. 氧化型染发剂的研究 [J]. 香料香精化妆品，2002，30 (5)：22.
[85] 袁昌齐. 中草药化妆品的研制 [J]. 中国野生植物资源，1996，15 (6)：13.

[86] 白世贞. 王世秩，祛蒜味牙膏的配方研究 [J]. 牙膏工业，2001，2：30.
[87] 关玉宇，雷锡全. 去烟渍牙膏的研究报告 [J]. 日用化学品科学，1999，22 (增刊)：95.
[88] 区志宏. 彩色透明牙膏的研制 [J]. 牙膏工业，2001，15 (3)：35.
[89] 罗金平. 蜂胶牙膏的研制 [J]. 牙膏工业，2002，16 (4)：25.
[90] 胡德渝. 含氟牙膏的防龋机制、研究现状及其发展 [J]. 广东牙病防治，1995，3 (2)：63.
[91] 于鸿飞. 含氟牙膏的现状与进展 [J]. 牙膏工业，1997，11 (3)：29.
[92] 陈丽. 含氟牙膏的制作 [J]. 牙膏工业，2000，14 (3)：10.
[93] 李德豹，鲍韬，刘婧. 去除烟渍牙膏配方开发及清洁能力研究 [J]. 口腔护理用品工业，2013，23 (1)：11.
[94] 袁东升，谢文政，黄光伟. 金银花中草药牙膏的研制 [J]. 广西轻工业，2001，18 (1)：36.
[95] 袁东升，覃青云，黄光伟. 含两面针的漱口液 [J]. 广西轻工业，2000，17 (4)：27.
[96] 谢文政，唐献兰. 牙膏常见质量问题的原因分析 [J]. 广西轻工业，2001，(1)：38.
[97] 田嘉松. 亮白粒子牙膏的研制 [J]. 牙膏工业，2002，16 (1)：27.
[98] 卢孟文. 芦荟的活性成分及其在牙膏中的运用 [J]. 环境与开发，2000，15 (3)：35.
[99] 郭茂祥. 芦荟牙膏的生产与功效 [J]. 牙膏工业，2001，15 (2)：20.
[100] 罗莉. 浅谈透明牙膏的制作 [J]. 牙膏工业，2002，16 (1)：29.
[101] 白世贞. 祛蒜味牙膏的配方研究 [J]. 日用化学工业，2001，21 (1)：18.
[102] 谢文政. 牙膏常见质量问题的原因分析 [J]. 牙膏工业，2001，15 (2)：23.
[103] 李刚. 必须科学试验全身性作用的药物牙膏 [J]. 牙膏工业，2001，15 (4)：31.
[104] 李刚. 玉洁纯在牙膏和漱口水中的作用机理与应用 [J]. 牙膏工业，2003，17 (1)：39.
[105] 王长宇，何佩宏. 浅析生物酶牙膏 [J]. 牙膏工业，2003，17 (1)：50.
[106] 汪发文，马萱. 牙膏产品质量评价 [J]. 牙膏工业，2003，17 (2)：33.
[107] 赵娣芳，杨玉华. 常见类型牙膏制膏设备性能的分析 [J]. 牙膏工业，2003，17 (2)：21.
[108] 区志宏，林英光，王青. 彩色透明牙膏的研制 [J]. 牙膏工业，2001，15 (3)：35.
[109] 徐义祥. 质感透明星点彩晶牙膏的研制 [J]. 牙膏工业，2003，17 (1)：30.
[110] 罗莉，黎昌健. 浅谈透明牙膏的制作 [J]. 牙膏工业，2002，16 (1)：29.
[111] 田嘉松，史伟滨. 亮白粒子牙膏的研制 [J]. 牙膏工业，2002，16 (1)：27.
[112] Lu Yongming. D-Tagatose，a novel humectant and sweetener for toothpastes [J]. Allured's Cosmetics & Toiletries Magazine，2001，116 (5)：95.
[113] 徐春生. 中国牙膏行业产品发展现状与趋势 [J]. 口腔护理用品工业，2018，28 (5)：6.
[114] 林宇祺，赵洁. 一种美白牙贴及其制备方法 [P]：CN110721118A. 2020.